U0280857

物联网开发与应用丛书

物联网
开发与应用

基于ZigBee、SimpliciTI、
低功率蓝牙、Wi-Fi技术

廖建尚 编著

电子工业出版社

Publishing House of Electronics Industry

北京·BEIJING

内 容 简 介

本书结合 CC2530 和 ZigBee、CC1110 和 SimpliciTI、CC2540 和低功耗蓝牙、CC3200 和 Wi-Fi，由浅入深地介绍物联网和云平台开发技术。全书采用任务式开发的学习方法，共积累了 50 多个趣味盎然、贴近社会和生活的案例，每个案例均有完整的开发过程，分别是明确的学习目标、清晰的环境开发要求、深入浅出的原理学习、详细的开发内容和完整的开发步骤，最后进行总结和拓展，将理论学习和开发实践结合起来，每个案例均附上完整的开发代码，在源代码的基础可以进行快速二次开发。本书将无线传感网络技术、物联网平台开发技术、Android 移动互联网开发结合在一起，实现了强大的物联网数据采集、传输和处理，可以开发功能强大的物联网系统，并适用在多个行业的应用。

本书既可作为高等院校相关专业师生的教材或教学参考书，也可供相关领域的工程技术人员查阅，对于嵌入式开发、物联网系统开发和云平台开发爱好者，也是一本深入浅出、贴近生活的技术读物。

本书配有资源开发包，读者可登录华信教育资源网（www.hxedu.com.cn）免费注册后下载。

图书在版编目（CIP）数据

物联网开发与应用：基于 ZigBee、SimpliciTI、低功率蓝牙、Wi-Fi 技术/廖建尚编著. —北京：电子工业出版社，2017.7

（物联网开发与应用丛书）

ISBN 978-7-121-31822-1

Ⅰ. ①物…　Ⅱ. ①廖…　Ⅲ. ①互联网络—应用②智能技术—应用　Ⅳ. ①TP393.4②TP18

中国版本图书馆 CIP 数据核字（2017）第 129541 号

责任编辑：田宏峰

印　　刷：北京七彩京通数码快印有限公司
装　　订：北京七彩京通数码快印有限公司
出版发行：电子工业出版社
　　　　　北京市海淀区万寿路 173 信箱　邮编　100036
开　　本：787×1 092　1/16　印张：29.25　字数：748 千字
版　　次：2017 年 7 月第 1 版
印　　次：2025 年 1 月第 12 次印刷
定　　价：88.00 元

凡所购买电子工业出版社图书有缺损问题，请向购买书店调换。若书店售缺，请与本社发行部联系，联系及邮购电话：（010）88254888，88258888。

质量投诉请发邮件至 zlts@phei.com.cn，盗版侵权举报请发邮件至 dbqq@phei.com.cn。

本书咨询联系方式：tianhf@phei.com.cn。

FOREWORD 前言

近年来，物联网和云计算的迅猛发展，逐渐地改变了社会的生产方式，大大提高了生产效率和社会生产力。我国在智能工业、智能农业、智能物流、智能交通、智能环保、智能安防、智能医疗、智能家居、智能环保 9 大重点领域推广物联网，并得到了广泛的应用且逐步改变着这些产业的结构。

物联网系统涉及的技术很多，从感知层到应用层都有不同的开发技术，需要掌握处理器基本原理及其外围接口的驱动开发技术，相应传感器的驱动开发，能开发应用程序和移动互联网程序。本书将详细分析 CC2530 和 ZigBee、CC1110 和 SimpliciTI、CC2540 和低功耗蓝牙、CC3200 和 SimpleLink Wi-Fi 四种处理器和无线传感网络结合技术，各种传感器驱动、Android 移动互联网开发技术和物联网高级应用技术，理论知识点清晰，实践案例丰富，带领读者掌握物联网的各种开发技术。

全书采用任务式开发的学习方法，利用近 50 多个趣味盎然、贴近社会和生活的任务和案例，由浅入深地介绍物联网感知层驱动和应用层功能的开发，每个任务均有完整的开发过程，分别是明确的学习目标、清晰的环境开发要求、深入浅出的原理学习、详细的开发内容和完整的开发步骤，最后进行总结与拓展，每个案例均附上完整的开发代码，在源代码的基础可以进行快速二次开发，能方便将其转化为各种比赛和创新创业的案例，也可以为工程技术开发人员和科研工作人员进行科研项目开发提供较好的参考资料。

第 1 章介绍了物联网和无线传感网络开发基础，先分析了物联网基本构成和重点发展领域，介绍了物联网中的 ZigBee、SimpliciTI、低功耗蓝牙和 SimpleLink Wi-Fi 无线传感网络技术，分析了物联网开发平台的硬件构成和物联网开发环境搭建。

第 2 章以 CC2530 为例，介绍了 TI CC 系列处理器口开发，CC2530 外围接口电路驱动开发，有 GPIO、外部中断、定时器/计数器、串口、ADC 采集、DMA、看门狗和休眠与唤醒的驱动开发，引导读者掌握 TI CC 系列处理器外围接口电路驱动开发。

第 3 章是传感器开发项目，在 TI CC 系列处理器上完成各种传感器的原理学习与驱动开发，有光敏传感器、温湿度传感器、雨滴/凝露传感器、火焰传感器、继电器、霍尔传感器、超声波测距离传感器、人体红外传感器、可燃气体/烟雾传感器、空气质量传感器、三轴传感器、压力传感器和 RFID 读写等，对每个传感器进行原理学习和驱动开发。

第 4 章主要是 ZStack 协议栈的学习，介绍了 ZStack 协议栈的构成和基本配置，分析了 ZStack 协议栈工程架构和源代码，通过案例开发对 ZStack 协议栈多点自组织组网、信息广播/组播、星状网、树状网、串口应用、ZigBee 协议分析、ZStack 绑定等等，从而对 ZigBee 有个全面认识。

第 5 章结合 CC1110 和 SimpliciTI 协议栈，先通过安装、配置等了解 SimpliciTI 协议栈，然后学习 SimpliciTI 协议栈的组网技术、广播技术、RSSI 采集技术以及路由功能，最后通过 SimpliciTI 协议栈实现对硬件的控制。

第 6 章结合 CC2540 和 BLE（低功耗蓝牙）协议栈，先通过安装、配置认识了 BLE 协议栈，然后通过任务开发学习 BLE 协议栈的主从收发、硬件控制，并通过广播者（Broadcaster）和观察者（Observer）的任务深入了解 BLE 协议栈。

第 7 章结合 CC3200 和 TI 推出的 SimpleLink Wi-Fi 协议栈，先简单认识 CC3200 芯片，通过安装、配置 CC3200 SDK 完成对 Wi-Fi 的配置，并通过任务开发实现对 AP 模式和 STATION 模式的学习，然后分别学习了 TCP 和 UDP 的网络通信方式，并通过 HTTP sever 的学习，实现了基本网络知识的学习，最后对硬件进行控制。

第 8 章是云平台开发基础，先介绍了物联网平台有关技术、基本使用方法和通信协议，详细介绍了基于 CC2530 和 ZigBee、CC1110 和 SimpliciTI、CC2540 和低功耗蓝牙、CC3200 和 Wi-Fi 等 4 种处理器和协议栈的硬件驱动开发方法，并介绍了 Android 应用接口 Web 应用接口以及开发调试工具。

第 9 章是物联网的高级案例开发，共有 4 个案例项目，分别是基于 CC1110 和 SimpliciTI 的智能灯光控制系统开发、基于 CC2540 和 BLE 智慧窗帘控制系统开发、基于 CC3200 和 Wi-Fi 的自动浇花系统开发以及基于 CC2530 和 ZigBee 的智能安防系统开发。高级应用涉及感知层更多的环境信息采集和控制，也实现了更为复杂的应用层功能，构建更为完整的物联网知识框架。

本书特色：

（1）任务式开发。抛去传统的理论学习方法，选取合适的案例将理论与实践结合起来，通过理论学习和开发实践，快速入门，由浅入深掌握物联网开发技术。

（2）各种知识点的融合。将嵌入式系统的开发技术、4 种 TI CC 系列的处理器基本接口驱动技术、传感器驱动技术、4 种无线传感网络无线技术、Android 移动互联网开发技术和 Web 开发技术等结合在一起，实现了强大的物联网数据采集、传输和处理功能和应用。

参与本书编写的人员有曹成涛、林晓辉、李彩红、黄良、李少伟、杨志伟和廖艺咪。本书既可作为高等院校相关专业师生的教学参考书，自学参考书，也可供相关领域的工程技术人员查阅之用，对于物联网开发爱好者，本书也为他们提供了一本的深入浅出的读物。

本书在编写过程中，借鉴和参考了国内外专家、学者、技术人员的相关研究成果，我们尽可能按学术规范予以说明，但难免有疏漏之处，在此谨向有关作者表示深深的敬意和谢意，如有请疏漏，请及时通过出版社与作者联系。

本书得到了广东省科技计划项目（2017ZC0358）、广州市科学研究计划（2018-1002-SF-0140）、广东交通职业技术学院校级重点科研项目（2017-1-001）和广东省高等职业教育品牌专业建设项目（2016GZPP044）的资助。

由于本书涉及的知识面广，时间仓促，限于笔者的水平和经验，疏漏之处在所难免，恳请专家和读者批评指正。

作　者
2017 年 5 月

CONTENTS 目录

第1章

无线传感物联网开发基础

本章主要介绍物联网和无线传感网络开发基础，首先分析了物联网基本构成和重点发展领域，然后介绍了物联网中的 ZigBee、SimpliciTI、低功耗蓝牙和 SimpleLink Wi-Fi 无线传感网络技术，最后讲述了物联网开发平台的硬件构成和物联网开发环境搭建。

1.1 任务 1 认识物联网与无线传感网络

1.1.1 物联网

物联网（Internet of Things）的概念最早于 1999 年由美国麻省理工学院首次提出，2009年初 IBM 抛出了"智慧地球"概念，使得物联网成为时下热门话题。2009 年 8 月，温家宝总理提出启动"感知中国"建设，随后物联网在中国进一步升温，得到政府、科研院校、电信运营商及设备提供商等相关厂商的高度重视。

物联网是指利用各种信息传感设备，如射频识别（RFID）装置、无线传感器、红外感应器、全球定位系统、激光扫描器等对现有物品信息进行感知、采集，通过网络支撑下的可靠传输技术，将各种物品的信息汇入互联网，并进行基于海量信息资源的智能决策、安全保障及管理技术与服务的全球公共的信息综合服务平台，物联网如图 1.1 所示。

物联网有两层意思：第一，物联网的核心和基础仍然是互联网，是在互联网基础上延伸和扩展的网络；第二，其用户端延伸和扩展到了任何物品，以及物品之间进行信息交换和通信。因此，物联网是指运用传感器、射频识别（RFID）、智能嵌入式等技术，使信息传感设备感知任何需要的信息，

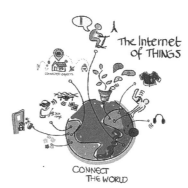

图 1.1 物联网

按照约定的协议，通过可能的网络（如基于 Wi-Fi 的无线局域网、3G/4G 等）接入方式，把任何物体与互联网相连接，进行信息交换和通信，在进行物与物、物与人的泛在连接的基础上，实现对物体的智能化识别、定位、跟踪、控制和管理。《物联网导论》中给出了物联网的架构图，分为感知识别层、网络构建层、信息处理层和综合应用层，如图 1.2 所示。

——基于 ZigBee、SimpliciTl、低功率蓝牙、Wi-Fi 技术

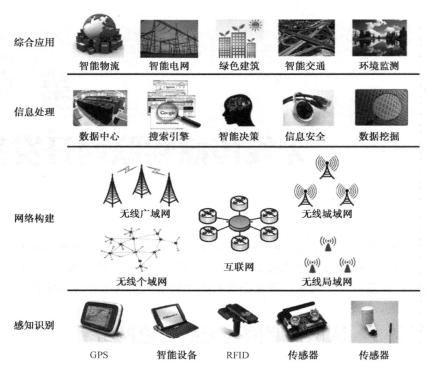

图 1.2　物联网架构示意图

　　随着家居智能化的快速兴起，现代家居中的监测、对讲、安防、管理及控制等更多的功能被集成应用，从而使得可视对讲、家庭安防，以及家居灯光、电器智能控制等子系统越来越多，线路日趋复杂。在满足功能需求不断增长的同时，提高系统的集成度，进一步提升系统的性价比，使安装及维护工作更为简单化，并能保证很好的灵活性，是现代家居智能化的发展趋势。

1.1.2　物联网重点发展领域

　　《物联网"十二五"发展规划》明确提出了物联网的九大重点领域分别为智能工业、智能农业、智能物流、智能交通、智能环保、智能安防、智能医疗、智能物流和智能家居，物联网已经深入社会生活的方方面面，如图 1.3 所示。

　　智能工业：将信息技术、网络技术和智能技术应用于工业领域，给工业注入"智慧"的综合技术。它突出了采用计算机技术模拟人在制造过程中和产品使用过程中的智力活动，以进行分析、推理、判断、构思和决策，从而去扩大延伸和部分替代人类专家的脑力劳动，实现知识密集型生产和决策自动化。

　　智能农业：在相对可控的环境条件下，采用工业化生产，实现集约高效可持续发展的现代超前农业生产方式，就是农业先进设施与露地相配套、具有高度的技术规范和高效益的集约化规模经营的生产方式。它集科研、生产、加工、销售于一体，实现周年性、全天候、反季节的企业化规模生产；它集成现代生物技术、农业工程、农用新材料等学科，以现代化农业设施为依托，科技含量高，产品附加值高，土地产出率高和劳动生产率高，是

我国农业新技术革命的跨世纪工程。

智能工业：是指将信息技术、网络技术和智能技术应用于工业领域，给工业注入"智慧"的综合技术……

智能物流：是利用集成智能化技术，使物流系统能模仿人的智能，具有思维、感知、学习……

智能农业：是指在相对可控的环境条件下，采用工业化生产，实现集约高效可持续发展的现代超前……

智能安防：其主要内涵是通过相关内容和服务的信息化、图像的传输和存储、数据的存……

物联网

智能工业　智能交通
智能物流　智能电网
智能农业　智能环保
智能安防　智能医疗
智能家居

智能交通：是未来交通系统的发展方向，它是将先进的信息技术、数据通信传输技术、电子传感技……

智能电网：是建立在集成的、高速双向通信网络的基础上，通过先进的传感和测量技术、先进的……

智能环保：是在原有"数字环保"的基础上，借助物联网技术，把感应器和装备嵌……

智能医疗：是通过打造健康档案区域医疗信息平台，利用最先进的物联网技术，实现患者与医务……

智能家居：智能家居是以住宅为平台，利用综合布线技术、网络通信技术、智能家居–系统设计方……

图 1.3　物联网九大重点领域

　　智能物流：智能物流是利用集成智能化技术，使物流系统能模仿人的智能，具有思维、感知、学习、推理判断和自行解决物流中某些问题的能力。智能物流根据自身的实际水平和客户需求对智能物流信息化进行定位，是国际未来物流信息化发展的方向。

　　智能交通：智能交通系统（ITS）是未来交通系统的发展方向，它是将先进的信息技术、数据通信传输技术、电子传感技术、控制技术及计算机技术等有效地集成运用于整个地面交通管理系统而建立的一种在大范围内、全方位发挥作用的，实时、准确、高效的综合交通运输管理系统。

　　智能电网：电网的智能化，也被称为"电网 2.0"，它建立在集成的、高速双向通信网络的基础上，通过先进的传感和测量技术、先进的设备技术、先进的控制方法，以及先进的决策支持系统技术的应用，实现电网的可靠、安全、经济、高效、环境友好和使用安全的目标，其主要特征包括自愈、激励和抵御攻击，提供满足 21 世纪用户需求的电能质量，容许各种不同发电形式的接入，启动电力市场及资产的优化高效运行。

　　智能环保：在原有"数字环保"的基础上，借助物联网技术，把感应器和装备嵌入到各种环境监控对象（物体）中，通过超级计算机和云计算将环保领域物联网整合起来，实现人类社会与环境业务系统的整合，以更加精细和动态的方式实现环境管理和决策的"智慧"。"智慧环保"是"数字环保"概念的延伸和拓展，是信息技术进步的必然趋势。

　　智能安防：通过相关内容和服务的信息化、图像的传输和存储、数据的存储和处理等，实现企业或住宅、社会治安、基础设施及重要目标的智能化安全防范。

　　智能医疗：通过打造健康档案区域医疗信息平台，利用最先进的物联网技术，实现患者与医务人员、医疗机构、医疗设备之间的互动，逐步达到信息化。在不久的将来，医疗行业将融入更多人工智慧、传感技术等高科技，使医疗服务走向真正意义的智能化，推动医疗事业的繁荣发展。在中国新医改的大背景下，智能医疗正在走进寻常百姓的生活。

　　智能家居：以住宅为平台，利用综合布线技术、网络通信技术、智能家居系统设计方案、安全防范技术、自动控制技术、音/视频技术将家居生活有关的设施集成，构建高效的住宅设施与家庭日程事务的管理系统，提升家居安全性、便利性、舒适性、艺术性，并实现节能环保的居住环境。

1.1.3　物联网和"互联网+"

国务院关于积极推进"互联网+"行动的指导意见明确提出发展目标：基础支撑进一步夯实提升，网络设施和产业基础得到有效巩固加强，应用支撑和安全保障能力明显增强，固定宽带网络、新一代移动通信网和下一代互联网加快发展，物联网、云计算等新型基础设施更加完备，人工智能等技术及其产业化能力显著增强。

在"互联网+"协同制造方面加快推动云计算、物联网、智能工业机器人、增材制造等技术在生产过程中的应用，推进生产装备智能化升级、工艺流程改造和基础数据共享。

在"互联网+"现代农业推广成熟可复制的农业物联网应用模式。在基础较好的领域和地区，普及基于环境感知、实时监测、自动控制的网络化农业环境监测系统；在大宗农产品规模生产区域，构建天地一体的农业物联网测控体系，实施智能节水灌溉、测土配方施肥、农机定位耕种等精准化作业；在畜禽标准化规模养殖基地和水产健康养殖示范基地，推动饲料精准投放、疾病自动诊断、废弃物自动回收等智能设备的应用普及和互连互通。引导各地大力发展精准农业，在高标准农田、现代农业示范区、绿色高产高效创建和模式攻关区、园艺作物标准园等大宗粮食和特色经济作物规模生产区域，以及农民合作社国家示范社等主体，构建天地一体的农业物联网测控体系，实施农情信息监测预警、农作物种植遥感监测、农作物病虫监测预警、农产品产地质量安全监测、水肥一体化和智能节水灌溉、测土配方施肥、农机定位耕种等精准化作业。大力推进物联网在农业生产中的应用，在国家现代农业示范区率先取得突破；建成一批大田种植、设施园艺、畜禽养殖、水产养殖物联网示范基地；研发一批农业物联网产品和技术，熟化一批农业物联网成套设备，推广一批节本增效农业物联网应用模式，加强推广应用。重点加强成熟度、营养组分、形态、有害物残留、产品包装标识等传感器研发，推进动植物坏境（土壤、水、大气）、生命信息（生长、发育、营养、病变、胁迫等）传感器熟化，促进数据传输、数据处理、智能控制、信息服务的设备和软件开发。研究物联网技术在不同产品、不同领域的集成、组装模式和技术实现路径，促进农业物联网基础理论研究，探索构建国家农业物联网标准体系及相关公共服务平台。推进农业生产集约化、工程装备化、作业精准化和管理信息化，为农业物联网广泛推广应用奠定基础。

物联网和大数据将不断融合，物联网产生大数据，大数据带动物联网价值提升，物联网是大数据产生的源泉，越来越多的终端采集越来越多的数据，为相关平台提供大数据做进一步的分析。大数据使物联网从现有的感知走向决策，现在物联网更多的是信息采集上来，到了后台，但是处理完了，也没有产生效果，或者它本身还是处于决策非常弱的这样一个环节。所以，未来物联网和大数据的结合，将提升整体价值。物联网的数据特性和其他现有的一些特性不太一样，因为物联网面向的终端类型非常多样，因此，这种多样的特性其实是对大数据也提出了新的挑战。

物联网在智慧城市建设中的推广和应用将更加深化，智慧城市本身为物联网的应用提供了巨大的载体，在这种载体中，物联网可以集成一些应用，例如，在城市的信息化管理、民生等方面都可以发挥融合应用的效果，真正发挥物联网的行业应用的特征，产生深远的影响。

1.1.4 物联网中的无线传感网络技术

1. 无线传感网络

物联网技术广泛应用了无线传感网络，无线传感器网络最初是由美国国防部高级研究计划署于年提出的，其雏形是卡耐基-梅隆大学研究的分布式传感器网络。在以后的三十年间，随着微电机系统、嵌入式系统、处理器、无线电技术及存储技术的巨大进步，无线传感器网络也获得了长足的发展。当前，无线传感器网络项目在全世界广泛展开，其范围涵盖军用和民用的许多领域，例如，UCBerkeley 的 Smart Dust 项目、UCLA 的 WINS 项目，以及多所机构联合攻关的 SensIT 计划等。

无线传感器网络主要应用于森林火灾、洪水监测、环境保护、自然栖息地监测等，在这些应用中，传感器节点往往布置在荒芜或不适宜人类进入的环境中，如遥远荒芜的区域、有毒的地区、大型工业建筑或航空器内部，负责收集有关温度、地震波、声音、光线、磁场强度或其他类型的数据。人体检查、药品管理、医疗护理、智能看护、交互式玩具、交互式博物馆等也是传感器网络的重要应用领域。另外，传感器网络还可能在交通运输、工业品制造，以及安全和保密方面潜在巨大的应用价值。

一般的无线传感网络如图 1.4 所示。

无线传感器网络一般包括汇聚节点（Sink Node）、管理节点（Manger Node）和传感器节点（Sensor Node）。无线传感器网络中的传感器的节点按一定规律或随机部署在被监控的区域内或被监控的区域附近，被部署的传感器节点可以通过网络协议以自组织方式来构建起无线网络。这样，当网络中某一个传感器节点监测到须上传数据时，所采集数据会沿着其他传感器节点构成的无线传输路径以自组多跳的方式进行数据传

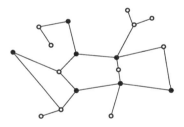

图 1.4　一般的无线传感网络

输。因此，数据在传感器网络内部的传输过程中，可能会有许多个节点对所得到的监测数据进行分析处理，最后汇聚到汇聚节点，并通过卫星或互联网传送到管理节点。

无线传感器网络应用中，有时无线传感器网络节点需要小型化，即需要微型节点。一个无线传感器网络中的微型嵌入式传感器节点，主要由传感器、处理器、无线通信和能量供应四个模块组成，其能量是由能量有限的电池提供的，因此传感器节点的存储、处理、通信等能力就会较弱。在一个无线传感器的节点中，传感器模块的作用是将被监测区域内的信息（模拟量或开关量等）进行采集和转换；能量供应模块的作用是为传感器节点运行提供所需的能量，为了减小传感器节点的体积，能量供应模块一般采用纽扣电池；无线通信模块用来实现无线网络中的数据传输及通信协议；处理器模块处于核心地位，其主要作用是对传感器模块、无线通信模块、能量供应模块进行统一、有效的控制，另外，还将传感器所采集的数据，以及其他节点发来的数据进行前期处理。

无线传感器网络与传统网络相比，无线传感器网络中的每个传感器节点均需要具有终端功能和路由功能这双重功能，网络中的每一个节点不仅能完成本地节点需要的信息采集、数据处理，还能够对网络中其他节点转发来的数据进行存储、融合和管理；有时，需要多个无线网络中的传感器节在网络协议协调下共同完成某些特定的任务。无线传感网络特点如下。

（1）具有自组织性：一般情况下，在无线网络构成之前无法预先精确设定，也不能预先确定无线传感器网络中各传感器节点的地理位置或节点之间的相对位置。例如，采用飞机在无人的危险区，随意放置或播散大量传感器节点。因此，传感器节点需要自动地进行配置和自我管理，必须具有自组织能力，采用拓扑控制的机制和网络协议，自动形成多跳无线网络系统。

（2）规模大：一般情况下，为了准确获得被监测区域的各种数据，以便精确感知被监测区域的变化，在被监测区域内会部署大量传感器节点，数量有时能达到上万个，甚至更多。所以无线传感器网络的"规模大"，其主要体现在两方面：一是，高密度部署传感器节点，即在有限的面积内布置大量传感器节点；二是，节点分布的区域面积大，如对某原始森林进行防火监测，需要大面积部署的传感器节点。

（3）具有动态性：在实际工作中，网络拓扑结构会随一些因素而改变。例如，环境条件的变化可能会造成无线通信链路带宽的变化；电能耗尽或环境因素可能会造成单个、多个传感器节点出现故障或失效；传感器、感知对象和观察者三要素地理位置产生移动变化等。无线传感器网络要能够根据实际情况的变化，动态改变网络结构，使网络具有重构特性。

（4）可靠性高：无线传感器网络有时可能部署在无人值守区域，如比较恶劣的环境或人类不宜到达的危险区域。因此在这些特殊的应用环境中，传感器节点很可能遭受风吹雨淋或太阳暴晒，甚至会遭到无关人员或动物的破坏。这些外在的恶劣条件，要求无线传感器网络中所使用的传感器节点必须能适应各种恶劣环境，特别坚固，不易损坏。

2．无线传感网络技术

1）ZigBee

如果蜜蜂发现食物，则会采用类似 ZigZag 形状的舞蹈将具体位置告诉其他蜜蜂，这是一种简单的传达消息的方式。蜜蜂则通过这种方式与同伴进行"无线"通信，构成通信网络。ZigBee 名字由此而来，又称为紫峰协议。可以这样理解，ZigBee 是 IEEE 802.15.4 协议的代名词，是根据这个协议规定的一种短距离、低功耗的无线通信技术。

ZigBee 技术是近些年才兴起的一种短距离无线通信技术，是无线传感器网络（Wireless Sensor Network，WSN）的核心技术之一。使用该技术的节点设备能耗特别低，自组网无须人工干预，成本低廉，设备复杂度低且网络容量大。ZigBee 的组成如图 1.5 所示。

（1）低功耗：这是 ZigBee 最具代表性的特点，该技术具有低速率及低发射功率的特性，另外休眠功能使设备的功耗进一步降低。两节普通 5 号干电池便可使其设备正常工作 6～24 个月，而使用其他技术的设备根本无法做到这一点。

（2）低成本：ZigBee 协议具有简单明了的特点，对相关设备要求也不是很高，除此之外，该协议是免费、公开的，同时使用的免执照频段，也缩减了其使用成本。

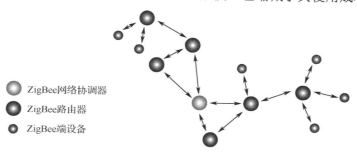

图 1.5　ZigBee 的组成

（3）短时延：ZigBee 的响应速度非常快，当有事件触发时，只需要 15 ms 的反应时间，而设备加入网络所需要的时间也仅有 30 ms，同时功耗也得到降低。因此该技术在对时延有较高要求的场景中，具有明显的优势。

（4）高容量：ZigBee 网络具有三种拓扑结构，由一个中心节点对整个网络进行管理与维护。一个主节点最多可管理 254 个子节点，再加上灵活的组网方式，一个 ZigBee 网络最多可包含 6.5 万个节点。

（5）高可靠性：ZigBee 采用了载波侦听多点接入/冲突避免的机制（Carrier Sense Multiple Access with Collision Avoidance，CSMA/CA）来保证通信的高可靠性，同时通过预留专用时隙的方式避免数据传送过程中的竞争与冲突。

ZigBee 技术本身是针对低数据量、低成本、低功耗、高可靠性的无线数据通信的需求而产生的，在多方面领域有广泛应用，如国防安全、工业应用、交通物流、节能、生产现代化和智能家居等领域，如图 1.6 所示。

图 1.6　ZigBee 应用

2）SimpliciTI

SimpliciTI 网络协议是 TI 公司专为简单小型射频网络（100 个节点以内）而设计的低功耗网络协议，该协议简化实施工作，非常小，只占了微处理器闪存的字节空间，实现微处理器资源占用的最小化，大大降低了对硬件的要求，从而有效地减少了系统的成本。

SimpliciTI 网络协议虽然所占资源很少，但是其功能俱全，该协议具有网络管理、采集节点入网、传输安全、范围扩展、能耗管理、设备管理等网络常见应用功能。此网络协议以免许可费、免版税的源代码公开的形式提供给开发人员，在开发过程中，可以很方便地根据各自具体的应用需求修改该协议代码，可在很大程度上节省了开发时间，降低系统成本。

SimpliciTI 网络协议可应用在各种低功耗小型系统中，如家庭自动化车库开门器、家电设备、环境设备、自动读表（水表、电表）、安全与报警一氧化碳探测器、烟雾探测器、光传感器等。

SimpliciTI 支持多种网络拓扑，图 1.7 是其典型的无线传感器网络中使用的星状网络拓扑示意图，在这种情况下当一个设备感知发生烟雾警报，为了保证信息能够可靠地传输就采用泛洪的方式发送，这样的数据传输不是面向连接的。

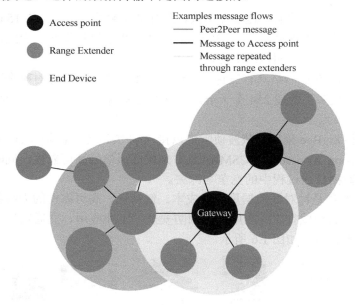

图 1.7　SimpliciTI 星状网络拓扑示意图

3）低功耗蓝牙（BLE）

蓝牙是一种短距离无线通信技术，最初是由爱立信于 1994 年创制的，用于代替传统电缆形式的串口通信 RS-232，实现串口接口设备之间的无线传输，以及降低移动设备的功耗和成本。

蓝牙工作在免申请执照的 ISM（Industrial Scientific Medical）2.4 GHz 频段，频谱范围为 2400～2483.5 MHz，采用高斯频移键控调制方式。为了避免与其他无线通信协议的干扰（如 ZigBee），射频收发机采用跳频技术，在很大程度上降低了噪声的干扰和射频信号的衰减。蓝牙将该频段划分为 79 个通信信道，信道带宽为 1 MHz。传输数据以数据包的形式在其中的一条信道上进行传输，第一条信道起始于 2402 MHz，最后一条信道为 2480 MHz。通过自适应跳频技术进行信道的切换，信道切换频次为 1600 次/s。

蓝牙是一种基于主从模式框架的数据包传输协议，其网络结构的拓扑结构有两种形式：微微网（piconet）和分布式网络（Scatternet）。在网络拓扑架构中，蓝牙设备的主从模式可以通过协商机制进行切换。主设备通过时间片循环的方式对每个从设备进行访问，与此同时从设备需要对每个接收信道进行监听，以便启动唤醒工作模式。在微微网中，一个主设备可以同时与 7 个蓝牙从设备进行数据的交换，其他从设备与主设备共用同一时钟。在单通道数据交换过程中，蓝牙主设备通过偶数信道发送数据给从设备，并通过奇数信道接收数据。与此相反，蓝牙从设备通过奇数信道发送数据给主设备，偶数信道接收数据。通常情况下，数据包的长度可占用 1 个、3 个或 5 个信道。

蓝牙协议标准由蓝牙工作兴趣小组（SIG）负责制定和维护，协议标准先后经过了 10 余次的更新，由最初的 Bluetooth V1.0 到更新至今天的 Bluetooth V5.0。Bluetooth V1.0 的协议标准主要制定了蓝牙硬件指标，主要包括基带数据传输和逻辑链路层协议。

与经典蓝牙协议相比，低功耗蓝牙技术协议在继承经典蓝牙射频技术的基础之上，对经典蓝牙协议栈进行进一步简化，将蓝牙数据传输速率和功耗作为主要技术指标。在芯片设计方面，采用两种实现方式，即单模（Single-Mode）形式和双模形式（Dual-Mode）。双模形式的蓝牙芯片将低功耗蓝牙协议标准集成到经典蓝牙控制器中，实现了两种协议共用；而单模蓝牙芯片采用独立的蓝牙低功耗协议栈（Bluetooth Low Energy Protocol），它是对经典蓝牙协议栈的简化，进而降低了功耗，提高了传输速率。蓝牙应用如图 1.8 所示。

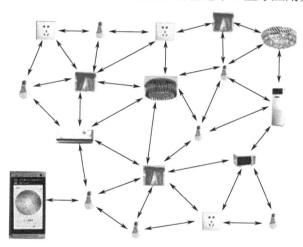

图 1.8　蓝牙应用示意图

蓝牙从一开始就设计为超低功耗（ULP）无线技术，利用许多智能手段最大限度地降低功耗。蓝牙低能耗技术采用可变连接时间间隔，这个间隔根据具体应用可以设置为几毫秒到几秒不等。另外，因为 BLE 技术采用非常快速的连接方式，因此平时可以处于"非连接"状态（节省能源），此时链路两端相互间只是知晓对方，只有在必要时才开启链路，然后在尽可能短的时间内关闭链路。

BLE 技术的工作模式非常适合用于从微型无线传感器（每 0.5 s 交换一次数据）或使用完全异步通信的遥控器等其他外设传送数据，这些设备发送的数据量非常少（通常几个字节），而且发送次数也很少（如每秒几次到每分钟一次，甚至更少）。

BLE 技术的拓扑结构如下：BLE 网络可以点对点或者点对多点，一个 BLE 主机可以连接多个 BLE 从机，组成星状网络，另外还有一种有广播设备和多个扫描设备组成的广播组结构，不同的网络拓扑对应不同的应用领域。

一直以来，蓝牙技术在配件方面的应用都更受关注，但随着移动时代的迅猛发展，BLE 将会有更大的用武之地。事实上，BLE 的低功耗技术，在设计之初便主打医疗与健康监控等特殊市场，而总的来说，蓝牙 4.0 的发展方向将是运动管理、医疗健康照护、智能仪表、智能家居及各种物联网相关应用。

在医疗健康领域，过去不少健康类的应用都是基于蓝牙 2.1 协议去做的，但因受限于耗电问题而未能掀动太大波澜，BLE 化解这一难题后，市场被强力激活，如由英特尔发起，并由许多不同医疗技术与保健机构成立的 Continua 健康联盟，便已决议将 BLE 纳入日后的标准传输技术中。现在市场上已有许多采用蓝牙 2.1 规格的医疗产品，如血压计、血糖仪等，未来，通过 Continua 健康联盟正式认证的蓝牙 4.0 规格的医疗类产品肯定会越来越多。健康应用方面，BLE 也有广阔的市场空间，可以与健身设备进行无缝结合，人们在使用健身器材时，就能通过相关设备如计步器、脉搏机等来传送并记录运动情况进入移动设备，保存个人的健康信息。

BLE 与安卓的结合更将对当下如火如荼的"物联网"起到推波助澜的作用，目前市场上的所有智能设备都是物联网生态发展的推动力量，但 BLE 能够起到打通物联网的和传感器设备之间的"关节"的节点作用，这将从关键意义上推动物联网的真正发展。由于蓝牙技术一向关注上层应用，有统一标准，因此各种各样的底层硬件虽出自不同制造厂家，却可以互连互通，能够形成完善的生态环境，为自身及物联网产品市场都创造了良好环境。

有分析认为，当 BLE 把每个人的安卓或者其他移动设备变为一个传感器标签时，它所能做的将不仅仅是通过应用软件去找东西，而是将拥有巨大的可拓展性，如它可以通过 APP 和传感器来构建一个 P2P 的网络以模拟 GPS 的功能等。总之，当 BLE 传感器无处不在时，蕴藏着巨大商机。

4）SimpleLink Wi-Fi

2014 年 6 月份，TI 公司推出了 SimpleLink Wi-Fi 系列 WI-FI 平台，专为物联网而设计的开发平台，结合 CC3100、CC3200 处理器，平台具有高度的灵活性，其中 3200 在单芯片中集成了射频及模拟功能电路，将 Wi-Fi 平台与 ARM Cortex-M4 MCU 整合在一起，实现了低功耗、单芯片 Wi-Fi 解决方案；而 CC3100 可与任何 MCU 配合使用，这两款芯片都具有很低的功耗，提供低功耗射频和高级低功耗模式，适用于电池供电式设备的开发。此新型片上互联网（Internet-on、a-Chip）系列使得客户能够轻松地为众多的家用、工业和消费类电子产品增添嵌入式 Wi-Fi 和互联网功能，所凭借的特性包括：

（1）业界最低的功耗（适用于电池供电式设备），以及低功耗射频和高级低功耗模式。

（2）高度的灵活性，可将任何微控制器（MCU）与 CC3100 解决方案配合使用，或者利用 CC3200 的集成型可编程 ARM Cortex-M4 MCU，从而允许客户添加其特有的代码。

（3）可利用快速连接、云支持和片上 Wi-Fi、互联网和稳健的安全协议实现针对 IoT 的简易型开发，无须具备开发连接型产品的先前经验。

（4）能够采用某种手机或平板电脑应用程序或者一种具有多种配置选项，包括 SmartConfig 技术、针对 WPS 和 AP 模式的网络浏览器简单且安全地将其设备连接至 Wi-Fi。

Wi-Fi 应用如图 1.9 所示。

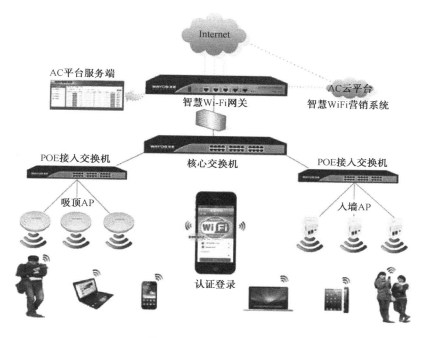

图 1.9 Wi-Fi 应用示意图

SimpleLink Wi-Fi CC3100 和 CC3200 通过优化处理把"物"连接至互联网。

（1）把和 Wi-Fi 相关的驱动代码压缩得非常小，低至 7 KB 的主机代码，实现了与低成本 MCU 的集成。

（2）在软件层提供了业界标准的 BSD 套接字 API，适用于 TCP/IP 通信。以前要用上百行的代码写命令去控制，现在只需要发一行简单的指令就可快速构建互联网应用，并可重用业界的可用互联网代码。

（3）具有硬件加密引擎，用于实现 TLS/SSL 互联网安全，能在 150 ms 内建立 TLS 连接，实现快速安全的用户体验。

（4）具有低功耗射频和高级低功耗模式。

（5）具有最灵活的 Wi-Fi 配置/预置选项，允许客户以最适合其应用的方式设置无监视器的设备。

1.2 任务 2 认识物联网开发平台

1.2.1 ZXBeeEdu 无线节点介绍

ZXBeeEdu 无线节点：支持 40 多种传感器，可选 ARM Cortex-M3 处理器和 1.8 寸 TFT LCD，主要由嵌入式底板、无线模组、传感器板、LCD 屏四部分组成，如图 1.10 所示。普通型 ZXBee 节点不含 LCD 屏，且嵌入式底板不包含 ARM 芯片。ZXBee 无线节点支持 CC2530Bee（ZigBee/IPv6_6LoWPAN）、CC1110LF（RF433M）、CC2540BLE（BLE 4.0）、

CC3200WF（Wi-Fi）、W108Bee（IPv6_6LoWPAN）、HC05BT（IPv6_BT）、LPAWF（IPv6_WiFi）。

图 1.10　ZXBee Edu 无线节点

1.2.2　ZXBee 系列无线模组介绍

ZXBee 系列无线模组包含 10 种，覆盖 RF433M、ZigBee、Wi-Fi、Bluetooth、BLE 4.0、6LoWPAN 等不同无线通信技术，如表 1.1 所示。

表 1.1　ZXBee 系列模块

名称/型号	产 品 图 片	产 品 指 标
CC1110 433MHz 无线模组： CC1110LF_Core		1. TI CC1110 RF433M 无线芯片，高性能、低功耗的 8051 微控制器内核，适应 433 MHz 低功耗的 RF 收发器； 2. SMA 胶棒天线，传输距离可达 100 m
CC2530 ZigBee 无线模组： CC2530Bee_Core		1. TI CC2530 ZigBee 无线芯片，高性能、低功耗的 8051 微控制器内核，适应 2.4 GHz IEEE 802.15.4 的 RF 收发器； 2. SMA 胶棒天线，传输速率达 250 kbps，传输距离可达 200 m
CC2540 BLE 4.0 无线模组： CC2540BLE_Core		1. TI CC2540 Bluetooth 4.0 BLE 无线芯片，高性能、低功耗的 8051 微控制器内核，适应 2.4 GHz 蓝牙低功耗的 RF 收发器； 2. SMA 胶棒天线，传输速率达 1 Mbps，传输距离可达 100 m
CC3200 Wi-Fi 无线模组： CC3200WF_Core		1. TI CC3200 Wi-Fi 无线芯片，内置工业级低功耗 ARM Cortex-M4 微控制器内核，主频为 80 MHz，支持 802.11b/g/n 协议，内置强大的加密引擎； 2. 内置 TCP/IP 和 TLS/SSL 协议栈，支持 http server 等多种协议； 3. 支持 STA 接入点模式，AP 访问模式和 Wi-Fi 直连模式； 4. 板载陶瓷天线，支持主从操作模式，传输速率可达 400 kbps

续表

名称/型号	产品图片	产品指标
STM32W108 IPv6 无线模组： W108Bee_Core		1. ST STM32W108 ZigBee 无线芯片，高性能、低功耗的 ARM Cortex-M3 微控制器内核，适应 2.4 GHz IEEE 802.15.4 的 RF 收发器，支持 IPv6_6LoWPAN 无线传感网协议； 2. SMA 胶棒天线，传输速率达 250 kbps，传输距离可达 200 m
HC05 蓝牙无线模组： HC05BT_Core		1. 工业级 HC05 透传无线芯片，支持 Bluetooth 2.0 协议； 2. 提供完整 AT+指令集配置，支持透传操作； 3. 板载 PCB 天线，支持主从操作模式，传输距离为 10 m
HF-LPA Wi-Fi 无线模组： LPAWF_Core		1. 工业级 HF-LPA Wi-Fi 透传无线芯片，支持 802.11 b/g/n 协议； 2. 支持 TCP/IP/UDP 网络协议栈，支持无线工作在 STA/Ad Hoc 模式； 3. 提供完整 AT+指令集配置，支持透传操作； 4. 板载陶瓷天线，支持主从操作模式，传输速率可达 400 kbps
ZM5168 ZigBee 无线模组： ZM5168Bee_Core		1. 周立功工业级 ZM5168 透传无线 ZigBee 模组，采用 NXP JN5168 芯片，适应 2.4 GHz IEEE 802.15.4 的 RF 收发器； 2. 支持 JenNet-IP、ZigBee-PRO、RF4CE 等协议，可快速应用于智能家居、智能遥控器等场合； 3. 提供健壮的 FastZigBee 组网协议，完整 AT+指令集配置，支持透传操作，专用的 ZigBee 配置工具配置； 4. 板载陶瓷天线，支持主从操作模式，传输速率可达 250 kbps
SZ05 ZigBee 无线模组： SZ05Bee_Core		1. 工业级 SZ05 透传无线 ZigBee 模组，TI CC2530 ZigBee 无线芯片，高性能、低功耗的 8051 微控制器内核，适应 2.4 GHz IEEE 802.15.4 的 RF 收发器； 2. 板载 PCB 天线，传输速率达 250 kbps，传输距离可达 200 m
EMW3165 Wi-Fi 无线模组： EMW3165WF_Core		1. MXCHIP 工业级 EMW3165 透传无线 Wi-Fi 模组，支持 802.11 b/g/n 协议； 2. 支持无线工作在 AP 客户端模式，AP 服务器模式和 Ad-Hoc 模式； 3. 提供完整 AT+指令集配置，支持透传操作； 4. 板载 PCB 天线，支持主从操作模式，传输速率可达 400 kbps

1.2.3 跳线设置及硬件连接

1. 硬件实物图

ZXBee 系列无线节点及配件实物图如图 1.11 所示。

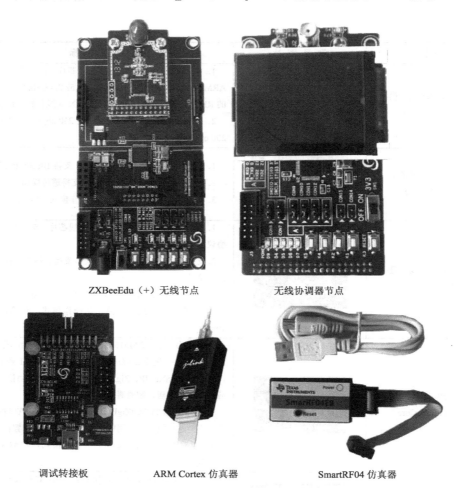

ZXBeeEdu（+）无线节点　　　　　　　无线协调器节点

调试转接板　　　　ARM Cortex 仿真器　　　　SmartRF04 仿真器

图 1.11　ZXBee 几个主要模块实物图

2．硬件结构框图

ZXBee 无线节点硬件如图 1.12 所示。

3．跳线说明

无线节点跳线说明：ZXBee 系列无线节点板上提供了两组跳线用于选择调试不同处理器，跳线使用如图 1.13 所示。

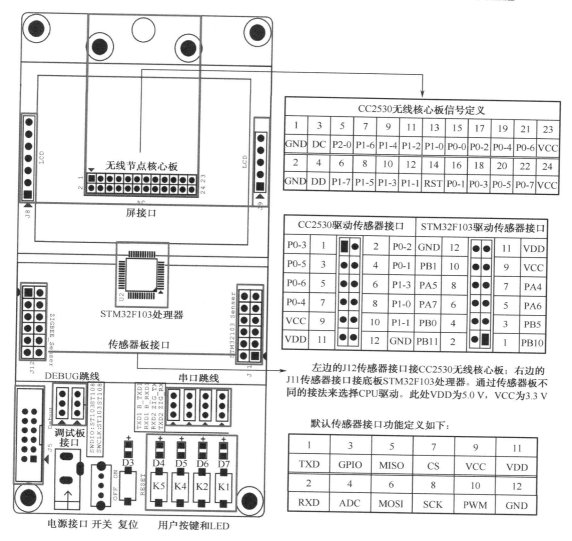

CC2530无线核心板信号定义

1	3	5	7	9	11	13	15	17	19	21	23
GND	DC	P2-0	P1-6	P1-4	P1-2	P1-0	P0-0	P0-2	P0-4	P0-6	VCC
2	4	6	8	10	12	14	16	18	20	22	24
GND	DD	P1-7	P1-5	P1-3	P1-1	RST	P0-1	P0-3	P0-5	P0-7	VCC

CC2530驱动传感器接口				STM32F103驱动传感器接口			
P0-3	1	2	P0-2	GND	12	11	VDD
P0-5	3	4	P0-1	PB1	10	9	VCC
P0-6	5	6	P1-3	PA5	8	7	PA4
P0-4	7	8	P1-0	PA7	6	5	PA6
VCC	9	10	P1-1	PB0	4	3	PB5
VDD	11	12	GND	PB11	2	1	PB10

左边的J12传感器接口接CC2530无线核心板；右边的J11传感器接口接底板STM32F103处理器。通过传感器板不同的接法来选择CPU驱动。此处VDD为5.0 V，VCC为3.3 V

默认传感器接口功能定义如下：

1	3	5	7	9	11
TXD	GPIO	MISO	CS	VCC	VDD
2	4	6	8	10	12
RXD	ADC	MOSI	SCK	PWM	GND

图 1.12　ZXBee 无线节点硬件框图

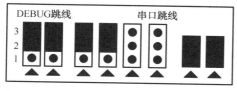

模式一：调试CC2530，CC2530串口连接到网关
（运行ZigBee ZStack协议栈默认设置）

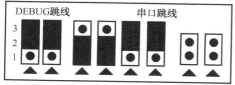

模式二：调试CC2530，CC2530串口连接到调试扩展板

图 1.13　ZXBee 系列无线节点板的两种跳线方法

4．传感器板的使用

传感器板可以有两种接法，分别通过无线核心板（CC1110/CC2530/CC2540/CC3200）和底板 STM32F103 驱动，如图 1.14 所示。

图 1.14　传感器板的两种接法

5．调试接口板的使用

通过调试接口板的转接，无线节点可以使用仿真器进行调试，还可以使用 RS-232 串口，连接如图 1.15 所示。

图 1.15　调试接口板的连接

1.2.4　无线节点硬件资源

1．传感器接口引脚

1	3	5	7	9	11
TXD	GPIO	MISO	CS	VCC	VDD
2	4	6	8	10	12
RXD	ADC	MOSI	SCK	PWM	GND

2. CC1110/CC2530/CC2540 无线节点硬件资源分配

引　脚	底 板 设 备	传感器接口
P0_1	K4	ADC
P0_2	D_TXD2	RXD
P0_3	D_RXD2	TXD
P0_4	K5	CS
P0_5	—	GPIO
P0_6	—	MISO
P1_0	D7	SCK
P1_1	D6	PWM
P1_3	—	MOSI
P1_6	D_C2530_MOSI	—
P1_7	D_C2530_MISO	—
P2_1	D_C2530_DD	—
P2_2	D_C2530_DC	—

注：悬空/不使用的引脚没有列出。

3. CC3200 无线节点硬件资源分配

引　脚	底 板 设 备	传感器接口
G03	K4	ADC
G02	D_TXD2	RXD
G01	D_RXD2	TXD
G15	K5	CS
G16	—	GPIO
G17	—	MISO
G12	D7	SCK
G11	D6	PWM
G07	—	MOSI

注：悬空/不使用的引脚没有列出。

1.3　任务3　搭建物联网开发环境

1.3.1　学习目标

掌握物联网开发常用工具安装。

1.3.2 开发环境

硬件：计算机（推荐：主频 2 GHz+，内存：1 GB+），s210x 系列开发平台。软件：Windows XP/Windows 7/8/10。

1.3.3 原理学习

基于 TI CC 系列无线处理器的物联网开发主要采用 IAR IDE，同时 TI 也提供了一些免费的物联网调试监测工具，1.3.4 节将介绍 IAR 的安装与相关调试工具的学习。

1.3.4 开发步骤

1．IAR 的安装

IAR Embedded Workbench IDE 是一款流程的嵌入式软件开发 IDE 环境，ZXBee 接口任务及协议栈工程都基于 IAR 开发，软件安装包位于配套开发资料"04-常用工具\IAR"，其中包含 C51 版本和 ARM 版本，分别按照默认安装即可，IAR 安装界面如图 1.16 所示。

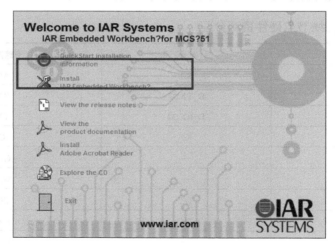

图 1.16　IAR 安装界面

软件安装完成后，即可自动识别 eww 格式的工程，如图 1.17 所示。

2．SmartRFProgrammer

SmartRFProgrammer 是 TI 公司提供的一款 Flash 烧写工具，ZXBee 系列 CC1110/CC2530/CC2540 无线节点均可通过该工具烧写固件，软件安装包位于配套开发资料"04-常用工具\SmartRFProgram"，按照默认安装即可，安装完后打开软件界面，如图 1.18 所示。

SmartRFProgrammer 工具需要配合 SmartRF04 仿真器使用，第一次使用会要求安装驱动，位于安装目录"C:\Program Files (x86)\Texas Instruments\SmartRF Tools\Drivers\Cebal"。

图 1.17 打开 IAR 工程

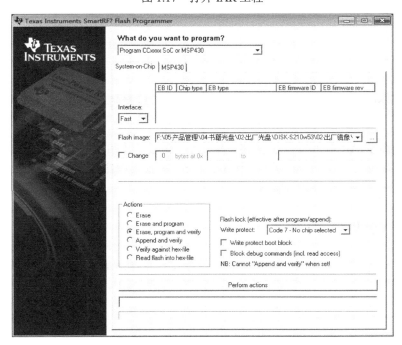

图 1.18 SmartRFProgrammer 工具

3．SmartRF Packet Sniffer

SmartRF Packet Sniffer 是 TI 公司提供的一款用于显示和存储通过射频硬件节点侦听而捕获的射频数据包，支持多种射频协议，数据包嗅探器对数据包进行过滤和解码，最后用一种简洁的方法显示出来。过滤包含几种选项，以二进制文件格式储存。软件安装包位于配套开发资料"04-常用工具\Packet Sniffer"，按照默认安装即可，安装完后打开软件界面，如图 1.19 所示。

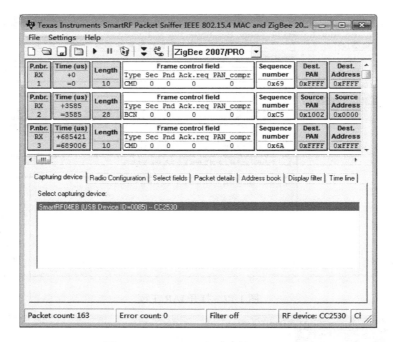

图 1.19　SmartRF Packet Sniffer 工具

1.4　任务 4　创建第一个 IAR 应用程序

按照 1.3 节将 IAR 等开发环境搭建完毕之后，就可以开始利用 IAR 来开发嵌入式程序。本节主要介绍如何在 IAR 中建立第一个基于 8051 的应用程序（以 CC2530 处理器为例），然后介绍 IAR 开发环境的基本使用。

1.4.1　创建工程

（1）安装 IAR 后，打开 IAR 程序，打开方法：在系统桌面单击"开始→所有程序"，然后在程序列表中找到"IAR Systems→IAR Embedded Workbench for 8051"目录，在该目录下找到"IAR Embedded Workbench"应用程序并单击即可运行（建议将该程序的图标放在桌面上），如图 1.20 所示。

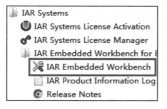

图 1.20　打开 IAR 开发工具

IAR 打开之后显示如图 1.21 所示。

（2）创建工作空间，在菜单栏单击"File→New→Workspace"，如图 1.22 所示。

（3）保存工作空间，以桌面上的"LED"文件夹为例，将工作空间保存在该目录，然后单击"保存"按钮，如图 1.23 所示。

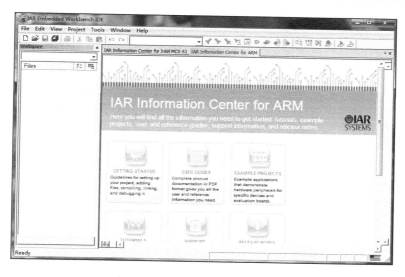

图 1.21　IAR 开发工具显示界面

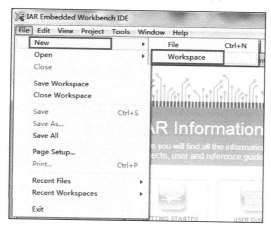

图 1.22　新建工作空间

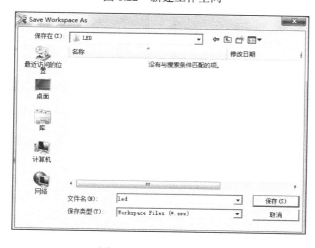

图 1.23　工作空间保存

（4）创建一个新项目，单击"Project→Create New Project"，如图 1.24 所示。

单击新建项目之后就会弹出一个对话框，在该图中将"Tool chain"选择"8051"，然后单击"OK"按钮，如图 1.25 所示。

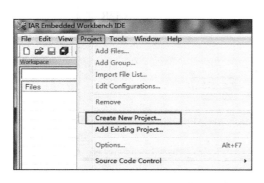

图 1.24　创建新的项目

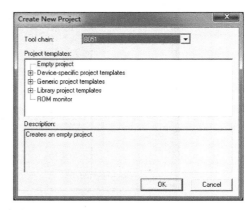

图 1.25　工具链选择

（5）在上一步骤中单击"OK"按钮后，系统就会提示保存项目，将工程保存到 LED 目录下，如图 1.26 所示。

（6）新建源程序文件 main.c。在菜单栏中选择"File→New→File"，然后在空白文件中添加代码。

输入完毕后，按"CTRL+S"组合键或者单击菜单栏中的"File→Save"保存该文件，将该文件保存在 LED 目录下，并命名为 main.c，如图 1.27 所示。

图 1.26　保存项目

图 1.27　保存 main.c 文件

（7）main.c 文件创建完成后，需要将该文件添加到工程中，单击工程名称，右击选择"Add→Add main.c"，如图 1.28 所示。

（8）源文件添加完成后，如图 1.29 所示。

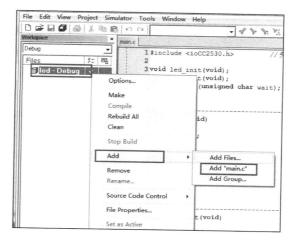

图 1.28　添加源文件到工程

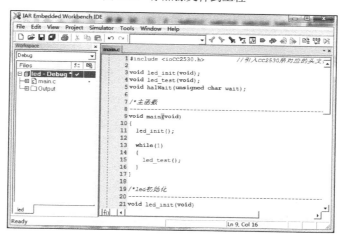

图 1.29　成功添加源文件

1.4.2　工程设置

　　由于 IAR 开发环境支持众多芯片厂商的不同型号的微处理器 MCU，为了能够让程序正确的烧写到 CC2530 芯片中以及能够正确的调试程序，就需要对新建工程进行工程设置了。下面是工程的设置步骤。

　　（1）选中工程，单击鼠标右键选择"Options"，如图 1.30 所示。

　　（2）进入工程设置界面后，在"Category"选项框中单击"General Options"配置，在"Device"一栏单击右边的"…"图标选择芯片的型号，如图 1.31 所示。

　　在弹出的选择页面中，找到"Texas Instruments"文件夹并进入，选中"CC2530F256.i51"文件，然后单击"打开"按钮，如图 1.32 所示。

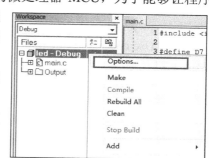

图 1.30　进入工程设置选项

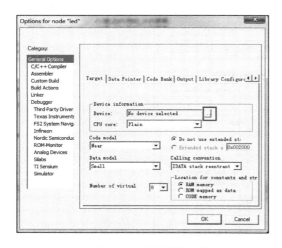

图 1.31　芯片型号选择　　　　　　　　图 1.32　选择 CC2530 的芯片型号

在"General Options"配置的"Stack/Heap"选项卡，设置"XDATA"为"0x1FF"，如图 1.33 所示。

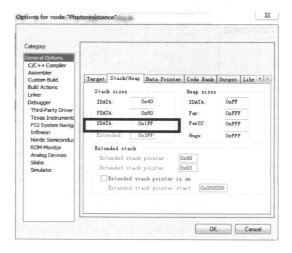

图 1.33　设置堆栈大小

（3）配置 Linker，该选项主要是设置文件编译之后生成的文件类型及文件名称，在左侧"Category"选项框中单击"Linker"，在右侧配置页面中进入"Extra Options"选项卡，勾选上"Use command line options"，输入以下内容，这样工程编译后就可生成 hex 文件，如图 1.34 所示。

```
-Ointel-extended,(CODE)=.hex
```

注意： 默认情况下 IAR 工程编译之后会生成后缀为.d51 的文件，当用 IAR 进行直接编译下载时，并不需要设置上述步骤，但是如果需要利用仿真软件 SmartRF Flash Programmer 烧写程序时，就必须按照上述步骤设置 Linker 配置。

（4）配置 Debugger，在"Category"选项框中单击"Debugger"，然后在"Driver"的下拉框中选择"Texas Instruments"，单击"OK"按钮完成工程的配置，如图 1.35 所示。

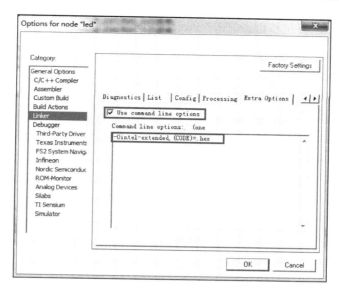

图 1.34　Linker 配置

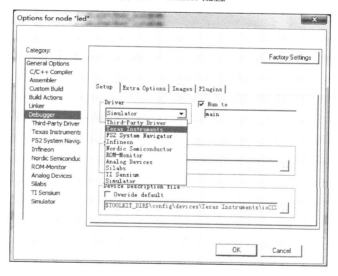

图 1.35　Debugger 配置

1.4.3　IAR 程序的下载、调试

工程配置完成后，就可以编译下载并调试程序了，下面依次介绍程序的下载、调试等方法。

（1）编译工程：单击"Project→Rebuild All"，或者直接单击工具栏中的"make"按钮，编译成功后会在该工程的"Debug\Exe"目录下生成 led.d51 和 led.hex 文件。

（2）下载：确定按照 1.2 节设置节点板跳线为模式一，正确连接 SmartRF04 仿真器到 PC 和 ZXBee CC2530 节点板（第一次使用仿真器需要安装驱动"C:\Program Files (x86)\Texas Instruments\SmartRF Tools\Drivers\Cebal"），开启 ZXBee CC2530 节点板电源（上电），按下

SmartRF04 仿真器上的复位按键，单击"Project→Download and Debug"或者单击工具栏的下载按钮 ⬇ 将程序下载到 CC2530 节点板。程序下载成功后 IAR 自动进入调试界面，如图 1.36 所示。

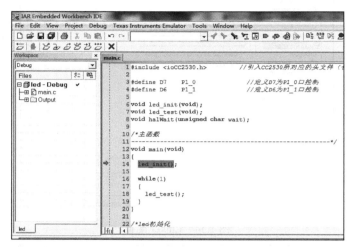

图 1.36　调试界面

（3）进入到调试界面后，就可以对程序进行调试了，IAR 的调试按钮包括如下几个选项：重置按钮 Reset 按钮 ⬅、终止 Break 按钮 ⬛、跳过 Step Over 按钮 ⬁、跳入函数按钮 Step Into ⬂、跳出函数按钮 Step Out ⬃、下一条语句按钮 Next Statement ⬄、运行到光标的位置按钮 Run to Cursor ⬅、全速运行按钮 Go ⬆ 和停止调试按钮 Stop Debugging ✖。

图 1.37　启用 Watch 窗口

由于这些调试按钮的使用比较简单，所以本文不再详细描述使用方法，读者可以自行尝试。

（4）在调试的过程中，可以通过打开 Watch 窗口来观察程序中变量值的变化。在菜单栏中单击"View→Watch"即可打开该窗口，如图 1.37 所示。

打开 Watch 窗口后，在 IAR 的右侧即可看到 Watch 窗口，如图 1.38 所示。

图 1.38　Watch 窗口显示

Watch 窗口变量调试方法：将需要调试的变量输入到 Watch 窗口的"Expression"输入框中，然后按回车键，系统就会实时的将该变量的调试结果显示在 Watch 窗口中。在调试过程中，可以借助调试按钮来观察变量值的变化情况，如图 1.39 所示。

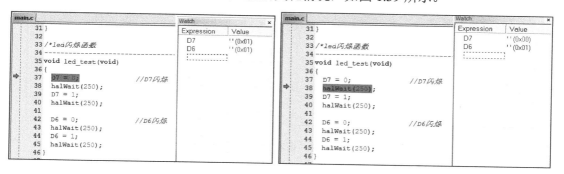

图 1.39　Watch 窗口变量调试

（5）对于嵌入式开发来说，很多时候需要查看寄存器的值了，IAR 在调试的过程中也支持寄存器值的查看，打开寄存器窗口的方法如下：在程序调试过程中，在菜单栏单击"View→Register"。寄存器窗口显示基础寄存器的值，单击寄存器下拉框选项可以看到不同设备的寄存器，如图 1.40 所示。

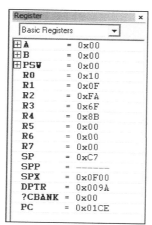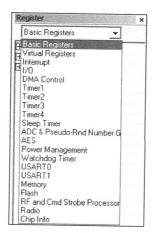

图 1.40　寄存器窗口页面

（6）在本任务中，D6、D7 灯用到的是普通 I/O 的 P1 寄存器，I/O 分别对应着 P1_1、P1_0。下面通过调试来观察 P1 寄存器值的变化，在寄存器"Register"选项中，选择"I/O"，然后将 P1 寄存器选项展开，就可以看到寄存器的每一位值的信息。通过单步调试，就可以看到 P1 寄存器值的变化，如图 1.41 所示。

（7）调试结束之后，单击全速运行按钮，或者将 CC2530 重新上电或者按下复位按钮，就可以观察两个 LED 的闪烁情况。

图 1.41　寄存器窗口调试

1.4.4　下载 hex 文件

上述步骤介绍了 IAR 开发环境烧写程序的过程，有时将程序编译生成的 hex 文件下载到 CC2530 中，下面介绍如何利用 SmartRF Flash Programmer 仿真软件将 hex 文件下载到 CC2530 中。

（1）正确连接 SmartRF04 仿真器到 PC 和 ZXBee CC2530 节点板，打开 ZXBee CC2530 节点板电源（上电）。

（2）运行 SmartRF Flash Programmer 仿真软件，运行界面如图 1.42 所示。

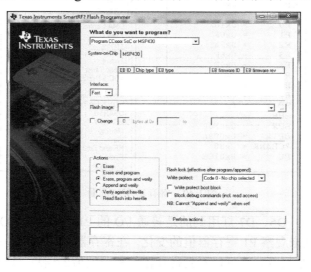

图 1.42　仿真软件显示界面

按下 SmartRF04 仿真器上的复位按键，仿真软件的设备框中就会显示 CC2530 的信息，如图 1.43 所示（如果没有显示，需检查硬件连线，再按仿真器的按钮）。

（3）在"Flash image"一栏右侧单击"…"按钮选择"led.hex"，然后单击"打开"按钮，如图 1.44 所示。

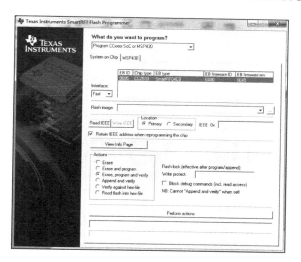

图 1.43　显示 CC2530 信息

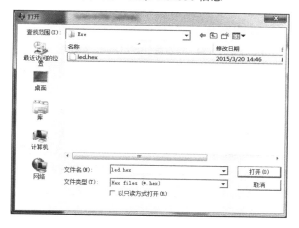

图 1.44　选择 hex 文件

（4）选择 hex 文件之后，单击仿真软件页面的"Perform actions"按钮，就可以开始下载程序了，如图 1.45 所示。

图 1.45　下载程序

下载完成后，就会提示"Erase，program and verify OK"信息，如图 1.46 所示。

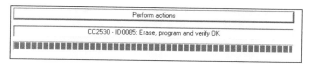

图 1.46　程序下载完成

第2章

TI CC 系列处理器接口开发

TI CC 系列无线处理器大部分都是基于 C51 内核的，本书以常用芯片 CC2530 芯片为例，进行基本接口开发学习其原理和驱动方法，从而容易扩展 TI CC 系列芯片如 CC1110、CC2540 等芯片的接口。TI CC 系列处理器基本介绍如下。

TI CC 系列处理器全是无线网络传输处理芯片，在目前市场上应用比较广泛的有 CC2530、CC1110、CC2540、CC3200 等芯片，以下是这些芯片的介绍。

（1）CC2530。CC2530 是用于 2.4 GHz、IEEE 802.15.4、ZigBee 和 RF4CE 应用的一个真正的片上系统（SoC）解决方案，它能够以非常低的总成本建立强大的网络节点。CC2530 结合了领先的 RF 收发器的优良性能、业界标准的增强型 8051 CPU、系统内可编程闪存、8 KB 的 RAM 和许多其他强大的功能。CC2530 有四种不同的闪存版本——CC2530F32/64/128/256，分别具有 32/64/128/256 KB 的闪存。CC2530 具有不同的运行模式，使得它尤其适应超低功耗要求的系统，运行模式之间的转换时间短进一步确保了低能源消耗。本书选用 CC2530F256 芯片作为开发芯片。CC2530F256 结合了 TI 公司的业界领先的 ZigBee 协议栈（ZStack），提供了一个强大和完整的 ZigBee 解决方案。

（2）CC1110。CC1110 是一个为无线应用设计的真正的低功耗无线片上系统，它内部自带了一个性能强劲的无线收发器，内核是加强型 51，内部集成了 32 KB 的在系统可编程 Flash，并且拥有 4 KB 的 RAM，还有很多优点，本芯片使用 6×6 的 QLP36 封装，更方便使用。CC1110 有多种电源工作模式，非常适合低功耗系统应用，芯片最高系统时钟是 26 MHz，高低速时钟分别可编程，加上简单的外围和天线就可以进行无线通信，如遥控等，TI 提供的 SimpliciTI 协议栈是一款轻量级的协议栈，可以完美地运行在 CC1110 上。

（3）CC2540。CC2540 是一款针对低能耗，以及私有 2.4 GHz 应用的功率优化的真正片载系统（SoC）解决方案，它使得使用低成本物料清单建立强健网络节点成为可能。CC2540 将领先 RF 收发器的出色性能和一个业界标准的增强型 8051 MCU、系统内可编程闪存存储器、8 KB 的 RAM，很多其他功能强大的特性和外设组合在一起。CC2540 非常适合应用于需要超低能耗的系统，这由多种不同的运行模式指定，运行模式间较短的转换时间进一步使低能耗变为可能。符合针对单模式蓝牙低能耗（BLE）解决方案的符合 4.0 协议的堆栈。完全功率优化堆栈，包括控制器和主机 GAP（中心设备）、外设，或者广播器（包括组合角色）属性协议（ATT）/通用属性配置文件（GATT），客户端和服务器对称式对多重处理（SMP）-AES-128 加密、解密 L2CAP 示例应用，以及配置文件针对 GAP 中心和外围作用的一般应用距离临近。加速计，简单关键字，和电池 GATT 服务 BLE 软件栈内支持更多应用多重配置选项单芯片配置，允许应用运行在 CC2540 上用于运行在一个外部微处理器上的网络处理器接口。

本章通过任务式开发，学习 CC2530 的 GPIO、中断、定时器、串口、ADC、DMA、看门狗等芯片的基本原理，为学习基于 CC25XX 的传感器驱动原理打下坚实的基础。

2.1　任务 5　GPIO 驱动

2.1.1　学习目标

- 理解 CC2530 GPIO 的工作原理。
- 学会在 CC2530 无线节点板开发 LED 程序。

2.1.2　开发环境

硬件：ZXBee CC2530 节点板一块、SmartRF 仿真器、PC、调试转接板。软件：Windows XP/Windows 7/8/10、IAR 集成开发环境。

2.1.3　原理学习

用作通用 I/O 时，引脚可以组成 3 个 8 位端口，即端口 0、端口 1 和端口 2，分别表示为 P0、P1 和 P2。其中 P0 和 P1 是 8 位端口，而 P2 只有 5 位可用，所有端口均可以通过 SFR 寄存器 P0、P1、P2 位寻址和字节寻址。

寄存器 PxSEL 中的 x 为端口标号 0～2，用来设置端口的每个引脚为通用 I/O 或者外部设备 I/O 信号，缺省情况下，每当复位之后，所有数字输入、输出引脚都设置为通用输入引脚。

寄存器 PxDIR 用来改变一个端口引脚的方向，设置为输入或输出，其中设置 PxDIR 的指定位为 1，对应的引脚口设为输出；设置为 0，对应的引脚口设为输入。

当读取寄存器 P0、P1、和 P2 的值时，不管引脚配置如何，输入引脚的逻辑值都被返回，但在执行读-修改-写期间不适用。而当读取的是寄存器 P0、P1 和 P2 中一个独立位，寄存器的值而不是引脚上的值可以被读取、修改并写回端口寄存器。

用于输入时，通用 I/O 端口引脚可以设置为上拉、下拉或者三态模式。复位之后，所有端口均为高电平输入，要取消输入的上拉或下拉功能，要将 PxINP 中的对应位设置为 1。I/O 端口引脚 P1.0 和 P1.1 没有上拉、下拉功能。

CC2530 一共有 21 个 I/O 控制口，可分成 3 组，分别是 P0、P1 和 P2；由电路原理图可以看出 D7 所对应的 I/O 口为 P1_0，D6 所对应的 I/O 口为 P1_1。

图 2.1 所示为 LED 灯的驱动电路，本任务选择 P1_0 和 P1_1 I/O 引脚，P1_0 与 P1_1 分别控制 LED4（D7）和 LED3（D6），因此，在软件上只要配置好 P1_0 口及 P1_1 口。

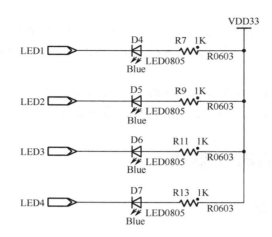

图 2.1　LED 驱动电路图

P1 控制寄存器中每一位的取值所对应的意义如下。

P1DIR（P1 方向寄存器，P0DIR 同理）：表 2.1 是 P1DIR 功能分配表。

表 2.1　P1DIR 功能分配表

D7	D6	D5	D4	D3	D2	D1	D0
P1.7 的方向 0：输入 1：输出	P1.6 的方向 0：输入 1：输出	P1.5 的方向 0：输入 1：输出	P1.4 的方向 0：输入 1：输出	P1.3 的方向 0：输入 1：输出	P1.2 的方向 0：输入 1：输出	P1.1 的方向 0：输入 1：输出	P1.0 的方向 0：输入 1：输出

P1SEL：P1 功能选择寄存器，其功能分配表如表 2.2 所示。

表 2.2　P1SEL 功能分配表

D7	D6	D5	D4	D3	D2	D1	D0
P1.7 的功能 0：普通 I/O 1：外设功能	P1.6 的功能 0：普通 I/O 1：外设功能	P1.5 的功能 0：普通 I/O 1：外设功能	P1.4 的功能 0：普通 I/O 1：外设功能	P1.3 的功能 0：普通 I/O 1：外设功能	P1.2 的功能 0：普通 I/O 1：外设功能	P1.1 的功能 0：普通 I/O 1：外设功能	P1.0 的功能 0：普通 I/O 1：外设功能

可以使用位操作完成寄存器的设置，常用的位操作有按位与“&”、按位或“|”、按位取反“~”、按位异或“^”，以及左移运算符“<<”和右移运算符“>>”。

（1）按位或运算符“|”：参加运算的两个运算量，如果两个相应的位至少有一个是 1，结果为 1，否则为 0。按位或运算常用来对一个数据的某些特定位置 1。

例如，P1DIR |= 0X02，0X02 为十六进制数，转换成二进制数为 0000 0010，若 P1DIR 原来的值为 0011 0000，或运算后 P1DIR 的值为 0011 0010。根据上面给出的取值表可知，按位或运算后 P1_1 的方向改为输出，其他 I/O 口方向保持不变。

（2）按位与运算符“&”：参加运算的两个运算量，如果两个相应的位都是 1，则结果为 1，否则为 0，按位与运算符常用于清除一个数中的某些特定位。

（3）按位异或运算符“^”：参加运算的两个运算量，如果两个相应的位相同，均为 0 或者均为 1，结果值中该位为 0，否则为 1，按位异或常用于一个数中某些特定位翻转。

（4）按位取反“~”：用于对一个二进制数按位取反，即 0 变 1，1 变 0。

（5）左移运算符"<<"：左移运算符用于将一个数的各个二进制全部左移若干位，移到左端的高位被舍弃，右边的低位补 0。

（6）右移运算符">>"：用于对一个二进制数位全部右移若干位，移到右端的低位被舍弃。

例如，P1DIR &= ~0x02，&表示按位与运算，~运算符表示取反，0x02 为 0000 0010，即~0x02 为 1111 1101。若 P1DIR 原来的值为 0011 0010，与运算后 P1DIR 的值为 0011 0000。

2.1.4 开发内容

通过上述原理学习得知，要实现 D6、D7 的点亮熄灭只需配置 P1_0、P1_1 口引脚即可，然后将引脚适当的输出高低电平则可实现 D6、D7 的闪烁控制。下面是源码实现的解析过程：

```
/*****************************主函数******************************/
void main(void){
    xtal_init();
    led_init();
    uart0_init(0x00, 0x00);              //初始化串口
    lcd_dis();                           //在 LCD 上显示开发内容、MAC 地址等相关信息
    while(1)
    {
        led_test();
    }
}
```

主函数中主要实现了以下步骤：

（1）初始化 LED 灯，即 led_init()：设置 P1.0 和 P1.1 为普通 I/O 口，P1 方向为输出，关闭 D6、D7 灯。

（2）在主函数中使用 while(1)等待 LED 灯开关的测试即可。

通过下面的代码来解析 LED 灯的初始化：

```
/*****************************LED 初始化******************************/
void led_init(void)
{
    P1SEL &= ~0x03;              //P1.0 和 P1.1 为普通 I/O 口
    P1DIR |= 0x03;               //输出
    D7 = 1;                      //关 LED
    D6 = 1;
}
```

上述代码实现了 P1 选择寄存器和方向寄存器的设置，并将 LED 灯的电平置为高电平，即初始状态下 LED 灯灭。接下来就只需要实现 LED 灯的轮流闪烁了，通过下面的代码来解析 LED 灯开关的测试：

```
/*****************************LED 闪烁函数 ******************************/
void led_test(void)
{
    D7 = 0;
    D6 = 1;
```

```
            Uart_Send_String("{data=D6=OFF;D7=ON}");        //在 LCD 上更新 LED 状态信息
            halWait(250);
            halWait(250);
            halWait(250);
            halWait(250);
            D7 = 1;
            D6 = 0;
            Uart_Send_String("{data=D6=ON;D7=OFF}");        //在 LCD 上更新 LED 状态信息
            halWait(250);
            halWait(250);
            halWait(250);
            halWait(250);
        }
```

上述代码中，通过改变 LED 灯的电平高低来实现灯的亮与灭，即每隔 1 s 让 LED 灯闪烁一次，并在 LCD 上显示当前的 LED 状态。为了增加任务效果，也可以手动更改闪烁时间。其中，延时函数的代码如下：

```
/***********************************延时函数 ********************************/
void halWait(unsigned char wait)
{
    unsigned long largeWait;
    if(wait == 0)
    {return;}
    largeWait = ((unsigned short) (wait << 7));
    largeWait += 114*wait;
    largeWait = (largeWait >> CLKSPD);
    while(largeWait--);
    return;
}
```

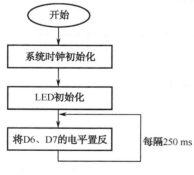

图 2.2　LED 灯任务流程图

图 2.2 所示是本节 LED 任务的流程图。

由图 2.2 可知，实现 D6、D7 的轮流闪烁，会经过系统时钟初始化的过程，而且系统时钟初始化是必需的，8051 微处理器的正常运行，必须要经过系统初始化，也就是 xtal_init()方法，该方法在 sys_init.c 源文件中定义，而在 main.c 中并没有看到调用系统时钟初始化的方法，这是因为官方库文件已经将系统时钟初始化的方法的调用过程写进启动文件中了。在后面的所有章节中也需要涉及系统时钟的初始化，将不再重复说明。

2.1.5　开发步骤

（1）正确连接 SmartRF04 仿真器到 PC 和 ZXBee CC2530 节点板，确定按照 1.2 节设置节点板跳线为模式一，打开 ZXBee CC2530 节点板电源（上电）。

（2）在开发资源包中在开发资源包打开本任务工程，选择"Project→Rebuild All"重新编译工程。

（3）将连接好的硬件平台上电，然后按下 SmartRF04 仿真器上的复位按键，接下来选择"Project→Download and debug"将程序下载到 CC2530 节点板。

（4）下载完后将 CC2530 重新上电或者按下复位按钮，观察两个 LED 的闪烁情况和 LCD 上的显示内容。

2.1.6　总结与拓展

修改延时函数，可以改变 LED 小灯的闪烁间隔时间。

2.2　任务 6　外部中断

2.2.1　学习目标

● 理解 CC2530 外部中断工作原理。
● 学会在 CC2530 无线节点板开发外部中断程序。

2.2.2　开发环境

硬件：ZXBee CC2530 节点板一块、SmartRF04 仿真器、PC、调试转接板。软件：Windows XP/Windows 7/8/10、IAR 集成开发环境。

2.2.3　原理学习

中断是 CC2530 实时地处理内部或外部事件的一种内部机制。当某种内部或外部事件发生时，CC2530 的中断系统将迫使 CPU 暂停正在执行的程序，转而去进行中断事件的处理，中断处理完毕后，又返回被中断的程序处，继续执行下去。中断又分外部中断和内部中断。

通用 I/O 引脚设置为输入后，可以用于产生中断，可以设置为外部信号的上升或下降沿出发。P0、P1 和 P2 都有中断使能位，对于 IEN1-2 寄存器内的端口所有的位都是公共的，如下：

● IEN1.P0IE：P0 中断使能。
● IEN2.P1IE：P1 中断使能。
● IEN2.P2IE：P2 中断使能。

除了公共中断使能之外，每个端口都位于 SFR 寄存器 P0IEN、P1IEN 和 P2IEN 的单独中断使能。配置外设 I/O 或通用输出 I/O 引脚使能都有中断产生。

当中断条件发生时，P0～P2 中断标志寄存器 P0IFG、P1IFG 或 P2IFG 中相应的中断状态标志将设置为 1，不管引脚是否设置了它的中断使能位，中断状态标志都会设置。当中断执行时，中断状态标志被清除，该标志清 0，且该标志必须在清除 CPU 端口中断标志（PxIF）之前清除，功能如下

- PICTL：P0、P1、P2 的触发设置。
- P0IFG：P0 中断标志。
- P1IFG：P1 中断标志。
- P2IFG：P2 中断标志。

本任务用到的是 CC2530 的外部中断，所涉及的寄存器有 P0IEN 和 P0INP，其中 P0IEN：各个控制口的中断使能，0 为中断禁止，1 为中断使能，表 2.3 是 P0IEN 功能分配表。

表 2.3　P0IEN 功能分配表

D7	D6	D5	D4	D3	D2	D1	D0
P0_7	P0_6	P0_5	P0_4	P0_3	P0_2	P0_1	P0_0

P0INP：设置各个 I/O 口的输入模式，0 为上拉/下拉，1 为三态模式，如表 2.4 所示。

表 2.4　P0INP 功能分配表

D7	D6	D5	D4	D3	D2	D1	D0
P0_7 模式	P0_6 模式	P0_5 模式	P0_4 模式	P0_3 模式	P0_2 模式	P0_1 模式	P0_0 模式

PICTL：D0~D3 设置各个端口的中断触发方式，0 为上升沿触发，1 为下降沿触发，如表 2.5 所示。D7 控制 I/O 引脚在输出模式下的驱动能力，选择输出驱动能力增强来补偿引脚 DVDD 的低 I/O 电压，确保在较低的电压下的驱动能力和较高电压下相同，0 为最小驱动能力增强，1 为最大驱动能力增强。

表 2.5　PICTL I/O 口分配表

D7	D6	D5	D4	D3	D2	D1	D0
I/O 驱动能力	未用	未用	未用	P2_0~P2_4	P1_4~P1_7	P1_0~P1_3	P0_0~P0_7

IEN1：中断使能 1，0 为中断禁止，1 为中断使能，表 2.6 为 PICTL 功能分配表。

表 2.6　PICTL 功能分配表

D7	D6	D5	D4	D3	D2	D1	D0
未用	未用	端口 0	定时器 4	定时器 3	定时器 2	定时器 1	DMA 传输

P0IFG：中断状态标志寄存器，当输入端口有中断请求时，相应的标志位将置 1。当输入端口有中断请求时，相应的标志位将置 1，表 3.7 是 P0IFG 功能分配表。

表 2.7　P0IFG 功能分配表

D7	D6	D5	D4	D3	D2	D1	D0
P0_7	P0_6	P0_5	P0_4	P0_3	P0_2	P0_1	P0_0

2.2.4 开发内容

本任务要实现通过外部中断（K5 按键中断）来控制 LED 灯的亮与灭，下面是源码实现的解析过程：

```
/*****************************************主函数*********************************************/
void main(void)        {
    xtal_init();
    led_init();
    ext_init();

    uart0_init(0x00,0x00);                   //初始化串口
    lcd_dis();                               //在 LCD 上显示开发内容、MAC 地址等相关信息
    while(1);                                //等待中断
}
```

主函数中主要实现了以下步骤：

（1）初始化 LED 灯 led_init()：设置 P1.0 和 P1.1 为普通 I/O 口，设置 P1 方向为输出，关闭 D6、D7 灯。

（2）根据电路原理图可知，本任务将 P0.4 I/O 口设置为外部中断。配置外部中断的相关 SFR 寄存器，开启各级中断使能（各 SFR 详细介绍请查阅《CC2530 手册》），其中 EA 为总中断使能；P0IEN 为 P0 中断使能；PICTL 为设置 P0 口输入上升沿引起中断触发。

（3）在主函数中使用 while(1)等待中断即可。

其中，外部中断初始化的代码实现如下：

```
/****************************外部中断初始化*********************************************/
void ext_init(void)
{
    P0SEL &= ~0x10;                        //通用 IO
    P0DIR &= ~0x10;                        //作输入
    P0INP &= ~0x10;                        //0:上拉、1:下拉

    P0IEN |= 0x10;                         //开 P0 口中断
    PICTL &=~ 0x01;                        //下降沿触发
    P0IFG &= ~0x10;                        //P0.4 中断标志清 0
    P0IE = 1;                             //P0 中断使能
    EA = 1;                              //总中断使能
}
```

上述代码实现了中断寄存器的配置。接下来就只需要实现通过 K5 按键中断来控制 LED 灯的闪烁了，通过下面的代码来解析按键中断的实现过程：

```
/****************************中断服务子程序*********************************************/
#pragma vector = P0INT_VECTOR
__interrupt void P0_ISR(void)
{
    EA = 0;                               //关中断
    Uart_Send_String("{data=Enter interrupt}");     //在 LCD 上更新 LED 状态信息
```

```
        halWait(250);
        D6=0;
        halWait(250);
        D6=1;
        halWait(250);
        D6=0;
        halWait(250);
        D6=1;
        halWait(250);
        D6=0;

        if((P0IFG & 0x10 ) >0 )                    //按键中断，p0_4
        {
            P0IFG &= ~0x10;                         //P0.4 中断标志清 0
            D7 = !D7;
        }
        P0IF = 0;                                   //P0 中断标志清 0
        Uart_Send_String("{data=Exit interrupt}"); //在 LCD 上更新 LED 状态信息
        EA = 1;                                     //开中断
    }
```

当检测到有外部中断（按键中断）即按下 K5 键时，便会触发中断服务子程序，此时，D6 灯每隔 250 ms 闪烁一次，D7 灯状态反转。在一个程序中使用中断，一般包括两个部分：中断使能的初始化和中断服务子程序，图 2.3 所示是本节外部中断任务的流程图。

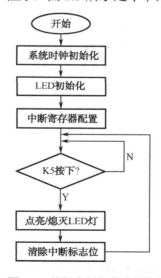

图 2.3 外部中断任务流程图

2.2.5 开发步骤

（1）正确连接 SmartRF04 仿真器到 PC 和 ZXBee CC2530 节点板，确定按照 1.2 节设置节点板跳线为模式一，打开 ZXBee CC2530 节点板电源（上电）。

（2）在开发资源包打开本任务工程，选择"Project→Rebuild All"重新编译工程。

（3）将连接好的硬件平台上电，然后按下 SmartRF04 仿真器上的复位按键，选择"Project→Download and debug"将程序下载到 CC2530 节点板。

（4）下载完后将 CC2530 重新上电或者按下复位按钮。

（5）连续按下 CC2530 主板上 K5 按键，会发现当按键被按下时，LED 的亮灭状态会发生改变，在 LCD 上会显示相关内容。

2.2.6 总结与拓展

通过本任务开发可以掌握外部中断的工作原理，当外部事件触发时，进入中断处理程序；可以修改中断处理程序，控制两个 LED 的变化。

2.3 任务 7 定时器

2.3.1 学习目标

● 理解 CC2530 定时器的工作原理。
● 学会在 CC2530 无线节点板开发定时器程序。

2.3.2 开发环境

硬件：ZXBee CC2530 节点板一块、SmartRF04 仿真器、调试转接板、PC。软件：Windows XP/Windows 7/8/10、IAR 集成开发环境。

2.3.3 原理学习

定时器 1 是一个 16 位定时器，在时钟上升沿或下降沿递增或递减，时钟边沿周期由寄存器 CLKCON.TICKSPD 定义，设置了系统时钟的划分，提供 0.25～32 MHz 不同频率。定时器 1 由 T1CTL.DIV 分频器进一步分频，分频值为 1、8、32 或 128。

具有定时器/计数器/脉宽调制功能，它有 3 个单独可编程输入捕获/输出比较信道，每一个信道都可以用来当做 PWM 输出或用来捕获输入信号的边沿时间，本次任务学习到的寄存器介绍如下。

（1）T1CTL：定时器 1 的控制，D1D0 控制运行模式，D3D2 设置分频划分值。

表 2.8 T1CTL 功能表

D7	D6	D5	D4	D3 D2	D1D0
未用	未用	未用	未用	00：不分频；01：8 分频；10：32 分频；11：128 分频	00：暂停运行；01：自由运行，反复从 0x0000 到 0xffff 计数；10：模计数，从 0x000 到 T1CC0 反复计数；11：正计数/倒计数，从 0x0000 到 T1CC0 反复计数并且从 T1CC0 倒计数到 0x0000

（2）T1STAT：定时器 1 的状态寄存器，D4～D0 为通道 4～0 的中断标志，D5 为溢出标志位，当计数到最终技术值是自动置 1，表 2.9 为 T1STAT 功能表。

表 2.9　T1STAT 功能表

D7	D6	D5	D4	D3	D2	D1	D0
未用	未用	溢出中断	通道 4 中断	通道 3 中断	通道 2 中断	通道 1 中断	通道 0 中断

（3）T1CCTL0：D1、D0 为捕捉模式选择：00 为不捕捉，01 为上升沿捕获，10 为下降沿捕获，11 为上升或下降沿都捕获；D2 位为捕获或比较的选择，0 为捕获模式，1 为比较模式。D5D4D3 为比较模式的选择：000 为发生比较式输出端置 1，001 为发生比较时输出端清 0，010 为比较时输出翻转，其他模式较少使用，具体功能如表 2.10 所示。

表 2.10　T1CCTL0 功能表

D7	D6	D5 D4 D3	D2	D1 D0
未用	未用	比较模式	捕获/比较	捕捉模式

IRCON：中断标志 4，0 为无中断请求，1 为有中断请求，如表 2.11 所示。

表 2.11　IRCON 功能表

D7	D6	D5	D4	D3	D2	D1	D0
睡眠定时器	必须为 0	端口 0	定时器 4	定时器 3	定时器 2	定时器 1	DMA 完成

定时器有一个很重要的概念——操作模式，操作模式包含自由运行模式、模模式和正计数/倒计数模式。

在自由运行操作模式下，计数器从 0x0000 开始，每个活动时钟边沿增加 1。当计数器达到 0xFFFF（溢出），计数器载入 0x0000，继续递增它的值，如图 2.4 所示。当达到最终计数值 0xFFFF，设置标志 IRCON.T1IF 和 T1STAT.OVFIF。如果设置了相应的中断屏蔽位 TIMIF.OVFIM 及 IEN1.T1EN，将产生一个中断请求。自由运行模式可以用于产生独立的时间间隔，输出信号频率。

当定时器运行在模模式，16 位计数器从 0x0000 开始，每个活动时钟边沿增加 1。当计数器达到 T1CC0（溢出），寄存器 T1CC0H:T1CC0L 保存的最终计数值，计数器将复位到 0x0000，并继续递增。如果定时器开始于 T1CC0 以上的一个值，当达到最终计数值（0xFFFF）时，设置标志 IRCON.T1IF 和 T1CTL.OVFIF。如果设置了相应的中断屏蔽位 TIMIF.OVFIM 及 IEN1.T1EN，将产生一个中断请求。模模式可以用于周期不是 0xFFFF 的应用程序，如图 2.5 所示。

在正计数/倒计数模式，计数器反复从 0x0000 开始，正计数直到达到 T1CC0H:T1CC0L 保存的值，然后计数器将倒计数直到 0x0000，如图 2.6 所示。这个定时器用于周期必须是对称输出脉冲，而不是 0xFFFF 的应用程序，因此允许中心对齐的 PWM 输出应用的实现。在正计数/倒计数模式，当达到最终计数值时，设置标志 IRCON.T1IF 和 T1CTL.OVFIF。如果设置了相应的中断屏蔽位 TIMIF.OVFIM 及 IEN1.T1EN，将产生一个中断请求。

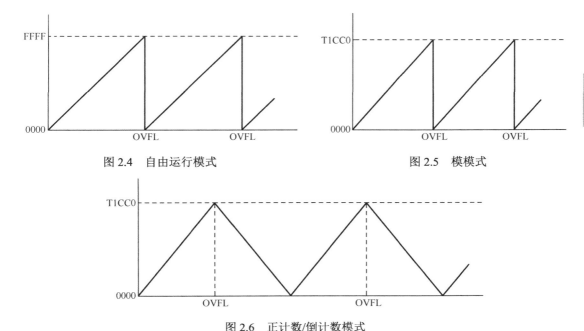

图 2.4　自由运行模式　　　　　　　　图 2.5　模模式

图 2.6　正计数/倒计数模式

比较三种模式可以看出：自由运行模式的溢出值为 0xFFFF 不可变；而其他两种模式则可通过对 T1CC0 赋值，以精确控制定时器的溢出值。

2.3.4　开发内容

本任务要实现通过定时器 T1 来控制 LED 灯的定时闪烁，在定时器的自由模式下，通过特定的 T1CC0，使定时器每隔 1 s 触发一次中断，精确控制 LED 灯的闪烁间隔为 1s，即亮 0.5 s→暗 0.5 s→亮 0.5 s→暗 0.5 s→亮 0.5 s→暗 0.5 s（即从暗转亮的时刻间隔为 1 s）。亮/暗的反转通过溢出中断来实现。

下面是源码实现的解析过程：

```
/*********************************主函数*********************************/
void main()
{
    xtal_init();
    led_init();
    time1_init();
    uart0_init(0x00,0x00);                      //初始化串口
    lcd_dis();                                  //在 LCD 上显示开发内容、MAC 地址等相关信息
    //在 LCD 上显示任务现象
    Uart_Send_String("{data=D6 flsahes slowly ,and D7 flashes quickly.}");
    while(1) {
        D7=!D7;
        halWait(250);                           //延时
    }
}
```

主函数中主要实现了以下步骤：

（1）初始化 LED 灯 led_init()：设置 P1.0 和 P1.1 为普通 I/O 口，设置 P1 方向为输出，关闭 D6、D7 灯。

（2）初始化定时器 T1 time1_init()：选择 8 分频自由模式，并将定时器 1 中断使能。

（3）在主函数中使用 while(1)等待中断即可。

其中，定时器初始化的实现代码如下：

```
/***************************timer1 初始化 ********************************/
void time1_init(void)
{
    T1CTL = 0x05;                //8 分频，自由模式
    T1STAT= 0x21;                //通道 0，中断有效;自动重装模式(0x0000→0xffff)
    IEN1|=0X02;                  //定时器 1 中断使能
    EA=1;                        //开总中断
}
```

上述代码功能：定时器 1 的初始化，可以精确地控制 LED 灯闪烁时间间隔。下面的代码是定时器中断服务程序，在该程序中实现了 LED 灯翻转的操作，通过下面的代码来解析定时器中断的实现过程。

```
/*************************中断服务子程序 ******************************/
#pragma vector = T1_VECTOR
__interrupt void T1_ISR(void)
{
    EA=0;                        //关总中断
    counter++;
    if(counter>30){
        counter=0;
        D6 = !D6;                //D6 灯反转
    }
    T1IF=0;
    EA=1;                        //开总中断
}
```

上述代码实现了当发生定时器中断时，D6 灯闪烁，本任务的流程图如图 2.7 所示。

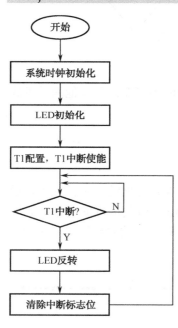

图 2.7 定时器开发流程图

2.3.5 开发步骤

（1）正确连接 SmartRF04 仿真器到 PC 和 ZXBee CC2530 节点板，确定按照 1.2 节设置节点板跳线为模式一，打开 ZXBee CC2530 节点板电源（上电）。

（2）在开发资源包打开本任务工程，选择 "Project→Rebuild All" 重新编译工程。

（3）将连接好的硬件平台上电，然后按下 SmartRF04 仿真器上的复位按键，接下来选择 "Project→Download and debug"，将程序下载到 CC2530 节点板。

（4）下载完后可以单击"Debug→Go"程序全速运行；也可以将 CC2530 重新上电或者按下复位按钮让下载的程序重新运行。

2.3.6 总结与拓展

程序运行后，会发现板子上有一个 D7 闪烁不停；另外一个 D6 灯会每过一段时间状态反转，看看程序是如何实现这个功能的，D6 是通过定时器中断来实现的。

注意：限于图书篇幅，本章还介绍有其他接口的内容，具体包括：串口、ADC 采集、DMA、看门狗、休眠与唤醒等内容，读者可登录华信教育资源网（www.hxedu.com.cn）下载本书的开发资源包，查看相关内容。

第3章

TI CC 系列处理器传感器接口开发

在熟悉的 CC2530 芯片的基本原理后，本章通过一系列的物联网中常用的传感器开发，来学习外围传感器的驱动原理，有光敏传感器、温湿度传感器、雨滴传感器、火焰传感器、继电器控制、超声波测距传感器、人体红外传感器、可燃气体传感器、酒精传感器和三轴传感器，通过任务式的开发，逐步掌握传感器的基本驱动方法。

3.1 任务 8 光敏传感器

3.1.1 学习目标

● 理解光敏传感器工作原理。
● 学会在 CC2530 无线节点板开发光敏传感器驱动程序，实现光照检测。

3.1.2 开发环境

硬件：ZXBee CC2530 节点板一块、光敏传感器板一块、带 USB 接口的 SmartRF04 仿真器、调试转接板、PC、USB mini 线。软件：Windows XP/Windows 7/8/10、IAR 集成开发环境。

3.1.3　原理学习

光传感器是利用光敏元件将光信号转换为电信号的传感器，其敏感波长在可见光波长附近，包括红外线波长和紫外线波长。光传感器不只局限于对光的探测，它还可以作为探测元件组成其他传感器，对许多非电量进行检测，只要将这些非电量转换为光信号的变化即可。

本任务采用 CDS 光敏电阻，要读取光敏传感器的控制信号，经 ADC 转换在串口显示，光照越强，显示的值越小。光敏模块与 CC2530 部分接口电路如图 3.1 所示。

图 3.1 中的 ADC 引脚连接到了 CC2530 的 P0_1 口，通过此 IO 口输出的控制信号，可控制 ADC 转换得到相应数值。

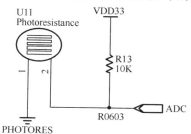

图 3.1　光敏模块与 CC2530 部分接口电路

3.1.4　开发内容

通过原理学习得知，本任务通过读取光敏传感器的控制信号，经 ADC 转换在串口显示。光照越强，显示的值越小。下面是源码实现的解析过程。

```
void main(void)
{
    xtal_init();
    led_init();
    uart0_init(0x00, 0x00);          //初始化波特率为 38400
#ifdef SPI_LCD                       //如果宏定义了 SPI_LCD
    lcd_dis();                       //在屏幕上显示相关信息
#endif
    while(1)
    {
        Photoresistance_Test();
    }
}
```

主函数中主要实现了以下步骤：

（1）初始化系统时钟 xtal_init()：选用 32 MHz 晶体振荡器。

（2）初始化 LED 灯 led_init()：设置 P1.0 和 P1.1 为普通 I/O 口，设置 P1 方向为输出，关闭 D6、D7 灯。

（3）初始化串口 uart0_init()：配置 I/O 口、设置波特率、奇偶校验位和停止位。

（4）在主函数中使用 while(1) 等待光照强度的测试即可。

通过下面的代码来解析光照强度的测试。

```
void Photoresistance_Test(void){
    int AdcValue;
    AdcValue = getADC();
```

```
#ifdef SPI_LCD                                    //如果定义了 SPI_LCD
    char    dbuf[20] = {0};
    sprintf(dbuf,"{A0=%d}",AdcValue);
    Uart_Send_String(dbuf);                       //更新屏幕信息
#else
    char StrAdc[10];
    sprintf(StrAdc,"%d\r\n",AdcValue);
    Uart_Send_String(StrAdc);                     //串口发送数据
#endif
    halWait(250);                                 //延时
    D7=!D7;                                       //标志发送状态
    halWait(250);
    halWait(250);
}}
```

上述代码实现了 ADC 转换，并将获取到的值从串口打印输出，每更新一次数据，D7 灯闪烁一次。ADC 转换过程的源代码如下。

```
/************************得到 ADC 转换后的值 ************************************/
int getADC(void)
{
    unsigned int    value;
    P0SEL |= 0x02;
    ADCCON3    = (0xB1);                           //选择 AVDD5 为参考电压；12 分辨率；P0_1    ADC
    ADCCON1 |= 0x30;                              //选择 ADC 的启动模式为手动
    ADCCON1 |= 0x40;                              //启动 AD 转化
    while(!(ADCCON1 & 0x80));                      //等待 ADC 转化结束

    value =    ADCL >> 2;
    value |= (ADCH << 6);                         //取得最终转化结果，存入 value 中

    return ((value) >> 2);
}
```

本任务的流程如图 3.2 所示。

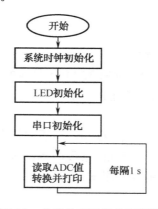

图 3.2　光敏传感器任务流程图

3.1.5 开发步骤

（1）准备好带有光敏传感器的 CC2530 射频板，设置节点板跳线为模式一，将 SmartRF04 仿真器正确的连接 PC 和 ZXBee CC2530 无线节点板。

（2）在开发资源包打开本任务工程，选择"Project→Rebuild All"重新编译工程。

（3）将程序下载程序到 CC2530 射频板上。

（4）在 PC 上打开超级终端或串口调试助手，设置波特率为 38400，8 数据位，1 停止位，无硬件流控。

（5）将 CC2530 射频板上电并复位，运行程序。

（6）用手电筒照射光敏传感器或用手罩住光敏传感器，观察串口输出的光照度值得变化，在 LCD 上也有相关显示。

3.1.6 总结与拓展

光照越强，显示的 ADC 转换值越小。

3.2 任务 9 温湿度传感器

3.2.1 学习目标

● 理解 DHT11 温湿度传感器工作原理。
● 学会在 CC2530 无线节点板开发 DHT11 传感器驱动程序。

3.2.2 开发环境

硬件：ZXBee CC2530 节点板一块、温湿度传感器板一块、带 USB 接口的 SmartRF04 仿真器、调试转接板、PC、USB mini 线；软件：Windows XP/Windows 7/8/10、IAR 集成开发环境、串口调试工具（超级终端）。

3.2.3 原理学习

本任务中通过 CC2530 IO 口模拟 DHT11 的读取时序，读取 DHT11 的温湿度数据。

DHT11 数字温湿度传感器是已校准数字信号输出的温湿度复合传感器，它应用专用的数字模块采集技术和温湿度传感技术，具有极高的可靠性与稳定性。传感器包括一个电阻式感湿元件和一个 NTC 测温元件，并与一个高性能 8 位单片机相连接，该产品具有品质卓越、超快响应、抗干扰能力强、性价比极高等优点。每个 DHT11 传感器都在极为精确的湿度校验室中进行校准，校准系数以程序的形式储存在 OTP 内存中，传感器内部在检测信号的处理过程中要调用这些校准系数。单线制串行接口，使系统集成变得简易快捷。超小的体积、极低的功耗，信号传输距离可达 20 m 以上，使其成为各类应用应用场合的较好选择。使用 4 针单排引脚封装，连接方便，温湿度模块与 CC2530 部分接口电路如图 3.3 所示。

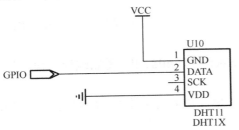

图 3.3　温湿度模块与 CC2530 部分接口电路

DHT11 的获取温湿度值的原理：DHT11 的串行接口 DATA 用于微处理器与 DHT11 之间的通信和同步，采用单总线数据格式，一次通信时间为 4 ms 左右，数据分小数部分和整数部分，具体格式在下面说明，当前小数部分用于以后扩展，现读出为零。操作流程如下：

一次完整的数据传输为 40 bit，数据格式为 8 bit 湿度整数数据+8 bit 湿度小数数据+8 bit 温度整数数据+8 bit 温度小数数据+8 bit 校验和数据，传送正确时校验和数据等于"8 bit 湿度整数数据+8 bit 湿度小数数据+8 bit 温度整数数据+8 bit 温度小数数据"所得结果的末 8 位。CC2530 发送一次开始信号后，DHT11 从低功耗模式转换到高速模式，等待主机开始信号结束后，DHT11 发送响应信号，送出 40 bit 的数据，并触发一次信号采集，可选择读取部分数据。从模式下，DHT11 接收到开始信号触发一次温湿度采集，如果没有接收到主机发送开始信号，DHT11 不会主动进行温湿度采集。采集数据后转换到低速模式，通信过程如图 3.4 所示。

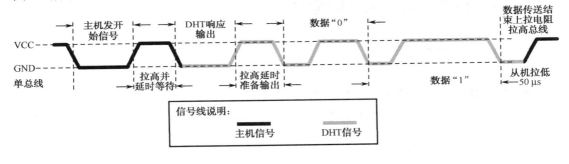

图 3.4　通信过程（一）

总线空闲状态为高电平，主机把总线拉低等待 DHT11 响应，主机把总线拉低必须大于 18 ms，保证 DHT11 能检测到起始信号。DHT11 接收到主机的开始信号后，等待主机开始信号结束，然后发送 80 μs 低电平响应信号。主机发送开始信号结束后，延时等待 20～40 μs 后，读取 DHT11 的响应信号，主机发送开始信号后，可以切换到输入模式，或者输出高电平均可，总线由上拉电阻拉高，如图 3.5 所示。

总线为低电平，说明 DHT11 发送响应信号，DHT11 发送响应信号后，再把总线拉高 80 μs，准备发送数据，每一位数据都以 50 μs 低电平时隙开始，高电平的长短来决定数据位是 0 还是 1。如果读取响应信号为高电平，则 DHT11 没有响应，先检查线路是否连接正常。当最后一位数据传送完毕后，DHT11 拉低总线 50 μs，随后总线由上拉电阻拉高进入空闲状态。

数字 0 信号表示方法如图 3.6 所示。

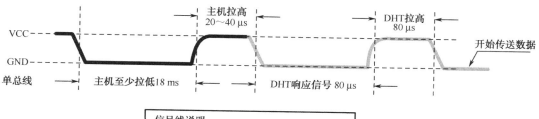

图 3.5　通信过程（二）

图 3.6　数字 0 表示

数字 1 信号表示方法如图 3.7 所示。

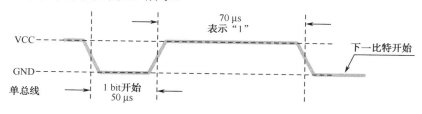

图 3.7　数字 1 表示

3.2.4　开发内容

本任务按照 DHT11 的读取时序来操作 CC2530 的 I/O 口，读取 DHT11 的温湿度数据，并将读取到温湿度之后通过串口打印出来。

根据温湿度传感器 DHT11 的工作原理，以及温湿度数据读取时序，通过编程实现温湿度值的采集，下面是源码实现的解析过程。

```
void main(void)
{
    xtal_init();
    led_init();
    dht11_io_init();
    uart0_init(0x00, 0x00);              //初始化串口

#ifdef SPI_LCD                           //如果宏定义了 SPI_LCD
    lcd_dis();                           //在屏幕上显示相关信息
#endif
```

```
while(1) {
    halWait(250);
    halWait(250);
    halWait(250);
    halWait(250);
    dht11_update();
    D7 = !D7;
    }
}
```

主函数中主要实现了以下步骤。

（1）初始化系统时钟 xtal_init()：选择 32 MHz 晶体振荡器。

（2）初始化 LED led_init()：设置 P1.0 和 P1.1 为普通 I/O 口，设置 P1 方向为输出，然后关闭 D6、D7 灯。

（3）初始化温湿度传感器 dht11_io_init()：配置 P1.5 I/O 口。

（4）初始化串口 uart0_init()：配置 I/O 口、设置波特率、奇偶校验位和停止位。

（5）在主函数中使用 while(1)每隔 1 s 更新温湿度的值并让 D7 灯闪烁。

上述代码实现了获取温湿度的值并将数据从串口打印输出，每更新一次数据，D7 灯闪烁一次，其中，初始化温湿度传感器的代码如下。

```
/*******************************初始化温湿度传感器*********************************/
void dht11_io_init(void)
{
    P0SEL   &= ~0x20;                        //P1 为普通 I/O 口
    COM_OUT;
    COM_SET;
}
```

函数 dht11_update()实现每隔 1 s 更新传感器的数值，代码如下。

```
/**********************************更新数值***********************************/
void dht11_update(void)
{
    int flag = 1;
    unsigned char dat1, dat2, dat3, dat4, dat5, ck;

    //主机拉低 18 ms
    COM_CLR;
    halWait(18);
    COM_SET;

    flag = 0;
    while (COM_R && ++flag);
    if (flag == 0) return;

    //总线由上拉电阻拉高，主机延时 20 μs
    //主机设为输入，判断从机响应信号
    //判断从机是否有低电平响应信号，如不响应则跳出，响应则向下运行
```

```
    flag = 0;
    while (!COM_R && ++flag);
    if (flag == 0) return;
    flag = 0;
    while (COM_R && ++flag);
    if (flag == 0) return;
    dat1 = dht11_read_byte();
    dat2 = dht11_read_byte();
    dat3 = dht11_read_byte();
    dat4 = dht11_read_byte();
    dat5 = dht11_read_byte();
    ck = dat1 + dat2 + dat3 + dat4;

    if (ck == dat5) {
        sTemp = dat3;
        sHumidity = dat1;
    }
#ifdef SPI_LCD                                      //如果宏定义了 SPI_LCD
    char    dbuf[20] = {0};
    sprintf(dbuf,"{A0=%u,A1=%u}",dat1,dat3);        //A0 表示湿度，A1 表示温度
    Uart_Send_String(dbuf);
#else
    printf("湿度: %u.%u%%  温度: %u.%u℃  \r\n", dat1,dat2, dat3,dat4);
#endif
}
```

如图 3.8 所示是本任务的流程图。

3.2.5　开发步骤

（1）准备好带有温湿度传感器的 CC2530 射频板，设置节点板跳线为模式一，将 SmartRF04 仿真器正确的连接 PC 和 ZXBee CC2530 无线节点板。

（2）在开发资源包打开本任务工程文件，选择"Project→Rebuild All"重新编译工程。

（3）上电 CC2530 节点板，选择"Project→Download and debug"，将程序下载到 CC2530 射频板上。

（4）在 PC 上打开超级终端或串口调试助手，设置波特率为 38400、8 数据位、1 停止位、无硬件流控。

（5）将 CC2530 射频板上电并复位，运行程序，观察 PC 串口中输出的温度、湿度数据。

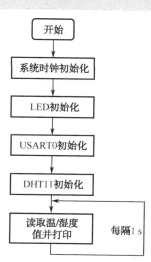

图 3.8　温湿度任务流程图

3.2.6　总结与拓展

程序运行后串口输出当前的温湿度值，并且在节点的 LCD 上会显示温湿度值。

3.3　任务 10　雨滴/凝露传感器

3.3.1　学习目标

- 理解雨滴/凝露传感器工作原理。
- 学会在 CC2530 无线节点板开发雨滴/凝露传感器驱动程序。

3.3.2　开发环境

硬件：ZXBee CC2530 节点板一块、雨滴/凝露传感器板一块、带 USB 接口的 SmartRF04 仿真器、调试转接板、PC、USB mini 线。软件：Windows XP/Windows 7/8/10、IAR 集成开发环境。

3.3.3　原理学习

本任务采用凝露传感器 HDS10，其为正特性开关型元件，对低湿度不敏感，仅对高湿度敏感，测试范围为 9～100RH，湿度和电阻有关系，当湿度达到 94%以上，其输出电阻从 100 kΩ迅速增大。高湿环境下具有极高敏感性、响应速度快、抗污染能力强、高可靠性、稳定性好。

雨滴/凝露传感器又叫雨滴检测传感器，用于检测是否下雨及雨量的大小，雨滴/凝露传感器与 CC2530 部分接口电路如图 3.9 所示，图中 ADC 引脚连接到了 CC2530 的 P0_1 口，通过此 IO 口输出的控制信号，可通过 ADC 转换得到相应数值。

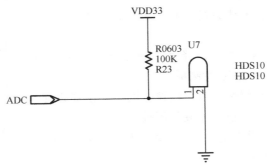

图 3.9　雨滴/凝露传感器与 CC2530 部分接口电路

3.3.4　开发内容

本任务实例代码通过读取雨滴/凝露传感器的控制信号，经 ADC 转换在串口显示，雨量越多，显示的值越大。下面是源码实现的解析过程。

```
/*********************************主函数*********************************/
void main(void)
{   xtal_init();
    led_init();
    uart0_init(0x00, 0x00);                         //初始化串口
#ifdef SPI_LCD                                       //如果宏定义了 SPI_LCD
    lcd_dis();                                       //在 LCD 上显示相关信息
#endif

    while(1)
    {
        Rain_Test();
    }
}
```

主函数中主要实现了以下步骤。

（1）初始化系统时钟 xtal_init()：选择 32 MHz 晶体振荡器。

（2）初始化 LED 灯 led_init()：设置 P1.0 和 P1.1 为普通 I/O 口，设置 P1 方向为输出，关闭 D6、D7 灯。

（3）初始化串口 uart0_init()：配置 I/O 口、设置波特率、奇偶校验位和停止位。

（4）在主函数中使用 while(1)隔 1 s 更新雨滴值并让 D7 灯闪烁。

通过下面的代码来解析雨滴值的测试。

```
/***************************** Rain_Test 函数*****************************/
void Rain_Test(void)
{
    char StrAdc[10];
    int AdcValue;
#ifdef SPI_LCD                                       //如果宏定义了 SPI_LCD
    char   dbuf[20] = {0};
    sprintf(dbuf,"{A0=%d}",AdcValue);
    Uart_Send_String(dbuf);                          //更新传感器值到 LCD
#else
    char StrAdc[10];
    sprintf(StrAdc,"%d\r\n",AdcValue);
    Uart_Send_String(StrAdc);                        //串口发送数据
#endif   halWait(250);                               //延时
    D7=!D7;                                          //标志发送状态
    halWait(250);
    halWait(250);
}
```

上述代码实现了 ADC 转换，并将获取到的值从串口打印输出，每更新一次数据，D7

灯闪烁一次，其中，配置 ADC 并启动转换的实现代码如下。

```
/******************************得到 ADC 值******************************/
int getADC(void)
{
    unsigned int    value;

    P0SEL |= 0x02;
    ADCCON3    = (0xB1);                        //选择 AVDD5 为参考电压；12 分辨率；P0_1    ADC

    ADCCON1 |= 0x30;                           //选择 ADC 的启动模式为手动
    ADCCON1 |= 0x40;                           //启动 AD 转化

    while(!(ADCCON1 & 0x80));                   //等待 ADC 转化结束

    value =    ADCL >> 2;
    value |= (ADCH << 6);                       //取得最终转化结果，存入 value 中

    return ((value) >> 2);
}
```

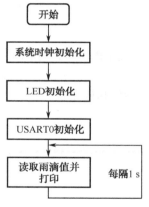

图 3.10 雨滴任务流程图

图 3.10 所示为本任务的流程图。

3.3.5 开发步骤

（1）准备好带有温湿度传感器的 CC2530 节点板，将 SmartRF04 仿真器正确地连接 PC 和 ZXBee CC2530 无线节点板。

（2）在开发资源包打开本任务工程，选择"Project→Rebuild All"重新编译工程。

（3）上电 CC2530 节点板，选择 IAR 菜单"Project→Download and debug"，将程序下载程序到 CC2530 射频板上。

（4）在 PC 上打开超级终端或串口调试助手，设置波特率为 38400、8 数据位、1 停止位、无硬件流控。

（5）将 CC2530 射频板上电并复位，运行程序。

（6）对着雨滴/凝露传感器缓缓吹气，观察节点 LCD 上的或者串口打印出的雨滴传感器值的变化。

3.3.6 总结与拓展

雨量越多，显示的 ADC 转换值越大。

注意：限于图书篇幅，本章还介绍有其他接口的内容，具体包括：火焰传感器、继电器、霍尔传感器、超声波测距传感器、人体红外传感器、可燃气体/烟雾传感器、酒精传感器、空气质量传感器、三轴传感器、压力传感器、RFID 等内容，读者可登录华信教育资源网（www.hxedu.com.cn）下载本书的开发资源包，查看相关内容。

本章结合 CC2530 和 ZigBee 协议栈，通过安装调试，认识 ZigBee 协议栈，学习组网技术、广播、组播、星状网、树状网等基础知识，从而对 ZigBee 有个全面认识。

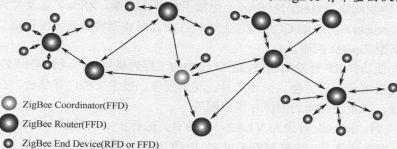

ZigBee 的特点主要有以下几个方面。

（1）低功耗：在低耗电待机模式下，2 节 5 号干电池可支持 1 个节点工作 6～24 个月，甚至更长，这是 ZigBee 的突出优势。

（2）低成本：通过大幅简化协议使成本很低，降低了对通信控制器的要求，按预测分析，以 8051 的 8 位微控制器测算，全功能的主节点需要 32 KB 代码，子功能节点少至 4 KB 代码，而且 ZigBee 的协议专利免费。

（3）低速率：ZigBee 工作在 250 bps 的通信速率，满足低速率传输数据的应用需求。

（4）近距离：传输范围一般介于 10～100 m 之间，在增加 RF 发射功率后，亦可增加到 1～3 km，这指的是相邻节点间的距离。如果通过路由和节点间通信的接力，传输距离将可以更远。

（5）短时延：ZigBee 的响应速度较快，一般从睡眠转入工作状态只需 15 ms，节点连接进入网络只需 30 ms，进一步节省了电能。

（6）高容量：ZigBee 可采用星状、片状和网状网络结构，由一个主节点管理若干子节点，一个主节点可管理 254 个子节点；同时主节点还可由上一层网络节点管理，最多可组成 65000 个节点的大网。

（7）高安全：ZigBee 提供了三级安全模式，包括无安全设定、使用接入控制清单（ACL）防止非法获取数据，以及采用高级加密标准（AES128）的对称密码，以灵活确定其安全属性。

CC2530 芯片支持 ZigBee 协议；同时 TI 提供的 ZStack 协议栈是一套符合 ZigBee 协议的协议栈，本章所讲的 CC2530 协议栈即 TI ZStack 协议栈。

4.1　任务 11　认识 ZStack 协议栈

2007 年 1 月，TI 公司宣布推出 ZigBee 协议栈（ZStack），并于 2007 年 4 月提供免费下载版本 V1.4.1。ZStack 达到 ZigBee 测试机构德国莱茵集团（TUV Rheinland）评定的 ZigBee 联盟参考平台（Golden Unit）水平，目前已为全球众多 ZigBee 开发商所广泛采用。ZStack 符合 ZigBee 2006 规范，支持多种平台，其中包括面向 IEEE 802.15.4/ZigBee 的 CC2430 片上系统解决方案、基于 CC2420 收发器的新平台，以及 TI 公司的 MSP430 超低功耗微控制器（MCU）。

除了全面符合 ZigBee 2006 规范以外，ZStack 还支持丰富的新特性，如无线下载，可通过 ZigBee 网状网络（Mesh Network）无线下载节点更新。ZStack 还支持具备定位感知（Location Awareness）特性的 CC2431。上述特性使开发者能够设计出可根据节点当前位置改变行为的新型 ZigBee 应用。

ZStack 与低功耗 RF 开发商网络，是 TI 公司为工程师提供的广泛性基础支持的一部分，其他支持还包括培训和研讨会、设计工具、实用程序、技术文档、评估板、在线知识库、产品信息热线，以及全面周到的样片供应服务。

2007 年 7 月，ZStack 升级为 V1.4.2，之后对其进行了多次更新，并于 2008 年 1 月升级为 V1.4.3。2008 年 4 月，针对 MSP430F4618+CC2420 组合把 ZStack 升级为 V2.0.0；2008 年 7 月，ZStack 升级为 V2.1.0，全面支持 ZigBee 与 ZigBee PRO 特性集（即 ZigBee 2007/Pro）并符合最新智能能源规范，非常适用于高级电表架构（AMI）。因其出色的 ZigBee 与 ZigBee Pro 特性集，ZStack 被 ZigBee 测试机构国家技术服务公司（NTS）评为 ZigBee 联盟最高业内水平。2009 年 4 月，ZStack 支持符合 2.4 GHz IEEE 802.15.4 标准的第二代片上系统 CC2530；2009 年 9 月，ZStack 升级为 V2.2.2，之后，于 2009 年 12 月升级为 V2.3.0；2010 年 5 月，ZStack 升级为 V2.3.1。

4.1.1　ZStack 的安装

ZStack 协议栈由 TI 公司开发，符合最新的 ZigBee 2007 规范，它支持多平台，其中就包括 CC2530 芯片。ZStack 的安装包为 ZStack-CC2530-2.4.0-1.4.0.exe（位于开发资源包 "DISK-ZigBee\03-系统代码\ZStack\ZStack-CC2530-2.4.0-1.4.0.exe"），双击之后直接安装，安装完后生成 "C:\Texas Instruments\ZStack-CC2530-2.4.0-1.4.0" 文件夹，文件夹内包括协议栈中各层部分源程序（有一些源程序被以库的形式封装起来了），Documents 文件夹内包含一些与协议栈相关的帮助和学习文档，Projects 文件夹包含与工程相关的库文件、配置文件等，其中基于 ZStack 的工程应放在文件夹 "Texas Instruments\ZStack-CC2530-2.4.0-1.4.0\Projects\ZStack\Samples" 下。

4.1.2 ZStack 的结构

打开 ZStack 协议栈提供的示例工程，可以看到如图 4.1 所示的层次结构图。

应用中较多的是 HAL 层（硬件抽象层）和 App 层（用户应用），前者要针对具体的硬件进行修改，后者要添加具体的应用程序。而 OSAL 层是 ZStack 特有的系统层，相当于一个简单的操作系统，便于对各层任务的管理，理解它的工作原理对开发是很重要的，下面对各层进行简要介绍。

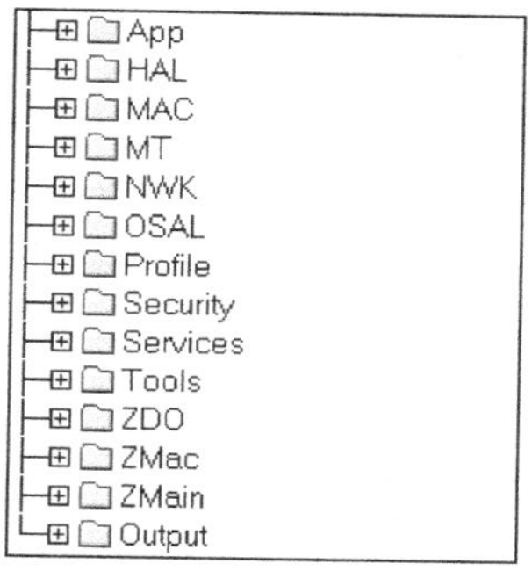

（1）App（Application Programming）：应用层目录，创建各种不同工程的区域，在这个目录中包含了应用层和项目的主要内容。

（2）HAL（Hardware Abstraction Layer）：硬件层目录，包含有与硬件相关的配置、驱动及操作函数。

图 4.1 ZStack 软件结构图

（3）MAC：MAC 层目录，包含了 MAC 层的参数配置文件及其 MAC 的 LIB 库的函数接口文件。

（4）MT（Monitor Test）：实现通过串口可控各层，与各层进行直接交互，同时可以将各层的数据通过串口连接到上位机，以方便开发人员调试。

（5）NWK（ZigBee Network Layer）：网络层目录，包含网络层配置参数文件及网络层库的函数接口文件。

（6）OSAL（Operating System Abstraction Layer）：协议栈的操作系统。

（7）Profile：AF（Application Frame work）层（应用构架）目录，包含 AF 层处理函数文件。ZStack 的 AF 层提供了开发人员建立一个设备描述所需的数据结构和辅助功能，是传入信息的终端多路复用器。

（8）Security：安全层目录，包含安全层处理函数，如加密函数等。

（9）Services：地址处理函数目录，包括着地址模式的定义及地址处理函数。

（10）Tools：工程配置目录，包括空间划分及 ZStack 相关配置信息。

（11）ZDO（ZigBee Device Objects）：ZigBee 设备对象层（ZDO）提供了管理一个 ZigBee 设备的功能，ZDO 层的 API 为应用程序的终端提供了管理 ZigBee 协调器、路由器或终端设备的接口，包括创建、查找和加入一个 ZigBee 网络，绑定应用程序终端，以及安全管理。

（12）ZMac：MAC 层目录，包括 MAC 层参数配置及 MAC 层 LIB 库函数回调处理函数。

（13）ZMain：主函数目录，包括入口函数及硬件配置文件。

（14）Output：输出文件目录，这是 EW8051 IDE 自动生成的。

在 ZStack 协议栈中各层次具有一定的关系，图 4.2 所示是 ZStack 协议栈的体系结构图。

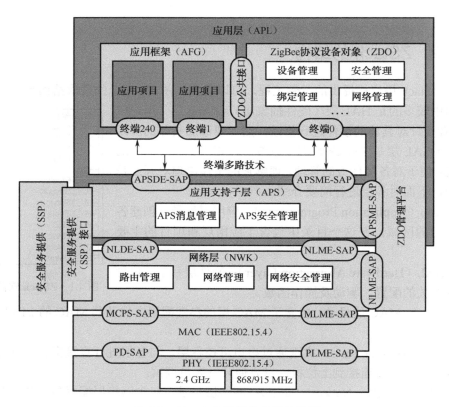

图 4.2　ZStack 协议栈的体系结构图

TI ZStack 协议栈是一个基于轮转查询式的操作系统，它的 main 函数在 ZMain 目录下的 ZMain.c 中，该协议栈总体上来说，一共做了 2 件工作，一个是系统初始化，即由启动代码来初始化硬件系统和软件构架需要的各个模块；另外一个就是开始启动操作系统实体，如图 4.3 所示。

图 4.3　协议栈主要工作流程

1. 系统初始化

系统启动代码需要完成初始化硬件平台和软件架构所需要的各个模块，为操作系统的运行做好准备工作，主要分为初始化系统时钟、检测芯片工作电压、初始化堆栈、初始化各个硬件模块、初始化 Flash 存储、形成芯片 MAC 地址、初始化非易失变量、初始化 MAC 层协议、初始化应用帧层协议、初始化操作系统等 10 余部分，其具体流程图和对应的函数如图 4.4 所示。

2. 启动操作系统

系统初始化为操作系统的运行做好准备工作以后，就开始执行操作系统入口程序，并由此彻底将控制权交给操作系统，其实，启动操作系统实体只有一行代码。

```
osal_start_system();
```

该函数没有返回结果，通过将该函数一层层展开之后就知道该函数其实就是一个死循环。这个函数就是轮转查询式操作系统的主体部分，它所做的就是不断地查询每个任务是

否有事件发生，如果发生，执行相应的函数，如果没有发生，就查询下一个任务。

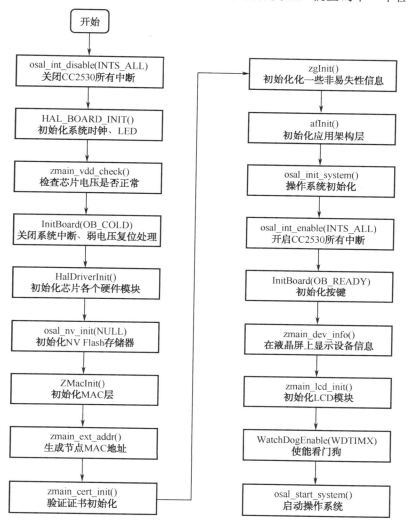

图 4.4　ZStack 协议栈系统初始化流程图

4.1.3　设备的选择

ZigBee 无线通信中一般含有三种节点类型，分别是协调器、路由节点和终端节点。打开 ZStack 协议栈官方提供的任务例子工程，可以在 IAR 开发环境下的 Workspace 下拉列表中选择设备类型，可以选择设备类型为协调器、路由器或终端节点（根据开发板对应的类型选择），如图 4.5 所示。

4.1.4　定位编译选项

对于一个特定的工程，编译选项存在于两个地方，一些很少需要改动的编译选项存在于连接控制文件中，每一种设备类型对应一种连接控制文件，当选择了相应的设备类型后，会自动选择相应的配置文件，例如，选择了设备类型为终端节点后 f8wEndev.cfg 和 f8w2530.xcl、f8wConfig.cfg 配置文件被自动选择（见图 4.6）；选择了设备类型为协调器，则工程会自动选择 f8wCoord.cfg 和 f8w2530.xcl、f8wConfig.cfg 配置文件；选择了设备类型为路由器后，f8wRouter.cfg 和 f8w2530.xcl、f8wConfig.cfg 配置文件被自动选择。

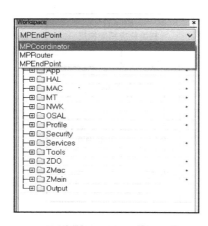

图 4.5　ZStack 协议栈系统初始化流程图　　图 4.6　终端节点的配置文件

在 ZStack 协议栈的例程开发时，有时需要自定义添加一些宏定义来使能或禁用某些功能，这些宏定义的选项在 IAR 的工程文件中，下面进行简要介绍。

在 IAR 工程中选择"Project/Options/C/C++ Complier"中的 Processor 标签，如图 4.7 所示。

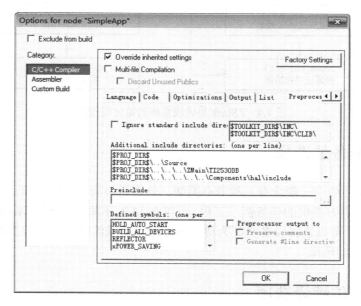

图 4.7　IAR 编译选项

图 4.7 中，"Defined symbols"输入框中就是宏定义的编译选项，若想在这个配置中增加一个编译选项，只需将相应的编译选项添加到列表框中；若禁用一个编译选项，只需在相应编译选项的前面增加一个 x，图 4.7 所示的"POWER_SAVING"选项被禁用，这一编译选项表示支持省电模式。很多编译选项都作为开关量使用，用来选择源程序中的特定程序段，也可定义数字量，如可添加 DEFAULT_CHANLIST 即相应数值来覆盖默认设置（DEFAULT_CHANLIST 在 Tools 目录下的 f8wConfig.cfg 文件中配置，默认选择信道 11）。ZStack 协议栈支持大量的编译选项，读者可参考 ZStack 的帮助文档 ZStack Compile Options.pdf。

4.1.5　ZStack 中的寻址

ZStack 中定义了两种地址，64 位的扩展地址（IEEE 地址）和 16 位网络短地址。扩展地址是全球唯一的，就像网卡地址，可由厂家设置或者烧写进芯片（本任务配套的节点用 RF Flash Programmer 实现）。网络短地址是加入 ZigBee 网时由协调器分配的，在特定的网络中是唯一的，但是不一定每次都一样，只是和其他同网设备相区别，作为标识符。

Zstack 采用 ZigBee 的分布式寻址方案来分配网络地址，这个方案保证在整个网络中所有分配的地址是唯一的。这一点是必须的，因为这样才能保证一个特定的数据包能够发给它指定的设备，而不出现混乱。同时，这个寻址算法本身的分布特性可以保证设备只能与他的父辈设备通信，来接收一个网络地址，不需要整个网络范围内通信的地址分配，这有助于网络的可测量性。ZStack 的网络地址分配由三个参数决定，即 MAX_DEPTH、MAX_ROUTERS 和 MAX_CHILDREN，这也是 profile 的一部分。MAX_DEPTH 代表网络最大深度，协调器为 0 级深度，它决定了物理上网络的长度；MAX_CHILDREN 决定了一个协调器或路由器能拥有几个子节点；MAX_ROUTERS 决定了一个协调器或路由器能拥有几个路由功能的节点，它是 MAX_CHILDREN 的子集。虽然不同的 profile 有规定的参数值，针对自己的应用用户可以修改这些参数，但要保证这些参数的赋值要合法，即整个地址空间不能超过 216，这就限制了参数能够设置的最大值。当选择了合法的数据后，开发人员还要保证不再使用标准的栈配置，取而代之的是网络自定义栈配置。例如，在 nwk_globals.h 文件中将 STACK_PROFILE_ID 改为 NETWORK_SPECIFIC，然后将 nwk_globals.h 文件中的 MAX_DEPTH 参数设置为合适的值。此外，还必须设置 nwk_globals.c 文件中的 Cskipchldrn 数组和 CskipRtrs 数组，这些数组的值是由 MAX_CHILDREN 和 MAX_ROUTER 构成的。

为了在 ZigBee 网络中发送数据，应用层主要调用 AF_DataRequest()函数。目的设备由类型 afAddrType_t 决定，定义为

```
typedef struct {
    union
    {
    uint16 shortAddr;
    } addr;
    afAddrMode_t addrMode;
```

```
        byte endPoint;
} afAddrType_t;
```

其中寻址模式有几种不同的方式，具体定义是

```
typedef enum
{
        afAddrNotPresent = AddrNotPresent,
        afAddr16Bit = Addr16Bit,
        afAddrGroup = AddrGroup,
        afAddrBroadcast = AddrBroadcast
} afAddrMode_t;
```

下面是针对寻址的模式进行简要介绍。

- 当 addrMode 设为 Addr16Bit 时，说明是单播（比较常用），数据包发给网络上单个已知地址的设备。
- 当 addrMode 设为 AddrNotPresent 时，这是应用程序不知道包的最终目的地址时采用的方式，目的地址在绑定表中查询，如果查到多个表项就可以发给多个目的地实现多播（关于绑定的相关内容，可参考 ZStack 文档）。
- 当 addrMode 设为 AddrBroadcast 时，表示向所有同网设备发包。广播地址有两种，一种是将目的地址设为 NWK_BROADCAST_SHORTADDR_DEVALL(0xFFFF)，表明发给所有设备包括睡眠设备；另一种是将目的地址设为 NWK_BROADCAST_SHORTADDR_DEVRXON(0xFFFD)，这种广播模式不包括睡眠设备。

在应用中常常需要获取设备自己的网络短地址或者扩展地址，也可能需要获取父节点设备的地址，下面是常用的重要函数。

- NLME_GetShortAddr()：获取该设备网络短地址。
- NLME_GetExtAddr()：获取 64 位扩展地址（IEEE 地址）。
- NLME_GetCoordShortAddr()：获取父设备网络短地址。
- NLME_GetCoordExtAddr()：获取父设备 64 位扩展地址。

4.1.6　ZStack 中的路由

路由对应用层是透明的，应用层只需要知道地址而不在乎路由的过程。ZStack 的路由实现了 ZigBee 网络的自愈机制，一条路由损坏了，可以自动寻找新的路由。

无线自组织网络（Ad hoc）中有很多著名的路由技术，其中 AODV 是很常用的一种。AODV 是按需路由协议，ZStack 简化了 AODV，使之适应于无线传感器网络的特点，能在有移动节点、链路失效和丢包的环境下工作。当路由器从应用层或其他设备收到单播的包时，网络层根据下列步骤转发：如果目的地是自己的邻居，就直接传送过去；否则，该路由器检查路由表寻找目的地，如果找到了就发给下一跳，没找到就开始启动路由发现过程，确定了路由之后才发过去。路由发现基本按照 AODV 的算法进行，请求地址的源设备向邻居广播路由请求包（RREQ），收到 RREQ 的节点更新链路花费域，继续广播路由请求。这样，直到目的节点收到 RREQ 为止，此时的链路花费域可能有几个值，对应不同的路由，选择一条最好的作为路由，然后目的设备发送路由应答包（RREP），反向到源设备，路径

上其他设备由此更新自己的路由表。这样一条新的路由就建成了。

4.1.7　OSAL 调度管理

为了方便任务管理，ZStack 协议栈定义了操作系统抽象层（Operation System Abstraction Layer，OSAL）。OSAL 完全构建在应用层上，主要是采用了轮询的概念，并且引入了优先级，它的主要作用是隔离 ZStack 协议栈和特定硬件系统，用户无须过多了解具体平台的底层，就可以利用操作系统抽象层提供的丰富工具实现各种功能，包括任务注册、初始化和启动，同步任务，多任务间的消息传递，中断处理，定时器控制，内存定位等。

OSAL 中判断事件发生是通过 tasksEvents[idx]任务事件数组来进行的。OSAL 初始化时，tasksEvents[]数组被初始化为零，一旦系统中有事件发生，就用 osal_set_event 函数把 tasksEvents[taskID]赋值为对应的事件。不同的任务有不同的 taskID，这样任务事件数组 tasksEvents 中就表示了系统中哪些任务存在没有处理的事件，然后就会调用各任务处理对应的事件。任务是 OSAL 中很重要的概念，它是通过函数指针来调用的，参数有两个：任务标识符（taskID）和对应的事件（event）。ZStack 中有 7 种默认的任务，它们存储在 taskArr 这个函数指针数组中，定义如下。

```
const pTaskEventHandlerFn tasksArr[] =
{
    macEventLoop,
    nwk_event_loop,
    Hal_ProcessEvent,
#if defined( MT_TASK )
    MT_ProcessEvent,
#endif
    APS_event_loop,
    ZDApp_event_loop,
    SAPI_ProcessEvent
};
```

从 7 个事件的名字就可以看出，每个默认的任务对应的是协议的层次。根据 ZStack 协议栈的特点，这些任务从上到下的顺序反映出了任务的优先级，如 MAC 事件处理 macEventLoop 的优先级高于网络层事件处理 nwk_event_loop。

要深入理解 ZStack 协议栈中 OSAL 的调度管理，需要理解任务的初始化 osalInitTasks()、任务标识符 taskID、任务事件数组 tasksEvents、任务事件处理函数 tasksArr 数组之间的关系。

图 4.8 是系统任务、任务标识符和任务事件处理函数之间的关系，其中 tasksArr 数组中存储了任务的处理函数，tasksEvents 数组中则存储了各任务对应的事件，由此便可得知任务与事件之间是多对多的关系，即多个任务对应着多个事件。

系统调用 osalInitTasks()函数进行任务初始化时，首先将 taskEvents 数组的各任务对应的事件置 0，也就是各任务没有事件。当调用了各层的任务初始化函数之后，系统就会调用 osal_set_event(taskID,event)函数将各层任务的事件存储到 taskEvent 数组中。系统任务初始化结束之后就会轮询调用 osal_run_system()函数开始运行系统中所有的任务，运行过程中任务标识符值低的任务优先运行。执行任务的过程中，系统会判断各任务对应的事件是否发生，若发生了则执行相应的事件处理函数。关于 OSAL 系统的任务之间调度的源码分析可以查看 4.2 节的内容。

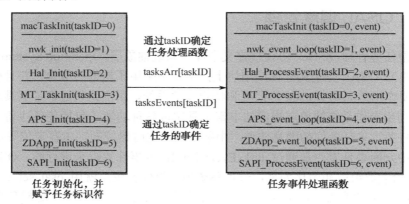

图 4.8　任务事件之间的关系

根据上述的解析过程可知，系统是按照死循环形式工作的，模拟多任务操作系统，把 CPU 分成 *N* 个时间片，在高速的频率下感觉就是同时运行多个任务了。

4.1.8　配置信道

每一个设备都必须有一个 DEFAULT_CHANLIST 来控制信道集合。对于一个 ZigBee 协调器来说，这个表格用来扫描噪音最小的信道；对于终端节点和路由器节点来说，这个列表用来扫描并加入一个存在的网络。

1. 配置 PANID 和要加入的网络

这个可选配置项用来控制 ZigBee 路由器和终端节点要加入哪个网络。文件 f8wConfg.cfg 中的 ZDO_CONFIG_PAN_ID 参数可以设置为 0～0x3FFF 之间的一个值，协调器使用这个值作为它要启动的网络的 PANID。而对于路由器节点和终端节点来说，只要加入一个用相同 PAN ID 建立的网络。如果要关闭这个功能，只要将这个参数设置为 0xFFFF。想更进一步控制加入过程，需要修改 ZDApp.c 文件中的 ZDO_NetworkDiscoveryConfirmCB 函数。

2. 最大有效载荷大小

对于一个应用程序而言，最大有效载荷的大小基于几个因素：MAC 层提供了一个有效载荷长度常数 102；NWK 层需要一个固定头大小，一个有安全的大小和一个没有安全的大小；APS 层必须有一个可变的基于变量设置的头大小，包括 ZigBee 协议版本、KVP 的使用和 APS 帧控制设置等。用户不必根据前面的要素来计算最大有效载荷大小，AF 模块提供一个 API，允许用户查询栈的最大有效载荷或者最大传送单元（MTU）。用户调用函数 afDataReqMTU（见 af.h 文件），该函数将返回 MTU 或者最大有效载荷大小。

```
typedef struct    {
    uint8      kvp;
    APSDE_DataReqMTU_t        aps;
}afDataReqMTU_t;
uint8 afDataReqMTU( afDataReqMTU_t* fields )
```

通常 afDataReqMTU_t 结构只须设置结构体中 kvp 的值，这个值表明 KVP 是否被使用，而 APS 保留。

4.2　任务 12　解析 ZStack 协议栈工程

4.2.1　学习目标

● 理解 ZigBee 协议及相关知识。
● 理解并掌握 ZStack 协议栈的工作原理。
● 理解 OSAL 任务调度的工作原理。

4.2.2　开发环境

硬件：PCPentium100 以上。软件：Windows XP/Windows 7/8/10、IAR 集成开发环境。

4.2.3　原理学习

在 ZStack 协议栈"Texas Instruments/ZStack-CC2530-2.4.0-1.4.0/Projects/Zstack/Samples"目录下可以看到 TI 官方提供的三个基础例程，分别是 GenericApp、SampleApp 和 SimpleApp，本任务中所有基于协议栈的任务例程均是从 SimpleApp 工程改编而来的，本任务主要是结合 4.1 节介绍的 ZStack 协议栈内容来解析 ZStack 协议栈运行的工作原理及其工作流程。

下面以打开 4.3 节任务的工程来进行解析 ZStack 协议栈的工作原理及其工作流程，并对关键代码进行解释。

确认在 4.1 节中已安装 ZStack 的安装包。如果没有安装，则打开开发资源包，路径为"03-系统代码/ZStack-CC2530-2.4.0-1.4.0.exe"，双击之后直接安装，安装完后默认生成 C:\Texas Instruments\ZStack-CC2530-2.4.0-1.4.0 文件夹。

打开例程：将光盘中的例程"01-开发例程/第 4 章/4.3-Networking/Networking"整个文件夹复制到"C:\Texas Instruments/ZStack-CC2530-2.4.0-1.4.0/Projects/Zstack/Samples"文件夹下，然后双击"Networking /CC2530DB/Networking.eww"文件即可打开工程。打开工程后，在"Workspace"下拉框选项中可以看到 3 个子工程，分别是协调器、路由节点和终端节点工程，如图 4.9 所示，通过选择不同的工程，就会选择不同的源文件、编译选项。

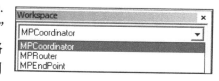

图 4.9　子工程选项

　　ZigBee 无线通信中一般含有 3 类节点类型：协调器（负责建立 ZigBee 网络、信息收发）、终端节点（信息采集、接收控制）和路由节点（在终端节点的基础上增加了一个路由转发的功能）。根据这 3 种节点类型的功能可以得知 ZigBee 无线通信中所有节点的工作流程。为了更容易理解 ZStack 协议栈的工作原理，在介绍 ZStack 协议的工作原理之前，先简单介绍协调器、终端节点和路由节点这 3 种类型的节点在 ZigBee 无线通信中的流程图，如图 4.10 所示。

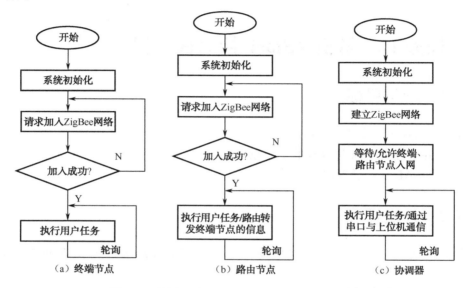

图 4.10　终端、路由节点和协调器的简化流程图

　　通过图 4.10 所示的流程图，以及对比终端节点、路由节点和协调器节点工程的源码可知，3 种类型的节点工程的大部分源码是相同的，而只有在执行用户任务事件时稍有不同。下面根据简化流程图来解析 ZStack 协议栈的工作流程，解析 ZStack 协议栈最简单、直接的方法就是从工程的入口 main 函数开始解析。

1. ZStack 协议栈 OSAL 调度关键代码解析

　　在工程的 ZMain 目录下有一个 ZMain.c 文件，该文件中的 main 函数就是整个协议栈的入口处，源代码解析如下。

```
int main( void )
{
    //关闭所有中断
    osal_int_disable( INTS_ALL );

    //硬件初始化（系统时钟、LED）
    HAL_BOARD_INIT();
    //检查系统电源
    zmain_vdd_check();
    //初始化板子 I/O（关中断、系统弱电压复位处理）
    InitBoard( OB_COLD );
```

```
        //初始化硬件层驱动（ADC、DMA、LED、UART 等驱动）
        HalDriverInit();
        //初始化 NV 存储区（主要存储节点组网的网络信息且掉电不会丢失）
        osal_nv_init( NULL );
        //初始化 MAC 层
        ZMacInit();
        //将节点的扩展地址写入 NV 存储区
        zmain_ext_addr();

#if defined ZCL_KEY_ESTABLISH
        //初始化验证信息
        zmain_cert_init();
#endif

        //初始化基本的 NV 条目
        zgInit();

#ifndef NONWK
        //应用层初始化
        afInit();
#endif

        //初始化操作系统
        osal_init_system();
        //开中断
        osal_int_enable(INTS_ALL);
        //最后一次板子初始化
        InitBoard( OB_READY );
        //显示设备信息
        zmain_dev_info();

        /************************在 LCD 上显示设备信息************************/
#ifdef LCD_SUPPORTED
        zmain_lcd_init();
#endif

#ifdef WDT_IN_PM1
        //使能看门狗
        WatchDogEnable( WDTIMX );
#endif
        osal_start_system(); //启动操作系统
        return 0;
}
```

通过前面的章节学习可知，ZStack 协议栈是一个多任务轮询的简单操作系统，其实在上述 main.c 文件中除了一些基本的初始化功能之外，要想理解 ZStack 协议栈的工作原理，最关键的就是要理解 main 函数中的 osal_init_system()和 osal_start_system()方法。其中

osal_init_system()函数源码展开如下。

```
uint8 osal_init_system( void )
{
    //初始化内存分配系统
    osal_mem_init();
    //初始化消息队列
    osal_qHead = NULL;
    //初始化定时器
    osalTimerInit();
    //初始化电源管理系统
    osal_pwrmgr_init();
    //初始化系统任务.
    osalInitTasks();
    //内存释放
    osal_mem_kick();
    return ( SUCCESS );
}
```

在 osal_init_system()函数中初始化了 ZStack 系统的核心功能，包括内存分配初始化、电源管理初始化、任务初始化和内存释放等功能。而对于开发人员来讲，最重要是理解系统任务初始化函数 osalInitTasks()，展开该函数就可以发现该函数初始化了 7 个系统任务，并为每个任务赋予了任务标识符 taskID。

```
void osalInitTasks( void )
{
    uint8 taskID = 0;
    tasksEvents = (uint16 *)osal_mem_alloc( sizeof( uint16 ) * tasksCnt);
    osal_memset( tasksEvents, 0, (sizeof( uint16 ) * tasksCnt));

    macTaskInit( taskID++ );
    nwk_init( taskID++ );
    Hal_Init( taskID++ );
#if defined( MT_TASK )
    MT_TaskInit( taskID++ );
#endif
    APS_Init( taskID++ );
    ZDApp_Init( taskID++ );
    SAPI_Init( taskID );//用户任务初始化，本书的所有任务例程自定义的事件都在该任务的处理函
数中运行
}
```

通过将上述各层任务的初始化函数展开之后，可以发现 macTaskInit()、nwk_init()、APS_Init()任务的初始化函数源码封装成库了，开发人员无法查看其中的源码。展开剩余的 Hal_Init()、MT_TaskInit()和 SAPI_Init()等任务初始化函数之后就可以发现这些任务初始化函数的作用就是对各层任务信息进行注册，并调用 osal_set_event(uint8 task_id, uint16 event_flag)函数将各任务的事件添加到任务事件数组 tasksEvents[]中。下面以 SAPI_Init()函数为例来进行解析。

```
    void SAPI_Init( byte task_id )
    {
        sapi_TaskID = task_id;    //记录 SAPI 任务的任务标识符
        sapi_bindInProgress = 0xffff;

        sapi_epDesc.task_id = &sapi_TaskID;
        sapi_epDesc.endPoint = 0;

#if ( SAPI_CB_FUNC )
        //节点描述信息赋值
        sapi_epDesc.endPoint = zb_SimpleDesc.EndPoint;
        sapi_epDesc.task_id = &sapi_TaskID;
        sapi_epDesc.simpleDesc = (SimpleDescriptionFormat_t *)&zb_SimpleDesc;
        sapi_epDesc.latencyReq = noLatencyReqs;

        //在 AF 应用层注册节点描述信息
        afRegister( &sapi_epDesc );
#endif

        //关闭允许回应标志
        afSetMatch(sapi_epDesc.simpleDesc->EndPoint, FALSE);

        //从 ZDApp 注册回调事件
        ZDO_RegisterForZDOMsg( sapi_TaskID, NWK_addr_rsp );
        ZDO_RegisterForZDOMsg( sapi_TaskID, Match_Desc_rsp );
        ZDO_RegisterForZDOMsg( sapi_TaskID, IEEE_addr_rsp);

#if ( SAPI_CB_FUNC )
#if (defined HAL_KEY) && (HAL_KEY == TRUE)
        //注册硬件抽象层的按键
        RegisterForKeys( sapi_TaskID );

        if( HalKeyRead () == HAL_KEY_SW_5) //
        {
            //当按下复位键，系统复位并清除 NV 区
            uint8 startOptions = ZCD_STARTOPT_CLEAR_STATE | ZCD_STARTOPT_CLEAR_CONFIG;
            zb_WriteConfiguration( ZCD_NV_STARTUP_OPTION, sizeof(uint8), &startOptions );
            zb_SystemReset();
        }
#endif //HAL_KEY

        //设置一个入口事件来启动任务
        osal_set_event(task_id, ZB_ENTRY_EVENT);
#endif
    }
```

在上述代码的最后调用了 osal_set_event(task_id, ZB_ENTRY_EVENT)函数，其作用是

设置了 1 个入口事件来启动用户任务，展开该函数的代码，解析如下。

```
uint8 osal_set_event( uint8 task_id, uint16 event_flag )
{
    if ( task_id < tasksCnt )
    {
        halIntState_t    intState;
        HAL_ENTER_CRITICAL_SECTION(intState);        //Hold off interrupts
        tasksEvents[task_id] |= event_flag;          //将事件存储到任务事件数组中
        HAL_EXIT_CRITICAL_SECTION(intState);         //Release interrupts
        return ( SUCCESS );
    }
    else
    {
        return ( INVALID_TASK );
    }
}
```

通过上述代码分析可得知，osal_set_event()函数关键就是将事件存储到任务事件数组中了。任务初始化的源码解析结束之后，再来解析启动系统的 osal_start_system()函数，在该函数中实现了轮询各个任务，并执行各任务的处理函数，在任务处理函数中则处理了事件发生后所做的操作。

将 osal_start_system()函数展开之后，就可以发现系统启动之后进入了 1 个死循环，并循环调用 osal_run_system()函数，解析过程如下。

```
void osal_start_system( void )
{
#if !defined ( ZBIT ) && !defined ( UBIT )
    for(;;)                                          //死循环
#endif
    {
        osal_run_system();                           //运行系统
    }
}
```

展开 osal_run_system()函数之后，可以发现该函数的主要作用是先对任务事件数组进行遍历，遍历过程从优先级别高的任务开始遍历，在遍历过程中会判断该任务是否有未执行完的事件，如果该任务有未执行完的事件，则跳出 while 循环，然后调用(tasksArr[idx])(idx, events)进入该任务的事件处理函数；如果在遍历中该任务的已经执行完毕即没有事件，则继续循环检查下一个任务。当系统中所有的任务都执行结束后，系统就会自动进入睡眠模式以节约资源。源代码解析如下。

```
void osal_run_system( void )
{
    uint8 idx = 0;

    osalTimeUpdate();                                //系统时间更新
    Hal_ProcessPoll();                               //硬件抽象层处理轮询（如 UART、TIMER 等）
```

```
            do {
                if (tasksEvents[idx])                    //判断任务中是否有事件
                {
                    break;
                }
            } while (++idx < tasksCnt);

            if (idx < tasksCnt)                          //执行任务，优先执行任务标识符低的任务
            {
                uint16 events;
                halIntState_t intState;

                HAL_ENTER_CRITICAL_SECTION(intState);
                events = tasksEvents[idx];
                tasksEvents[idx] = 0;                    //清除任务事件
                HAL_EXIT_CRITICAL_SECTION(intState);

                events = (tasksArr[idx])( idx, events );  //执行任务事件，并返回该任务未完成的事件

                HAL_ENTER_CRITICAL_SECTION(intState);
                tasksEvents[idx] |= events; //将未处理的任务事件添加到任务事件数组中，以便下次继续执行
                HAL_EXIT_CRITICAL_SECTION(intState);
            }
        #if defined( POWER_SAVING )
            else                                         //任务执行完成自动将 MCU 进入睡眠状态
            {
                osal_pwrmgr_powerconserve();
            }
        #endif

            /* Yield in case cooperative scheduling is being used. */
        #if defined (configUSE_PREEMPTION) && (configUSE_PREEMPTION == 0)
            {
                osal_task_yield();
            }
        #endif
        }
```

　　通过上述代码可知，关键的源码就在 events = (tasksArr[idx])(idx, events)中，tasksArr
数组存储了各层任务的事件处理函数，通过查看 tasksArr 数组的定义就可以知道，系统定
义了以下 7 个处理函数。

```
//函数指针
typedef unsigned short (*pTaskEventHandlerFn)( unsigned char task_id, unsigned short event );
const pTaskEventHandlerFn tasksArr[] = {          //函数指针数组
    macEventLoop,
    nwk_event_loop,
    Hal_ProcessEvent,
```

```
#if defined( MT_TASK )
    MT_ProcessEvent,
#endif
    APS_event_loop,
    ZDApp_event_loop,
    SAPI_ProcessEvent,
};
```

在上面的 7 个任务处理函数中只有 Hal_ProcessEvent、MT_ProcessEvent、ZDApp_event_loop 和 SAPI_ProcessEvent 可以查看其函数实现的源码，其余均被 TI 公司封装成库。系统调用（tasksArr[idx]）（idx，events）之后其实就是调用 Hal_ProcessEvent(idx, events)、MT_ProcessEvent(idx, events)、ZDApp_event_loop(idx, events)和 SAPI_ProcessEvent(idx, events)等任务事件处理函数。本书中以 SAPI_ProcessEvent(idx, events)任务事件处理函数为例进行源码解析，解析如下。

```
UINT16 SAPI_ProcessEvent( byte task_id, UINT16 events )
{
    osal_event_hdr_t *pMsg;
    afIncomingMSGPacket_t *pMSGpkt;
    afDataConfirm_t *pDataConfirm;

    if ( events & SYS_EVENT_MSG )        //系统消息事件，当节点接收到消息之后自动触发该事件
    {
        pMsg = (osal_event_hdr_t *) osal_msg_receive( task_id );
        while ( pMsg )                   //判断消息是否为空
        {
            switch ( pMsg->event )       //消息过滤
            {
                case ZDO_CB_MSG:
                SAPI_ProcessZDOMsgs( (zdoIncomingMsg_t *)pMsg );
                break;

                case AF_DATA_CONFIRM_CMD:
                //This message is received as a confirmation of a data packet sent.
                //The status is of ZStatus_t type [defined in ZComDef.h]
                //The message fields are defined in AF.h
                pDataConfirm = (afDataConfirm_t *) pMsg;
                SAPI_SendDataConfirm( pDataConfirm->transID, pDataConfirm->hdr.status );
                break;

                case AF_INCOMING_MSG_CMD://用户任务中 ZigBee 无线接收的数据在此处处理
                pMSGpkt = (afIncomingMSGPacket_t *) pMsg;
                SAPI_ReceiveDataIndication( pMSGpkt->srcAddr.addr.shortAddr,
                                pMSGpkt->clusterId, pMSGpkt->cmd.DataLength, pMSGpkt->
cmd.Data);
                break;
```

```
            case ZDO_STATE_CHANGE:
            //If the device has started up, notify the application
            if (pMsg->status == DEV_END_DEVICE ||pMsg->status == DEV_ROUTER ||
                                            pMsg->status == DEV_ ZB_COORD )
            {
                SAPI_StartConfirm( ZB_SUCCESS );
            }
            else    if (pMsg->status == DEV_HOLD || pMsg->status == DEV_INIT)
            {
                SAPI_StartConfirm( ZB_INIT );
            }
            break;

            case ZDO_MATCH_DESC_RSP_SENT:
            SAPI_AllowBindConfirm( ((ZDO_MatchDescRspSent_t *)pMsg)->nwkAddr );
            break;

            case KEY_CHANGE:
#if ( SAPI_CB_FUNC )
            zb_HandleKeys( ((keyChange_t *)pMsg)->state, ((keyChange_t *)pMsg)->keys );
#endif

            break;

            case SAPICB_DATA_CNF:
            SAPI_SendDataConfirm( (uint8)((sapi_CbackEvent_t *)pMsg)->data,
                                        ((sapi_CbackEvent_t *)pMsg)->hdr.status );
            break;

            case SAPICB_BIND_CNF:
            SAPI_BindConfirm( ((sapi_CbackEvent_t *)pMsg)->data,
                                        ((sapi_CbackEvent_t *)pMsg)->hdr.status );
            break;

            case SAPICB_START_CNF:
            SAPI_StartConfirm( ((sapi_CbackEvent_t *)pMsg)->hdr.status );
            break;

            default:
            //User messages should be handled by user or passed to the application
            //if ( pMsg->event >= ZB_USER_MSG )
            {
                void zb_HanderMsg(osal_event_hdr_t *msg);
                zb_HanderMsg(pMsg);
            }
            break;
        }
```

```
            //Release the memory
            osal_msg_deallocate( (uint8 *) pMsg );

            //Next
            pMsg = (osal_event_hdr_t *) osal_msg_receive( task_id );
        }

        //Return unprocessed events
        return (events ^ SYS_EVENT_MSG);
    }

    if ( events & ZB_ALLOW_BIND_TIMER )                //允许绑定定时器事件
    {
        afSetMatch(sapi_epDesc.simpleDesc->EndPoint, FALSE);
        return (events ^ ZB_ALLOW_BIND_TIMER);
    }

    if ( events & ZB_BIND_TIMER )                      //绑定定时器事件
    {
        //Send bind confirm callback to application
        SAPI_BindConfirm( sapi_bindInProgress, ZB_TIMEOUT );
        sapi_bindInProgress = 0xffff;

        return (events ^ ZB_BIND_TIMER);
    }

    if ( events & ZB_ENTRY_EVENT )                     //ZigBee 协议栈入口事件
    {
        uint8 startOptions;

        //Give indication to application of device startup
#if ( SAPI_CB_FUNC )
        zb_HandleOsalEvent( ZB_ENTRY_EVENT );          //ZigBee 入口事件处理
#endif

        //LED off cancels HOLD_AUTO_START blink set in the stack
        HalLedSet (HAL_LED_4, HAL_LED_MODE_OFF);

        zb_ReadConfiguration( ZCD_NV_STARTUP_OPTION, sizeof(uint8), &startOptions );
        if ( startOptions & ZCD_STARTOPT_AUTO_START )
        {   zb_StartRequest();   }
        else
        {
            //blink leds and wait for external input to config and restart
            HalLedBlink(HAL_LED_2, 0, 50, 500);
        }
```

```
                    return (events ^ ZB_ENTRY_EVENT );
            }

            //This must be the last event to be processed
            if ( events & ( ZB_USER_EVENTS ) )              //处理所有的用户事件
            {
                //User events are passed to the application
#if ( SAPI_CB_FUNC )
                zb_HandleOsalEvent( events );               //用户事件处理
#endif
            }
            return 0;
    }
```

在上述源码中可得知，SAPI 任务事件处理函数中处理了 SYS_EVENT_MSG 事件、ZB_ALLOW_BIND_TIMER 事件、ZB_BIND_TIMER 事件、ZB_ENTRY_EVENT 和 ZB_USER_EVENTS 事件。在这些事件中，开发人员只需要理解 ZB_ENTRY_EVENT 和 ZB_USER_EVENTS 事件的处理过程就可以了，ZB_ENTRY_EVENT 事件为 ZigBee 协议栈的入口事件包括 ZigBee 入网的过程处理等，ZB_USER_EVENTS 为用户的自定义的事件，通过查看该事件的宏定义，可得知该事件被宏定义为 0xFF，说明用户最多只能自定义 8 个用户事件，8 个用户事件对开发来讲足够了。

在 ZB_ENTRY_EVENT 和 ZB_USER_EVENTS 事件处理过程中最终都调用了 zb_HandleOsalEvent(events)函数，说明将这两个事件的处理过程中都集中在该函数内处理。

开发者如果要处理自定义的事件则需要在 zb_HandleOsalEvent()函数中实现相应的处理过程。本书以 4.3 节任务为例进行解析，其中协调器、路由器和终端节点的用户自定义的事件处理过程稍微不一样。

（1）协调器的用户事件处理解析。

```
void zb_HandleOsalEvent( uint16 event )
{
    uint8 startOptions;
    uint8 logicalType;
    if (event & ZB_ENTRY_EVENT) {                          //处理 ZigBee 入口事件
        zb_ReadConfiguration( ZCD_NV_LOGICAL_TYPE, sizeof(uint8), &logicalType );
        if ( logicalType != ZG_DEVICETYPE_COORDINATOR ) //设置节点类型为协调器
        {
            logicalType = ZG_DEVICETYPE_COORDINATOR;
            //将节点类型写入 NV 存储区
            zb_WriteConfiguration(ZCD_NV_LOGICAL_TYPE, sizeof(uint8), &logicalType);
        }

        zb_ReadConfiguration( ZCD_NV_STARTUP_OPTION, sizeof(uint8), &startOptions );
        if (startOptions != ZCD_STARTOPT_AUTO_START) {
            startOptions = ZCD_STARTOPT_AUTO_START;
            zb_WriteConfiguration( ZCD_NV_STARTUP_OPTION, sizeof(uint8), &startOptions );
        }
```

```
            //入口事件一直在触发，则表明 ZigBee 网络正在建立，就闪烁 LED 灯
            HalLedSet( HAL_LED_2, HAL_LED_MODE_OFF );
            HalLedSet( HAL_LED_2, HAL_LED_MODE_FLASH );
        }
    }
```

（2）路由节点的用户事件处理解析。

```
void zb_HandleOsalEvent( uint16 event )
{
    if (event & ZB_ENTRY_EVENT) {                          //处理协议栈入口事件
        uint8 startOptions;
        uint8 logicalType;

        zb_ReadConfiguration( ZCD_NV_LOGICAL_TYPE, sizeof(uint8), &logicalType );
        if ( logicalType != ZG_DEVICETYPE_ROUTER )         //设置节点类型为路由节点
        {
            logicalType = ZG_DEVICETYPE_ROUTER;
            //将节点类型写入 NV 存储区
            zb_WriteConfiguration(ZCD_NV_LOGICAL_TYPE, sizeof(uint8), &logicalType);
        }

        //Do more configuration if necessary and then restart device with auto-start bit set
        //write endpoint to simple desc...dont pass it in start req..then reset
        zb_ReadConfiguration( ZCD_NV_STARTUP_OPTION, sizeof(uint8), &startOptions );
        if (startOptions != ZCD_STARTOPT_AUTO_START) {
            startOptions = ZCD_STARTOPT_AUTO_START;
            zb_WriteConfiguration( ZCD_NV_STARTUP_OPTION, sizeof(uint8), &startOptions );
        }
        HalLedSet( HAL_LED_2, HAL_LED_MODE_OFF ); //组网过程中 LED 灯一直在闪烁
        HalLedSet( HAL_LED_2, HAL_LED_MODE_FLASH );
    }
    if ( event & MY_START_EVT )                            //启动协议栈事件（加入 ZigBee 网络）
    {   zb_StartRequest();     }

    if (event & MY_REPORT_EVT) { //上报事件
        myReportData();
        osal_start_timerEx( sapi_TaskID, MY_REPORT_EVT, REPORT_DELAY );
    }
}
```

（3）终端节点的用户事件处理解析。

```
void zb_HandleOsalEvent( uint16 event )
{

    if (event & ZB_ENTRY_EVENT) {                          //处理协议栈入口事件
        uint8 startOptions;
        uint8 logicalType;
```

```
        zb_ReadConfiguration( ZCD_NV_LOGICAL_TYPE, sizeof(uint8), &logicalType );
        if ( logicalType != ZG_DEVICETYPE_ENDDEVICE )      //设置节点类型为终端节点
        {
            logicalType = ZG_DEVICETYPE_ENDDEVICE;
            //将节点类型写入 NV 存储区
            zb_WriteConfiguration(ZCD_NV_LOGICAL_TYPE, sizeof(uint8), &logicalType);
        }

        //Do more configuration if necessary and then restart device with auto-start bit set
        //write endpoint to simple desc...dont pass it in start req..then reset
        zb_ReadConfiguration( ZCD_NV_STARTUP_OPTION, sizeof(uint8), &startOptions );
        if (startOptions != ZCD_STARTOPT_AUTO_START) {
            startOptions = ZCD_STARTOPT_AUTO_START;
            zb_WriteConfiguration( ZCD_NV_STARTUP_OPTION, sizeof(uint8), &startOptions );
        }
        HalLedSet( HAL_LED_2, HAL_LED_MODE_OFF );      //组网过程中 LED 灯一直在闪烁
        HalLedSet( HAL_LED_2, HAL_LED_MODE_FLASH );
    }
    if ( event & MY_START_EVT )                        //启动协议栈事件（加入 ZigBee 网络）
    {   zb_StartRequest();    }

    if (event & MY_REPORT_EVT) {                       //上报事件
        myReportData();
        osal_start_timerEx( sapi_TaskID, MY_REPORT_EVT, REPORT_DELAY );
    }
}
```

通过协调器、路由和终端节点的用户事件解析可得知，协调器节点没有设置用户自定义的事件，然而路由节点、终端节点均自定义了 MY_START_EVT 和 MY_REPORT_EVT 事件。MY_START_EVT 事件的处理结果是重新启动协议栈，MY_REPORT_EVT 事件的处理结果是周期性地上报数据。在上述代码中介绍了这两个事件的处理过程，但是这样并不能知道这两个事件的最初启动过程，在 MPEndPont.c 和 MPRouter.c 中有这样的一个函数，即 zb_StartConfirm(uint8 status)，该函数是一个回调函数，ZigBee 协议栈的系统事件触发后，也就是 ZigBee 协议栈启动后，会经过系统的一层层函数调用最后回调该函数，并将协议栈的启动状态结果赋值给该函数的 status 参数，在该函数的处理过程再根据 status 的值来触发不同的事件。展开 zb_StartConfirm()函数解析如下。

```
void zb_StartConfirm( uint8 status )
{
    if ( status == ZB_SUCCESS )                        //ZigBee 协议栈启动成功（入网成功）
    {
        myAppState = APP_START;
        HalLedSet( HAL_LED_2, HAL_LED_MODE_ON );//LED 灯常亮
        //设置定时器来触发用户自定义的事件
        osal_start_timerEx( sapi_TaskID, MY_REPORT_EVT, REPORT_DELAY );
    }
    else
```

```
    {
        //ZigBee 协议栈启动失败，设置定时器来触发 MY_START_EVT 事件重启协议栈
        osal_start_timerEx( sapi_TaskID, MY_START_EVT, myStartRetryDelay );
    }
}
```

上述代码是路由节点和终端节点的协议栈启动结束后的回调函数，对于协调器，该函数处理结果稍微不一样，由于在协调器中没有设置用户自定义事件，所以在协调器建立起 ZigBee 网络后，只将 LED 灯进行常亮后就没有其他的操作了。下面是协调器的协议栈启动结果回调函数的解析。

```
void zb_StartConfirm( uint8 status )
{
    //协调器成功建立网络后，LED 灯常亮
    if ( status == ZB_SUCCESS )
    {
        myAppState = APP_START;
        //zb_AllowBind(0xff);
        HalLedSet( HAL_LED_2, HAL_LED_MODE_ON );
    }
}
```

通过上文的源代码解析，基本介绍完了 ZStack 协议栈中任务调度与任务事件之间的关系，对于任务的执行其实可以这样理解：在一个大循环里面一直调用各任务的任务事件处理函数。

综合协议栈的工作流程，以及多任务之间的调度关系，就可以知道 ZStack 协议栈的工作流程。图 4.11 所示是 ZStack 协议栈的工作流程图。

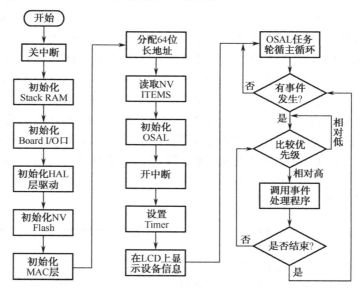

图 4.11　ZStack 协议栈工作流程

2. ZStack 协议栈的接收、发送数据

下面继续解析 ZStack 协议栈的重要组成部分，即 ZigBee 无线数据包的接收、发送源码处理过程。

（1）接收数据。前面解析内容中提到 SAPI 事件处理过程有接收的消息数据处理，如下所示。

```
UINT16 SAPI_ProcessEvent( byte task_id, UINT16 events )
{
    osal_event_hdr_t *pMsg;
    afIncomingMSGPacket_t *pMSGpkt;
    afDataConfirm_t *pDataConfirm;

    if ( events & SYS_EVENT_MSG )        //系统消息事件，当节点接收到消息之后自动触发该事件
    {
        pMsg = (osal_event_hdr_t *) osal_msg_receive( task_id );
        while ( pMsg ) //判断消息是否为空
        {
            switch ( pMsg->event )       //消息过滤
            {
                ......

                case AF_INCOMING_MSG_CMD:  //用户任务中 ZigBee 无线接收的数据在此处处理
                pMSGpkt = (afIncomingMSGPacket_t *) pMsg;
                SAPI_ReceiveDataIndication( pMSGpkt->srcAddr.addr.shortAddr,
                        pMSGpkt->clusterId,pMSGpkt->cmd.DataLength, pMSGpkt->cmd.Data);
                ......
            }
        }
    }
}
```

在上述代码中，pMSGpkt 结构体存储了节点接收到的无线数据包，在事件处理过程中将数据包的内容直接赋值给"SAPI_ReceiveDataIndication"函数的各个参数，一步步跟踪这个函数的调用过程，发现"SAPI_ReceiveDataIndication(uint16 source, uint16 command, uint16 len, uint8 *pData)"函数接收到数据之后又调用了"_zb_ReceiveDataIndication(uint16 source, uint16 command, uint16 len, uint8 *pData)"函数，继续跟踪"_zb_ReceiveDataIndication"函数，该函数最终调用了"zb_ReceiveDataIndication(source, command, len, pData)"函数，通过查看该函数体可以得知，该函数需要开发人员完成数据处理的代码编写。针对 4.3 节任务的设计，协调器节点需要将接收到的数据包通过串口传给上位机，下面是协调器中数据包的处理源码解析。

```
void zb_ReceiveDataIndication( uint16 source, uint16 command, uint16 len, uint8 *pData    )
{
    char buf[32];

    HalLedSet( HAL_LED_1, HAL_LED_MODE_OFF );
```

```
        HalLedSet( HAL_LED_1, HAL_LED_MODE_BLINK );
        if (len==6 && pData[0]==0xff) {    //打印数据包信息，并将数据包的信息解析赋值给 buf 缓冲区
            sprintf(buf, "DEVID:%02X SAddr:%02X%02X PAddr:%02X%02X",
                                pData[5], pData[1], pData[2], pData[3], pData[4]);
            debug_str(buf);                //通过串口将数据包信息传递给上位机
        }
    }
```

（2）发送数据。ZStack 协议栈中数据包的发送只要调用 zb_SendDataRequest()函数即可，下面是该函数的原型。

```
    void zb_SendDataRequest ( uint16 destination, uint16 commandId, uint8 len,
                        uint8 *pData, uint8 handle, uint8 txOptions, uint8 radius )
    {
        afStatus_t status;
        afAddrType_t dstAddr;

        txOptions |= AF_DISCV_ROUTE;

        //设置目的地址
        if (destination == ZB_BINDING_ADDR)
        {
            //Binding
            dstAddr.addrMode = afAddrNotPresent;
        }
        else
        {
            //使用短地址
            dstAddr.addr.shortAddr = destination;
            dstAddr.addrMode = afAddr16Bit;

            if ( ADDR_NOT_BCAST != NLME_IsAddressBroadcast( destination ) )
            {    txOptions &= ~AF_ACK_REQUEST;    }
        }

        dstAddr.panId = 0;                                      //Not an inter-pan message
        dstAddr.endPoint = sapi_epDesc.simpleDesc->EndPoint;   //Set the endpoint

        //调用应用层 API 发送消息
        status = AF_DataRequest(&dstAddr, &sapi_epDesc, commandId, len,
                                        pData, &handle, txOptions, radius);

        if (status != afStatus_SUCCESS)
        {    SAPI_SendCback( SAPICB_DATA_CNF, status, handle );    }
    }
```

上述源码就是该函数的解析过程，如果要发送 ZigBee 数据包，只需按照该函数的参数说明进行调用即可。

4.3 任务 13 多点自组织组网

4.3.1 学习目标

● 理解 ZigBee 协议及相关知识。
● 在 ZXBee CC2530 节点板上实现自组织的组网。
● 在 ZStack 协议栈中实现单播通信。
● 了解 CC2530 应用程序的框架结构。
● 了解 ZigBee 协议进行组网的过程。

4.3.2 开发环境

硬件：ZXBee CC2530 节点板、SmartRF04 仿真器、PCPentium100 以上。软件：Windows XP/Windows 7/8/10、IAR 集成开发环境、ZTOOL 程序。

4.3.3 原理学习

程序执行的流程图如图 4.12 所示，在进行一系列的初始化操作后程序就进入事件轮询状态。对于终端节点，若没有事件发生且定义了编译选项 POWER_SAVING，则节点进入休眠状态。

协调器是 ZigBee 三种设备中最重要的一种，它负责网络的建立，包括信道选择，确定唯一的 PAN 地址并把信息向网络中广播，为加入网络的路由器和终端设备分配地址，维护路由表等。在 ZStack 中打开编译选项 ZDO_COORDINATOR，也就是在 IAR 开发环境中选择协调器，然后编译出的文件就能启动协调器。

具体工作流程是：操作系统初始化函数 osal_start_system 调用 ZDAppInit 初始化函数，ZDAppInit 调用 ZDOInitDevice 函数，ZDOInitDevice 调用 ZDApp_NetworkInit 函数，在此函数中设置 ZDO_NETWORK_INIT 事件，在 ZDApp_event_loop 任务中对其进行处理。第一步先调用 ZDO_StartDevice 启动网络中的设备，再调用 NLME_NetworkFormationRequest 函数进行组网，这一部

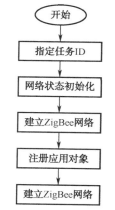

图 4.12 用户任务初始化
流程图

分涉及网络层细节，无法看到源代码，在库中处理。ZDO_NetworkFormationConfirmCB 和 nwk_Status 函数有申请结果的处理，如果成功则 ZDO_NetworkFormationConfirmCB 先执行，不成功则 nwk_Status 先执行。第二步，在 ZDO_NetworkFormationConfirmCB 函数中会设置 ZDO_NETWORK_START 事件。第三步，ZDApp_event_loop 任务中会处理 ZDO_NETWORK_START 事件，调用 ZDApp_NetworkStartEvt 函数，此函数会返回申请的结果。如果不成功，能量阈值会按 ENERGY_SCAN_INCREMENT 增加，并将 App_event_loop 任

务中的事件 ID 置为 ZDO_NETWORK_INIT 然后跳回第二步执行；如果成功则设置 ZDO_STATE_CHANGE_EVT 事件让 ZDApp_event_loop 任务处理。

对于终端或路由节点，调用 ZDO_StartDevice 后将调用函数 NLME_NetworkDiscoveryRequest 进行信道扫描启动发现网络的过程，这一部分涉及网络层细节，在库中处理，NLME_NetworkDiscoveryRequest 函数执行的结果将会返回到函数 ZDO_NetworkDiscoveryConfirmCB 中，该函数将会返回选择的网络，并设置事件 ZDO_NWK_DISC_CNF，在 ZDApp_ProcessOSALMsg 中对该事件进行处理，调用 NLME_JoinRequest 加入指定的网络，若加入失败，则重新初始化网络，若加入成功则调用 ZDApp_ProcessNetworkJoin 函数设置 ZDO_STATE_CHANGE_EVT，在对该事件的处理过程中将调用 ZDO_UpdateNwkStatus 函数，此函数会向用户自定义任务发送事件 ZDO_STATE_CHANGE。

本任务是用 ZStack 的示例工程 simpleApp 修改而来的，首先介绍任务初始化的概念，由于自定义任务需要确定对应的端点和簇等信息，并且将这些信息在 AF 层中注册，所以每个任务都要初始化然后才会进入 OSAL 系统循环。在 ZStack 流程图中，上层的初始化集中在 OSAL 初始化（osal_init_system）函数中，包括存储空间、定时器、电源管理和各任务初始化。其中用户任务初始化的流程如图 4.12 所示。

任务 ID（taskID）的分配是 OSAL 要求的，为后续调用事件函数、定时器函数提供参数。网络状态在启动时需要指定，之后才能触发 ZDO_STATE_CHANGE 事件，确定设备的类型。目的地址分配包括寻址方式，端点号和地址的指定，本任务发送数据使用单播方式，然后设置应用对象的属性。由于涉及很多参数，ZStack 专门设计了 SimpleDescriptionFormat_t 这一结构来方便设置，其中的成员如下。

- EndPoint：该节点应用的端点，值在 1~240 之间，用来接收数据。
- AppProfId：该域是确定这个端点支持的应用 profile 标识符，从 ZigBee 联盟获取具体的标识符。
- AppNumInClusters：指示这个端点所支持的输入簇的数目。
- pAppInClusterList：指向输入簇标识符列表的指针。
- AppNumOutClusters：指示这个端点所支持的输出簇的数目。
- pAppOutClusterList：指向输出簇标识符列表的指针。

本任务 profile 标识符采用默认设置，输入输出簇设置为相同 MY_PROFILE_ID，设置完成后，调用 afRegister 函数将应用信息在 AF 层中注册，使设备知晓该应用的存在，初始化完毕。一旦初始化完成，进入 OSAL 轮询后 zb_HandleOsalEvent 一旦有事件被触发，就会得到及时的处理。事件号是一个以宏定义描述的数字。

系统事件（SYS_EVENT_MSG）是强制的，其中包括了几个子事件的处理：ZDO_CB_MSG 事件处理 ZDO 的响应；KEY_CHANGE 事件处理按键（针对 TI 官方的开发板）；AF_DATA_CONFIRM_CMD 作为发送一个数据包后的确认；AF_INCOMING_MSG_CMD 是接收到一个数据包会产生的事件，协调器在收到该事件后调用函数 SAPI_ReceiveDataIndication，将接收到的数据通过 HalUARTWrite 向串口打印输出；ZDO_STATE_CHANGE 和网络状态的改变相关，在此事件中若为终端或路由节点则发送用户自定义的数据帧，即 FF 源节点短地址（16 bit，调用 NLME_GetShortAddr()获得）、父节点短地址（16 bit，调用 NLME_GetCoordShortAddr()）、节点编号 ID（8 bit，为长地址的最低字节，调用 NLME_GetExtAddr()获得，在启动节点前应先用 RF Programmer 将长地址写到 CC2530 芯片存放长地址的寄存器中），协调器不做任何处理，只是等待数据的到来；终端和路由节点在用户自定义的事件 MY_REPORT_EVT 中发送数据，并启动定时器来触发下一次的 MY_REPORT_EVT 事件，实现周期性地发送数据（发送数据的周期由宏定义 REPORT_DELAY 确定）。

4.3.4 开发内容

本任务设计协调器、路由节点和终端节点 3 种节点类型的多点自组织组网任务，其中协调器负责建立 ZigBee 网络；路由节点、终端节点加入协调器建立的 ZigBee 网络后，周期性地将自己的短地址、父节点的短地址，以及自己的 ID 封装成数据包发送给协调器；协调器节点通过串口传给 PC，PC 利用 TI 提供串口监控工具就可以查看节点的组网信息。图 4.13 所示是本任务的数据流图。

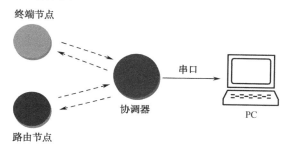

图 4.13 本任务数据流图

注意：当终端节点与协调器的位置有变化时，终端节点可能会直接与路由节点相连，并将数据包转发给路由节点进行转发到协调器。

在本任务中，设定路由节点、终端节点每隔 10 s 向协调器发送自己的网络信息包，信息包的长度为 6 个字节，其中包的信息内容结构如表 4.1 所示。

表 4.1 终端、路由节点发送信息包格式

第 1 字节	第 2 字节	第 3 字节	第 4 字节	第 5 字节	第 6 字节
0xFF	本机网络地址高位	本机网络地址低位	父节点网络地址高位	父节点网络地址低位	设备 ID

下面结合本任务的原理学习，以及开发内容的设计，分别对终端节点、路由节点和协调器节点的源关键源程序进行解析。

1. 终端节点、路由节点

根据本节内容的设计，终端节点、路由节点加入 ZigBee 网络后，每隔一段时间上报自己的网络信息，因此终端节点和路由节点的任务事件都一样。根据 ZStack 协议栈的工作流程，在程序源代码 MPEndPont.c 或 MPRouter.c 中可以看到 ZStack 协议栈成功启动后（协议栈启动后会调用 zb_StartConfirm 函数），设置了一个定时器事件，在该定时器事件中触发了自定义的 MY_REPORT_EVT 事件，其中 MY_REPORT_EVT 事件被宏定义为 0x0002。

程序中第一次触发 MY_REPORT_EVT 事件代码如下。

```
void zb_StartConfirm( uint8 status ){
    if ( status == ZB_SUCCESS ) {
        myAppState = APP_START;
        HalLedSet( HAL_LED_2, HAL_LED_MODE_ON );
#ifdef LCD_USE
        Uart_Send_String("{data=LINK: on This is a endpoint}");        //显示在线
#endif
    }
    else{
        //Try joining again later with a delay
        osal_start_timerEx( sapi_TaskID, MY_START_EVT, myStartRetryDelay );
    }
}
```

当定时器事件触发后就会触发用户的 MY_REPORT_EVT 事件，触发 MY_REPORT_EVT 事件的函数入口为 MPEndPont.c 或 MPRouter.c 中的 zb_HandleOsalEvent 函数，在该函数中编写了应用程序事件的处理过程，如下述代码所示。

```
void zb_HandleOsalEvent( uint16 event ){
    if (event & ZB_ENTRY_EVENT) {                     //ZigBee 入网事件
    }
    if ( event & MY_START_EVT ) {                     //启动 ZStack 协议栈事件
        zb_StartRequest();
    }
    if (event & MY_REPORT_EVT) {                      //MY_REPORT_EVT 事件触发处理
        myReportData();
        osal_start_timerEx( sapi_TaskID, MY_REPORT_EVT, REPORT_DELAY );
    }
}
```

通过上述源码可以看到，当处理 MY_REPORT_EVT 事件时，调用了 myReportData() 方法，然后又设置了一个定时器事件来触发 MY_REPORT_EVT 事件，目的是为了每隔一段时间循环触发 MY_REPORT_EVT 事件。了解了 MY_REPORT_EVT 事件循环触发的原理之后，再来看看 myReportData() 函数实现了什么功能，下面是 myReportData() 的源码解析过程。

```
static void myReportData(void)
{
    byte dat[6];
    uint16 sAddr = NLME_GetShortAddr();               //读取本地的网络短地址
    uint16 pAddr = NLME_GetCoordShortAddr();          //读取协调器的网络短地址
    //上报过程中 LED 灯闪烁一次
    HalLedSet( HAL_LED_1, HAL_LED_MODE_OFF );
    HalLedSet( HAL_LED_1, HAL_LED_MODE_BLINK );

    //数据封装
    dat[0] = 0xff;
    dat[1] = (sAddr>>8) & 0xff;                        //本地网络短地址
```

```
    dat[2] = sAddr & 0xff;
    dat[3] = (pAddr>>8) & 0xff;                          //父节点短地址（协调器短地址）
    dat[4] = pAddr & 0xff;
    dat[5] = MYDEVID;                                    //设备 ID 号
    //将数据包发送给协调器（协调器的地址为 0x0000）
    zb_SendDataRequest(0, ID_CMD_REPORT, 6, dat, 0, AF_ACK_REQUEST, 0 );
}
```

2．协调器

协调器的任务是收到终端节点、路由节点发送的数据报信息后通过串口发送给 PC。通过 4.2 节的工程解析任务可得知，ZigBee 节点接收到数据之后，最终调用了 zb_ReceiveDataIndication 函数，该函数的内容如下。

```
void zb_ReceiveDataIndication( uint16 source, uint16 command, uint16 len, uint8 *pData  )
{
    char buf[32];
    //接收到数据之后 LED 灯闪烁 1 次
    HalLedSet( HAL_LED_1, HAL_LED_MODE_OFF );
    HalLedSet( HAL_LED_1, HAL_LED_MODE_BLINK );
    //将接收到的数据进行处理
    if (len==6 && pData[0]==0xff) {                      //将 pData 的数据复制到 buf 缓冲区
        sprintf(buf, "DEVID:%02X SAddr:%02X%02X PAddr:%02X%02X",
        pData[5], pData[1], pData[2], pData[3], pData[4]);
        debug_str(buf);                                 //将数据通过串口发送给上位机
    }
}
```

由于 ZStack 协议栈的运行涉及很多任务，而且也比较复杂，所以在本任务中，将终端节点、路由节点和协调器的程序流程图进行了简化，简化后的程序流程如图 4.14 所示。

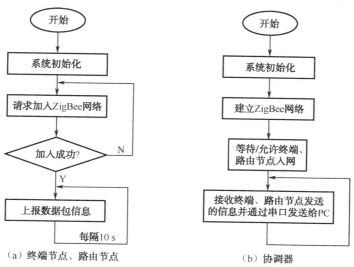

图 4.14　任务流程图

4.3.5 开发步骤

（1）确认已安装 ZStack 的安装包。

（2）准备 3 个 CC2530 射频节点板，设置节点板跳线为模式一。

（3）将本任务工程整个文件夹复制到"C:\Texas Instruments\ZStack-CC2530-2.4.0-1.4.0\Projects\ZStack\Samples"文件夹下，并打开 IAR 工程；

（4）在工程界面中选定"MPCoordinator"配置，生成协调器代码，然后选择"Project→Rebuild All"重新编译工程，如图 4.15 所示。

（5）在工程界面中选定"MPEndPoint"配置，生成终端节点代码，然后选择"Project→Rebuild All"重新编译工程，如图 4.16 所示。

图 4.15　选择协调器工程

图 4.16　选择终端节点工程

图 4.17　选择路由节点工程

（6）在工程界面中选定"MPRouter"配置，生成路由器节点代码，然后选择"Project→Rebuild All"重新编译工程，如图 4.17 所示。

（7）把 SmartRF04 仿真器连接到 CC2530 无线节点，使用 Flash Programmer 工具把上述程序分别下载到对应的 CC2530 无线节点板中。

（8）用 USB min 和调试转接板线将协调器节点与 PC 连接起来。

（9）在 PC 端打开 ZTOOL 程序（C:\Texas Instruments\ZStack-CC2530-2.4.0-1.4.0 \Tools\Z-Tool，如果打开提示"运行时"错误，需要先安装.net framework）。

（10）ZTOOL 启动后，配置连接的串口设备。单击菜单"Tools→Settings"，弹出对话框，在对话框中选择"Serial Devices"选项（会根据 PC 的硬件实际情况出现 COM 口）。

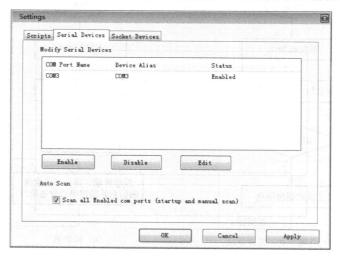

图 4.18　查看串口设备

（11）接下来配置 PC 上与协调器节点连接的串口，通常为 COM1（用户根据实际连接情况选择）。以 COM3 为例，在上图中单击 COM3 项，然后单击"Edit"按钮，在弹出的对话框中按图 4.19 进行配置，波特率 38400、8 位数据位、1 个停止位、无硬件流控，然后单击"OK"按钮返回。

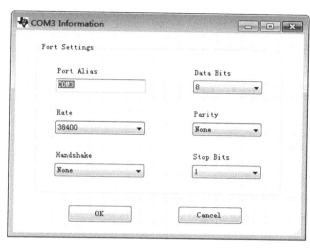

图 4.19　串口配置

（12）先开启无线协调器的电源，此时 D6 LED 灯开始闪烁，当正确建立好网络后，D6 LED 会常亮。

（13）当无线协调器建立好网络后，启动无线路由节点和终端节点的电源，此时每个无线节点的 D6 LED 灯开始闪烁，直到加入到协调器建立的 ZigBee 网络中后，D6 LED 灯开始常亮。

（14）当有数据包进行收发时，无线协调器和无线节点的 D7 LED 灯会闪烁。

（15）在 ZTOOL 程序中单击"Tools→Scan for Devices"，观察 3 个射频节点的组网结果。

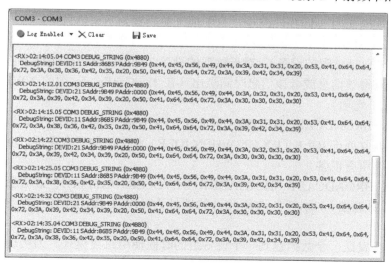

图 4.20　ZTOOL 观察到的数据

4.3.6　总结与拓展

由接收数据的 DebugString 可以看出，图中有两个节点加入了网络，其中一个节点的 DEVID 是 21，网络地址为 4B49，父节点地址是 0000，即协调器；另外一个节点的 DEVID 是 11，网络地址为 86B5，父节点地址是 4B49，即上一节点。可以尝试改变不同节点的位置，然后通过 ZTOOL 看看组网结果有什么不同。

4.4　任务 14　信息广播/组播

4.4.1　学习目标

- 理解 ZigBee 协议及相关知识。
- 在 ZStack 协议栈下实现信息的广播和组播功能。
- 掌握在 IAR 集成开发环境中编写和调试程序的基本过程。
- 了解广播和组播的概念。

4.4.2　开发环境

硬件：ZXBee CC2530 节点板、带 USB 接口的 SmartRF04 仿真器、PC。软件：Windows XP/Windows 7/8/10、IAR 集成开发环境、ZTOOL 程序。

4.4.3　原理学习

当应用层想发送一个数据包到网络中的所有设备时使用广播传输模式。为实现广播模式，需设置地址模式为 AddrBroadcast，目的地址被设置为下列值之一。

（1）NWK_BROADCAST_SHORTADDR_DEVALL（0xFFFF）：该信息将被发送到网络中的所有设备（包括休眠的设备），对于休眠的设备，这个信息将被保持在它的父节点，直到该休眠设备获得该信息或者该信息时间溢出（在 f8wConfig.cfg 中的 NWK_INDIRECT_MSG_TIMEOUT 选项）。

（2）NWK_BROADCAST_SHORTADDR_DEVRXON（0xFFFD）：该信息将被发送到网络中有接收器并处于 IDLE（RX ON WHEN IDLE）状态下的所有设备，也就是说，除了休眠模式设备的所有设备。

（3）NWK_BROADCAST_SHORTADDR_DEVZCZR（0xFFFC）：该信息被发送到所有路由器（包括协调器），本任务选择的目的地址为 NWK_BROADCAST_SHORTADDR_DEVALL。

当应用层想发送一个数据包到一个设备组的时候使用组播模式。为实现组播模式，需设置地址模式为 afAddrGroup。在网络中需预先定义组，并将目标设备加入已存在的组（见 ZStack API 文档中的 aps_AddGroup()），广播可以看作组播的特例。

在对 ZDO_STATE_CHANGE 事件的处理中,启动定时器来触发协调器发送数据的事件 MY_REPORT_EVT,在对 MY_REPORT_EVT 事件的处理中发送数据"hello world!",并启动定时器再一次触发 MY_REPORT_EVT 事件,进行周期广播或组播。为实现组播,应在终端或路由节点的程序中注册一个组(注册的组号应与发送数据的目的地址一致)。ZStack 中,组是以链表的形式存在的,首先需要定义组表的头节点,定义语句为"apsGroupItem_t*group_t;",然后定义一个一个组 group1(aps_Group_t group1;),在初始化函数中对组表分配空间(调用函数 osal_mem_alloc),并初始化组号和组名,然后调用 aps_AddGroup 将这个组加入到定义的端点应用中(为使用 aps_AddGroup 函数,程序中应包含 aps_groups.h 头文件)。

4.4.4 开发内容

协调器节点上电后进行组网操作,终端节点和路由节点上电后进行入网操作,接着协调器周期性地向所有节点广播(或部分节点组播)数据包,节点收到数据包后通过串口传给 PC,通过 ZTOOL 观察接收情况。图 4.21 所示是本任务的数据流图。

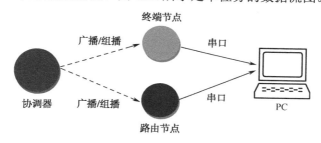

图 4.21 本任务数据流图

下面结合本任务的原理学习,以及开发内容的设计,分别对终端节点、路由节点和协调器节点的关键源程序进行解析。

1. 终端节点、路由节点

根据本节内容的设计,先将终端节点、路由节点加入 ZigBee 网络,当接收到协调器节点发送的数据包后就通过串口向 PC 输出数据信息,因此终端节点和路由节点的任务事件都是一样的。

通过 4.2 节的工程解析任务可得知,ZigBee 节点接收到数据之后,最终调用了 zb_ReceiveDataIndication 函数,该函数的内容如下。

```
void zb_ReceiveDataIndication( uint16 source, uint16 command, uint16 len, uint8 *pData    )
{
        char buf[64];
        //接收到数据之后 LED 灯闪烁 1 次
        HalLedSet( HAL_LED_1, HAL_LED_MODE_OFF );
        HalLedSet( HAL_LED_1, HAL_LED_MODE_BLINK );
        //将接收到的数据进行处理
        if (len > 0) {
```

```
        osal_memcpy(buf, pData, len);              //将 pData 的数据复制到 buf 缓冲区
        buf[len] = 0;
        debug_str(buf);                            //将数据通过串口发送给上位机
    }
}
```

2. 协调器

协调器的任务就是周期地向终端节点和路由节点广播/组播发送数据。根据 ZStack 协议栈的工作流程，在程序源代码 MPCoordinator.c 中可以看到 ZStack 协议栈成功启动后（协议栈启动后会调用 zb_StartConfirm 函数），设置了一个定时器事件，在该定时器事件中触发了自定义的 MY_BOCAST_EVT 事件，其中 MY_BOCAST_EVT 事件被宏定义为 0x0002。

程序中第一次触发 MY_BOCAST_EVT 事件代码如下。

```
void zb_StartConfirm( uint8 status )
{
    //If the device sucessfully started, change state to running
    if ( status == ZB_SUCCESS )                    //ZigBee 协议栈启动成功
    {
        myAppState = APP_START;
        HalLedSet( HAL_LED_2, HAL_LED_MODE_ON );

        //Set event timer to send data
        //设置定时器事件来触发自定义的 MY_BOCAST_EVT 事件
        osal_start_timerEx( sapi_TaskID, MY_BOCAST_EVT, REPORT_DELAY );
    }
    else                                           //ZigBee 协议栈启动失败后重新启动
    {
        //Try again later with a delay
        osal_start_timerEx( sapi_TaskID, MY_START_EVT, myStartRetryDelay );
    }
}
```

当定时器事件触发后就会触发用户的 MY_BOCAST_EVT 事件，触发 MY_BOCAST_EVT 事件的函数入口为 MPCoordinator.c 中的 zb_HandleOsalEvent 函数，在该函数中编写了应用程序事件的处理过程，如下代码所示。

```
void zb_HandleOsalEvent( uint16 event ){
    if (event & ZB_ENTRY_EVENT) {                  //ZigBee 入网事件
        ....
    }
    if (event & MY_BOCAST_EVT) {                   //MY_BOCAST_EVT 事件触发处理
        myReportData();
        osal_start_timerEx( sapi_TaskID, MY_BOCAST_EVT, REPORT_DELAY );
    }
}
```

通过上述源码可以看到，当处理 MY_BOCAST_EVT 事件时，调用了 myReportData()

方法，然后又设置了一个定时器事件来触发 MY_BOCAST_EVT 事件，这样做的目的就是为了每隔一段时间循环触发 MY_BOCAST_EVT 事件。了解了 MY_BOCAST_EVT 事件循环触发的原理之后，再来看看 myReportData()函数实现了什么功能，下面是 myReportData()的源码解析过程。

```
static void myReportData(void){
    byte dat[] = "Hello World";
    //发送数据时 LED 灯闪烁一次
    HalLedSet( HAL_LED_1, HAL_LED_MODE_OFF );
    HalLedSet( HAL_LED_1, HAL_LED_MODE_BLINK );
#if defined( GROUP )                                         //组播
    if(afStatus_SUCCESS == AF_DataRequest(&Group_DstAddr, &sapi_epDesc, ID_CMD_REPORT,
                                       sizeof dat, dat, 0, AF_ACK_REQUEST, 0))
    { }
    else{ }
#else                                                       //广播
    zb_SendDataRequest(0xffff, ID_CMD_REPORT, sizeof dat, dat, 0, AF_ACK_REQUEST, 0 );
#endif
}
```

可以看出，在 myReportData()函数中，协调器发送数据的方式有广播和组播两种，任务源码默认的是广播发送，当测试广播发送数据时，终端节点和路由节点都会收到协调器发送的数据包。

如果需要测试组播发送数据，需要配置如下信息：先在工程文件下选择"MPCoordinator"，右键单击选择"Options→C/C++Compiler→Preprocessor"，添加"GROUP"，同样，选中"MPRouter"和"MPEndPoint"，重复上述过程。具体配置如图 4.22 所示。

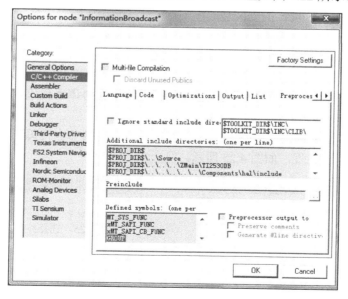

图 4.22　添加"GROUP"宏定义

在组播测试任务中，为了让终端节点和路由节点中只能有一个节点可以接收到协调器发送的数据包，可以通过改变 MPEndPoint.c 或者 MPRouter.c 文件里的 zb_HandleOsalEvent 函数中的"Group1.ID"的值来决定哪个节点可以接收协调器发送的数据包，只有当 Group1.ID 的值与 MPCoordinator.c 中 Group1.ID 的值相同时才能接收数据包。

本任务中，终端节点、路由节点和协调器的程序流程如图 4.23 所示。

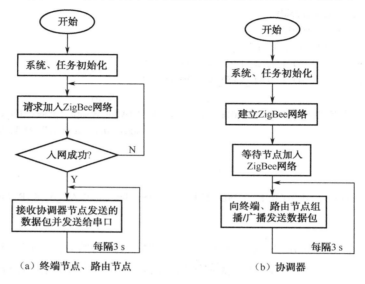

图 4.23　任务流程图

4.4.5　开发步骤

（1）确认已安装 ZStack 的安装包。

（2）准备 3 个 CC2530 射频节点板，设置节点板跳线为模式一。

（3）将本任务工程整个文件夹复制到"C:\Texas Instruments\ZStack-CC2530-2.4.0-1.4.0\Projects\ZStack\Samples"文件夹下，并打开 IAR 工程。

（4）在工程界面中选定"MPCoordinator"配置，生成协调器代码，然后选择"Project →Rebuild"All 重新编译工程，如图 4.24 所示。

（5）在工程界面中选定"MPEndPoint"配置，生成终端节点代码，然后选择"Project →Rebuild"重新编译工程，如图 4.25 所示。

图 4.24　选择协调器工程

图 4.25　选择终端节点工程

（6）在工程界面中选定"MPRouter"配置，生成路由器节点代码，然后选择"Project →Rebuild"重新编译工程，如图 4.26 所示。

图 4.26　选择路由节点工程

（7）把 SmartRF04 仿真器连接到 CC2530 无线节点，使用 Flash Programmer 工具把上述程序分别下载到对应的 CC2530 无线节点板中。

（8）用 USB mini 线和调试转接板将终端节点或者路由器节点与 PC 连接起来。

（9）先启动无线协调器的电源，此时 D6 LED 灯开始闪烁，当正确建立好网络后，D6 LED 会常亮。

（10）当无线协调器建立好网络后，启动无线终端节点和无线路由节点的电源，此时每个无线节点的 D6 LED 灯开始闪烁，直到加入到协调器建立的 ZigBee 网络中后，D6 LED 灯开始常亮（注意按上述顺序复位）。

（11）当有数据包进行收发时，无线协调器和无线节点的 D7 LED 灯会闪烁。

（12）启动 ZTOOL 工具，ZTOOL 工具自动扫描（波特率 38400、8 位数据位、1 个停止位、无硬件流控），观察与串口相连接的射频节点的输出信息。

接下来将串口线依次连上终端节点或路由器节点，查看其接收到的信息，该信息是由协调器节点发出的，终端节点或路由器节点接收到信息后通过串口输出来。

当测试广播/组播发送数据时，串口打印的消息如图 4.72 所示。

说明：本任务默认情况下是广播任务，如果要做组播任务则需要按照开发内容部分依次在终端、路由和协调器节点工程中添加"Group"宏定义，工程重新编译后再重新按照上述步骤进行即可。为了体现出组播任务的效果，建议将终端节点、路由节点设置为不同的组号，这样只有与协调器的组号相同的节点才能收到组播信息。

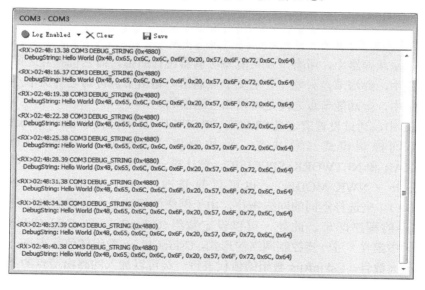

图 4.27　ZTOOL 接收到的广播/组播数据

4.4.6　总结与拓展

当地址模式设置为广播模式时（假设终端和路由节点已成功入网），网络中所有的节点都能接收到协调器节点广播的信息。

当地址模式设置为组播模式时（假设终端和路由节点已成功入网），网络中只有处于指定组号内的节点能接收到协调器节点组播的信息。

4.5　任务 15　网络拓扑——星状网

4.5.1　学习目标

● 理解 ZigBee 协议及相关知识。
● 在 ZStack 协议栈下实现星状网络拓扑的控制。
● 掌握在 IAR 集成开发环境中编写和调试程序的基本过程。
● 了解 ZStack 协议栈架构。

4.5.2　开发环境

硬件：ZXBee CC2530 节点板、带 USB 接口的 SmartRF04 仿真器、PCPentium100 以上。
软件：PC 操作系统 WinXP、IAR 集成开发环境、ZigBee Sensor Monitor。

4.5.3　原理学习

ZigBee 有三种网络拓扑，即星状、树状和网状网络，这三种网络拓扑在 ZStack 协议栈下均可实现。星状网络中，所有节点只能与协调器进行通信，而它们相互之间是禁止通信的；树状网络中，终端节点只能与它的父节点通信，路由节点可与它的父节点和子节点通信；网状网络中，全功能节点之间是可以相互通信的。

在 ZStack 中，通过设置宏定义 STACK_PROFILE_ID 的值（在 nwk_globals.h 中定义）可以选择不同控制模式（总共有三种控制模式，分别为 HOME_CONTROLS、GENERIC_STAR 和 NETWORK_SPECIFIC，默认模式为 HOME_CONTROLS），再选择不同的网络拓扑（NWK_MODE），也可以只修改 HOME_CONTROLS 的网络模式（NWK_MODE），来选择不同的网络拓扑，由于网络的组建是由协调器来控制的，因此只需修改协调器的程序即可。此外，可以设定数组 CskipRtrs 和 CskipChldrn 的值（在 nwk_globals.c 中定义）进一步控制网络的形式，CskipChldrn 数组的值代表每一级可以加入的子节点的最大数目，CskipRtrs 数组的值代表每一级可以加入的路由节点的最大数目，如在星状网络中，定义 CskipRtrs[MAX_NODE_DEPTH+1]={5,0,0,0,0,0}，CskipChldrn[MAX_NODE_DEPTH+1]={10,0,0,0,0,0}，代表只有协调器允许节点加入，且协调器最多允许 10 个子节点加入，其中最多 5 个路由节点，其余的为终端节点。本任务已通过宏定义（在工程 options 中的 preprocessor 中定义）设定了数组的大小。

4.5.4　开发内容

配置网络拓扑为星状网络，启动协调器节点，协调器节点上电后进行组网操作，再启动路由节点和终端节点，路由节点和终端节点上电后进行入网操作，成功入网后周期地将父节点的短地址、自己的节点信息封装成数据包发送给 Sink 节点（汇聚节点，也称为协调器），Sink 节点接收到数据包后通过串口传给 PC，从 PC 上的 ZigBee Sensor Monitor 程序查看组网情况。图 4.28 所示是本任务的数据流程图。

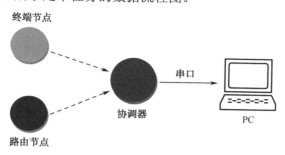

图 4.28　本任务数据流程图

在本任务中设定路由节点、终端节点每隔 2 s 向协调器发送自己的网络信息包，下面结合本任务的原理学习，以及开发内容的设计，分别对终端节点、路由节点和协调器节点的关键源程序进行解析。

1. 终端节点、路由节点

根据本节内容的设计，终端节点、路由节点加入 ZigBee 网络后，每隔一段时间上报自己的网络信息，因此终端节点和路由节点的任务事件都是一样的。通过 4.2 节的工程解析任务可得知，在程序源代码 MPEndPont.c 或 MPRouter.c 中 ZStack 协议栈成功启动后，设置了一个定时器事件，当定时器事件触发后就会触发用户的 MY_REPORT_EVT 事件，触发 MY_REPORT_EVT 事件的函数入口为 MPRouter.c（或 MPEndPont.c）中的 zb_HandleOsalEvent 函数，在该函数中编写了应用程序事件的处理过程，如下述代码所示。

```
void zb_HandleOsalEvent( uint16 event )
{
    uint8 logicalType;
    if(event & SYS_EVENT_MSG)                          //系统事件信息
    { }
    if( event & ZB_ENTRY_EVENT )                       //ZigBee 入网事件
    {
        //blind LED 2 to indicate starting/joining a network
        //入网成功后 LED 灯闪烁
        HalLedSet( HAL_LED_2, HAL_LED_MODE_OFF );
        HalLedBlink ( HAL_LED_2, 0, 50, 500 );

        logicalType = ZG_DEVICETYPE_ROUTER;            //设备的节点类型
        //将数据写入 NV
        zb_WriteConfiguration(ZCD_NV_LOGICAL_TYPE, sizeof(uint8), &logicalType);

        //Start the device
        zb_StartRequest();                             //开启网络设备
    }
```

```
    if ( event & MY_START_EVT )                              //启动 ZStack 协议栈事件
    {     zb_StartRequest();     }

    if ( event & MY_REPORT_EVT )                             //MY_REPORT_EVT 事件触发处理
    {
        if (appState == APP_BINDED)
        {
            //调用函数发送数据
            sendDummyReport();
            //启动定时器，触发 MY_REPORT_EVT 事件
            osal_start_timerEx( sapi_TaskID, MY_REPORT_EVT, myReportPeriod );
        }
    }
    if ( event & MY_FIND_COLLECTOR_EVT )         //MY_FIND_COLLECTOR_EV 事件触发处理
    {
        //Find and bind to a gateway device (if this node is not gateway)
        zb_BindDevice( TRUE, DUMMY_REPORT_CMD_ID, (uint8 *)NULL );
    }
}
```

通过上述源码可以看到，当处理 MY_REPORT_EVT 事件时，调用了 sendDummyReport()
方法（MPEndPont.c 中的 MY_REPORT_EVT 事件调用的是 sendReport()方法），然后又设置
了一个定时器事件来触发 MY_REPORT_EVT 事件，这样做的目的就是为了每隔一段时间
循环触发 MY_REPORT_EVT 事件。了解了 MY_REPORT_EVT 事件循环触发的原理之后，
再来看看 sendDummyReport()函数实现了什么功能，下面是 sendDummyReport()的源码解析
过程。

```
static void sendDummyReport(void)
{
    uint8 pData[SENSOR_REPORT_LENGTH];
    static uint8 reportNr=0;
    uint8 txOptions;

    //上报过程中 LED 灯闪烁一次
    HalLedSet( HAL_LED_1, HAL_LED_MODE_OFF );
    HalLedSet( HAL_LED_1, HAL_LED_MODE_BLINK );

    //dummy report data
    pData[SENSOR_TEMP_OFFSET] =    0xFF;                 //温度
    pData[SENSOR_VOLTAGE_OFFSET] = 0xFF;                //电压

    pData[SENSOR_PARENT_OFFSET] =    HI_UINT16(parentShortAddr);   //父节点短地址的高位
    pData[SENSOR_PARENT_OFFSET+ 1] =    LO_UINT16(parentShortAddr);   //父节点短地址低位
    //Set ACK request on each ACK_INTERVAL report
    //If a report failed, set ACK request on next report
    if ( ++reportNr<ACK_REQ_INTERVAL && reportFailureNr==0 )
```

```
    {    txOptions = AF_TX_OPTIONS_NONE;    }
    else
    {
        txOptions = AF_MSG_ACK_REQUEST;
        reportNr = 0;
    }

    //Destination address 0xFFFE: Destination address is sent to previously
    //established binding for the commandId.
    //将数据包发送给协调器（协调器的地址为 0xFFFE）
    zb_SendDataRequest( 0xFFFE, DUMMY_REPORT_CMD_ID, SENSOR_REPORT_LENGTH,
                                                     pData, 0, txOptions, 0 );
}
```

2. 协调器

协调器的任务是收到终端节点、路由节点发送的数据包信息后通过串口发送给 PC。通过 4.2 节的工程解析任务可得知，ZigBee 节点接收到数据之后，最终调用了 zb_ReceiveDataIndication 函数，该函数的内容如下。

```
void zb_ReceiveDataIndication( uint16 source, uint16 command, uint16 len, uint8 *pData    )
{
    //处理数据格式
    gtwData.parent=BUILD_UINT16(pData[SENSOR_PARENT_OFFSET+1],
                                                Data[SENSOR_PARENT_OFFSET]);
    gtwData.source=source;
    gtwData.temp=*pData;
    gtwData.voltage=*(pData+1);

    //Flash LED 1 once to indicate data reception
    //接收到数据之后 LED 灯闪烁 1 次
    HalLedSet( HAL_LED_1, HAL_LED_MODE_OFF );
    HalLedSet( HAL_LED_1, HAL_LED_MODE_BLINK );

    //Send gateway report
    sendGtwReport(&gtwData);                          //发送网关数据
}
```

由于 ZStack 协议栈的运行涉及很多任务，所以在本任务中，将终端节点、路由节点和协调器的程序流程图进行了简化，简化后的程序流程如图 4.29 所示。

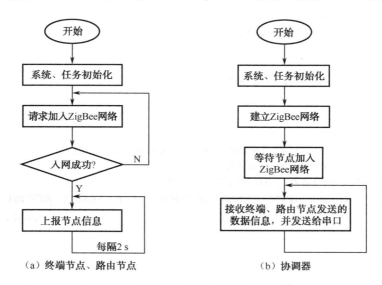

图 4.29　任务流程图

4.5.5　开发步骤

（1）确认已安装 ZStack 的安装包。

（2）准备 5 个 CC2530 射频节点板（1 个作为协调器节点，2 个作为路由节点，2 个作为终端节点），设置节点板跳线为模式一。

（3）将本任务工程整个文件夹复制到 "C:\Texas Instruments\ZStack-CC2530-2.4.0-1.4.0\Projects\ZStack\Samples" 文件夹下，并打开 IAR 工程。

（4）分别编译协调器、路由器、终端设备三个工程，把 SmartRF04 仿真器连接到 CC2530 无线节点，使用 Flash Programmer 工具把上述程序分别下载到对应的 CC2530 无线节点板中。

（5）用 USB mini 线和调试转接板将协调器节点连接到 PC 上。

（6）先启动无线协调器的电源，此时 D6 LED 灯开始闪烁，当正确建立好网络后，D6 LED 会常亮。

（7）当无线协调器建立好网络后，启动 4 个无线节点的电源，此时每个无线节点的 D6 LED 灯开始闪烁，直到加入协调器建立的 ZigBee 网络中后，D6 LED 灯开始常亮。

（8）当有数据包进行收发时，无线协调器和无线节点的 D7 LED 灯会闪烁。

（9）打开 ZigBee Sensor Monitor 软件，观察组网情况。

4.5.6　总结与拓展

ZigBee Sensor Monitor 上显示的网络拓扑如图 4.30 所示。

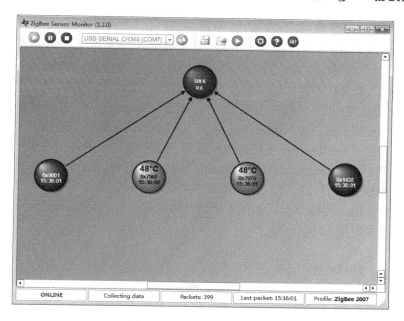

图 4.30　星状网络拓扑结构

4.6　任务 16　网络拓扑——树状网

4.6.1　学习目标

● 理解 ZigBee 协议及相关知识。
● 在 ZStack 协议栈下实现树状网络拓扑的控制。
● 掌握在 IAR 集成开发环境中编写和调试程序的基本过程。
● 了解 ZStack 协议栈架构。

4.6.2　开发环境

硬件：ZXBee CC2530 节点板、带 USB 接口的 SmartRF04 仿真器、PCPentium100 以上。
软件：PC 操作系统 WinXP、IAR 集成开发环境、ZigBee Sensor Monitor。

4.6.3　原理学习

ZigBee 有三种网络拓扑，即星状、树状和网状网络，这三种网络拓扑在 ZStack 协议栈下均可实现。在星状网络中，所有节点只能与协调器进行通信，而它们相互之间是禁止通信的；树状网络中，终端节点只能与它的父节点通信，路由节点可与它的父节点和子节点通信；网状网络中，全功能节点之间是可以相互通信的。

在 ZStack 中，通过设置宏定义 STACK_PROFILE_ID 的值（在 nwk_globals.h 中定义）

可以选择不同控制模式（总共有三种控制模式，分别为 HOME_CONTROLS、GENERIC_STAR 和 NETWORK_SPECIFIC，默认模式为 HOME_CONTROLS），再选择不同的网络拓扑（NWK_MODE），也可以只修改 HOME_CONTROLS 的网络模式（NWK_MODE），来选择不同的网络拓扑，由于网络的组建是由协调器来控制的，因此只需修改协调器的程序即可。此外，可以设定数组 CskipRtrs 和 CskipChldrn 的值（在 nwk_globals.c 中定义）进一步控制网络的形式，CskipChldrn 数组的值代表每一级可以加入的子节点的最大数目，CskipRtrs 数组的值代表每一级可以加入的路由节点的最大数目，如在树状网络中，定义"CskipRtrs[MAX_NODE_DEPTH+1]={1,1,1,1,1,0}"和"CskipChldrn[MAX_NODE_DEPTH+1]={2,2,2,2,2,0}"，代表每级最多允许 2 个子节点加入，其中最多 1 个路由节点，剩余的为终端节点。本任务已通过宏定义（在工程 options 中的 preprocessor 中定义）设定了数组的大小。

4.6.4　开发内容

配置网络拓扑为树状网络，启动协调器节点，协调器节点上电后进行组网操作，再启动路由节点和终端节点，路由节点和终端节点上电后进行入网操作，成功入网后周期地将父节点的短地址、自己的节点信息封装成数据包发送给 Sink 节点，Sink 节点将接收到数据包后通过串口传给 PC，从 PC 上的 ZigBee Sensor Monitor 程序查看组网情况。图 4.31 所示是本任务的数据流程图：

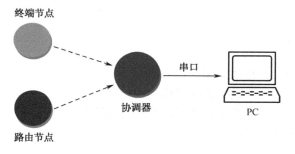

图 4.31　本任务数据流程图

在本任务中设定路由节点、终端节点每隔 2 s 向协调器发送自己的网络信息包，下面结合本任务的原理学习，以及开发内容的设计，分别对终端节点、路由节点和协调器节点的关键源程序进行解析。

1. 终端节点、路由节点

根据本节内容的设计，终端节点、路由节点加入 ZigBee 网络后，每隔一段时间上报自己的网络信息，因此终端节点和路由节点的任务事件都是一样的。通过 4.2 节的工程解析任务可得知，在程序源代码 MPEndPont.c 或 MPRouter.c 中 ZStack 协议栈成功启动后，设置了一个定时器事件，当定时器事件触发后就会触发用户的 MY_REPORT_EVT 事件，触发 MY_REPORT_EVT 事件的函数入口为 MPRouter.c（或 MPEndPont.c）中的 zb_HandleOsalEvent 函数，在该函数中编写了应用程序事件的处理过程，如下述代码所示。

```
void zb_HandleOsalEvent( uint16 event )
{
    uint8 logicalType;
    if(event & SYS_EVENT_MSG)                              //系统事件信息
    {   }
    if( event & ZB_ENTRY_EVENT )                           //ZigBee 入网事件
    {
        //blind LED 2 to indicate starting/joining a network
        //入网时 LED 灯闪烁
        HalLedSet( HAL_LED_2, HAL_LED_MODE_OFF );
        HalLedBlink ( HAL_LED_2, 0, 50, 500 );

        logicalType = ZG_DEVICETYPE_ROUTER;                //设备类型为路由节点
        //将信息写入 NV
        zb_WriteConfiguration(ZCD_NV_LOGICAL_TYPE, sizeof(uint8), &logicalType);

        //Start the device
        zb_StartRequest();
    }

    if ( event & MY_START_EVT )                            //启动 ZStack 协议栈事件
    {
        zb_StartRequest();
    }

    if ( event & MY_REPORT_EVT )                           //MY_REPORT_EVT 事件触发处理
    {
        if (appState == APP_BINDED)
        {
            //调用函数
            sendDummyReport();
            //设置定时器，触发 MY_REPORT_EVT 事件
            osal_start_timerEx( sapi_TaskID, MY_REPORT_EVT, myReportPeriod );
        }
    }

    if ( event & MY_FIND_COLLECTOR_EVT )                   //查找网关事件
    {
        //Find and bind to a gateway device (if this node is not gateway)
        zb_BindDevice( TRUE, DUMMY_REPORT_CMD_ID, (uint8 *)NULL );
    }
}
```

通过上述源码可以看到，当处理 MY_REPORT_EVT 事件时，调用了 sendDummyReport()
方法（MPEndPont.c 中的 MY_REPORT_EVT 事件调用的是 sendReport()方法），然后又设置
了一个定时器事件来触发 MY_REPORT_EVT 事件，这样做的目的是为了每隔一段时间循
环触发 MY_REPORT_EVT 事件。了解了 MY_REPORT_EVT 事件循环触发的原理之后，

再来看看 sendDummyReport()函数实现了什么功能，下面是 sendDummyReport()的源码解析过程。

```
static void sendDummyReport(void)
{
    uint8 pData[SENSOR_REPORT_LENGTH];
    static uint8 reportNr=0;
    uint8 txOptions;
    //上报过程中 LED 灯闪烁一次
    HalLedSet( HAL_LED_1, HAL_LED_MODE_OFF );
    HalLedSet( HAL_LED_1, HAL_LED_MODE_BLINK );

    //dummy report data
    pData[SENSOR_TEMP_OFFSET] =    0xFF;                    //温度
    pData[SENSOR_VOLTAGE_OFFSET] = 0xFF;                    //电压

    pData[SENSOR_PARENT_OFFSET] =    HI_UINT16(parentShortAddr);   //父节点的短地址的最高位
    pData[SENSOR_PARENT_OFFSET+ 1] =    LO_UINT16(parentShortAddr); //父节点的短地址的最
低位

    //Set ACK request on each ACK_INTERVAL report
    //If a report failed, set ACK request on next report
    if ( ++reportNr<ACK_REQ_INTERVAL && reportFailureNr==0 )         //发送成功
    {   txOptions = AF_TX_OPTIONS_NONE;    }
    else       //发送失败
    {
        txOptions = AF_MSG_ACK_REQUEST;
        reportNr = 0;
    }

    //Destination address 0xFFFE: Destination address is sent to previously
    //established binding for the commandId.
    //将数据包发送给协调器（协调器的地址为 0xFFFE）
    zb_SendDataRequest( 0xFFFE, DUMMY_REPORT_CMD_ID, SENSOR_REPORT_LENGTH,
                                            pData, 0, txOptions, 0 );
}
```

2. 协调器

协调器的任务是收到终端节点、路由节点发送的数据报信息后通过串口发送给 PC。通过 4.2 节的工程解析任务可得知，ZigBee 节点接收到数据之后，最终调用了 zb_ReceiveDataIndication 函数，该函数的内容如下。

```
void zb_ReceiveDataIndication( uint16 source, uint16 command, uint16 len, uint8 *pData   )
{
    处理数据格式
    gtwData.parent=BUILD_UINT16(pData[SENSOR_PARENT_OFFSET+1],
                                            Data[SENSOR_PARENT_OFFSET]);
```

```
gtwData.source=source;
gtwData.temp=*pData;
gtwData.voltage=*(pData+1);

//Flash LED 1 once to indicate data reception
//接收到数据之后 LED 灯闪烁 1 次
HalLedSet( HAL_LED_1, HAL_LED_MODE_OFF );
HalLedSet( HAL_LED_1, HAL_LED_MODE_BLINK );

//Send gateway report
//发送网关数据
sendGtwReport(&gtwData);
}
```

本任务中，终端节点、路由节点和协调器的程序流程如图 4.32 所示。

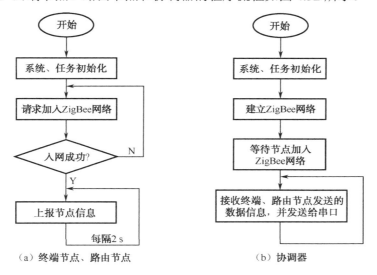

（a）终端节点、路由节点　　　　　　　　（b）协调器

图 4.32　任务流程图

4.6.5　开发步骤

（1）确认已安装 ZStack 的安装包。

（2）准备 5 个 CC2530 射频节点板（1 个作为协调器节点，2 个作为路由节点，2 个作为终端节点），设置节点板跳线为模式一。

（3）将本任务工程整个文件夹复制到 "C:\Texas Instruments\ZStack-CC2530-2.4.0-1.4.0\Projects\ZStack\Samples" 文件夹下，并打开 IAR 工程。

（4）分别编译协调器、路由器、终端设备三个工程，把 SmartRF04 仿真器连接到 CC2530 无线节点，使用 Flash Programmer 工具把上述程序分别下载到对应的 CC2530 无线节点板中。

（5）用 USB mini 线和调试转接板将协调器节点连接到 PC 上。

（6）先启动无线协调器的电源，此时 D6 LED 灯开始闪烁，当正确建立好网络后，D6 LED 会常亮。

（7）当无线协调器建立好网络后，启动 4 个无线节点的电源，此时每个无线节点的 D6 LED 灯开始闪烁，直到加入到协调器建立的 ZigBee 网络中后，D6 LED 灯开始常亮。

（8）当有数据包进行收发时，无线协调器和无线节点的 D7 LED 灯会闪烁。

（9）打开 ZigBee Sensor Monitor 软件，在 ZigBee Sensor Monitor 软件上观察组网情况。

4.6.6　总结与拓展

ZigBee Sensor Monitor 上显示的网络拓扑如图 4.33 所示。

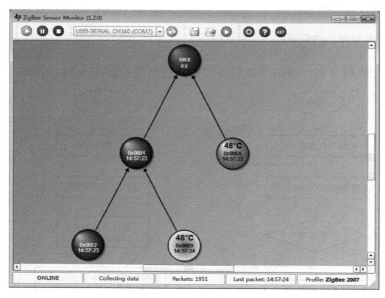

图 4.33　树状网络拓扑结构

4.7　任务 17　ZigBee 串口应用

4.7.1　学习目标

● 理解 ZigBee 协议及相关知识。
● 理解掌握 ZStack 协议栈下串口的使用方法。
● 掌握在 IAR 集成开发环境中编写和调试程序的基本过程。
● 了解 ZStack 协议栈架构。
● 了解串口的相关知识。

4.7.2　开发环境

硬件：ZXBee CC2530 节点板、带 USB 接口的 SmartRF04 仿真器、PC、串口线。软件：

PC 操作系统 WinXP、IAR 集成开发环境、终端软件。

4.7.3　原理学习

串口是一种开发板和用户计算机交互常用的通信工具，正确使用串口对于 ZigBee 无线网络的学习具有较大的促进作用，使用串口的基本步骤如下。

● 初始化串口，包括设置波特率、中断等；

● 向发送缓冲区发送数据或者从接收缓冲区读取数据。

上述方法是使用串口的常用方法，但是由于 ZigBee 协议栈的存在，使得串口的使用略有不同，在 ZigBee 协议栈中已经对串口初始化所需要的函数进行了实现，用户只需要传递几个参数就可以使用串口，此外，ZigBee 协议栈还实现了串口的读取函数与写入函数。

因此，用户在使用串口时，只需要掌握 ZigBee 协议栈提供的串口操作相关的三个函数即可。ZigBee 协议栈中提供的与串口操作相关的三个函数为

```
uint8 HalUARTOpen(uint8 port, halUARTCfg_t *config);
uint16 HalUARTRead(uint8 port, uint8 *buf, uint16 len);
uint16 HalUARTWrite(uint8 port, uint8 *buf, uint16 len);
```

ZigBee 协议栈中串口通信的配置使用一个结构体来实现，该结构体为 hal_UARTCfg_t，不必关心该结构体的具体定义形式，只需要对其功能有个了解，该结构体将串口初始化的参数集合在一起，只需要初始化各个参数即可最后使用 HalUARTOpen() 函数对串口进行初始化。

4.7.4　开发内容

在本任务中设计为先启动协调器节点，协调器节点上电后进行组网操作，再启动路由节点或者终端节点，路由节点或者终端节点上电后进行入网操作，成功入网后，通过串口向路由节点或者终端节点发送开关 LED 的命令，该命令通过无线 ZigBee 网络发送给协调器，协调器接收到该命令对节点上的 LED 实行相应的操作。图 4.34 所示是本任务的数据流图：

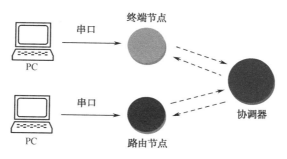

图 4.34　本任务数据流图

下面结合本任务的原理学习，以及开发内容的设计，分别对终端节点、路由节点和协调器节点的关键源程序进行解析。

1．终端节点、路由节点

根据本节内容的设计，终端节点、路由节点加入 ZigBee 网络后，终端节点和路由节点的任务事件都是一样的。根据 ZStack 协议栈的工作流程，在程序源代码 MPEndPoint.c 或 MPRouter.c 中可以看到 ZStack 协议栈成功启动后，终端节点、路由节点都调用了节点串口的初始化函数 NodeUartInit()，NodeUartInit()函数将 halUARTCfg_t 类型的结构体变量作为相关参数，配置方法如下。

```c
/***********************************节点串口初始化*********************************/
void NodeUartInit(void)
{
    halUARTCfg_t    uartConfig;                          //halUARTCfg_t 类型的结构体变量

    /***********************************串口配置*********************************/
    uartConfig.configured           = TRUE;
    uartConfig.baudRate             = HAL_UART_BR_9600;  //设置波特率为 9600
    //禁止硬件流控，如果你的串口只有 RXD，TXD 和 GND 三条线，必须这么做；
    uartConfig.flowControl          = FALSE;
    uartConfig.rx.maxBufSize        = 128;               //最大接收缓冲区大小
    uartConfig.tx.maxBufSize        = 128;               //最大发送缓冲区大小
    uartConfig.flowControlThreshold = (128 / 2);
    uartConfig.idleTimeout          = 6;                 //空闲超时时间
    uartConfig.intEnable            = TRUE;              //允许中断
    uartConfig.callBackFunc         = NodeUartCallBack;  //设置串口接收回调函数

    /***********************打开串口，完成初始化的工作**********************/
    HalUARTOpen (HAL_UART_PORT_0, &uartConfig);
}
```

其中 NodeUartCallBack 为串口接收回调函数，从串口接收到的数据可以通过此函数来处理，其代码解析如下。

```c
/***********************************串口接收回调*********************************/
void NodeUartCallBack ( uint8 port, uint8 event )
{
    #define RBUFSIZE 128
    (void)event;                                     //故意不引用的参数，作保留用
    uint8   ch;
    static uint8 rbuf[RBUFSIZE];
    static uint8    rlen = 0;

    while (Hal_UART_RxBufLen(port))                  //计算并返回接收缓冲区的长度
    {
        HalUARTRead (port, &ch, 1);                  //从串口读一个数据
        HalUARTWrite (port, &ch, 1);                 //从串口写一个数据
        if (rlen >= RBUFSIZE) rlen = 0;              //数据长度超过最大接收缓冲大小，则缓冲区清零
        if (ch == '\r') {                            //如果读到回车字符
            HalLedSet( HAL_LED_1, HAL_LED_MODE_OFF );            //关闭 LED 灯
```

```
        HalLedSet( HAL_LED_1, HAL_LED_MODE_BLINK );              //使 LED 灯闪烁
        //发送数据
        zb_SendDataRequest( 0, ID_CMD_REPORT, rlen, rbuf, 0, AF_ACK_REQUEST, 0 );
        rlen = 0;                                                //缓冲区清零
    }else
    rbuf[rlen++] = ch;                                           //将数据写到缓冲区
    }
}
```

2．协调器

协调器的任务是收到终端节点、路由节点发送的数据报信息后进行处理。通过 4.2 节的工程解析任务可得知，ZigBee 节点接收到数据之后，最终调用了 zb_ReceiveDataIndication 函数，该函数的内容如下。

```
/********************************接收到数据提醒********************************/
void zb_ReceiveDataIndication( uint16 source, uint16 command, uint16 len, uint8 *pData )
{
    HalLedSet( HAL_LED_1, HAL_LED_MODE_OFF );                //关闭 D7
    HalLedSet( HAL_LED_1, HAL_LED_MODE_BLINK );              //使 D7 闪烁
    if (strncmp("ON", pData, len) == 0) {                    //如果收到的数据是"ON"
        HalLedSet( HAL_LED_2, HAL_LED_MODE_ON );             //打开 D6
    } else if (strncmp("OFF", pData, len) == 0) {            //如果收到的数据是"OFF"
        HalLedSet( HAL_LED_2, HAL_LED_MODE_OFF );            //关闭 D6
    }
}
```

由于 ZStack 协议栈的运行涉及很多任务，而且也比较复杂，所以在本任务中，将终端节点、路由节点和协调器的程序流程图进行了简化，简化后的程序流程图，如图 4.35 所示。

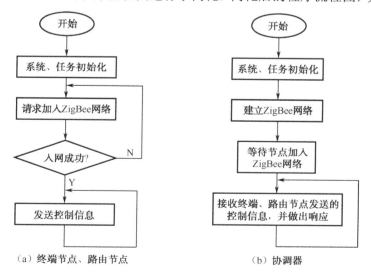

图 4.35　任务流程图

4.7.5 开发步骤

（1）确认已安装 ZStack 的安装包。如果没有安装，打开开发资源包中"03-系统代码\ZStack-CC2530-2.4.0-1.4.0.exe"，双击之后直接安装，安装完后默认生成"C:\Texas Instruments\ZStack-CC2530-2.4.0-1.4.0"文件夹。

（2）将本任务工程整个文件夹复制到"C:\Texas Instruments\ZStack-CC2530 -2.4.0-1.4.0\Projects\ZStack\Samples"文件夹下，双击"Serial \CC2530DB\ Serial.eww"文件。

（3）分别编译协调器、路由器、终端设备三个工程，把 SmartRF04 仿真器连接到 CC2530 无线节点，使用 Flash Programmer 工具把上述程序分别下载到对应的 CC2530 无线节点板中。

（4）用串口线将路由节点或者终端节点连接到 PC 上。

（5）打开终端软件，设置波特率为 38400、8 位数据位、1 位停止位。

（6）先启动无线协调器的电源，此时 D6 LED 灯开始闪烁，当正确建立好网络后，D6 LED 会常亮。

（7）当无线协调器建立好网络后，启动无线终端节点和无线路由节点的电源，此时每个无线节点的 D6 LED 灯开始闪烁，直到加入到协调器建立的 ZigBee 网络中后，D6 LED 灯开始常亮。

（8）当有数据包进行收发时，无线协调器和无线节点的 D7 LED 灯会闪烁。

（9）在终端软件上输入关闭 D6 命令"OFF"，观察协调器 D6 LED 灯亮灭情况；输入打开 D6 命令"ON"，观察协调器 D6 LED 灯亮灭情况。

4.7.6 总结与拓展

在终端软件上输入关闭 D6 命令"OFF"，协调器 D6 LED 灯灭；输入打开 D6 命令"ON"，协调器 D6 LED 灯亮，命令都以回车结束。说明命令通过串口成功发送出去，实现了 ZigBee 协议栈串口通信。

4.8 任务 18 ZigBee 协议分析

4.8.1 学习目标

● 掌握 ZStack 协议栈的结构。
● 理解 ZigBee 各种命令帧及数据帧的格式。
● 理解 ZigBee 的协议机制。
● 掌握在 IAR 集成开发环境下下载和调试程序的过程。
● 了解 ZigBee 协议栈的通信机制。
● 了解 Packet Sniffer 软件的使用。

4.8.2　开发环境

硬件：ZXBee CC2530 节点板若干、SmartRF04 仿真器、PC。软件：Windows XP/Windows 7/8/10、IAR 集成开发软件、TI 公司的数据包分析软件 Packet Sniffer。

4.8.3　原理学习

Packet Sniffer 用于捕获、滤除和解析 IEEE 802.15.4 的 MAC 数据包，并以二进制形式存储数据包。安装好 Packet Sniffer 之后，在桌面上会生成快捷方式，双击进入协议选择界面，如图 4.36 所示，在下拉菜单中选择"IEEE 802.15.4/ZigBee"，单击"Start"按钮进入 Sniffer 界面，如图 4.37 所示。

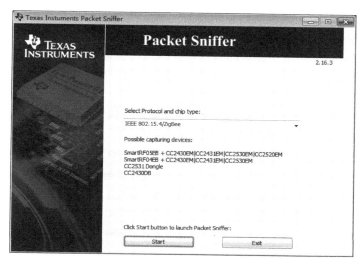

图 4.36　Packet Sniffer 界面

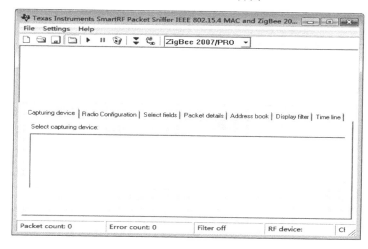

图 4.37　协议选择界面

Packet Sniffer 有三个菜单选项，File 可以打开或保存抓取到的数据，Settings 可以进行一些软件设置，Help 可以查看软件信息和用户手册。

菜单栏下面是工具栏，从左到右的作用分别是用于清除当前窗口中的数据包，打开之前保存的一段数据包，保存当前抓取到的数据包，显示或隐藏底部的配置窗口，单击之后开始抓包，暂停当前的抓包，清除抓包开始之前保存的所有数据，禁止或使能滚动条，禁止或使能显示窗口中显示小字体。下拉菜单用于选择侦听的协议类型，有 ZigBee 2003、ZigBee 2006 及 ZigBee 2007/PRO 三个选项，此处选择"ZigBee 2007/PRO"。

工具栏下面的窗口分为两个部分，上半部分窗口为显示窗口，显示抓取到的数据包；下半部分窗口为配置窗口，下面介绍配置窗口各标签的意义。

- Capturing device：选择使用哪块评估板。
- Radio Configuration：选择捕获的信道。
- Select fields：设置需要显示的字段。
- Packet details：双击要显示的数据包后，就会在下面窗口显示附加的数据包细节。
- Address book：显示当前侦听段中所有已知的 MAC 地址。
- Display filter：根据用户提供的条件和模版筛选数据包。
- Time line：显示大批数据包，大约是上面窗口的 20 倍，根据 MAC 源地址和目的地址来排序。

Packet Sniffer 软件选择的默认信道为 0x0B，如果要侦听其他信道的数据，可以在 Radio Configuration 标签下将侦听信道设置为其他值（信道 12～信道 26）。

LR-WPAN 定义了四种帧结构：信标帧、数据帧、ACK 确认帧、MAC 命令帧，这些帧用于处理 MAC 层之间的控制传输。MAC 命令帧有信标请求帧、连接请求帧、数据请求帧等几种，信标请求帧是在终端节点或路由节点刚入网时广播的请求帧，请求加入到网络中来；信标帧的主要作用是实现网络中设备的同步工作和休眠，其中包含一些时序信息和网络信息，节点在收到信标请求帧后马上广播一条信标帧；数据帧是所有用于数据传输的帧；ACK 确认帧是用于确认接收成功的帧。

4.8.4　开发内容

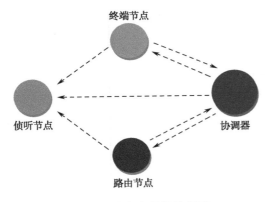

图 4.38　本任务数据流程图

本任务将协调器节点、路由节点和终端节点组网成功之后，在网络之外添加一个侦听节点，用 SmartRF04 仿真器将侦听节点和 PC 相连，当网路中各节点进行通信时，侦听节点就可以侦听到网络中的数据包，并通过 Packet Sniffer 软件可以实现对侦听到的数据包中各协议层的具体内容进行观察分析。图 4.38 所示是本任务的数据流程图。

下面结合本任务的原理学习，以及开发内容的设计，分别对终端节点、路由节点和协调器节点的关键源程序进行解析。

1. 终端节点、路由节点

根据本节内容的设计，终端节点、路由节点加入 ZigBee 网络后，终端节点和路由节点的任务事件都是一样的。根据 ZStack 协议栈的工作流程，在程序源代码 MPEndPoint.c 或 MPRouter.c 中可以看到 ZStack 协议栈成功启动后，终端节点、路由节点都调用了数据上报函数 myReportData()，myReportData ()函数的代码解析如下。

```
/*********************************数据上报*********************************/
static void myReportData(void)
{
    byte dat[6];
    uint16 sAddr = NLME_GetShortAddr();              //获取终端节点的网络短地址
    uint16 pAddr = NLME_GetCoordShortAddr();         //获取协调器的网络短地址

    HalLedSet( HAL_LED_1, HAL_LED_MODE_OFF );        //关闭 D7
    HalLedSet( HAL_LED_1, HAL_LED_MODE_BLINK );      //使 D7 闪烁
    dat[0] = 0xff;
    dat[1] = (sAddr>>8) & 0xff;                      //取得终端节点 16 位网络短地址的高 8 位
    dat[2] = sAddr & 0xff;                           //取得终端节点 16 位网络短地址的低 8 位
    dat[3] = (pAddr>>8) & 0xff;                      //取得协调器 16 位网络短地址的高 8 位
    dat[4] = pAddr & 0xff;                           //取得协调器 16 位网络短地址的低 8 位
    dat[5] = MYDEVID;                    //设备 ID,宏定义终端节点 ID 为 0x21,路由节点 ID 为 0x11
    zb_SendDataRequest(0, ID_CMD_REPORT, 6, dat, 0, AF_ACK_REQUEST, 0 );  //发送数据
}
```

2. 协调器

协调器的任务是收到终端节点、路由节点发送的数据报信息后进行处理。通过 4.2 节的工程解析任务可得知，ZigBee 节点接收到数据之后，最终调用了 zb_ReceiveDataIndication 函数，该函数的内容如下。

```
/*********************************接收到数据提醒*********************************/
void zb_ReceiveDataIndication( uint16 source, uint16 command, uint16 len, uint8 *pData  )
{
    char buf[32];

    HalLedSet( HAL_LED_1, HAL_LED_MODE_OFF );        //关闭 D7
    HalLedSet( HAL_LED_1, HAL_LED_MODE_BLINK );      //使 D7 闪烁
    if (len==6 && pData[0]==0xff) {                  //如果数据报头标识为 0xf
        sprintf(buf, "DEVID:%02X SAddr:%02X%02X PAddr:%02X%02X",
                pData[5], pData[1], pData[2], pData[3], pData[4]);//将接收到的数据 pData 写到 buf
        debug_str(buf);                              //在调试中分析数据
    }
}
```

终端节点、路由节点和协调器的程序流程图简化后如图 4.39 所示。

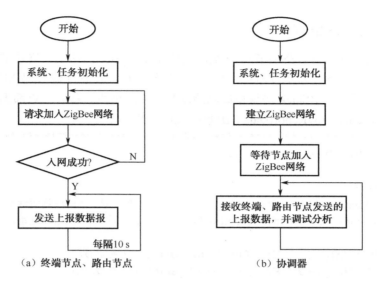

图 4.39　任务流程图

4.8.5　开发步骤

（1）确认已安装 ZStack 的安装包。

（2）准备 3 个 CC2530 射频节点板，设置节点板跳线为模式一。

（3）将本任务工程整个文件夹复制到"C:\Texas Instruments\ZStack-CC2530-2.4.0-1.4.0\Projects\ZStack\Samples"文件夹下，并打开 IAR 工程。

（4）分别编译协调器、路由器、终端设备三个工程，把 SmartRF04 仿真器连接到 CC2530 无线节点，使用 Flash Programmer 工具把上述程序分别下载到对应的 CC2530 无线节点板中。

（5）将 SmartRF04 仿真器与任意空闲 CC2530 射频节点板连接起来，此节点叫做监听节点。

（6）将监听节点上电，然后按下 SmartRF04 仿真器上的复位按键。

（7）打开 Packet Sniffer 软件，接下来在启动后的界面中按默认配置，协议栈选择"ZigBee 2007/PRO"，单击"开始"按钮，开始抓取数据包。

（8）先启动无线协调器的电源，此时 D6 LED 灯开始闪烁，当正确建立好网络后，D6 LED 会常亮。

（9）当无线协调器建立好网络后，启动无线节点的电源，此时无线节点的 D6 LED 灯开始闪烁，直到加入到协调器建立的 ZigBee 网络中后，D6 LED 灯开始常亮。

（10）当有数据包进行收发时，无线协调器和无线节点的 D7 LED 灯会闪烁。

（11）观察 Packet Sniffer 抓取到的数据包，并分析。

4.8.6　总结与拓展

侦听节点抓取到的数据包如图 4.41 所示。

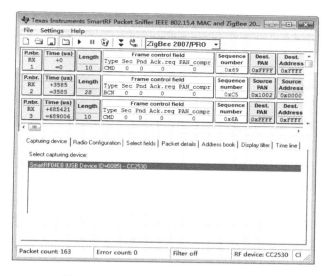

图 4.41　Packet Sniffer 抓取到的数据包

选取抓取到的一个数据包进行分析，如图 4.42 所示。

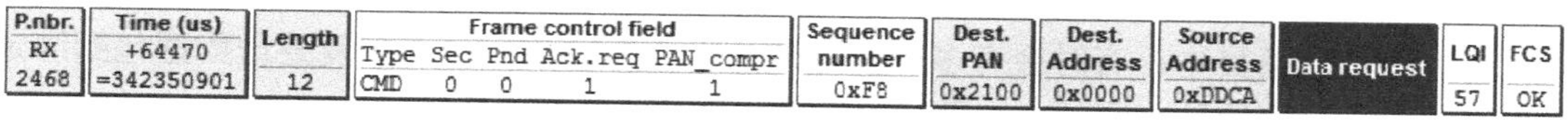

P.nbr. RX 2468	Time (us) +64470 =342350901	Length 12	Frame control field					Sequence number 0xF8	Dest. PAN 0x2100	Dest. Address 0x0000	Source Address 0xDDCA	Data request	LQI 57	FCS OK
			Type	Sec	Pnd	Ack.req	PAN_compr							
			CMD	0	0	1	1							

图 4.42　Packet Sniffer 抓取到的某个数据包

- P.nbr.：RX 表示接收，2468 为开始侦听以来接收帧的编号。
- Time：+64470 表示帧接收距离上一帧的时间；=342350901 表示帧接收距离开始侦听的时间。
- Length：帧的长度。
- Frame control field：帧控制域，CMD 表示该帧是 MAC 命令帧。
- Sequence number：序号。
- Dest. PAN：目的 PAN ID。
- Dest. Address：目的地址。
- Source Address：源地址。
- Data request：该 MAC 命令帧为数据请求帧。
- LQI：接收到的帧的能量与质量。
- FCS：校验。

4.9　任务 19　ZigBee 绑定

4.9.1　学习目标

- 掌握设备自动加入网络的设置方法。
- 创建从每一个开关到一个或多个灯的绑定。

- 了解从开关设备发送一个改变灯状态的命令。
- 掌握重新指派绑定某个开关到不同的灯。

4.9.2　开发环境

硬件：ZXBee CC2530 节点板、带 USB 接口的 SmartRF04 仿真器、PC。软件：PC 操作系统 WinXP、IAR 集成开发环境。

4.9.3　原理学习

假设一个网络中有多个开关和灯光设备，每一个开关可以控制一个或以上的灯光设备。在这种情况下，需要在每个开关任务建立绑定服务。保证开关中的应用服务在不知道灯光设备确切的目标地址时，可以顺利地向灯光设备发送数据包。一旦在源节点上建立了绑定，其应用服务即可向目标节点发送数据，而无须指定目标地址（调用 zb_SendDataRequest()，目标地址可用一个无效值 0xFFFE 代替）。协议栈将会根据数据包的命令标识符，通过自身的绑定表查找到所对应的目标设备地址。

在绑定表的条目中，有时会有多个目标端点，使得协议栈自动重复发送数据包到绑定表指定的各个目标地址。同时，如果在编译目标文件时，编译选项 NV_RESTORE 被打开，协议栈将会把绑定条目保存在非易失性存储器里。因此当意外重启（或者节点电池耗尽需要更换）等突发情况的发生时，节点能自动恢复到掉电前的工作状态，无须重新设置绑定服务。

配置设备绑定服务有两种机制可供选择：如果目标设备的扩展地址（64 位地址）已知，可通过调用 zb_BindDeviceRequest() 建立绑定条目；如果目标设备的扩展地址未知，可实施一个"按键"策略实现绑定，这时，目标设备将首先进入一个允许绑定的状态，并通过 zb_AllowBindResponse() 对配对请求做出响应，然后在源节点中执行 zb_BindDeviceRequest()（目标地址设为无效）即可实现绑定。

此外，使用节点外部的委托工具（通常是协调器）也可实现绑定服务。请注意，绑定服务只能在"互补"设备之间建立。也就是说，只有分别在两个节点的简单描述结构体（Simple Descriptor Structure）中同时注册了相同的命令标识符（command_id），并且方向相反（一个属于输出指令"output"，另一个属于输入指令"input"），才能成功建立绑定。

下面对本任务中用到的相关术语进行进一步描述。

1．设备（Devices）

该示范例子有两种应用设备类型：开关和灯。应用例子工程有作为终端设备（End-Device）的简单开关设备和作为协调器或路由器设备的简单管理器设备。

2．命令

有一个单一的应用命令——"拨动"（TOGGLE）命令。对于开关该命令作为输出被定义，对于灯管理器却作为输入被定义。该命令信息除了命令标志符之外没有其他参数。

3．绑定

"按钮"绑定被使用在一个开关和一个灯管理器间创建绑定，首先这个灯管理器要进入允许绑定模式，接着是开关（在一定时间内）发出一个绑定请求，这就将在开关和灯管理器之间创建一个绑定。重复上面的过程，即可实现一个开关同时与多个管理器的绑定。

为某个开关重新分配绑定，这个绑定请求与同一个删除参数被发出，这就将该开关的所有绑定移除。针对简单管理器和简单开关的配置编程有详细的描述，确保只能有一个管理器作为协调器，其他都作为路由器。

通过绑定，可以使两个节点在应用层上建立起来的一条逻辑链路，在同一个节点上可以建立多个绑定服务，分别对应不同种类的数据包。此外，绑定也允许同时有多个目标节点（一个节点对多个节点的绑定）。

4.9.4　开发内容

本任务的设计流程如下，先启动协调器节点，协调器节点上电后进行组网操作，再启动路由节点或者终端节点，路由节点或者终端节点上电后进行入网操作，成功入网后（D6常亮），通过按某个管理器的 K4 使它进入允许绑定模式，在开关设备上按下 K4（10 s 之内）发出绑定请求，这就将该开关设备绑定到该（处于绑定模式下的）管理器设备上。当开关绑定成功时，开关设备上的 D7 亮。之后，开关设备上的 K5 被按下就将发送"切换"命令，它将使对应的管理器设备上的 D7 状态切换。图 4.43 所示是本任务的数据流程图。

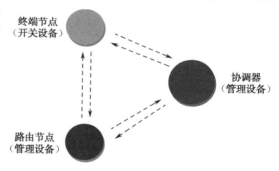

图 4.43　数据流程图

下面结合本任务的原理学习，以及开发内容的设计，分别对终端节点、路由节点和协调器节点的关键源程序进行解析。

1．终端节点（开关设备）

根据本节内容的设计，终端节点加入 ZigBee 网络后，根据 ZStack 协议栈的工作流程，在程序源代码 Switch.c 中可以看到，ZStack 协议栈成功启动后，终端节点在 zb_HandleKeys()函数中分别对键 K4 和 K5 按下事件进行了处理，相关代码解析如下。

```
/**********************************按键事件处理**********************************/
if( keys & HAL_KEY_SW_1 )                               //如果键 K4 被按下
{
    if( myAppState == APP_START )                       //如果节点已入网
    {
        zb_BindDevice(TRUE, TOGGLE_LIGHT_CMD_ID, NULL); //发送绑定请求
    }
}
```

```
if ( keys & HAL_KEY_SW_2 )                                        //如果键 K5 被按下
{
    if ( myAppState == APP_START )                               //如果节点已入网
    {
        //发送使灯翻转的控制命令,其中目标地址 0xFFFE 为无效值
        zb_SendDataRequest( 0xFFFE, TOGGLE_LIGHT_CMD_ID, 0,
                                (uint8 *)NULL, myAppSeqNumber, 0, 0 );
    }
}
```

如果绑定成功，ZigBee 协议栈会自动回调 zb_BindConfirm()函数，回调是协议栈自行完成的，其代码解析如下。

```
/*********************************绑定成功回调函数*********************************/
void zb_BindConfirm( uint16 commandId, uint8 status )
{
    //如果绑定成功，并且节点已入网
    if ( ( status == ZB_SUCCESS ) && ( myAppState == APP_START ) )
    {
        HalLedSet( HAL_LED_1, HAL_LED_MODE_ON );         //点亮 D7
    }
}
```

2. 协调器,路由节点（管理设备）

协调器和路由节点加入 ZigBee 网络后，根据 ZStack 协议栈的工作流程，在程序源代码 Controller.c 中可以看到，ZStack 协议栈成功启动后，协调器和路由节点在 zb_HandleKeys() 函数中对键 K4 按下事件进行了处理，相关代码解析如下。

```
/*********************************按键事件处理*********************************/
if ( keys & HAL_KEY_SW_1 )                                        //如果键 K4 被按下
{
    if ( myAppState == APP_START   )                             //如果节点已入网
    {
        //允许绑定，其中参数为允许绑定的超时时间
        zb_AllowBind( myAllowBindTimeout );
    }
}
```

管理设备收到开头设备发送的命令信息后进行处理，通过 4.2 节的工程解析任务可得知，ZigBee 节点接收到数据之后，最终调用了 zb_ReceiveDataIndication 函数，该函数的内容如下。

```
/*********************************接收到数据提醒*********************************/
void zb_ReceiveDataIndication( uint16 source, uint16 command, uint16 len, uint8 *pData   )
{
    if (command == TOGGLE_LIGHT_CMD_ID) //如果接收到的命令为 TOGGLE_LIGHT_CMD_ID
    {
        HalLedSet(HAL_LED_1, HAL_LED_MODE_TOGGLE);         //使 D7 的状态翻转
    }
}
```

由于 ZStack 协议栈的运行涉及很多任务，在本任务中，将终端节点、路由节点和协调器的程序流程图进行了简化，简化后的程序流程如图 4.44 所示。

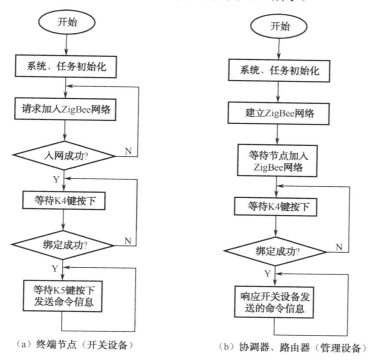

（a）终端节点（开关设备）　　　　（b）协调器、路由器（管理设备）

图 4.44　任务流程图

4.9.5　开发步骤

（1）确认已安装 ZStack 的安装包。

（2）将本任务工程整个文件夹复制到 "C:\Texas Instruments\ZStack-CC2530-2.4.0-1.4.0\Projects\ZStack\Samples" 文件夹下，并打开 IAR 工程。

（3）分别编译协调器、路由器、终端设备三个工程，把 SmartRF04 仿真器连接到 CC2530 无线节点，使用 Flash Programmer 工具把上述程序分别下载到对应的 CC2530 无线节点板中。

（4）建立绑定。可以在协调器和终端设备之间建立绑定，或可以在路由器和终端设备间建立绑定，绑定的方法为：管理器和开关设备成功启动后 D6 常亮，此时按下管理器的 K4 按键允许绑定，10 s 内按下开关设备的 K4 按键发出绑定请求进行绑定，绑定成功后，开关设备 D7 常亮。

（5）绑定之后，就可以在建立绑定之间的设备发送命令，按下开关设备的 K5 按键发送命令，可以观察管理设备灯 D7 的显示状态的变化。

（6）按下开关设备的 reset，复位可以解除开关上的所有绑定，从而可以按照 4.8.5 节中（8）～（10）步从新绑定和传输命令。

4.9.6 总结与拓展

绑定成功后，按下开关设备的 K5 按键发送命令，可以观察管理设备灯 D7 的显示状态在亮灭之间变化。通过绑定，节点之间可以在不知道对方地址的情况下实现数据传输。

第**5**章
CC1110和SimpliciTI协议开发

本章结合CC1110和TI设计的SimpliciTI协议栈，先通过安装、配置等了解SimpliciTI协议栈学习SimpliciTI协议栈的组网技术、广播技术、RSSI采集技术及路由功能，然后通过SimpliciTI协议栈实现对硬件的控制，其中CC1110芯片的基本原理和结构如下。

CC1110芯片是TI公司生产的一款1 GHz以下频带的低功耗RF射频片上系统，该芯片内嵌了增强型8051内核，具有32 KB的Flash和4 KB的RAM，集成了21个可编程I/O引脚、8通道的8～14 bit的ADC、定时器，以及可编程看门狗计时器、2个USART接口和强大的DMA等功能。

CC1110的高性能无线收发器频率稳定性好、灵敏度高、无线数据传输最大速度可达50 kbps。CC1110芯片采用低电压供电（2～3.6 V），在数据采集发送期间的电流消耗为16 mA，休眠期间消耗电流为0.5 μA，电流消耗非常低，工作温度范围为-40℃～85℃，适应恶劣环境，芯片的主要特点如下。

（1）高性能和低功耗的8051微控制器内核；

（2）433 MHz、868 MHz、915 MHz的RF无线收发机；

（3）很好的无线接收灵敏度和较强的抗干扰性；

（4）在休眠模式时电流仅0.5 μA，外部中断或能唤醒系统；在待机模式时电流低于0.3 μA，外部中断能够唤醒系统；

（5）低电压供电；

（6）内部集成了8～14位的ADC；

（7）带有2个支持多个协议的USART、1个支持自定义协议栈的MAC计时器、1个常规的16位定时器和2个8位的定时器；

（8）外围电路简单。

5.1 任务20 认识SimpliciTI协议栈

SimpliciTI网络协议是美国TI公司于2007年宣布推出针对简单的小型无线网络（低于100个节点）的专有低功耗网络协议，SimpliciTI网络协议能够简化实施工作，尽可能降低微控制器的资源占用。SimpliciTI网络协议是一种简化的小型网络协议，主要有应用层、网络层、硬件逻辑层。

SimpliciTI 网络提供三类设备，分别是终端节点设备（End Devices）、数据中心（Access Point）、范围扩展设备（Range Extenders）。SimpliciTI 网络所指的设备是一个逻辑上的设备而并非硬件设备，即一个硬件设备可以拥有终端节点设备功能，也可以拥有数据中心功能，或者设备拥有范围扩展设备功能，也可以拥有终端节点设备功能，三种节点的功能如下。

（1）数据中心（Access Point）：简称 AP 节点或 AP，构成网络的数据中心，同一个网络中 AP 可以和终端设备共存，它可以组成一个网络，挂接多个传感器设备或者控制设备；同一个网络中也允许有 2 个 AP。在特殊模式下它可以接收所有能够接收到的数据，包括通过范围扩展得到的数据。

（2）终端节点设备（End Devices）：简称 ED 节点或 ED，ED 可作为传感器采集节点，将采集到的数据发送给 AP，可以是传感器节点，也可以是控制节点。

（3）范围扩展设备（Range Extender）：简称 RE 节点或 RE，RE 也可以作为采集节点，有目的地对网络覆盖范围进行扩展，这是一个常开设备，其主要功能是重复发送从发送设备过来的数据，有目的地让发送设备的影响范围扩展。

5.1.1　SimpliciTI 的安装

SimpliciTI 的安装包名为 SimpliciTI-1.2.0-IAR.exe，在开发资源包中 "/03-系统代码\SimpliciTI-1.2.0-IAR.exe" 目录中，双击此安装包直接安装。安装完成后，协议栈会被安装到到 "C:\Texas Instruments\SimpliciTI-1.2.0-IAR" 路径下。进入此文件夹后，有两个文件，Conponents 文件夹是所有工程都要调用到的如网络连接等功能要用到的组件文件夹；用户开发自己的应用程序，则需要进入到 zonesion 文件夹中。

本章打开的所有 SimpliciTI 协议栈有关工程，都在 "C:\Texas Instruments\SimpliciTI-1.2.0-IAR" 路径下，下文所说的协议栈中的某个文件即指此文件夹中的某文件。

5.1.2　SimpliciTI 协议栈的结构

图 5.1　SimpliciTI 协议栈工程文件目录

打开协议栈中 "zonesion/application" 文件夹，其中有三个文件夹，其中名为 ap 的文件夹内所放置的即为 AP 节点相关的源码和工程文件，用户开发 AP 节点应用程序大部分的工作即增加、修改等此文件夹中的源码。同样的，与 ED 对应的有名为 ed 的文件夹。

为了叙述方便，以下所说的 ap 文件（夹）或者路径中出现的 ap 即协议栈中 "zonesion/application" 下的 ap 文件夹，ed 文件（夹）或路径中出现的 ed 即与 ap 文件同目录下的 ed 文件夹。

打开 "ed/_temple/iar/AP_as_Data_Hub.eww" 工程文件，这是一个 ED 节点的工程模板，打开后可看到如图 5.1 所示的工程目录结构。

（1）Componets：SimpliciTI 协议栈的公共组件，主要负责网络连接、通信等功能；此外，协议栈的初始化操作也在此文件中。

（2）peer applications：该文件夹下有三个文件，其中灰色的是没选中的文件，在此工作空间无效，zonesion 文件分为三个部分。

① adderss.c 文件内的函数的功能是为此节点获取随机地址，这些函数的调用需要宏定义的选择，默认不选择。

② bsp 文件夹内有两个文件，主要是串口和 timer4 的驱动。

③ application 文件下又有 Configuration 和 ed 两个文件夹，Configuration 文件下的 dat 文件是协议栈的配置文件，下文中所陈述的配置文件即在此文件夹下；ed 文件夹路径下的 src 中的 sensor.c 文件中所放的为传感器驱动，用户开发 ED 节点程序大部分在此文件夹中，zxbee.c 文件是与智云通信协议相关的文件，main_manyEDs_autoack.c 文件内含有协议栈入口程序 main()函数，根据节点类型的不同，此处引用不同的文件，但都以 main_ 开头，下文所讲的某个 main_ 开头的文件就在此处。

（3）Output：IAR 输出文件。

5.1.3 SimpliciTI 的配置

上一节讲述了 Configuration 下的 dat 型配置文件，选中 smpl_config.dat 文件，其内有几个比较重要的配置，如下所示。

```
/* Number of connections supported. each connection supports bi-directional
 * communication.    Access Points and Range Extenders can set this to 0 if they
 * do not host End Device objects
 */
-DNUM_CONNECTIONS=2
```

上面的注释是对于此配置的说明，代码为配置连接数量，此配置含义为可支持的链接数目，即此节点可以连接 2 个其他的节点。

```
-DTHIS_DEVICE_ADDRESS="{0x80, 0x00, 0x00, 0x01}"
```

以上代码为手动配置节点的地址，SimpliciTI 协议栈没有 MAC 层，所以其节点的地址需要手动配置或随机产生，本书均以手动配置节点地址（默认）为例。需要注意的是，任何需要加入同一个网络的节点的是地址不能相同的。

```
/* device type */
-DEND_DEVICE
//-DRANGE_EXTENDER
```

以上代码是配置节点类型，如果要配置为 AP 节点，则注释掉"-DEND_DEVICE"，然后填入"-DACCESS_POINT"，上面的代码将配置 RE 节点注释掉，然后将设备配置为 ED 节点。

选中另一个配置文件 smpl_nwk_config.dat，此配置文件也有两个和网络相关的参数需要配置。

```
/* default Link token */
-DDEFAULT_LINK_TOKEN=0x11223344                    //连接标识
```

```
/* default Join token */
-DDEFAULT_JOIN_TOKEN=0x20150513                    //入网标识
```

上面两个配置分别为连接标识和入网标识。当 ED 节点想要加入 AP 构建的网络时，会向 AP 发送一个连接请求，即请求加入网络，只有当 ED 节点和 AP 节点的连接标识相同时，AP 节点才会响应 ED 节点的入网请求。AP 响应 ED 节点的连接请求，允许 ED 加入网络，只有入网标识和 AP 一致，并且得到 AP 允许入网的 ED 节点，才能加入 AP 构建的网络，因此只有同 AP 节点的连接标识和入网标识都相同的 ED 节点才能够正确地加入 AP 节点构建的网络。要注意的是，当网络附近有别的 AP 节点组建网络时，一定要保证两组网络的连接标识和入网标识不同。

5.1.4   运行 SimpliciTI 协议栈

下面将分别解析 AP 节点和 ED 节点协议栈的运行，RE 节点和 ED 节点差别不大，将在后面的章节介绍。打开"ap/default/iar/AP_as_Data_Hub.eww"工程文件，此工程为 AP 节点工程，选中"main_AP_Async_Listen_autoack.c"找到协议栈入口 main()函数，代码如下。

```
void main (void)
{
    bspIState_t intState;
#ifdef FREQUENCY_AGILITY
    memset(sSample, 0x0, sizeof(sSample));
#endif
    BSP_Init();                                      //板载初始化
#if I_WANT_TO_CHANGE_DEFAULT_ROM_DEVICE_ADDRESS_PSEUDO_CODE
    {   //如果宏定义了 I_WANT_TO_CHANGE_DEFAULT_ROM_DEVICE_ADDRESS_PSEUDO_CODE
        //为节点产生随机地址
        addr_t lAddr;
        void createRandomAddress(addr_t* lAddr);
        MRFI_Init();                                 //初始化无线
        createRandomAddress(&lAddr);
        SMPL_Ioctl(IOCTL_OBJ_ADDR, IOCTL_ACT_SET, &lAddr);
    }
#endif /* I_WANT_TO_CHANGE_DEFAULT_ROM_DEVICE_ADDRESS_PSEUDO_CODE */
    while (SMPL_SUCCESS != SMPL_Init(sCB))
    {   //节点 LED 以 0.5 Hz 的频率闪烁，直到 SimpliciTI 协议栈初始化成功
        toggleLED(2);
        NWK_DELAY(1000); /* calls nwk_pllBackgrounder for us */
    }
    /* green and red LEDs on solid to indicate waiting for a Join. */
    BSP_TURN_ON_LED2();
    uart_init();                                     //初始化串口
    /* main work loop */
    while (1)
    {
        /* manage FHSS schedule if FHSS is active */
        FHSS_ACTIVE( nwk_pllBackgrounder( false ) );
```

```
if (sJoinSem && (sNumCurrentPeers < NUM_CONNECTIONS))
{       //如果有设备发送入网请求并且当前连接没有超过最大连接数
    BSP_TURN_ON_LED1();
    /* listen for a new connection */
    while (1)
    {
        if (SMPL_SUCCESS == SMPL_LinkListen(&sLID[sNumCurrentPeers]))
        {                                    //如果连接成功，break
            break;
        }
        /* Implement fail-to-link policy here. otherwise, listen again. */
    }
    sNumCurrentPeers++;                       //当前连接数自加
    BSP_ENTER_CRITICAL_SECTION(intState);
    sJoinSem--;                               //清除入网请求信号
    BSP_EXIT_CRITICAL_SECTION(intState);
    BSP_TURN_OFF_LED1();
}
if (sPeerFrameSem)                            //如果有接收数据请求
{
    uint8_t      msg[MAX_APP_PAYLOAD], len, i;
    BSP_TURN_ON_LED1();
    /* process all frames waiting */
    for (i=0; i<sNumCurrentPeers; ++i)       //遍历各个与 AP 连接的节点，看是否有数据发来
    {
        if (SMPL_SUCCESS == SMPL_Receive(sLID[i], msg, &len)) //如果接收数据成功
        {
            processMessage(sLID[i], msg, len);               //调用消息处理函数
            BSP_ENTER_CRITICAL_SECTION(intState);
            sPeerFrameSem--;                                 //清除接收请求信号
            BSP_EXIT_CRITICAL_SECTION(intState);
        }
    }
    BSP_TURN_OFF_LED1();
}
/*uart process */
while (!uart_empty()) {                       //如果串口收到数据
    char c = uart_get_byte();
    proccess_uart_byte(c);                    //对收到的数据进行处理。
}
}
}
```

上述代码为 AP 节点运行的整个流程，节点先调用 BSP_Init()函数进行板载初始化，即初始化按键、LED 等。初始化完成后，根据 I_WANT_TO_CHANGE_DEFAULT_ROM_DEVICE_ADDRESS_PSEUDO_CODE 宏定义来选择是否为本节点产生一个随机地址，本程序默认不选择产生随机地址。接下来 main()函数调用了一个名为 SMPL_Init(sCB)的函数对

协议栈进行初始化，其参数 sCB 是一个回调函数，其功能将在下面分析。协议栈的初始化主要是初始化网络、内存等一些资源，并建立网络。初始化完成后，函数进入下一步，进入 while(1)无限循环。

在无限循环中，函数一直无限循环三个步骤：

（1）判断是否有 ED 入网请求并进一步处理。

（2）判断是否有接收无线数据请求并进一步处理。

（3）判断串口是否接收到数据并进一步处理。

在分析这三个步骤之前，需要了解下在上面提到的名为 sCB 的回调函数，其代码如下。

```
static uint8_t sCB(linkID_t lid)
{
    if (lid)                        //如果是信息接收请求
    {
        sPeerFrameSem++;
        sBlinky = 0;
    }
    else                           //是入网请求
    {       sJoinSem++;      }
    return 0;
}
```

上述代码是一个回调函数，当 ED 向 AP 发起连接或者发送数据时，SimpliciTI 协议栈就会调用上述代码。如果是 ED 向 AP 发起连接，则入网请求信号 sJoinSem 就会自加；同样，如果是 ED 向 AP 发送数据，则接收数据请求信号就会自加。现在重新回到上面所说的在 while(1)无限循环中的三个步骤。

（1）判断是否有 ED 入网请求并进一步处理。当 ED 向 AP 发起链接后，SimpliciTI 协议栈会立即调用 sCB 函数，将入网请求信号 sJoinSem 自加，在 while(1)无限循环中，检测到有入网请求信号并且当前与 AP 连接的节点没有超过 AP 可连接的节点数目的上限时，即

```
if(sJoinSem&&(sNumCurrentPeers< NUM_CONNECTIONS))
```

结果为真时，执行将 ED 节点加入网络的流程：首先 AP 节点调用 SMPL_LinkListen() 函数持续的监听连接，当监听到连接后，AP 会将此发起连接的 ED 节点加入网络，如果加入成功，则 AP 节点不再监听，否则将持续监听。随后，AP 将当前连接数增加一个，并清除入网请求信号，至此，ED 节点的入网过程执行完毕。

（2）判断是否有接收无线数据请求并进一步处理。同入网过程类似，当 ED 节点发来数据时，SimpliciTI 协议栈会立即调用 sCB 函数，将接收数据请求信号 sPeerFrameSem 自加 1。在 while(1)无限循环中，检测到有接收数据请求，即"if(sPeerFrameSem)"为真时，就会执行接收数据流程：协议栈调用"SMPL_Receive(sLID[i], msg, &len));"函数，遍历当前与 AP 相连接的节点并接收其发来的数据；如果接收到数据，则调用"processMessage(sLID[i], msg, len);"对接收到的数据进行处理，其中参数 sLID[i] 为发送数据的节点的地址，msg 为存放数据的指针，len 为数据长度，此函数可称之为接收数据处理函数，其功能是将 ED 节点发来的数据前加上数据头+recv 和其地址，并通过串口发送出去。

（3）判断串口是否接收到数据并进一步处理。如果串口接收到数据，最终将调用"proccess_uart_byte(c);"函数对串口发来的数据进行处理，串口主要用于调试或者与网关（上层应用）通信。

需要说明的是，串口通信是双向的，其将 ED 节点发来的无线数据，经过增加数据头和地址处理后，发给网关（上层应用）；而网关（上层应用）通过串口，将命令发送给 AP 节点，AP 节点根据收到的命名执行相应的动处理。

接下来分析 ED 节点的运行，打开"ed/-temple/iar/AP_as_Data_Hub.eww"工程文件，此工程为 ED 节点工程模板，传感器驱动可在此模板下进行。选中"main_manyEDs_autoack.c"找到协议栈入口 main()函数，代码如下。

```
void main (void)
{
    BSP_Init();
#if I_WANT_TO_CHANGE_DEFAULT_ROM_DEVICE_ADDRESS_PSEUDO_CODE
    {
        addr_t lAddr;
        void createRandomAddress(addr_t* lAddr);
        MRFI_Init(); //enable radom seed
        createRandomAddress(&lAddr);
        SMPL_Ioctl(IOCTL_OBJ_ADDR, IOCTL_ACT_SET, &lAddr);
    }
#endif /* I_WANT_TO_CHANGE_DEFAULT_ROM_DEVICE_ADDRESS_PSEUDO_CODE */

    while (SMPL_SUCCESS != SMPL_Init(sCB))
    {
        toggleLED(2);
        SPIN_ABOUT_A_SECOND; /*calls nwk_pllBackgrounder for us*/
    }
    while (SMPL_SUCCESS != SMPL_Link(&sLinkID1))
    {
        toggleLED(2);
        SPIN_ABOUT_A_SECOND; /*calls nwk_pllBackgrounder for us*/
    }
    MRFI_RxOn();                //打开无线接收

    BSP_TURN_ON_LED2();
    BSP_TURN_OFF_LED1();

    void timer4_init(void);
    timer4_init();

    sensorInit();
    /* Unconditional link to AP which is listening due to successful join. */
    linkTo();

    while (1)
```

```
        FHSS_ACTIVE( nwk_pllBackgrounder( false ));
}
```

ED 节点在协议栈初始化完成后，并没有一个 while(1)的无限循环，而是调用了一个发起连接的函数"SMPL_Link(&sLinkID1);"，当 AP 收到连接请求并将 ED 加入网络后，ED 便不再发起连接；否则，ED 将一直处于发起连接状态。ED 加入网络后，接着初始化了一个定时器，然后执行了一个名为 sensorInit()的函数，其作用是初始化传感器，最终函数进入 linkTo()函数，其代码如下。

```
static void linkTo(){
    //uint8_t        msg[MAX_APP_PAYLOAD], len;
    /* Keep trying to link... */
#ifndef FREQUENCY_HOPPING
    /* sleep until button press... */
    SMPL_Ioctl( IOCTL_OBJ_RADIO, IOCTL_ACT_RADIO_SLEEP, 0);
#endif
    while (1)
    {
        uint8_t len;
        /* keep the FHSS scheduler happy */
        FHSS_ACTIVE( nwk_pllBackgrounder( false ) );
        if (sPeerFrameSem) {
            if (SMPL_SUCCESS == SMPL_Receive(sLinkID1, msg, &len)) {
                bspIState_t intState;
                BSP_ENTER_CRITICAL_SECTION(intState);
                sPeerFrameSem--;
                BSP_EXIT_CRITICAL_SECTION(intState);

                BSP_TURN_ON_LED1();
                processMessage(msg, len);
                BSP_TURN_OFF_LED1();
            }
        } else sensorLoop();
    }
}
```

在分析上述代码之前，先来看一下同 AP 节点程序名字一样的 sCB 回调函数，其代码如下。

```
static uint8_t sCB(linkID_t lid)
{
    if (lid) {
        sPeerFrameSem++;
    }
    return 0;
}
```

代码是只有 AP 中的一部分，这是因为 ED 节点并没有像 AP 那样建立网络，所以不会有入网请求，也就没有入网请求信号量 sJoinSem 这个变量，只有接收数据请求 sPeerFrameSem 这个变量。也是同 AP 节点一样，当有数据发来时，会调用 sCB 回调函数，将接收数据请求信号 sPeerFrameSem 自加。在 linkTo()函数中是一个 while(1)的无限循环，反复的做两件事情。

（1）是否有接收数据请求并做下一步处理。

（2）如果没有接收数据请求，就执行 sensorLoop()函数。

上述两个步骤其实是基于一个判断条件，即有无接收数据请求。

当 AP 节点发来数据时，调用 sCB 回调函数设置一个接收请求信号，即 sPeerFrameSem 自加。在 linkTo()中，检测到 sPeerFrameSem 信号，即执行 "if(sPeerFrameSem)" 下的内容，协议栈调用 SMPL_Receive()函数来接收数据。接收成功后，清除接收请求信号，然后调用 "processMessage(msg, len)" 函数对收到的数据进行处理。ED 节点收到的数据一般都是网关（上层应用）通过串口发给 AP 的命令，AP 节点处理后，将命令通过无线发送给 ED 节点，ED 节点收到命令后，响应后进行处理。

当没有接收请求数据请求，即 sPeerFrameSem 为零时，就执行 sensorLoop()函数，此函数的功能是周期性地采集、上传数据。具体代码将在本书后面进行分析。

5.1.5　SimpliciTI 的串口通信

在上节的代码中，用到了串口，串口输出数据是嵌入式开发、调试用到的一种非常重要的方式。

关于串口的函数都放在 5.1.2 节中所述的 bsp 工程路径内的 uart.c 文件中，可选中此文件进入查看。下列是串口初始化代码。

```
void uart_init()
{
    int i;
    UART_INIT(UART_NUMBER_0,                        //串口 0
              UART_LOCATION_1,
              UART_FLOW_CONTROL_OFF,                //关闭流控
              UART_PARITY_NONE,                     //无校验
              UART_1_STOP_BIT,                      //1 个停止位
              UART_BAUD_RATE );                     //波特率，宏定义为 115200
    i = UART_BAUD_RATE >> 5; /* delay approximately 1 bit time */
    while( --i != 0 ) /* give the uart some time to initialize */
    UART_IRQ_ENABLE( UART_NUMBER_0, UART_LOCATION_1, RX );
}
```

此外，uart.c 文件中还提供了判断串口接收队列是否为空的函数 uart_empty()和串口发送函数 uart_write()等。

5.2　任务 21　SimpliciTI 协议栈自组网

5.2.1　学习目标

● 熟悉 SimpliciTI 协议栈的工作原理。

● 学会 SimpliciTI 的自组网开发。

5.2.2　开发环境

硬件：ZXBee CC1110 节点板 2 块、SmartRF04 仿真器、调试转接板、PC、USB mini 线。软件：Windows XP/Windows 7/8/10、IAR 集成开发环境、串口监控程序。

5.2.3　原理学习

SimpliciTI 协议栈是一种轻量级的支持设备数有限的无线自组网解决方案，SimpliciTI 协议栈的三种节点类型，本任务使用 2 个节点，1 个作为 AP 节点负责组网，1 个作为 ED 节点，负责发送数据，AP 收到 ED 发送的数据后，将数据通过串口打印到计算机。

5.2.4　开发内容

SimpliciTI 协议栈是一个轻量级的协议栈，其代码量很小，甚至没有 MAC 层，也没有任务调度、内存管理等相关功能。在 5.1.4 节中，对 SimpliciTI 协议栈的运行过程进行了分析。在本任务中，主要是实现 ED 向 AP 发送数据，不再对组网过程进行分析，重点将关注节点对数据的处理。

从上节学习中得知，当 AP 节点收到无线数据后，会调用 processMessage(sLID[i], msg, len)函数对收到的数据进行处理，该函数的代码如下。

```
static void processMessage(linkID_t lid, uint8_t *msg, uint8_t len)
{
    connInfo_t    *pCInfo    = nwk_getConnInfo(lid);           //查看当前连接信息
    if (len && pCInfo)                                         //如果收到数据，并且连接有效
    {
        uint8_t i;
        static char b2a[] = {'0','1','2','3','4','5','6','7','8','9','A','B','C','D','E','F'};
                                                               //申请一个数组变量
        uart_write("+recv:", 6);       //串口将数据头+recv :打印出去
        for (i=0; i<NET_ADDR_SIZE; i++) {
            uart_write((uint8_t*)&b2a[((pCInfo->peerAddr[i]>>4)&0xff)], 1);
            //串口将发送数据的 ED 节点地址打印出去
            uart_write((uint8_t*)&b2a[(pCInfo->peerAddr[i]&0x0f)], 1);
        }
        uart_write(",", 1);                                    //打印逗号
        uart_write(msg, len);                                  //打印来自 ED 节点的信息
        uart_write("\n", 1);                                   //换行符
    }
    return;
}
```

代码的功能是，在收到的数据前面加上数据头和数据来源地址后将数据通过串口打印

出去。假如发送数据的节点的地址被默认为 0x80000012，发送的数据是{A0=50}，那么 AP 收到数据后将会向串口打印"+recv:80000012,{A0=50}"。

那么 ED 节点又是如何发送数据的呢？当 ED 节点没有收到数据时，会执行一个名为 sensorLoop() 的函数，此函数的功能是周期性地采集、上传数据，该函数代码如下。

```c
void sensorLoop(void)
{
    static uint32_t ct = 0;
    if (t4exp(ct)) {                            //距离上一次执行此函数已有 ct 毫秒
        char b[8];
        char* txbuf;
        ct = t4ms()+1000;                       //设置下一次发生时间
        A0 += 1;    A1 += 2;
        A2 = A0 + A1;                           //获取 A0，A1，A2 的值
        ZXBeeBegin();                          //开始读取 A0、A1、A2 的值
        ZXBeeAdd("A0", ZXBeeItoa(A0, b));
        ZXBeeAdd("A1", ZXBeeItoa(A1, b));
        ZXBeeAdd("A2", ZXBeeItoa(A2, b));      //将 A0、A1、A2 的值读取到发送缓冲区
        txbuf = ZXBeeEnd();                    //结束读取
        if (txbuf != NULL) {                    //如果读取到有效值
            int len = strlen(txbuf);
            sendMessage((uint8_t*)txbuf, len);  //调用此函数将数据通过无线发送出去
        }
    }
}
```

上述代码是怎么实现周期性的呢？在函数最开始有一个执行条件 t4exp(ct)，这是一个有返回值的函数，其函数值作为 if 的判断条件，该函数代码如下。

```c
uint8_t    t4exp(uint32_t m)
{
    return (int32_t)ms    - (int32_t)m >= 0 ? 1 : 0;
}
```

其功能很简单，即比较 ms 和其参数 m 的大小，如果 ms 大于或等于 m，返回 1（真）；否则返回 0（假）。那么 ms 是什么呢？在 sensorLoop() 函数中调用此函数时，又是把什么值传递给了 m 呢？在 5.1.4 节中，ED 节点入网成功后，接着初始化了一个定时器，此定时器为定时器 4，配置为每毫秒中断一次，在中断函数中，执行了 ms++ 操作，即每毫秒（变量 ms）都自加。在执行 t4exp(ct) 函数时，ct 作为参数，与 ms 比较，那么 ct 是多少呢？在 sensorLoop() 函数中，ct = t4ms()+1000，其中 t4ms() 的返回值为当前 ms 的值。当执行 ct = t4ms()+1000 后，ct 被设置为此刻 ms 值加上 1000，之后 ms 按照每毫秒增加一次不停地增加。假设被设置的时候 ms 值为 20，那么 ct 为 1020(20+1000)，接着 ms 从 20 不断增大，1000 毫秒后 ms 增大到 1020，当再次执行 sensorLoop() 时，t4exp(ct) 返回为真，if 下的语句得以执行，这时候又会设置新的 ct，等待下一个 1000 毫秒后执行 if 下的语句。这样，sensorLoop() 就可以周期性地执行了。当 if 的执行条件为真后，先采集（暂且称之为采集）A0、A1、A2 的数据，然后将之读取到发送缓冲区，最后将之发送。

5.2.5　开发步骤

（1）准备两个 CC1110 无线节点板，将无线节点板跳线设置为模式一。

（2）在 PC 上打开串口终端软件，选中当前的串口号，设置波特率为 115200、无检验、8 个数据位、一个停止位。

（3）进入到协议栈中的"zonesion\application\"，双击协议栈中"ed\-temple\iar\AP_as_Data_Hub.eww"文件，此工程为本任务所需的 ED 节点程序。打开 smpl_nwk_config.dat 文件，分别将连接标识和入网标识的后四位改为自己身份证号码的后四位。选中 smpl_config.dat 文件，记下设备的默认地址"-DTHIS_DEVICE_ADDRESS"，然后选择"Project→Rebuild All"重新编译工程。

（4）将 SmartRF04 通过转接板与节点板相连接，将程序下载到节点板中，此节点板为 ED 节点。

（5）进入到协议栈中的"zonesion\application\"，双击协议栈中"ap/default /iar/AP_as_Data_Hub.eww"文件，此工程为本任务所需的 AP 节点程序。打开 smpl_nwk_config.dat 文件，分别将连接标识和入网标识的后四位改为自己身份证号码的后四位（目的是为了同 ED 节点保持一致）。选中 smpl_config.dat 节点，修改默认地址，使之与 ED 节点的默认地址不同。

（6）重复第（4）步骤，将程序下载到节点板中，此节点为 AP 节点。

（7）通过转接板，正确地将 PC 通过 USB mini 线和调试转接板连接到 AP 节点上。

（8）单击串口调试软件上的打开按钮，将两个节点板的开关置于 ON 状态，使之上电。

（9）观察 PC 上串口调试助手软件收到的数据。

5.2.6　总结与拓展

ED 节点将数据发送出去后，AP 节点接收到数据，并通过串口调试助手打印输出。串口调试助手收到的数据如图 5.2 所示。

图 5.2　串口助手收到的数据

修改发送节点中发送数据的内容后编译并下载程序到发送节点，然后从串口调试助手观察收到的数据。

修改 ED 节点的地址，然后重新编译并下载程序到 ED 节点，观察串口助手收到的数据有什么变化。

5.3 任务 22 SimpliciTI 广播

5.3.1 学习目标

● 理解 SimpliciTI 协议栈工作原理。
● 学会用 SimpliciTI 实现无线广播传输开发。

5.3.2 开发环境

硬件：ZXBee CC1110 节点板 3 块、SmartRF04 仿真器、调试转接板、PC、USB mini线。软件：Windows XP/Windows 7/8/10、IAR 集成开发环境、串口监控程序。

5.3.3 原理学习

SimpliciTI 协议栈是一款基于点对点通信的协议栈，因此实际上并没有广播的通信方式。但是现实情况是，运行在 CC1110 芯片上的 SimpliciTI 协议栈可组网的设备数目非常有限，因此设备连续向每个节点发送数据，所耗费的时间及其短暂。这样，只要发送一轮数据时，无间隔地向每个设备发送，就可以实现类似广播的通信，但其实并不是真正的广播。

在各个终端节点（ED）加入 AP 构建的网络后，AP 节点会按照入网时间先后顺序将 ED节点的地址存储在数组中。AP 节点会周期性地向这些地址发送数据，每次发送都会遍历存储地址的数组中的所有地址。ED 节点收到数据后，将收到的数据通过串口打印到计算机。

5.3.4 开发内容

本任务模拟了广播发送数据，然后通过串口将接收到的数据打印到计算机上，负责组网的 AP 节点主函数代码如下。

```
void main (void)
{
    bspIState_t intState;
#ifdef FREQUENCY_AGILITY
    memset(sSample, 0x0, sizeof(sSample));
#endif
    BSP_Init();                                    //板载初始化
#if I_WANT_TO_CHANGE_DEFAULT_ROM_DEVICE_ADDRESS_PSEUDO_CODE
    {
```

```
            addr_t lAddr;
            void createRandomAddress(addr_t* lAddr);
            MRFI_Init();
            createRandomAddress(&lAddr);
            SMPL_Ioctl(IOCTL_OBJ_ADDR, IOCTL_ACT_SET, &lAddr);
        }
#endif
    while (SMPL_SUCCESS != SMPL_Init(sCB))
    {        //如果协议栈初始化失败, 0.5 Hz 闪烁 LED 直到成功
        toggleLED(2);
        NWK_DELAY(1000); /* calls nwk_pllBackgrounder for us */
    }

    /* green and red LEDs on solid to indicate waiting for a Join. */
    BSP_TURN_ON_LED2();
    /* main work loop */
    while (1)
    {
        /* manage FHSS schedule if FHSS is active */
        FHSS_ACTIVE( nwk_pllBackgrounder( false ) );
        if (sJoinSem && (sNumCurrentPeers < NUM_CONNECTIONS)) //如果有 ED 节点请求加入网络
        {
            BSP_TURN_ON_LED1();
            /* listen for a new connection */
            while (1)
            {
                //如果侦听到连接, break
                if (SMPL_SUCCESS == SMPL_LinkListen(&sLID[sNumCurrentPeers]))
                {
                    break;
                }
            }

            sNumCurrentPeers++;                              //当前连接数增加

            BSP_ENTER_CRITICAL_SECTION(intState);           //进入临界区(关中断)
            sJoinSem--;                                      //清除入网请求
            BSP_EXIT_CRITICAL_SECTION(intState);            //退出临界区(开中断)

            BSP_TURN_OFF_LED1();
        }
        NWK_DELAY(1000);                                     //1sec 广播一次
        {
            uint8_t       msg[MAX_APP_PAYLOAD], len, i;

            BSP_TURN_ON_LED1();
            /* process all frames waiting */
            for (i=0; i<sNumCurrentPeers; ++i)               //遍历当前连接
```

```
            {
                {
                    processMessage(sLID[i], msg, len);        //向 sLID[i]内的地址发送数据
                }
            }
            BSP_TURN_OFF_LED1();
        }
    }
}
```

AP 节点的 main()函数和上一节的 main()函数类似,在板载初始化后进行协议栈的初始化,协议栈初始化时会调用 sCB()函数,此函数在有设备要求入网或者有设备发来信息时,也会被协议栈调用,此任务 AP 节点不接收数据,用来设置入网请求信号。初始化完成后,函数进入 while(1)无限循环,如果 ED 节点入网请求标志有效,则 AP 节点持续侦听 ED 节点发起的连接,如果侦听到连接,AP 节点将会与 ED 节点建立连接,并把 ED 节点的地址存储在 sLID[]中,清除入网请求信号,并跳出侦听。等待 1 s 后,在 for 循环中执行 processMessage()函数。这个 for 循环的作用其实是遍历 sLID[ ]中的地址,并将数据依次发往这些地址。当有其他的 ED 节点想要加入网络时,还会调用 sCB 函数设置入网请求标志,并在 while(1)中完成入网。下面将对 sCB()函数进行解析,其代码如下。

```
static uint8_t sCB(linkID_t lid)
{
    if (lid) { sBlinky = 0; }          //本任务 AP 节点不接收数据,故不考虑
    else{ sJoinSem++; |}               //设置入网请求标志
    return 0;
}
```

sCB 函数只是设置了一个一个入网请求标志,供主函数检测。在主函数里还有一个比较重要的函数,即发送数据的函数 processMessage(),其代码如下。

```
static void processMessage(linkID_t lid, uint8_t *msg, uint8_t len)
{
    connInfo_t *pCInfo = nwk_getConnInfo(lid);              //获取连接信息
    if (len && pCInfo)                                      //数据长度有效并且连接存在
    {
        static uint8_t b2a[] = "Hello zonesion!" ;
        SMPL_SendOpt(lid, b2a, 15, SMPL_TXOPTION_NONE);//将数据无须响应地发送出去
    }
    return;
}
```

下面将对 ED 节点的程序进行分析,其 main()函数代码如下。

```
void main (void)
{
    BSP_Init();
    uart_init();                         //初始化串口
#if I_WANT_TO_CHANGE_DEFAULT_ROM_DEVICE_ADDRESS_PSEUDO_CODE
    {
        addr_t lAddr;
```

```
            void createRandomAddress(addr_t* lAddr);
            MRFI_Init(); //enable radom seed
            createRandomAddress(&lAddr);
            SMPL_Ioctl(IOCTL_OBJ_ADDR, IOCTL_ACT_SET, &lAddr);
    }
#endif
    while (SMPL_SUCCESS != SMPL_Init(sCB))//初始化协议栈，0.5Hz 闪烁 LED，直到初始化成功
    {
        toggleLED(2);
        SPIN_ABOUT_A_SECOND;
    }
    while (SMPL_SUCCESS != SMPL_Link(&sLinkID1)) //发起连接，0.5Hz 闪烁 LED，直到入网成功
    {
        toggleLED(2);
        SPIN_ABOUT_A_SECOND; /* calls nwk_pllBackgrounder for us */
    }
    MRFI_RxOn();                                        //开启接收

    BSP_TURN_ON_LED2();
    BSP_TURN_OFF_LED1();
    linkForm();                                         //数据接收
    while (1)
    FHSS_ACTIVE( nwk_pllBackgrounder( false ) );
}
```

ED 节点的函数和上一节点对点通信的类似，重点分析接收函数 linkFrom()，代码如下。

```
static void linkForm(){
#ifndef FREQUENCY_HOPPING
    /* sleep until button press... */
    SMPL_Ioctl( IOCTL_OBJ_RADIO, IOCTL_ACT_RADIO_SLEEP, 0);
#endif
    while (1) {
        uint8_t len;
        FHSS_ACTIVE( nwk_pllBackgrounder( false ) );
        if (sPeerFrameSem) {                                    //如果有数据接收请求标志
            if (SMPL_SUCCESS == SMPL_Receive(sLinkID1, msg, &len)) {    //接收到数据
                bspIState_t intState;
                BSP_ENTER_CRITICAL_SECTION(intState);           //进入临界区
                sPeerFrameSem--;                                //清除数据接收标志
                BSP_EXIT_CRITICAL_SECTION(intState);            //退出临界区
                BSP_TURN_ON_LED1();
                processMessage(msg, len);                       //处理接收到的数据
                BSP_TURN_OFF_LED1();
            }
        }
    }
}
```

linkFrom()函数在 whil(1)无限循环中，不停地检测是否需要接收数据。如果有，则接收，再清除接收请求信号，然后处理接收到的数据。接收请求信号的设置也是在 sCB 函数中进行的，其代码如下。

```
static uint8_t sCB(linkID_t lid)
{
    if (lid) { sPeerFrameSem++; }
    return 0;
}
```

功能就是设置接收请求信号。接下来分析函数是怎么处理接收到的数据的，处理接收到的数据的函数为 "processMessage(msg, len);"，其两个参数分别为需要处理的数据指针和长度，代码如下。

```
static void processMessage(uint8_t *buf, uint8_t len)
{
    uart_write(buf,len);
    uart_write("\r\n",2);                              //回车换行
}
```

在 main 函数里，板载初始化完成后，接着对串口进行了初始化，在上面的代码中，就可以对数据通过串口进行打印了。

5.3.5 开发步骤

（1）准备三块 CC1110 无线节点板（参考 1.2 节，将无线节点板跳线设置为模式一）。

（2）在 PC 上打开串口终端软件，选中当前的串口号，设置波特率为 38400、无检验、8 个数据位、一个停止位。

（3）将本任务工程复制到协议栈工程目录下 "C:\Texas Instruments\SimpliciTI-1.2.0-IAR"，进入到协议栈中的 "application\ed\temple\iar" 文件夹，双击 AP_as_Data_Hub.eww 工程文件，打开广播 ED 节点例程。选中 smpl_nwk_config.dat 文件，分别将连接标识和入网标识的后四位改为自己身份证号码的后四位。

（4）打开 smpl_config.dat 配置文件，记下设备的默认地址 "-DTHIS_DEVICE_ADDRESS"，选择 "Project→Rebuild All" 重新编译工程。

（5）将 SmartRF04 通过转接板与节点板相连接，将程序烧写到节点板中，此节点板为 ED 节点，用来接收广播。

（6）修改 smpl_config.dat 配置文件中的默认地址 "-DTHIS_DEVICE_ADDRESS"，重新编译工程。重复步骤（5）将程序下载到另一块节点板，此节点也为 ED 节点，用来接收广播，若只有 2 块节点板，此步骤可以省略。

（7）进入到协议栈中的 "application\ap\default\iar" 文件夹，双击 AP_as_Data_Hub.eww 工程文件，打开广播 AP 节点例程。选中 smpl_nwk_config.dat 文件，分别将连接标识和入网标识的后四位改为自己身份证号码的后四位，与步骤（3）的标识保持一致。

（8）修改 smpl_config.dat 配置文件中的默认地址"-DTHIS_DEVICE_ADDRESS"，使之与前面步骤中的节点地址不同，重新编译工程，重复步骤（5）将程序下载到最后一块节点板中，此节点为 AP 节点，负责组网和广播。

（9）将 PC 通过 USB mini 线和调试转接板与 ED 节点相连（此时建议拔掉与转接板相连的 SmartRF04）。勾选串口调试助手上的"显示接收时间"，单击串口助手上的"打开"按钮，分别给节点上电。

5.3.6　总结与拓展

2 个 ED 节点入网后，D6 停止闪烁，D7 同 AP 节点上的 D7 一样，每秒闪烁一次，实际上是接收/发送数据的过程。串口软件每秒打印一次"Hello Zonesion！"，如图 5.3 所示，串口接到另一个 ED 节点，会有同样的现象。

图 5.3　串口打印出来的数据

5.4　任务 23　SimpliciTI 的 RSSI 采集

5.4.1　学习目标

● 理解 SimpliciTI 协议栈工作原理。
● 学会用 SimpliciTI 实现 RSSI 开发。

5.4.2　开发环境

硬件：ZXBee CC1110 节点板 2 块、SmartRF04 仿真器、调试转接板、USB mini 线、PC。软件：Windows XP/Windows 7/8/10、IAR 集成开发环境、串口监控程序。

5.4.3　原理学习

RSSI: Received Signal Strength Indication，接收信号强度指示，无线发送层的可选部分，用来判定链接质量，以及是否增大广播发送强度。

RSSI 技术是通过接收到的信号强弱测定信号点与接收点的距离，进而根据相应数据进行定位计算的一种定位技术。

接收机测量电路所得到的接收机输入的平均信号强度指示，这一测量值一般不包括天线增益或传输系统的损耗。RSSI 的实现是在反向通道基带接收滤波器之后进行的。

为了获取反向信号的特征，在 RSSI 的具体实现中做了如下处理：在 104 μs 内进行基带 IQ 功率积分得到 RSSI 的瞬时值，即 RSSI(瞬时)=sum(I^2+Q^2)；然后在约 1 s 内对 8 192 个 RSSI 的瞬时值进行平均得到 RSSI 的平均值，即 RSSI(平均)=sum(RSSI(瞬时))/8192，同时给出 1 s 内 RSSI 瞬时值的最大值和 RSSI 瞬时值大于某一门限时的比率（RSSI 瞬时值大于某一门限的个数/8192）。由于 RSSI 是通过在数字域进行功率积分而后反推到天线口得到的，反向通道信号传输特性的不一致会影响 RSSI 的精度。

CC1110 芯片中有专门读取 RSSI 值的寄存器，当数据包接收后，CC1110 芯片中的协处理器将该数据包的 RSSI 值写入寄存器，如图 5.4 所示。

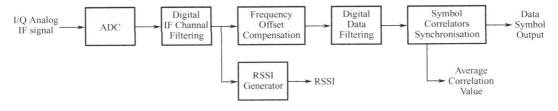

图 5.4　RSSI 的产生过程

RSS 值和接收信号功率的换算关系为

$$P = RSSI\_VAL + RSSI\_OFFSET \quad dBm$$

CC1110 芯片有一个内置的接收信号强度指示器，其数值为 8 位有符号的二进制补码，可以从寄存器 RSSIL.RSSI_VAL 读出，RSSI 值总是通过 8 个符号周期内取平均值得到的，此为获得 RSSI 的一种方法，但是当数据接收以后这个寄存器没有被锁定，因此不宜把寄存器 RSSIL.RSSI_VAL 的值作为 RSSI 值，另外当 MDMCTRL0L.AUTOCRC 已经设置为 1 时，这在初始化中的函数 "BOOL halRfConfig(UINT8 channel);" 中已通过 "MDMCTRL0L|= AUTO_CRC;" 设定，两个 FCS 字节被 RSSI 值、平均相关值（用于链路质量指示 LQI）和 CRCOK/not OK 所取代，第一个帧校验序列（FCS）字节被 8 位的 RSSI 值取代，可以在接收数据时读出，最后将接收的数据和 RSSI 值打印输出。

5.4.4 开发内容

一个节点通过射频向另一个节点发送数据"Node:#"，如果数据成功发送出去，则发送节点的 D7 灯闪烁，否则发送节点的 D7 灯长亮（熄灭时间很短），接收节点接收到数据后向串口打印输出接收的数据内容和接收到的 RSSI 值。打开协议栈中的"Example_Rssi\application\ap\default\iar 文件"，双击"AP_as_Data_Hub.eww"工程文件，打开 RSSI 采集任务的 AP 节点工程，选中"peer applications"目录下的"zonesion/application/main_AP_Async_Listen_autoack.c"文件，找到主函数，即 RSSI 采集任务的 main()函数；发现其和前面两节说分析的 main()函数没有什么大的不同。有一个不同的地方是当 AP 节点收到数据后，对数据的处理函数有所不同，即函数 processMessage()，其代码如下。

```
static void processMessage(linkID_t lid, uint8_t *msg, uint8_t len)
{
    connInfo_t    *pCInfo       = nwk_getConnInfo(lid);   //查询当前连接信息
    if (len && pCInfo)                                      //如果要发送的数据长度有效并且连接正常
    {   static uint8_t Rssi[18]={0};
        get_Rssi(Rssi);                                    //获取当前 RSSI 值
        uart_write(Rssi, strlen((char*)Rssi));             //通过串口打印
        memset(Rssi,0,sizeof(Rssi));                       //清空存储数组以用于下一次采集
        uart_write("\r\n", 2);
        uart_write(msg, len);   //将收到的数据通过串口打印（实际上数据是 ED 节点的 RSSI 值）
        uart_write("\r\n", 2);
    }
    return;
}
```

上述代码所做的工作就是采集本节点的 RSSI 值，然后通过串口打印到计算机；再将收到的数据（ED 节点的 RSSI 值）通过串口打印到计算机。下面解析下如何获取到 RSSI 值，即函数 get_Rssi(Rssi)，代码如下。

```
void get_Rssi(uint8_t *s)
{
    char rssi[5];
    memset(rssi,0,sizeof(rssi));                          //清空数组，以便于存储
    int8_t value=MRFI_Rssi();                             //采集到 RSSI 值，是一个有符号的 8 位的值
    itoc(value,rssi);                                     //将有符号的 8 位的值转成字符，放入 RSSI 数组
    memcpy(s,"Node1:Rssi:",strlen("Node1:Rssi:"));        //将值放入待发送的数组中
    memcpy(&s[strlen("Node1:Rssi:")],rssi,strlen(rssi));  //放入当前的 RSSI 值
}
```

MRFI_Rssi()是 simpliciTI 协议栈提供的一个接口函数在"Componepents\mrfi\mrfi.c\mrfi_radio.c"路径下的文件中。其功能就是获取当前的 RSSI 值，并以 8 位有符号数保存。

下面分析 RSSI 采集任务 ED 节点的程序。打开协议栈中打开的"Example_Rssi\application\ed\temple\iar"文件，双击"AP_as_Data_Hub.eww"工程文件，打开 RSSI 采集任务的 ED 节点工程。选中"peer application"目录下的"zonesion\application\main_manyEDs_autoack.c"，找到协议栈入口函数 main 函数()。这个 main 函数在发起连接并成功后，

函数进行了下列操作：timer4_init()和 sensorInit()。Timer4_init()函数的作用是初始化定时器 4，每 1 ms 产生一次中断；中断处理函数的作用是将毫秒计数变量 ms 自加，代码如下。

```
#define T4CTL_DIV_128      0xe0              //128 分频
#define T4CTL_START        0x10             //开启
#define T4CTL_OVFIM        0x08             //开启溢出中断
#define T4CTL_MODE_REPORT 0x2               //模计数模式
void timer4_init(void)
{
    uint8_t tk = 1000 * (BSP_CLOCK_MHZ) / 128;
    T4CC0 = tk;                             //计数值
    T4CTL = T4CTL_DIV_128 | T4CTL_START | T4CTL_OVFIM | T4CTL_MODE_REPORT;
                                            //按参数配置
    T4IE = 1;                               //开定时器 4 中断
}
```

下面是定时器 4 中断处理函数。

```
#pragma vector = T4_VECTOR
__interrupt void t4_isr(void)
{
    T4OVFIF = 0;                            //清溢出中断标志
    ms ++;                                  //毫秒计数自加
    T4IF = 0;                               //清中断标志
}
```

sensorInit()函数，看其名字可知是传感器初始化函数。由于本任务没有用到传感器，所以此函数实际上没有做任何操作。在这之后，函数进入 linkTo()，其代码如下。

```
static void linkTo()
{
#ifndef FREQUENCY_HOPPING
    SMPL_Ioctl( IOCTL_OBJ_RADIO, IOCTL_ACT_RADIO_SLEEP, 0);
#endif
    while (1)
    {
        uint8_t len;
        FHSS_ACTIVE( nwk_pllBackgrounder( false ) );
        if (sPeerFrameSem) {                                   //如果有接收数据请求标志
            if (SMPL_SUCCESS == SMPL_Receive(sLinkID1, msg, &len))
            {   //如果接收成功
                bspIState_t intState;
                BSP_ENTER_CRITICAL_SECTION(intState);
                sPeerFrameSem--;                               //清空接收请求标志
                BSP_EXIT_CRITICAL_SECTION(intState);

                BSP_TURN_ON_LED1();

                processMessage(msg, len);                      //处理接收到的数据

                BSP_TURN_OFF_LED1();
```

```
            }
        } else sensorLoop();                    //如果没有接收数据请求,执行此函数
    }
}
```

在 linkTo()函数的无限循环中,没有接收数据请求的情况下执行 sensor_loop()函数,sensor_loop()中 if 条件语句下的内容每秒执行一次,其代码如下:

```
void sensorLoop(void)
{
    static uint32_t ct = 0;
    if (t4exp(ct))
    {                                           //如果定时器计时时间与 ct(设置的时间)相等
        char* txbuf;
        uint32_t c = t4ms();
        ct = t4ms()+1000;                       //设置 ct 为 1000 ms
        static uint8_t Rssi[18]={0};
        get_Rssi(Rssi);                         //采集 RSSI
        txbuf =(char*) Rssi;
        if (txbuf != NULL) {
            int len = strlen(txbuf);
            sendMessage((uint8_t*)txbuf, len);  //发送 RSSI
            memset(Rssi,0,sizeof(Rssi));        //清空缓冲区
        }
    }
}
```

ED 节点每秒采集一次 RSSI 数据,并通过无线网络发送给 AP 节点。AP 节点收到 ED 节点发来的数据(RSSI 值)后,先采集当前自己的 RSSI 值,然后通过串口分别将自身的 RSSI 和 ED 节点的 RSSI 打印到计算机上。

5.4.5 开发步骤

(1)准备两块 CC1110 无线节点板(参考 1.2 节,将无线节点板跳线设置为模式一)。

(2)在 PC 上打开串口终端软件,选中当前的串口号,设置波特率为 38400、无检验、8 个数据位、一个停止位。

(3)将本任务工程文件夹复制到协议栈工程目录"C:\Texas Instruments\SimpliciTI-1.2.0-IAR"下,进入协议栈中的"application\ed\temple\iar"文件夹,双击"AP_as_Data_Hub.eww"工程文件,打开 RSSI 采集 ED 节点例程。选中"smpl_nwk_config.dat"文件,分别将连接标识和入网标识的后四位改为自己身份证号码的后四位。

(4)打开 smpl_config.dat 配置文件,记下设备的默认地址"-DTHIS_DEVICE_ADDRESS",选择"Project→Rebuild Al"1 重新编译工程。

(5)正确地将 SmartRF04 通过转接板与节点板相连接,SmartRF04 另一端通过 USB 与计算机相连接,按下 SmartRF04 上的复位按钮。单击 IAR 上的"Download and Debug"按钮,或者单击菜单"Project→Download and debug"将程序烧写到节点板中,完成后退出调

试界面，此节点板为 ED 节点。

（6）进入到协议栈中的"application\ap\default\iar"文件夹，双击"AP_as_Data_Hub.eww"工程文件，打开 RSSI 采集 AP 节点例程。选中"smpl_nwk_config.dat"文件，修改连接标识和入网标识，与步骤（3）的标识保持一致。

（7）修改 smpl_config.dat 配置文件中的默认地址"-DTHIS_DEVICE_ADDRESS"，使之与前面步骤中的节点地址不同。选择"Project→Rebuild All"重新编译工程。重复步骤（5）将程序下载到最后一块节点板中，此节点为 AP 节点，负责组网。

（8）将 PC 通过 USB mini 线和调试转接板与 AP 节点相连，单击串口助手上的"打开"按钮，并分别给节点上电。

5.4.6　总结与拓展

ED 节点入网后，D6 停止闪烁，D7 同 AP 节点上的 D7 一样，每秒闪烁一次，实际上是接收/发送数据的过程。串口软件每秒打印一次采集到的 RSSI 值，如图 5.6 所示，Node1 为 AP 节点，Node2 为 ED 节点。

图 5.6　两个节点的 RSSI

扩展：本任务通过 AP 节点将两个节点的 RSSI 打计算机，怎样修改程序，使 ED 节点打印出两个节点的 RSSI 值。

5.5　任务 24　SimpliciTI 路由

在 SimpliciTI 协议栈中，节点可分为 ACCESS_POINT、RANGE_EXTENDER 和 DEND_DEVICE 三种类型，其中 RANGE_EXTENDER 为范围拓展器，即路由器（节点）。本任务即路由开发内容。

5.5.1 学习目标

- 理解 SimpliciTI 协议栈工作原理。
- 理解路由功能的实现方式，并学会 SimpliciTI 路由功能的开发。

5.5.2 开发环境

硬件：ZXBee CC1110 节点板 3 块、SmartRF04 仿真器、调试转接板、USB mini 线、PC。软件：Windows XP/Windows 7/8/10、IAR 集成开发环境、串口监控程序。

5.5.3 原理学习

无线通信技术有很多优点，但会受到距离的制约，因此，在 SimpliciTI 协议栈中，提供了一种叫做 RANGE_EXTENDER 的节点类型，其具有路由转发功能。当 ED 节点与 AP 距离太远而不能组网或者通信时，可在 ED 节点和 AP 之间放置一个路由节点（RE），这样就可以进行组网通信了。RE 具有 ED 节点的所有功能。

本任务在 5.2 节的基础上增加一个路由节点，ED 定时通过 RE 向 AP 发送数据，同时，RE 也定时发送自己的数据给 AP。

5.5.4 开发内容

本节重点关注路由节点的程序，其主函数代码如下。

```
void main (void)
{
    BSP_Init();                                    //板载初始化
#if I_WANT_TO_CHANGE_DEFAULT_ROM_DEVICE_ADDRESS_PSEUDO_CODE
    {
        addr_t lAddr;
        void createRandomAddress(addr_t* lAddr);
        MRFI_Init(); //enable radom seed
        createRandomAddress(&lAddr);
        SMPL_Ioctl(IOCTL_OBJ_ADDR, IOCTL_ACT_SET, &lAddr);
    }
#endif /* I_WANT_TO_CHANGE_DEFAULT_ROM_DEVICE_ADDRESS_PSEUDO_CODE */
    while (SMPL_SUCCESS != SMPL_Init(Scb)          //0.5 Hz 闪烁，直到协议栈初始化成功
    { toggleLED(2);
        SPIN_ABOUT_A_SECOND;
    }
    while (SMPL_SUCCESS != SMPL_Link(&sLinkID1))
    { toggleLED(2);
        SPIN_ABOUT_A_SECOND; /* calls nwk_pllBackgrounder for us */
```

```
    }
    MRFI_RxOn();
    BSP_TURN_ON_LED2();
    BSP_TURN_OFF_LED1();
    void timer4_init(void);
    timer4_init();
    sensorInit();
    linkTo();
    while (1)
    FHSS_ACTIVE( nwk_pllBackgrounder( false ) );
}
```

代码和 5.2 节的 ED 节点的代码类似，与 ED 节点最大的不同就是配置文件中的设备类型。

5.5.5　开发步骤

（1）准备两块 CC1110 无线节点板，将无线节点板跳线设置为模式一。

（2）在 PC 上打开串口终端软件，选中当前的串口号，设置波特率为 38400、无检验、8 个数据位、一个停止位。

（3）将本任务工程复制到协议栈工程目录下 "C:\Texas Instruments\SimpliciTI-1.2.0-IAR"，进入协议栈中的"application\ed\temple\iar"文件夹，双击"AP_as_Data_Hub.eww"工程文件，打开路由工程 ED/RE 节点例程。选中 "smpl_nwk_config.dat" 文件，分别将连接标识和入网标识的后四位改为自己身份证号码的后四位；

（4）选中 "CC1110-End Device" 工作空间，打开 "smpl_config_ed.dat" 配置文件，查看其设备类型是否为"-DEND_DEVICE"，记下设备的默认地址"-DTHIS_DEVICE_ADDRESS"，新编译工程。

（5）将 SmartRF04 通过转接板与节点板相连接，将程序烧写到节点板中，此节点板为 ED 节点。

（6）选中 "CC1110-Extender" 工作空间，打开 "smpl_config_re.dat" 配置文件，查看其设备类型是否为 "-DRANGE_EXTENDER"，修改设备的默认地址 "-DTHIS_DEVICE_ADDRESS"，使之不与 ED 节点的默认地址相同，重新编译工程，将程序烧写到第二块节点板中，此节点为 RE 节点。

（7）进入到协议栈中的"application\ap\default\iar"文件夹，双击"AP_as_Data_Hub.eww"工程文件，打开 AP 节点工程，修改连接标识和入网标识，与第（3）步的标识保持一致。

（8）修改"smpl_config_re.dat"配置文件中的默认地址"-DTHIS_DEVICE_ADDRESS"，使之与前面步骤中的节点地址不同，重新编译工程，重复步骤（5）将程序下载到最后一块节点板中，此节点为 AP 节点，负责组网。

（9）将 PC 通过 USB mini 线和调试转接板与 AP 节点相连，单击串口调试助手上的"打开"按钮，分别给节点上电。

5.5.6 总结与拓展

在不能搜索到 AP 组建的网络的地方给 ED 节点上电，ED 节点 D6 一直闪烁，没有入网，串口调试助手也没有数据返回。在 AP 和 ED 节点之间放置路由节点（RE），并上电，过一会儿发现 RE 节点和 ED 节点都已入网，串口打印出数据，如图 5.7 所示，00000001 为路由节点，00000002 为 ED 节点。

图 5.7　AP 收到的数据

5.6　任务 25　SimpliciTI 硬件驱动开发

5.6.1 学习目标

● 学会 SimpliciTI 协议栈的硬件驱动开发。
● 掌握使用 SimpliciTI 协议栈串口。

5.6.2 开发环境

硬件：ZXBee CC1110 节点板 2 块、SmartRF04 仿真器、调试转接板、USB mini 线、PC。软件：Windows XP/Windows 7/8/10、IAR 集成开发环境、串口监控程序。

5.6.3 原理学习

本任务基于 SimpliciTI 协议栈，当 ED 节点加入 AP 节点组建的网络后，ED 节点便可以和 AP 节点进行通信。如果 AP 节点向 ED 节点发送数据，ED 节点收到这些数据后，可以对这些数据进行处理。ED 节点收到数据后，会进行相应的操作。实现了通过 AP 节点对 ED 节点的控制，那么 AP 节点在什么时候会发送数据呢？这就需要一个触发了，可以是程序定时设定，也可以是硬件触发，如按键等。

对于本任务，采用的是硬件触发。按下 AP 节点上的按键，AP 节点会向 ED 节点发送一条改变其 LED 状态的命令。当 ED 收到命令后，解析，如果是正确的命令，则执行此命令。这样，就实现了按 AP 节点上的按钮，控制 ED 节点上的 LED 的状态了。

本任务中，通过串口向 AP 节点发送控制 ED 节点 LED 状态的命令，当 AP 节点收到串口发来的命令后，又将此命令通过无线网络发送给 ED 节点，ED 节点收到命令后，对命令进行解析，如果是正确的可执行的命令，则执行命令。这样就通过串口控制 ED 节点的 LED 的状态了。

本任务将按键远程控制 LED 状态和串口控制 LED 状态相结合，互不干扰。

5.6.4　开发内容

在 5.1.4 节协议栈的运行过程中，AP 节点在初始化完毕后，进入一个 while(1)无限循环，在无限循环中，函数一直无限循环三个步骤：

（1）判断是否有 ED 入网请求并进一步处理。

（2）判断是否有接收无线数据请求并进一步处理。

（3）判断串口是否接收到数据并进一步处理，增加一个步骤，即检测有无按键按下并做下一步处理的步骤。

程序在做完以上三件事后，接着就会检测有无按键按下，如果有，则向 ED 节点发送一条控制 LED 状态的命令，然后继续循环；如果没有按键按下，就继续循环。增加的代码如下。

```
if (BSP_BUTTON1() || BSP_BUTTON2())                         //按键按下
{
    NWK_DELAY(100);                                         //防抖
    if (BSP_BUTTON1() || BSP_BUTTON2())
    {
        toggleLED(1);                                      //翻转 D7 电平
        for (i=0; i<sNumCurrentPeers; ++i)                 //发送指令
        {
        if(flag)
        SMPL_SendOpt(sLID[i], "{D7=OFF}", strlen("{D7=OFF}"), SMPL_TXOPTION_NONE);
                                                           //关灯
        else
        SMPL_SendOpt(sLID[i], "{D7=ON}", strlen("{D7=ON}"), SMPL_TXOPTION_NONE);
                                                           //开灯
        }
        flag=!flag;
    }
}
```

上述代码先是检测有无按键按下，在检测中，做了一个防抖动处理了，即通过系统提供的接口函数延时了 100 ms。这里需要指出的是，在工程应用中，通常延时 20～50 ms，在本任务的延时 100 ms 仅作示意。如果确实有按键按下，则发送控制命令，控制命令有关 LED 和开 LED 两条，它们是交替发送的，flag 是一个全局变量，每发送一次数据就翻转一次。本任务用到了串口，需要对 AP 节点的串口进行初始化，串口初始化代码如下。

```c
void uart_init()
{
    int i;
    UART_INIT(UART_NUMBER_0,                                    //串口号 0
              UART_LOCATION_1                                   //uart identier preamble buildings
              UART_FLOW_CONTROL_OFF,                            //关闭硬件流控
              UART_PARITY_NONE,                                 //配置无校验
              UART_1_STOP_BIT,                                  //配置一个停止位
              UART_BAUD_RATE );                                 //配置波特率 115200

    i = UART_BAUD_RATE >> 5; /* delay approximately 1 bit time */
    while( --i != 0 ) /* give the uart some time to initialize */
    UART_IRQ_ENABLE( UART_NUMBER_0, UART_LOCATION_1, RX );      //串口中断使能
}
```

以上代码在协议栈中已经提供，在 BSP 工程路径下的 uart.c 文件中，用户可直接调用，但是必须包含 uart.h 头文件。用户也可以更改串口配置，如波特率、校验位等，在 uart.c 文件中，还提供了其他的一些串口函数，如串口打印函数 uart_write()及串口中断服务函数等。

在 AP 节点程序进入 while(1)无线循环之前，需要调用串口初始化函数 uart_init()对串口进行初始化，这样在无限循环中，串口才是可用的。

增加完代码后，当 ED 节点加入 AP 节点组建的网络后，AP 节点就开始不停地检测连接请求信号、接收数据请求信号、串口有无数据，以及是否有按键按下，并根据检测结果做下一步的处理。

下面来分析 ED 节点的代码。ED 节点是受控节点，其要根据接收到的命令，执行相应的操作，故其代码的开发主要是在对命令的处理上。

在 5.1.4 节中，已经知道当 ED 节点收到数据后，会调用 processMessage()函数对收到的信息进行处理。该函数首先调用 ZXBeeDecode()函数对命令进行处理，该函数代码如下。

```c
char* ZXBeeDecode(char *buf, int len)
{
    if (buf[0] == '{' && buf[len-1] == '}')
    {
        char *p = &buf[1];
        char *ptag, *pval;
        buf[len-1] = '\0';

        ZXBeeBegin();
        while (p != NULL && *p != '\0')
```

```
            {
                ptag = p;
                p = strchr(p, '=');
                if (p != NULL)
                {
                    *p++ = '\0';
                    pval = p;
                    p = strchr(p, ',');
                    if (p != NULL) *p++ = '\0';
                    ZXBeeUserProcess(ptag, pval);
                }
            }
            return ZXBeeEnd();
        }
        return NULL;
}
```

上述代码的功能是取命令。ZXBee 协议发送命令的格式是"{A0=?,D0=1}"，上述代码的作用就是把命令两边的大括号去掉，并去掉逗号，只留下命令本身，然后调用 ZXBeeUserProcess()函数对命令进行处理，所以需要在 ZXBeeUserProcess()函数中对 ED 收到的控制 LED 状态的命令进行处理即可。

ZXBeeUserProcess()函数在 sensor.c 文件中，其代码如下。

```
void ZXBeeUserProcess(char *ptag, char *pval)
{
    static uint8_t D0 = 0;
    char b[8];

    if (memcmp(ptag, "D0", 2) == 0)
    {
        if (pval[0] == '?')
        {
            ZXBeeAdd("D0", ZXBeeItoa(D0, b));
        } else
        {
            D0 = atoi(pval)+1;
        }
    } else
    if (memcmp(ptag, "A0", 2) == 0)
    {
        if (pval[0] == '?')
        {
            ZXBeeAdd("A0", ZXBeeItoa(A0, b));
        }
    }
    if (memcmp(ptag, "A1", 2) == 0)
    {
        if (pval[0] == '?')
```

第
5
章

```
                {
                        ZXBeeAdd("A1", ZXBeeItoa(A1, b));
                }
        }
        if (memcmp(ptag, "A2", 2) == 0)
        {
                if (pval[0] == '?')
                {
                        ZXBeeAdd("A2", ZXBeeItoa(A2, b));
                }
        }
        if (memcmp(ptag, "D7", 2) == 0)
        {
                if (pval[1] == 'F')
                {
                        BSP_TURN_OFF_LED2();
                }
                if (pval[1] == 'N')
                {
                        BSP_TURN_ON_LED2();
                }
        }
}
```

假如 AP 节点发送的命令是"{D7=ON}",此命令为开启 LED 的命令。当 ED 节点收到命令后,通过函数 ZXBeeDecode()将命令解析为 D7=ON,并将 D7 传递给"ZXBeeUserProcess(char *ptag, char *pval);"函数的形参 ptag,将 ON 传递给函数的形参 pval。于是在函数的最后一个 if 语句中,判断出命令为开启 LED 命令,最后执行 BSP_TURN_ON_LED2()函数来开启 LED。

5.6.5 开发步骤

(1)准备两个 CC1110 无线节点板,将无线节点板跳线设置为模式一。

(2)在 PC 上打开串口终端软件,选中当前的串口号,设置波特率为 38400、无检验、8 个数据位、一个停止位。

(3)将本任务复制到协议栈工程目录下"C:\Texas Instruments\SimpliciTI-1.2.0-IAR",进入到协议栈中的"application\ed\temple\iar"文件夹,双击"AP_as_Data_Hub.eww"工程文件,打开工程。打开"smpl_nwk_config.dat"文件,分别将连接标识和入网标识的后四位改为自己身份证号码的后四位。打开"smpl_config_to.dat"配置文件,记下设备的默认地址,假定"-DTHIS_DEVICE_ADDRESS="{0x00, 0x00, 0x00, 0x02}"",选择"Project→Rebuild All"重新编译工程。

(4)正确地将 SmartRF04 通过转接板与节点板相连接,将程序烧写到节点板中,此节点板为 ED 节点。

(5)进入到协议栈中的"application\ap\default\iar"文件夹,双击"AP_as_Data_Hub.eww"工程文件,打开点对点任务的例程,打开"smpl_nwk_config.dat"文件,分别将连接标识和入网标识的后四位改为自己身份证号码的后四位；打开"smpl_config_to.dat"配置文件，修改设备的默认地址，使之与 ED 节点的默认地址不同，选择"Project→Rebuild All"重新编译工程。

（6）重复步骤（4）将程序下载到另一块节点板中，此节点为 AP 节点。

（7）通过转接板，正确的将串口线与 AP 节点相连，分别给两块节点上电。

5.6.6　总结与拓展

ED 节点加入到 AP 组建的网络后，D6 停止闪烁并保持常亮，此时，按下 AP 节点上的 K5 或者 K4，AP 节点本身的 D7 状态会改变，而 ED 节点上 D6 的状态随着 AP 节点 D7 的改变而改变，并且是同时发生的。这就实现了按 AP 按键改变 ED 节点 LED 的状态的控制。

单击串口调试助手上发送区设置的"自动发送附加位"，选中"固定位"，并将 0D 改为 0A，如图 5.8 所示。

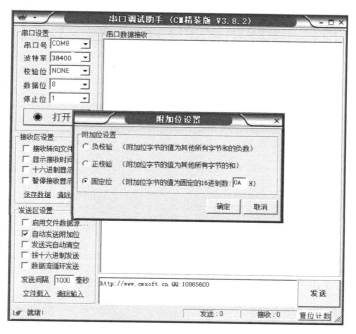

图 5.8　串口软件设置

单击"确认"按钮，并单击"打开"按钮，开启串口。串口打开后，不断有 ED 节点的数据返回来，并带有 ED 节点的地址，即 00000002，这也是在配置文件中设置的地址。

假如 ED 节点的 D6 处于点亮状态，此时，在发送区输入"at+send=00000002,{D7=OFF}"，单击"发送"按钮，ED 节点的 D6 会立即熄灭，再发送"at+send=00000002,{D7=ON}"，ED 节点的 D6 又会被点亮，这就实现了串口对 LED 的远程控制，串口发送命令格式如图 5.9 所示。

图 5.9　串口发送控制命令

第6章
CC2540 和 BLE 协议开发

　　本章结合 CC2540 和 TI 开发的 BLE（低功耗蓝牙）协议栈，先通过安装、配置认识了 BLE 协议栈，然后通过任务开发学习 BLE 协议栈的主从收发、硬件控制，并通过广播者（Broadcaster）和观察者（Observer）的任务深入了解 BLE 协议栈。

　　CC2540 是由美国德州仪器公司生产的一款高性价比、低成本和低功耗的完整型低功耗蓝牙单模式芯片解决方案，工作在全球开放的频段，主要包括以下功能和特点。

　　1. CPU 和内存

　　CC2540 芯片中集成一个单周期的 8051 内核，具有 SFR、DATA 和 CODE/XDATA 三个不同的存储器访问总线，并以单周期访问 SFR、DATA 和主 SRAM。

　　另外还包括调试接口和一个 18 输入的中断单元，CC2540 具有内部 8 KB 的 SRAM 存储空间，并为设备提供了具有 256 KB 的可编程的非易失性程序存储器。

　　2. 时钟和电源管理

　　CC2540 的数字内核和外设由一个低差稳压器提供 1.8 V 工作电压，另外 CC2540 还包括一个电源管理器，可以实现不同应用情况下使用不同供电模式的低功耗应用。五种不同的运行模式为主动模式、空闲模式、PM1、PM2 和 PM3，不同的运行模式下稳压器和振荡器的开关状况不同。

　　3. 外设资源

- 具有 21 个通用 I/O 引脚，可以配置为输入、输出和具有上拉或下拉电阻。
- 具有 1 个五通道 DMA 控制器，能够访问所有物理存储器。
- 具有 1 个 16 位的定时器 1，以及 2 个 8 位的定时器 3 和定时器 4，每个都具有定时计数功能，同时具有一个 MAC 定时器（该定时器是专门为支持低功耗蓝牙协议设计，具有一个 24 位睡眠定时器，使用晶振 32 kHz 或 32 kHz 的 RC 振荡器为其提供时钟，睡眠定时器除了在 PM3 模式下不断运行外，其他模式都可以运行。
- 具有 7~12 位分辨率的模/数转换器（ADC）。
- 1 个使用 16 位 LFSR 来产生伪随机数的随机数发生器。
- 1 个 AES 协处理器，使用带有 128 位密钥的 AES 算法加密和解密数据。
- 2 个 USART 接口，每个接口都可配置为 SPI 主从接口或 UART 接口。
- 1 个 USB 2.0 全速控制器，具有双缓冲。

6.1 任务 26 认识 BLE 协议栈

1. BLE 协议栈

BLE 即 Bluetooth Low Energy，即低功耗蓝牙，BLE 协议栈即支持 BLE 技术的协议栈，

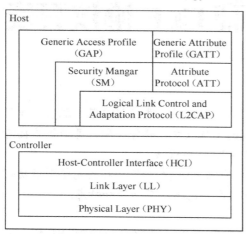

图 6.1 BLE 协议栈架构

该协议栈由 TI 开发，用于配合 TI 公司的 CC2540、CC2540 使用。BLE 协议栈是 TI 推出的支持 BLE 技术的协议栈，协议是一种通信标准，通信双方需要共同按照这一标准进行正常的数据发射和接收。协议栈是协议的具体实现形式，通俗点来理解就是，协议栈是协议和用户之间的一个接口，开发人员是通过协议栈来使用这个协议的，进而实现无线数据收发。图 6.1 所示为 BLE 协议栈的结构框图。

协议栈包括控制器和主机两个部分，控制器和主机在标准蓝牙 BR/EDR 设备中通常是单独实现的，任何配置文件和应用程序都是建立在 GAP 和 GATT 协议层上，各层分析如下。

（1）PHY 层：物理层规范主要规定了信道分配、射频频率、射频调制特性等底层特性。低功耗蓝牙设备工作于 2400～2483.5 MHz 的 2.4 GHz 的 ISM（工业、科学及医学）频段，采用跳频技术减小干扰和衰落，频道中心频率为(2402+K×2) MHz，K=0～39，共 40 个信道，其中有 3 个为广播信道，37 个位数据信道。广播信道用于设备发现、发起连接及数据广播，数据信道用于在已连接设备间进行数据传输。物理层规范还对发射机、接收机的性能和参数、接收机的干扰性能、带外阻塞性能、交调特性等性能指标做出了可量化的规定。

（2）LL：链路层（LL）负责管理接收或发送帧的排序和计时，其操作可描述为包含五个状态的状态机，分别为就绪态、广播态、扫描态、发起态和连接态。当一个设备建立连接后，只有主设备和从设备两种状态角色，从发起态进入连接态的设备为主设备，从广播态进入连接态的设备为从设备。主、从设备相互通信并规定传输时序，从设备只能与一个主设备通信，而一个主设备可以与多个从设备通信。在链路层就可能存在不止一个状态机。

（3）HCI 层：是通信接口层，从内部而言，它向上一层为主机提供软件应用程序接口；对外部而言，它为外部硬件控制接口，可以通过串口、SPI、USB 等技术来实现对设备控制。

（4）L2CAP 层：为上层提供数据封装服务，允许逻辑上的端到端数据通信。

（5）SM 层：提供设备配对、绑定业务，实现安全链接和数据交换。

（6）GAP 层：提供应用程序的 API 接口，以及管理底层协议，尤其是链路层的状态机切换和安全管理层的数据安全操作。

（7）ATT 层：导出特定的数据（称为属性）到其他设备，负责数据检索业务。

（8）GATT 层：负责两个通信设备间的通信数据交互等操作业务，在这一层中定义设备在通信中的两种角色属性：客户端和服务器。

2．BLE 技术的特点

（1）高可靠性。蓝牙技术联盟在制定蓝牙 4.0 规范时将数据传输过程中的链路管理协议、射频、基带协议采用了可靠性措施，包括差错检测和校正、进行数据编解码、差错控制等，极大地提高了无线数据传输的可靠性。另外，使用自适应调频技术，最大限度地减少和其他 2.4 GHz 的 ISM 无线电波频段的串扰。

（2）低成本、低功耗。低功耗蓝牙技术支持两种模式：双模式和单模式。在双模式中，低功耗蓝牙技术功能可以集成在现有的经典蓝牙控制器中，或在现有经典蓝牙技术芯片上加入低功耗堆栈，整体架构基本不变，可降低成本。与传统蓝牙不同，低功耗蓝牙技术用深度睡眠状态来替换传统蓝牙的空闲状态，在深度睡眠状态下，主机长时间处于超低的负载循环状态，只在需要运作时由控制器来启动，功耗较传统蓝牙低了 90%。

（3）低迟延。传统蓝牙的启动连接时间需要 6 s，而低功耗蓝牙仅仅需要 3 ms 即可完成。

（4）传输距离极大提高。传统蓝牙的传输距离为 2～10 m，而低功耗蓝牙的有效传输距离可达到 60～100 m，传输距离提升了约 10 倍，极大地开拓了蓝牙技术的应用前景。

（5）高安全性。为了保证数据传输的安全性，使用 AES-128 加密算法进行数据包加密和认证。

（6）低吞吐量。低功耗蓝牙支持 1 Mbps 的空中数据速率，但应用的吞吐量只有 256 kbps。

CC2540 器件可以单芯片实现 BLE 蓝牙协议栈结构图的所有组件，包括应用程序。通过上面的介绍，基本了解了 BLE 协议栈的各层功能，其中需要直接接触的主要是 GAP 和 GATT 这两个层。

3．BLE 协议栈的安装

BLE 协议栈的安装包名为 BLE-CC254x-140-IAR.exe，其在路径为"03-系统代码/BLE-CC254x-140-IAR.exe"，双击此安装包直接安装，安装完成后，协议栈会被安装到"C:\Texas Instruments\BLE-CC254x-140-IAR"路径下。进入此文件夹后，其内有 4 个文件夹分别是 Accessories、Components、Documents、Projects。Accessories 文件夹内放的是 Btool 工具安装包、USB 驱动和一些 hex 文件；Components 放了工程所需要的一些组件；Documents 里面是关于此协议栈的说明各种 API 的注解等；Projects 文件中放了 BLE 协议栈的工程文件，还包含了一些库等。

本章打开的所有 BLE 协议栈有关工程，都在"C:\Texas Instruments\BLE-CC254x-140-IAR"路径下，下文所说的协议栈中的某个文件即指代此文件夹中的某文件。

4．BLE 协议栈的结构

打开协议栈中"Projects/ble"文件夹，找到"SimpleBLEPeripheral-ZXBee"文件夹，本章任务所用的从机工程都在此文件中，故此文件可称之为 ZXBee 从机文件夹。为了方便叙述，在接下来都将以 ZXBee 从机文件（夹）代指 SimpleBLEPeripheral-ZXBee 文件。

进入 ZXBee 从机文件夹，打开其内的"CC2540DB-Template/SimpleBLEPeripheral.eww"文件，这是一个从机工程模板，在下面所说的从机模板程序或从机模板工程即指代此工程。

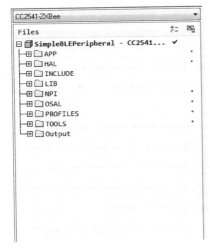

图 6.2　BLE 从机工程

这里需要说明的是，在 BLE 协议栈中，设备类型有主机（Central）、从机（Peripheral）、广播者（Broadcaster）、观察者（Observer）等，通常主机和从机配合使用，广播者和观察者配合使用，本章重点对从机工程进行分析。打开从机模板程工程可看到如图 6.2 所示的工程目录结构。

该工程的工程目录中包含了如下几个文件。

APP：（Application Programming）应用层目录，这是用户创建各种不同工程的区域，在这个目录中包含了应用层的内容和这个项目的主要内容，在协议栈里面一般是以操作系统的任务实现的。传感器驱动开发主要是在 APP 目录下 src 文件内的 sensor.c 文件。

HAL（Hardware Abstraction Layer）：硬件抽象层目录，包含有与硬件相关的配置和驱动及操作函数。如 LED、LCD、DMA、串口等相关函数。

INCLUDE：包含了一些协议栈的头文件。

LIB：库文件，包含了一些协议栈中对用户不可见的函数的定义，用户不能打开。

NPI（Network Processor Interface）：提供了串口驱动。

OSAL（Operating System Abstraction Layer）：操作系统抽象层。

PROFILES：包含了一些联网和发送数据相关的文件，如 GATTprofile。

TOOLS：包含了协议栈的一些配置等。

Output：IAR 自动生成的输出文件。

5. OSAL 调度管理

BLE 协议栈中有个名为 OSAL 的层，即操作系统抽象层，用来调度任务和管理内存。打开从机模板工程后，选中工程目录 APP 文件下的 ZXBeeBLEPeripheral.c 文件，找到协议栈入口函数 main()函数，其代码如下。

```
int main(void)
{
    HAL_BOARD_INIT();                           //初始化硬件
    InitBoard( OB_COLD );                       //初始化板载 I/O
    HalDriverInit();                            //初始化硬件驱动
    osal_snv_init();                            //初始化非易失性系统
    osal_init_system();                         //初始化操作系统
    HAL_ENABLE_INTERRUPTS();                    //使能中断
    InitBoard( OB_READY );                      //板载最终初始化
#if defined ( POWER_SAVING )
    osal_pwrmgr_device( PWRMGR_BATTERY );       //电源管理选项：电池
#endif
    osal_start_system();                        //启动操作系统(进入后不再返回)
    return 0;
}
```

上述代码对操作系统必要的配置进行了初始化，最后启动了操作系统并不再返回，整个协议栈就开始运行起来。上述代码有两个需要关注的函数：即操作系统初始化函数 osal_init_system() 和操作系统启动函数 osal_start_system()。进入 osal_init_system() 函数定义，有一个名为 osalInitTasks() 的函数，即任务初始化函数，其代码如下。

```
void osalInitTasks( void )
{
    uint8 taskID = 0;
    tasksEvents = (uint16 *)osal_mem_alloc( sizeof( uint16 ) * tasksCnt);
    osal_memset( tasksEvents, 0, (sizeof( uint16 ) * tasksCnt));
    LL_Init( taskID++ );                              //LL 任务初始化
    Hal_Init( taskID++ );                             //HAL 任务初始化
    HCI_Init( taskID++ );                             //HCI 任务初始化
#if defined ( OSAL_CBTIMER_NUM_TASKS )
    osal_CbTimerInit( taskID );
    taskID += OSAL_CBTIMER_NUM_TASKS;
#endif
    L2CAP_Init( taskID++ );                           //L2CAP 任务初始化
    GAP_Init( taskID++ );                             //GAP 初始化
    GATT_Init( taskID++ );                            //GATT 初始化
    SM_Init( taskID++ );                              //SM 任务初始化
    GAPRole_Init( taskID++ );                         //GZPRole 初始化
    GAPBondMgr_Init( taskID++ );                      //GAPBondMgr 初始化
    GATTServApp_Init( taskID++ );                     //GATTServApp 初始化
    SimpleBLEPeripheral_Init( taskID );               //用户任务初始化
}
```

在上面的任务初始化函数中，定义了一个变量 taskID，每初始化一个任务，taskID 就自加一次，由此可见，每个任务对应的 taskID 是独一无二的。实际上 taskID 就是任务在操作系统中的标识，taskID 值越小，任务优先级越高。可见用户任务的优先级最低。对其使用右键 Go to 功能，可查看其定义，此函数定义的倒数第二行为：

```
osal_set_event( simpleBLEPeripheral_TaskID, SBP_START_DEVICE_EVT );
```

这行代码的作用是设置 SBP_START_DEVICE_EVT 事件，并将之传递给 simpleBLEPeripheral_TaskID 对应的任务，即用户任务。

现在回到系统启动函数 osal_start_system()。使用右键 Go to 功能进入此函数的定义，发现里面只是调用了一个名为 osal_run_system() 的函数，进入其定义，代码如下。

```
void osal_run_system( void )
{
    uint8 idx = 0;
#ifndef HAL_BOARD_CC2538
    osalTimeUpdate();                                 //更新系统时间
#endif
    Hal_ProcessPoll();                                //硬件轮询
    do {
        if (tasksEvents[idx])                         //如果有事件发生,跳出事件轮询
        {    break;    }
```

```
        } while (++idx < tasksCnt);
        if (idx < tasksCnt)
        {
            uint16 events;
            halIntState_t intState;

            HAL_ENTER_CRITICAL_SECTION(intState);
            events = tasksEvents[idx];                          //从事件列表中提取出事件
            tasksEvents[idx] = 0;                               //清空事件
            HAL_EXIT_CRITICAL_SECTION(intState);
            activeTaskID = idx;
            //根据事件在事件处理函数列表中调用相应的事件处理函数
            events = (tasksArr[idx])( idx, events );
            activeTaskID = TASK_NO_TASK;
            HAL_ENTER_CRITICAL_SECTION(intState);
            tasksEvents[idx] |= events;                         //将未被处理的时间加入事件列表中.
            HAL_EXIT_CRITICAL_SECTION(intState);
        }
#if defined( POWER_SAVING )
        else    //Complete pass through all task events with no activity?
        {    osal_pwrmgr_powerconserve();      //Put the processor/system into sleep    }
#endif
      /* Yield in case cooperative scheduling is being used. */
#if defined (configUSE_PREEMPTION) && (configUSE_PREEMPTION == 0)
        {    osal_task_yield();    }
#endif
}
}
```

启动操作系统后，系统不停地在事件列表中查找当前是否有事件发生，当查找到有事件发生时，跳出事件轮询，并根据当前查找的事件，在事件处理函数列表中调用相应的事件处理函数。

事件处理函数列表中有哪些事件处理函数可供调用呢？在上述代码中找到"events = (tasksArr[idx])(idx, events);"这一行代码，进入到这个数组中，代码如下。

```
const pTaskEventHandlerFn tasksArr[] =
{
    LL_ProcessEvent,                                           //task 0
    Hal_ProcessEvent,                                          //task 1
    HCI_ProcessEvent,                                          //task 2
#if defined ( OSAL_CBTIMER_NUM_TASKS )
    OSAL_CBTIMER_PROCESS_EVENT( osal_CbTimerProcessEvent ),    //task 3
#endif
    L2CAP_ProcessEvent,                                        //task 4
    GAP_ProcessEvent,                                          //task 5
    GATT_ProcessEvent,                                         //task 6
    SM_ProcessEvent,                                           //task 7
    GAPRole_ProcessEvent,                                      //task 8
    GAPBondMgr_ProcessEvent,                                   //task 9
```

```
        GATTServApp_ProcessEvent,
        SimpleBLEPeripheral_ProcessEvent                              //task 10
                                                                      //task 11
};
```

　　阅读以上代码发现它与在任务初始化函数中初始化的任务是一一对应的，且顺序相同，这样就可以根据当前发生的任务准确地调用所需要的事件处理函数。查看用户任务事件处理函数，其代码如下。

```
uint16 SimpleBLEPeripheral_ProcessEvent( uint8 task_id, uint16 events )
{
    VOID task_id; //OSAL required parameter that isn't used in this function
    if ( events & SYS_EVENT_MSG )                        //如果是 SYS_EVENT_MSG 事件发生
    {
        uint8 *pMsg;
        //如果接收到数据
        if ( (pMsg = osal_msg_receive( simpleBLEPeripheral_TaskID )) != NULL )
        {
            //调用此函数处理接收到的数据
            simpleBLEPeripheral_ProcessOSALMsg( (osal_event_hdr_t *)pMsg );
            //Release the OSAL message
            VOID osal_msg_deallocate( pMsg );            //清空接收到数据
        }
        //return unprocessed events
        return (events ^ SYS_EVENT_MSG);                 //返回未处理的事件
    }
    if ( events & SBP_START_DEVICE_EVT )                 //SBP_START_DEVICE_EVT 事件发生
    {

        //Start the Device
        VOID GAPRole_StartDevice( &simpleBLEPeripheral_PeripheralCBs );   //启动设备
        //Start Bond Manager
        VOID GAPBondMgr_Register( &simpleBLEPeripheral_BondMgrCBs );      //启动绑定管理

        osal_start_timerEx( simpleBLEPeripheral_TaskID,
        SBP_PERIODIC_EVT, SBP_PERIODIC_EVT_PERIOD );
        //SBP_PERIODIC_EVT_PERIOD 毫秒（1 秒）后设置一次周期性事件并传递给用户任务
        return ( events ^ SBP_START_DEVICE_EVT );
    }

    if ( events & SBP_PERIODIC_EVT )                     //如果是周期性事件
    {
        //Restart timer
        if ( SBP_PERIODIC_EVT_PERIOD )                   //如果周期不为 0
        {
            osal_start_timerEx( simpleBLEPeripheral_TaskID,
            SBP_PERIODIC_EVT, SBP_PERIODIC_EVT_PERIOD );
            //设置周期性事件并传递给用户事件处理函数
        }
```

```
        //Perform periodic application task
        performPeriodicTask();                              //执行周期性的任务
        return (events ^ SBP_PERIODIC_EVT);
    }
    return 0;
}
```

上述代码即为用户事件处理和函数，主要对三个事件进行了处理：SYS_EVENT_MSG、SBP_START_DEVICE_EVT、SBP_PERIODIC_EVT。

（1）SYS_EVENT_MSG 为系统消息事件，当有系统消息事件发生时，系统会调用"simpleBLEPeripheral_ProcessOSALMsg((osal_event_hdr_t *)pMsg);"函数对系统信息进行处理。

（2）SBP_START_DEVICE_EVT 为启动设备事件。在前面了解到，在用户任务初始化函数"SimpleBLEPeripheral_Init(taskID);"代码的倒数第二行设置了 SBP_START_DEVICE_EVT 事件。当用户任务初始化完成后，启动设备事件就被设置了，当操作系统轮询到此事件后，就会调用用户事件处理函数，最终执行"if（events & SBP_START_DEVICE_EVT）"下的内容，代码如下。

```
if( events & SBP_START_DEVICE_EVT )
{
    VOID GAPRole_StartDevice( &simpleBLEPeripheral_PeripheralCBs );     //启动设备
    VOID GAPBondMgr_Register( &simpleBLEPeripheral_BondMgrCBs );        //启动绑定管理
    osal_start_timerEx( simpleBLEPeripheral_TaskID,
                              SBP_PERIODIC_EVT, SBP_PERIODIC_EVT_PERIOD );
    //SBP_PERIODIC_EVT_PERIO 毫秒（即 1s）后设置 SBP_PERIODIC_EVT 事件，并传递给用户
事件处理函数
    return ( events ^ SBP_START_DEVICE_EVT );
}
```

上述代码启动设备后，接着设置了一个 1 s 后触发的事件 SBP_PERIODIC_EVT（周期性事件）。

（3）SBP_PERIODIC_EVT 就是上述的周期性事件。1 s 后，周期性事件被设置，系统检测到此事件后，会调用用户事件处理函数，最终执行以下代码。

```
if( events & SBP_PERIODIC_EVT )
{
    //Restart timer
    if( SBP_PERIODIC_EVT_PERIOD )
    {
        osal_start_timerEx( simpleBLEPeripheral_TaskID,
                              SBP_PERIODIC_EVT, SBP_PERIODIC_EVT_PERIOD );
    }
    performPeriodicTask();//执行周期性的任务
    return (events ^ SBP_PERIODIC_EVT);
}
```

上述代码的意思是当周期性事件发生后，首先设置一个周期性的事件 1 s 后触发，然后运行执行周期性任务函数，下一个 1 s 后，又会执行同样的操作。这样，每 1 s，都会产生

一个周期性的事件，并调用执行周期性任务函数，就可以在执行周期性任务函数 performPeriodicTask()中，周期性地处理用户自己想要做的事情。至此，BLE 协议栈的运行机制基本上讲解完毕，下面进行总结。

在 main()函数中，先进行了一些必要的初始化，如硬件初始化、操作系统初始化等，其中，在操作系统初始化中，任务初始化的函数"osalInitTasks();"初始化了一系列的任务，包括一些系统任务和一个用户任务 SimpleBLEPeripheral_Init()，先初始化的任务优先级比后初始化的任务的优先级要高，因此在这些任务中，用户任务的优先级最低；在用户任务初始化的过程中，设置了一个启动设备事件 SBP_START_DEVICE_EVT，并将之传递给了用户任务。

任务初始化函数完成后，系统最终进入操作系统。操作系统不断地检测当前有无事件发生，如果检测到事件，则调用相应的事件处理函数进行处理。由于在初始化时设置了启动设备事件 SBP_START_DEVICE_EVT，并将之传递给了用户任务，因此，当操作系统检查到设备启动事件后，将调用用户事件处理函数，在用户事件处理函数中，进行了启动了设备的一些操作，设置了一个周期性事件 SBP_PERIODIC_EVT 在 SBP_PERIODIC_EVT_PERIOD 毫秒后触发，并将之传递给用户任务。SBP_PERIODIC_EVT_PERIOD 是个宏定义，值为 1000，即 1 s，用户可根据自己需求进行更改。

由于设置了周期性事件在 1 s 后触发，因此 1 s 后，周期性事件被触发，操作系统检测到周期性事件后，将会调用用户事件处理函数。在用户事件处理函数中，首先设置了一个 1 s 后出触发并传递给用户任务的事件，即周期性事件 SBP_PERIODIC_EVT，然后运行执行周期性任务函数 performPeriodicTask()。下一个 1 s 后，周期性事件又会发生，并再次设置 1 s 触发。这样就能够周期性地运行执行周期性任务函数了。

6.2　任务 27　BLE 协议栈主从收发

6.2.1　学习目标

- 理解 BLE 协议栈的工作原理。
- 掌握 BTool、BLE Device Monitor 工具来调试项目。
- 掌握 BLE Device Monitor 工具来调试项目。

6.2.2　开发环境

硬件：CC2540 节点板 2 块、SmartRF04、调试转接板、USB mini 线、PC。软件：Windows XP/Windows 7/8/10、IAR 集成开发环境、BTool 软件、BLE Device Monitor 软件。

6.2.3　原理学习

本任务中，使用两块节点板，一块作为蓝牙主机，通过串口线与 PC 连接，PC 上的 BTool

工具可以调试此主机；主机通过蓝牙网络和另一块作为从机的节点相连接，从机周期性地向主机发送数据。

在这个任务之前，需要安装 BTool 软件，BTool 的安装包在协议栈中的 Accessories 文件夹内，双击"Accessories/Btool/setup.exe"文件，默认安装，安装完成后，桌面会出现 Btool 软件的快捷方式。此软件在 Windows 环境下，可通过串口与运行 BLE 协议栈的蓝牙主机连接。

同 BTool 类似的一个软件名为 BLE Device Monitor，也可以用来调试蓝牙设备，也是通过串口与运行 BLE 协议栈的蓝牙主机相连接的，它位于开发资源包"04-常用工具\CC2540\BLE Device Monitor"中，双击默认安装后，桌面会有快捷方式。

6.2.4　开发内容

6.1.4 节对 BLE 协议栈的 OSAL 的运行进行了详细的介绍，从机通过周期性地调用函数 performPeriodicTask()来实现周期性的采集、上传数据。

打开从机模板工程，选择工程目录 APP 下的 ZXBeeBLEPeripheral.c 源文件，找到用户事件处理函数，进入调用周期性任务函数的代码，打开周期性任务函数 performPeriodicTask()，查看其代码。

```
static void performPeriodicTask( void )
{
    static uint16 tick = 0;
    tick ++;
    void sensor_loop(uint16 tick);
    sensor_loop(tick);
}
```

以上代码每 1 s 调用一次，即 tick 每秒自加一次，并作为参数执行 sensoe_loop()函数。那么这个函数做了什么呢？此函数是用户开发从机程序要编写的一个重要的函数，其在工程目录"APP/src"下的 sensor.c 函数中定义。进入 sensor.c 文件，找到 sensor_loop()函数的代码。

```
void sensor_loop(uint16 tick)
{
    A0 = tick;
    if (tick % 10 == 0)
    {   //10 s 取一次 A1 值，并将 A0，A1 上传
        A1 = osal_rand()/3.0f;              //osal_rand()函数是随机数产生函数
        ZXBeeNotify();                      //上传数据通知
    }
}
```

上述代码的功能是每秒（sensor_loop()函数每秒调用一次）将 tick 值取到 A0 中，并每 10 秒取一次赋给 A1 一个随机值，最终将 A0、A1 通过蓝牙网络发送给蓝牙主机。给 A0、A1 赋值的过程类似于将传感器的数据采集到 A0、A1 中，因此此函数就可以周期性地完成数据的采集、上传功能了。

6.2.5　开发步骤

（1）准备两个 CC2540 无线节点板，将无线节点板跳线设置为模式一。

（2）打开从机模板工程（"SimpleBLEPeripheral-ZXBee\CC2540DB-Template"），重新编译工程，将 SmartRF04 通过转接板与节点板相连接，将程序烧写到节点板中，此节点板为从机节点。

（3）打开主机模板工程工程"HostTestRelease.eww"，选择"CC2540EM"工作空间。重复步骤（2），将程序烧写到另一块节点板中，此节点为蓝牙主机，可以配合 TI 提供的 BTool 工具进行调试。

（4）将 PC 通过 USB mini 线和调试转接板，正确地连接到蓝牙主机节点，并拔下 SmartRF04，给节点上电。

6.2.6　总结与拓展

双击 BTool 软件快捷方式后，弹出如图 6.3 所示的界面。

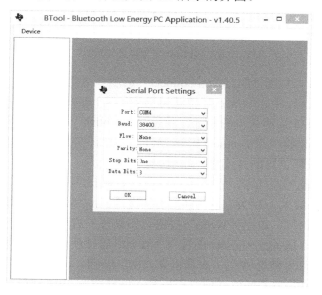

图 6.3　BTool 开启界面

选中当前串口线所占用的串口号，设置参数：波特率为 38400、无流控、无校验、1 个停止位、8 个校验位、单击"OK"按钮，弹出如图 6.4 所示的界面。

如果 BTool 和主机连接成功，在左侧的会有主机的设备信息 Device Info，包括 Handle 和 BDAddr（地址）。并且在 COM8 下面的信息显示区会打印出很多信息。如果连接不成功，则 BTool 不会有设备信息，并一段时间后退弹出连接错误对话框，在信息显示区只有一个信息显示："BTool 与主机连接失败，请检查串口线是否通过转接板正确的和主机连接；"或者"蓝牙主机是否上电"。

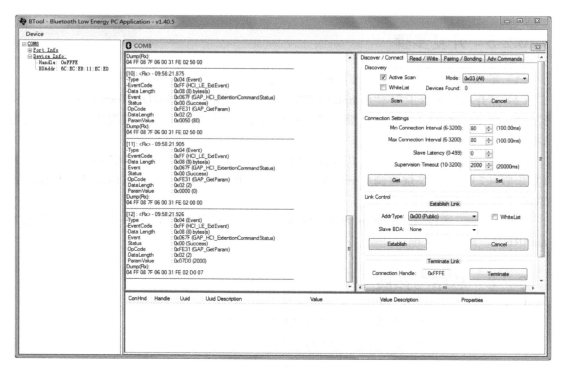

图 6.4　BTool 与主机连接成功

　　连接成功后，单击右侧"Discover/Connect"选项卡下的"Scan"按钮，可以扫描周围处于可连接状态的从机，单击"Cancel"按钮可结束扫描。扫描到的设备的地址在 Slave BDA 右侧显示，选中想要连接的从机的地址，单击"Establish"按钮进行连接，连接成功后，BTool 界面左侧会有连接信息 Connect Info。从机由 D7 不停闪烁变为 D6、D7 不停的闪烁。单击"Terminate"按钮，可断开连接。

　　选择"Read/Write"选项卡，在"Charateristics Write"区域内的"Charateristics Value Handle"下的栏目下填入 0x0026，在 Value 右侧选中 hex 项，在下面填入 01 00（中间请加空格或英文字符的冒号），单击"Write"按钮，如果写入成功，在"Status"下的空白栏中会显示"Success"。向 0x0026 Handle 中写入"01 00"特征值后，主机就可以和从机通信了。每隔 10 s，在信息显示区就会打印一次从机 0x0025 Handle 下的值。实际上，向 0x26 Handle 中写入的值是 0x0001，只是低位在前，所以写入的格式为"01 00"。写入后，BTool 工具便开始收到来自从机的数据，所以写入的值的功能非常明显，即使能从机的上报功能，如图 6.5 所示。

　　那么 0x0025 Handle 下的值到底是什么呢？打开串口调试软件，在发送区设置下勾选"按十六进制发送"，将 0x0025 Handle 下的值复制（即信息显示区显示的值 Value 右侧的那一串十六进制数）到发送区，在发送区设置下去掉"按十六进制发送"的选项，0x0025 下的 Value 按字符显示，如图 6.6 所示。

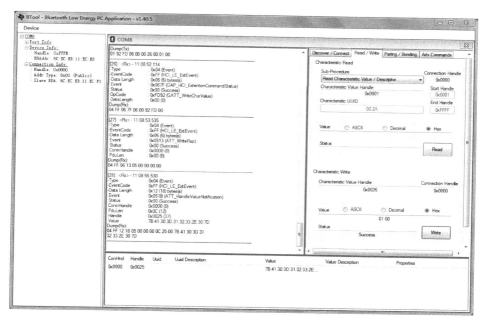

图 6.5 向 0x0026 Handle 写入特征值

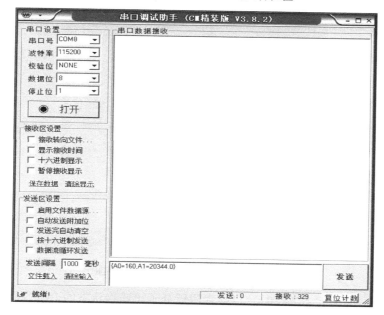

图 6.6 向 0x0025 Handle 下的数据

观察发现 0x0025Handle 下 Value 的值为"{A0=160，A1=20344.0}"，这些值是从哪里来的呢？在前面的 sensor_loop()函数（此函数在周期性任务处理函数 performPeriodicTask()）中，采集了两个数据放入 A0、A1 中，0x0025Handle 下的值就是在此处采集到的值！

还可以向 0x0025 Handle 中写入别的值，比如写入"{A0=?}"。实际上向 0x0025 Handle 中写入"{A0=?}"后，会立即收到"{A0=12}"（12 仅为示意值）这样的结果。为什么会有这样的结果呢？因为向 0x0025 Handle 中写入"{A0=?}"后，主机会通过蓝牙网络发送给从机，从机收到后，会调用某个函数来处理收到的"{A0=?}"，并将处理的结果通过蓝牙网络发送给主机，最后在 BTool 上显示。至于调用了什么函数，将在 6.4 节和 6.5 节里讲解，本节仅演示总结与拓展。

选择"Read/Write"选项卡，在"Charateristics Write"区域内的"Charateristics Value Handle"下的栏目下填入 0x0025，在 Value 右侧选中 ASCII 项，在下面填入"{A0=?}"，单击"Write"按钮，如果写入成功，在 Status 下的空白栏中会显示"Success"。过一会儿，在 BTool 信息显示区将会显示从 0x0025 Handle 发来了下列数据"7B:41:30:3D:31:30:30:7D"，在串口软件上使其按 ASCII 显示，发现其为"{A0=100}"。"{A0=?}"实际上是查询当前 A0 值的命令，还可以定义其他的命令。

下面介绍基于 BLE Device Monitor 工具的任务。

按照开发步骤给两个节点上电后，双击桌面上 BLE Device Monitor 的快捷方式，弹出如图 6.7 所示的界面。

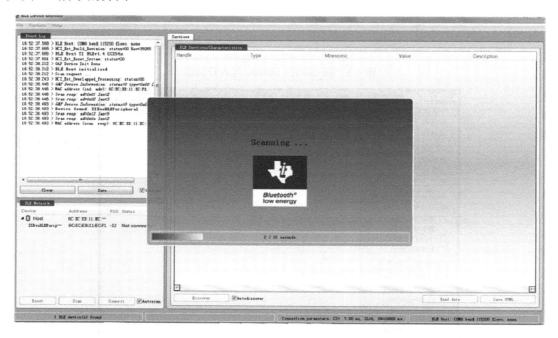

图 6.7　BLE Device Monitor 开启界面

软件打开后，便自动扫描 10 s，以搜索附近处于可连接状态的 BLE 从机。软件第一次使用需要选择串口号，也可以在 Options 菜单中设置串口号（波特率为 38400）。

软件左侧上部的信息框显示的是收到的信息，如扫描回应、从机名称等；左侧下部显示的是搜索到的从机的列表，有从机名称、从机地址、连接状态、RSSI 值等信息。选中要连接的蓝牙从机，单击下方"connect"按钮，蓝牙从机与主机就连接了，此时，蓝牙从机由 D7 闪烁变为 D6、D7 同时闪烁。BLE Device Monitor 软件右侧信息框中出现数据，即 Attributes，可以展开，如图 6.8 所示。

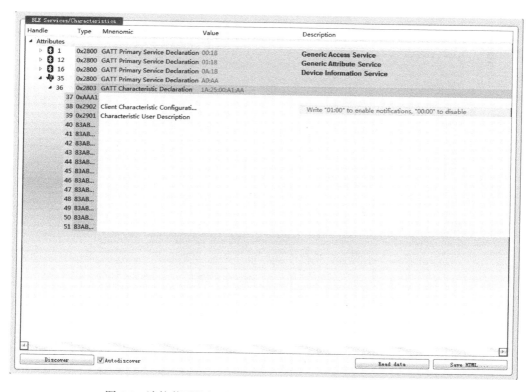

图 6.8　连接蓝牙从机后 BLE Device Monitor 软件右侧信息框

如图 6.8 所示，数字表示十进制的 Handle 值，38 Handle 右侧有一行橙色的数字，即 "Write "01:00" to enable notification,"00:00" to disable"，就是写 "01:00" 使能 notification，写 "00:00" 不使能 notification。而从机上报数据，就是通过 notification 完成的。而且，十进制的 38 正好是十六进制的 0x0026，这与在 BTool 软件中写入的值和写入的位置一致！

单击 38 Handle 那一行中间空白位置，会出现一个文本框，在其中输入 01 00（中间加空格），单击回车。过一会儿，37 Handle 便会出现一些数据，而这些数据就是在 BTool 软件中 0x0025 Handle 下的值，并且在右侧描述中，有 ASCII 的显示形式。同样，这些值每 10 s 刷新一次，在左侧上方的显示框中可以看到刷新的数据和刷新的时间。

同样，也可以像 37 Handle 中写入类似 "{A0=?}" 的数据，但是写入格式要是十六进制的格式，通过串口软件，可以很容易的知道 "{A0=?}" 十六进制格式为 "7B:41:30:3D:3F:7D"。双击 37 Handle 中间绿色的十六进制数据，会出现文本框，删除文本框中的数据，并输入 "7B 41 30 3D 3F 7D"（中间加空格或者 ":"）后单击回车。过一会儿，37 Handle 的值便会发生改变，即变为 "{A0=653}"，如图 6.9 所示，在左侧上方的信息框中也会显示更新的数据。

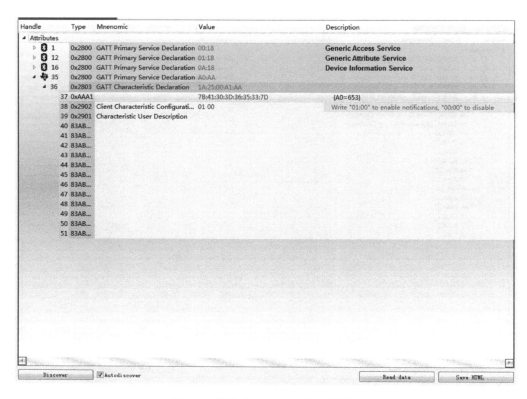

图 6.9　发送"{A0=?}"返回的数据

6.3　任务 28　BLE 协议栈主从收发（Android）

蓝牙设备应用广泛，智能设备，如智能手机、平板电脑等都具有蓝牙功能，蓝牙几乎是这些智能设备的标配，可以让这些蓝牙设备作为蓝牙主机，与开发的蓝牙从机进行连接，这样，就可以很方便地调试程序。

6.3.1　学习目标

● 掌握 BLE 协议栈工作原理。
● 掌握安卓 APP 调试蓝牙从机。

6.3.2　开发环境

硬件：CC2540 节点板 1 块、SmartRF04、PC、调试转接板、安卓智能手机（4.4 以上）。
软件：Windows XP/Windows 7/8/10、IAR 集成开发环境、TruthBlue2_8 软件。

6.3.3　原理学习

本任务中，需要一台安卓版本为 4.4 以上的安卓智能手机，此以上版本才支持 BLE 技术。然而光有安卓版本上的支持是不够的，还须在硬件上支持 BLE 技术。如所使用的某手机，安卓版本为 4.4.4，然而安装 TruthBlue 软件后，并不能搜索到 BLE 协议栈的蓝牙从机，说明其硬件上并不支持 BLE 技术。如果条件不允许，可将软件安装到网关上进行任务，此软件安装包在开发资源包 "04-常用工具\CC2540\TruthBlue" 中，请开发者用 Android 开发工具编译后安装到手机或者网关上，软件源码在 "01-开发例程\第 6 章\6.3-TruthBlue" 中。

打开 TruthBlue 软件后，此软件有选项可在其操作界面中连接当前处于可连接状态的从机。在开发从机的时候，可设置从机周期性地向主机发送数据，在 TruthBlue 软件上，就可以看到这些数据。

本任务只需要一块 BLE 节点板，作为蓝牙从机，也可以多块节点板。TruthBlue 软件可同时连接多块蓝牙从机。

6.3.4　开发内容

本任务在 6.2 的基础上扩展而来，在 6.2 节中，知道 sensor_loop() 每秒执行一次，其参数 tick 每秒增加 1，为了加深理解，这里再次给出此函数的代码。

```
void sensor_loop(uint16 tick)
{
    A0 = tick;
    if (tick % 10 == 0)
    {   //10 秒取一次 A1 值，并将 A0，A1 上传
        A1 = osal_rand()/3.0f;              //osal_rand()函数是随机数产生函数
        ZXBeeNotify();                      //上传数据通知
    }
}
```

此函数将 tick 的值放入到 A0 中，然后，每 10 秒产生一个浮点型的随机数放入 A1 中，然后将数据 A0、A1 及其值按照特点的格式发给蓝牙主机。其格式为 "{A0=10,A1=936.5}"。在任务中，可在 TruthBlue 软件的界面中，每 10 秒收到一次数据。

TruthBlue 是一款开源的安卓设备蓝牙驱动软件，其源码位于本任务目录内。本任务以手机为例，安装完成后，手机上出现此软件图标。

6.3.5　开发步骤

（1）准备一块 CC2540 无线节点板（参考 1.2 节，将无线节点板跳线设置为模式一）。

（2）打开从机模板程序（SimpleBLEPeripheral-ZXBee），重新编译工程，将程序烧写到节点板中，此节点板为从机节点。

（3）将 "04-常用工具\CC2540\TruthBlue" 导入 Android 开发工具（eclipse）中，编译后安装，打开软件，进一步操作来观察任务现象。

6.3.6 总结与拓展

打开 TruthBlue2_8 软件后，进入如图 6.10 所示的操作界面。

打开此软件后，即开始搜索处于可连接状态的蓝牙从机。此时，将蓝牙从机节点板上电，节点板上 D7 开始快速闪烁，表明其可连接。此时，TruthBlue2_8 软件便搜索到此节点的 MAC 地址，如图 6.11 所示。

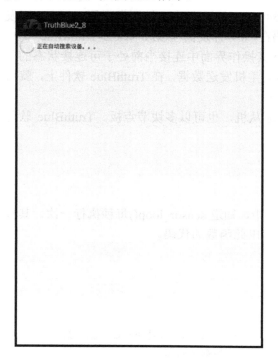

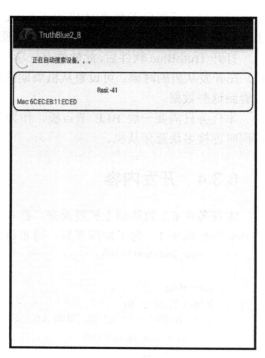

图 6.10　TruthBlue2_8 开启界面　　　　　图 6.11　TruthBlue2_8 搜索到从机

TruthBlue 软件已经搜索到蓝牙从机，并且显示此其 RSSI。RSSI 表示信号强度，越接近 0 表示信号强度越强，本任务信号强度为-41。

单击显示从机 MAC 地址的区域，手机蓝牙开始与蓝牙从机相连接。连接成功后，节点板上的 D6、D7 等开始同时闪烁，TruthBlue 软件弹出图 6.12 所示的界面。

单击最下排的 unknow 栏，下部会拓展出蓝色字体的 ZXBee 栏，单击进入调试界面，如图 6.13 所示。

每过 10 s，TruthBlue 软件就会收到一次数据，A0 存储的是 tick 的值，A1 是一个随机的浮点型数据，与在从机 sensor_loop()函数中的代码吻合。

在调试界面，看到此软件具有发送字符串的功能，在 6.4 节任务，将使用发送功能，实现对从机节点的控制。

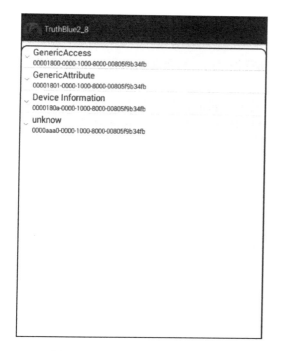

图 6.12 TruthBlue2_8 连接到从机   图 6.13 TruthBlue2_8 连接到从机

6.4 任务 29 BLE 协议栈硬件驱动开发

6.3 节通过 TruthBlue 软件实现了对从机节点数据的定时采集，在实际的工程应用中，还需要实现对从机的远程控制。本任务将通过 TruthBlue 软件，向从机发送命令，从而控制从机节点 LED 的状态。

6.4.1 学习目标

- 掌握 BLE 协议栈的硬件驱动开发。
- 掌握 TruthBlue 软件的使用。

6.4.2 开发环境

硬件：CC2540 节点板 1 块、SmartRF04 仿真、调试转接板、PC、安卓手机。软件：Windows XP/Windows 7/8/10、IAR 集成开发环境。

6.4.3 原理学习

本任务在 6.3 节的项目开发基础上开发而来，从机仍然会每 10 s 上传一次 A0、A1 的数据给主机，但是增加了一个控制命令，当从机收到来自主机的控制命令后，会进行解析，然后执行相应的操作。

控制命令由用户从 TruthBlue 软件发出，在编写程序时，需要在从机程序中编写解析命令的函数。

在 6.3 节的任务中，当手机蓝牙设备连接上蓝牙从机后，从机节点上的 D6、D7 两个 LED 都闪烁。在本节任务中，当从机节点与手机连接后，D6、D7 开始闪烁，然后通过 TruthBlue 发送指令，来控制 D7 的状态。

6.4.4　开发内容

本节的侧重点是控制，通过主机发送命令实现对从机的控制，故从机给主机周期性地发送数据的部分不再解析，这一部分与 6.3 节相同。

那么从机数如何接收数据？又是如何处理收到的命令的呢？从机收到数据后，BLE 协议栈经过一系列的处理，会调用 simpleProfileCBs() 的结构体，其内包含一个名为 simpleProfile_WriteAttrCB 的回调函数，在此函数中，调用了一个命令处理函数 ZXBeeDecode()，在此函数中，有一个专门处理命令的函数 ZXBeeUserProcess(ptag, pval)，此函数就是要开发者开发的函数，代码如下。

```
void ZXBeeUserProcess(char *ptag, char *pval)
{
    char buf[16];
    if (osal_memcmp(ptag, "A0", 2))
    {
        if (pval[0] == '?')                      //如果上层应用发来 A0=?的查询命令
        {
            sprintf(buf, "%d", A0);
            ZXBeeAdd("A0", buf);                 //将解析结果放入发送缓冲区以便于下一步发送
        }
    }
    if (osal_memcmp(ptag, "A0", 2))
    {
        if (pval[0] == '?')                      //如果上层应用发来 A1=?的查询命令
        {
            sprintf(buf, "%d", A0);
            ZXBeeAdd("A0", buf);
        }
    }

    if (osal_memcmp(ptag, "D7", 2))              //处理控制 LED 命令
    {
        if (pval[1] == 'N')
        HalLedSet(HAL_LED_1, HAL_LED_MODE_ON);
        else if(pval[1] == 'F')
        HalLedSet(HAL_LED_1, HAL_LED_MODE_OFF);
```

```
        }
    }
```

以上代码其实处理了很多命令。在这里，只关注最后一个 if 下的代码，这里处理的比较粗糙，即检测到"D7="的第二个字节为 N 就执行开灯命令，为 F 就执行关灯命令。在实际的工程应用中，请检测"D7="后的所有内容，以保证程序的稳定可靠。HalLedSet()为 BLE 协议栈提供的接口函数，其作用是设置 LED 的状态，在 hal_led.h 头文件中用 extern 声明。

6.4.5 开发步骤

（1）准备一块 CC2540 无线节点板（参考 1.2 节，将无线节点板跳线设置为模式一）。

（2）将本任务工程复制到协议栈工程目录下"C:\Texas Instruments\BLE-CC254x-140-IAR\Projects\ble\SimpleBLEPeripheral-ZXBee"，打开 CC2540DB-Control 内的工程文件，此工程为 BLE 协议栈硬件控制工程文件，新编译工程，将程序烧写到节点板中，此节点板为从机节点。

（3）打开手机的蓝牙，单击 TruthBlue 图标打开此软件，进一步操作来观察任务现象

6.4.6 总结与拓展

按照 6.3 节"总结与拓展"的内容，使用 TruthBlue 软件将手机蓝牙设备与任务从机向连接，并进入调试界面。此时从机每过 10 s 返回一次数据，并在 TruthBlue 软件上显示；从机节点板上 D6、D7 不停的闪烁。

在调试界面的发送栏输入"{D7=OFF}"，单击"发送"按钮，此时，节点板上只有 D6 在闪烁，D7 完全熄灭；再在发送栏输入"{D7=ON}"，单击"发送"按钮，D6、D7 同时闪烁。发送方式如图 6.14 所示。

图 6.14 TruthBlue2_8 发送控制指令

读者也可以编写其他的命令，让从机来执行要求的动作，这也是在第 6 章 BLE 协议栈控制类传感器驱动的基础。

6.5　任务 30　BLE 协议栈串口开发

在嵌入式中，串口是一种很实用，也很基本的串行通信方式，在学习嵌入式的过程中，首先学的通信就是串口通信。串口可以做很多事情，如通信、调试等。串口通信成本低廉、稳定可靠，并且可以很方便地转换为 RS-485、RS-232 的通信方式。串口在调试中也不可或缺，串口可以打印出程序当前的运行状态，这样调试者就可以很好地掌握程序动态。总之，串口很重要，本节将介绍 BLE 协议栈的串口通信。

6.5.1　学习目标

● 理解 BLE 协议栈工作原理。
● 掌握 BLE 协议栈的下的串口开发。

6.5.2　开发环境

硬件：CC2540 节点板 2 块、SmartRF04、调试转接板、USB mini 线、PC。软件：Windows XP/Windows 7/8/10、IAR 集成开发环境、串口监控程序。

6.5.3　原理学习

本节的任务是在 6.3 节基础上开发而来。在 6.3 节中，从机每 10 s 将数据发送给主机，并在 TruthBlue 软件上显示主机收到的数据。在这一节中，从机每发送一次数据，就通过串口打印一次其通过蓝牙发送的数据，在 PC 端通过串口软件显示出来。

在 BLE 协议栈工程目录中，有一个 NPI 的文件，其内包含有一个 npi.c 的文件。此文件中既有串口初始化，串口发送等一系列的串口函数，用户也可在其中开发自己的串口函数。

6.5.4　开发内容

在开始使用串口的时候，需要对串口进行初始化。对于 BLE 协议栈来说，这是远远不够的。初始化仅仅是调用一个协议栈提供的串口初始化的接口函数而已，需要做一些宏定义。

协议栈默认的串口宏定义并没有默认开启，串口中断和串口 DMA 都是关闭的，并且默认省电模式即 POWER_SAVING 开启。本任务串口将会使用 DMA 模式，并关闭省电模式。为什么要这样使用串口呢？假如串口配置为中断模式，那么 RF（无线收发）中断优先级因为比串口优先级更高，所以串口收发数据时，可能会被 RF 中断终止。因此，串口配置为 DMA 模式。宏定义了 POWER_SAVING 之后，意味着也就打开了相关电源管理功能；并且因为电源管理功能的开启，会使晶振的振频降低，在使用 DMA 进行串口收发时，就会出现串口无法工作的情况。

　　接着需要打开串口宏定义，并宏定义串口 DMA；最后去掉 POWER_SAVING 的宏定义，就可以调用 npi.c 内与串口相关的接口函数了。

　　下面将解析如何快速宏定义和快速取消宏定义。打开 ZXBee 从机文件夹中 CC2540DB-Uart 内的工程文件，此工程为本任务的程序，工作空间选择为 CC2540-ZXBee。

　　选中工程目录下的一级目录"SimpleBLEPeripheral-CC2540-ZXBee"，单击鼠标右键选择"Options"，弹出如图 6.15 所示的对话框。

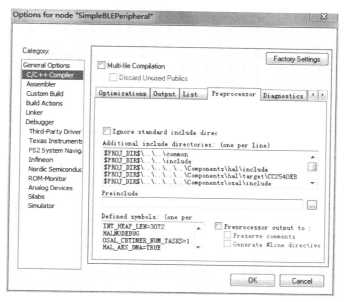

图 6.15　IAR 快速宏定义

　　选中"Category"下的"C/C++Compiler"，右侧"Preprocessor"标签下的"Define symbols"下的框内就是快速宏定义的地方。在此框最下方依次填入 HAL_UART=TRUE、HAL_UART_DMA=1，分别是开启串口、配置串口为 DMA 模式的宏定义。找到 POWER_SAVING 宏定义，在其前面加上小写字母 x，即 xPOWER_SAVING，表示取消宏定义。至此，宏定义的部分解析完毕。

　　现在来看下串口初始化程序，选中 npi.c 文件，找到串口初始化程序，其代码如下。

```
void NPI_InitTransport( npiCBack_t npiCBack )
{
    halUARTCfg_t uartConfig;
    uartConfig.configured           = TRUE;
    uartConfig.baudRate             = NPI_UART_BR;           //波特率(38400)
    uartConfig.flowControl          = NPI_UART_FC;           //关闭流控

    uartConfig.flowControlThreshold = NPI_UART_FC_THRESHOLD;//流控阈值,当开启流控时,该设
置有效
    uartConfig.rx.maxBufSize        = NPI_UART_RX_BUF_SIZE;  //发送缓冲区大小
    uartConfig.tx.maxBufSize        = NPI_UART_TX_BUF_SIZE;  //接收缓冲区大小
    uartConfig.idleTimeout          = NPI_UART_IDLE_TIMEOUT; //空闲超时
```

```
        uartConfig.intEnable              = NPI_UART_INT_ENABLE;      //串口中断使能(此处为关闭)
        uartConfig.callBackFunc           = NULL;//(halUARTCBack_t)npiCBack;//串口接收回调函数
        (void)HalUARTOpen( NPI_UART_PORT, &uartConfig );             //根据上述配置打开串口 0
        return;
    }
```

上述函数的参数为 npiCBack，是一个回调函数，串口接收数据在此函数中完成，用户可参考 ZStack 协议栈的串口回调函数进行编写。在本任务中，由于串口不需要接收数据，因此在调用串口初始化函数时可以传递一个空函数 NULL。配置完毕后，串口就可以使用了。本任务使用了串口发送数据的函数 "NPI_WriteTransport (uint8 *buf, uint16 len);"，此函数通过串口 0，将 buf 指向的 len 个字节发送出去。

BLE 协议栈运行之前调用了一系列的任务初始化函数，包括用户任务初始化函数 SimpleBLEPeripheral_Init()，串口初始化函数可在此函数中调用。在此函数中，调用了一个名为 sensor_init() 的函数，可以将串口初始化函数放入此函数中，sensor_init() 函数在 sensor.c 中定义，其代码如下。

```
    void sensor_init(void)
    {
        NPI_InitTransport( NULL);                        //初始化串口函数，回调函数为 NULL
        NPI_WriteTransport ("Uart init success!", strlen("Uart init success!"));
        NPI_WriteTransport ("\r\n", 2);                  //回车换行
    }
```

上述这段代码只会被操作系统调用一次，其功能是初始化了串口。初始化完成后，打印出 Uart init success！，来指示串口已可用。然而，需要注意的是，在 sensor.c 文件中调用了 BLE 协议栈提供的有关串口的接口函数，那么需要包含声明这些接口函数的头文件 "NPI.h"。

在 6.2 节知道，数据是在 sensor_loop() 函数中通过调用 ZXBeeNotify() 函数将数据发送出去的。其实，调用此函数时，会调用 onZXBeeRead() 函数将 A0、A1 及其值按照一定的格式读取到发送缓冲区，然后通过蓝牙网络发送出去，onZXBeeRead() 函数也在 sensor.c 文件中定义，其代码如下。

```
    int onZXBeeRead(uint8* obuf, int len)
    {
        char buf[16];
        ZXBeeBegin();                                    //开始取 A0、A1

        sprintf(buf, "%d", A0);
        ZXBeeAdd("A0", buf);                             //将 A0 及其值添加到缓冲区

        sprintf(buf, "%.1f", A1);
        ZXBeeAdd("A1", buf);                             //将 A1 及其值添加到缓冲区

        char *p = ZXBeeEnd();                            //结束取数据
        if (p != NULL)
        {
```

```
                int r = strlen(p);
                if (r <= len)                       //如果读取到的数据长度没有超出最大发送长度
                {
                    osal_memcpy(obuf, p, r);        //将数据复制到发送缓冲区
                    NPI_WriteTransport (obuf, r);   //将要发送的数据打印出去
                    NPI_WriteTransport ("\r\n", 2); //回车换行
                    return r;
                }
            }
            return 0;
        }
```

　　以上函数主要的功能是取 A0、A1 的值，然后以"{A0=20,A1=124.3}"这样的格式放入到发送缓冲区。这个函数执行完成后，发送函数将发送缓冲区的数据发送出去，然后清空发送缓冲区，等待下一次读取 A0、A1 的值。所以，可以将发送缓冲区的数据在清空之前，通过串口打印出来，然后对比 TruthBlue 软件通过蓝牙网络收到的数据，看二者是否相同。

6.5.5　开发步骤

　　（1）准备一块 CC2540 无线节点板（参考 1.2 节，将无线节点板跳线设置为模式一）。
　　（2）将本任务工程复制到协议栈工程目录下"C:\Texas Instruments\BLE-CC254x-140-IAR\Projects\ble\SimpleBLEPeripheral-ZXBee"，打开 CC2540DB-Uart 文件，此工程为 BLE 协议栈串口的工程文件，重新编译工程，将程序烧写到节点板中，此节点板为从机节点。
　　（3）通过转接板，正确地将串口线和 BLE 节点板向连接，打开串口调试助手，正确选择串口号，波特率设置为 38400，无校验，8 位数据位，1 位停止位，单击"打开"按钮。
　　（4）将 BLE 节点上电，此时，节点板上 D7 常亮。打开手机的蓝牙，单击 TruthBlue 图标，打开此软件。按照 6.3.6 节中的步骤，将 BLE 从机节点连接到网关蓝牙，并进入调试界面，观察现象。

6.5.6　总结与拓展

　　BLE 节点同网关蓝牙连接后，D6、D7 同时常亮，并且每过 10 s。串口软件收到一次数据，TruthBlue 也收到一次数据，如图 6.16 和图 6.17 所示。
　　对比发现，二者除串口提示外，其余完全相同！在这里需要指出的是，在前面的任务中 D6、D7 都是闪烁状态，为什么此处不闪烁，而是常亮了呢？本任务关闭了宏定义 POWER_SAVING，如果开启此宏定义，系统的频率会降低，所以能够看到 LED 在闪烁。当关闭此宏定义后，系统不再降频，故 LED 闪烁很快，人眼便不能看到起闪烁，显示的效果就是常亮！

图 6.16　TruthBlue 收到的数据

图 6.17　串口助手收到的数据

6.6　任务 31　BLE 协议栈的 Broadcaster 与 Observer

BLE 协议栈中，不但有主有主机（Central）、从机（Peripheral），还有广播者（Broadcaster）和观察者（Observer）这一对设备类型，它们配合使用。在不连接的情况下，广播者将数据通过广播发送出去，观察者可以收到这些数据。广播者不停地广播，并且不允许被连接；而观察者只接收广播者的数据，也不要求连接广播者。

当有如下场景时，可使用广播者和观察者。假如有 A、B、C 三个设备，A、B 都要获取 C 设备的值，则可将 A 设备和 B 设备设置为观察者，C 设备设置为广播者，这样 A、B 设备就可以不断地接收 C 的广播数据。当然实际的应用场景比 A、B、C 三个设备要复杂得多，这里仅仅作为一个简单的说明。

开始本任务之前，请将开发资源包中的"01-开发例程\第 6 章中的 6.6-SimpleBLEBroadcaster-ZXBee"和"6.7-SimpleBLEObserver-ZXBee"，即广播者工程和观察者工程复制到协议栈 ble 文件下。

6.6.1　学习目标

● 理解 BLE 协议栈的工作原理。
● 掌握 BLE 协议栈的广播者和观察者的开发。

6.6.2　开发环境

硬件：CC2540 节点板 2 块、SmartRF04、调试转接板、USB mini 线、PC。软件：Windows

XP/Windows 7/8/10、IAR 集成开发环境、串口监控程序。

6.6.3　原理学习

BLE 协议栈提供了广播者和观察者这一对设备类型，其对应的工程文件的路径与从机工程路径相同，都在 ble 文件夹下。本任务的原理很简单，广播者初始化完毕后，开始不停地广播；观察者初始化完成后，按下按键，便开始发现广播者，再次按下按键，观察者便开始收到广播数据，并将广播数据和广播者的地址一起打印出来。

本任务依然使用了串口，所以串口的配置与 6.5 节任务的串口配置完全相同。

6.6.4　开发内容

对于广播者来说，其协议栈的初始化、任务的初始化等一系列的操作和从机都差不多，任务的调度也是完全一样的。在用户任务初始化时，设置了一个广播数据的参数，即在用户任务初始化函数 SimpleBLEBroadcaster_Init()中调用了 GAPRole_SetParameter()函数，此函数的第三个参数 advertData 中存放的即为将要广播的数据，对其使用右键 Go to 功能，进入其定义代码。

```
static uint8 advertData[] =
{
    //Flags; this sets the device to use limited discoverable
    //mode (advertises for 30 seconds at a time) instead of general
    //discoverable mode (advertises indefinitely)
    0x02,    //length of this data
    GAP_ADTYPE_FLAGS,
    GAP_ADTYPE_FLAGS_BREDR_NOT_SUPPORTED,
    //three-byte broadcast of the data "1 2 3"
    0x04,    //length of this data including the data type byte
    GAP_ADTYPE_MANUFACTURER_SPECIFIC,        //manufacturer specific advertisement data type
    1,
    2,
    3
};
```

以上的广播有 8 个字节，分别是即 advertData[]={0x02,0x01,x04,x04,0XFF,0x01,0x02,0x03}。广播的数据是可以更改的，修改时，调用 GAPRole_SetParameter()函数设置新的广播数据，然后调用 GAP_UpdateAdvertisingData()函数更新广播数据。

用户任务初始化任务时，设置了一个启动设备事件 SBP_START_DEVICE_EVT，BLE 协议栈的操作系统抽象层检测到此事件后，在用户事件处理函数 SimpleBLEBroadcaster_ProcessEvent 中调用代码" VOID GAPRole_StartDevice(&simpleBLEBroadcaster_BroadcasterCBs);"来启动设备，至此，设备就启动了。

广播者设备启动后，便会设置一个开始广播事件 START_ADVERTISING_EVT，BLE 协议栈检测到此事件后，便调用相关函数开始广播。处理此事件的函数为 GAPRole_ProcessEvent。

广播者开始广播后，监听者便可以监听广播了。

接下来分析监听者的程序。监听者的程序也是基于 BLE 协议栈的，其初始化启动等流程与广播者完全相同。用户任务初始化函数代码相比较广播者来说，要简单得多，其代码如下。

```
void SimpleBLEObserver_Init( uint8 task_id )
{
    simpleBLETaskId = task_id;
    //Setup Observer Profile
    {
        uint8 scanRes = DEFAULT_MAX_SCAN_RES;
        GAPObserverRole_SetParameter ( GAPOBSERVERROLE_MAX_SCAN_RES,
                                                    sizeof( uint8 ), &scanRes );
    }
    //Setup GAP
    GAP_SetParamValue( TGAP_GEN_DISC_SCAN, DEFAULT_SCAN_DURATION );
    GAP_SetParamValue( TGAP_LIM_DISC_SCAN, DEFAULT_SCAN_DURATION );
    //注册按键事件
    RegisterForKeys( simpleBLETaskId );
    //关闭 LED
    HalLedSet( (HAL_LED_1 | HAL_LED_2), HAL_LED_MODE_OFF );
    //设置设备启动事件
    osal_set_event( simpleBLETaskId, START_DEVICE_EVT );
    NPI_InitTransport( NULL);                                    //初始化串口
    NPI_WriteTransport("Uart init success!\r\n",strlen("Uart init success!\r\n"));
}
```

上述代码是初始化观察者的用户任务初始化函数，在设置了观察者 profile 和 GAP 后，就注册了按键任务，随后关闭了 LED，并设置了启动设备事件，最后初始化了串口，并打印出提示信息。因此，观察者设备上电后，会首先打印出串口提示信息。

那么观察者是如何接收广播的呢？在 SimpleBLEObserver.c 文件中有一个处理按键的函数 simpleBLEObserver_HandleKeys()，当按键按下后，将会调用 GAPObserverRole_StartDiscovery()函数开始搜寻广播者。执行此函数时会调用 simpleBLEObserverEventCB 这个回调函数，该回调函数代码如下。

```
static void simpleBLEObserverEventCB( gapObserverRoleEvent_t *pEvent )
{
    switch ( pEvent->gap.opcode )
    {
        case GAP_DEVICE_INIT_DONE_EVENT:                    //如果有设备初始化完成事件
        {   //显示设备类型及其 MAC 地址
            //LCD_WRITE_STRING( "BLE Observer", HAL_LCD_LINE_1 );
            //LCD_WRITE_STRING( bdAddr2Str( pEvent->initDone.devAddr ),   HAL_LCD_LINE_2 );
            NPI_WriteTransport("BLE Observer\r\n",strlen("BLE Observer\r\n"));
            NPI_WriteTransport(bdAddr2Str( pEvent->initDone.devAddr ),
                                    strlen(bdAddr2Str( pEvent->initDone.devAddr )));
            NPI_WriteTransport("\r\n",strlen("\r\n"));
```

```
        }
        break;
        case GAP_DEVICE_INFO_EVENT:                          //如果有收到信息
        {                                                    //将信息按十六进制显示

            char broacast[3]={0},s[8];
            simpleBLEAddDeviceInfo( pEvent->deviceInfo.addr, pEvent->deviceInfo.addrType );
            memcpy(s,(pEvent->deviceInfo.pEvtData),8);
            memset((pEvent->deviceInfo.pEvtData),0,8);       //清空此次收到的数据
            if( flag_ad >4)
            {
                for(int i=0;i<8;i++)
                {
                    sprintf(broacast,"%02X",s[i]) ;
                    NPI_WriteTransport(broacast,2);
                }
                NPI_WriteTransport("\r\n",strlen("\r\n"));
            }
        }
        break;

        case GAP_DEVICE_DISCOVERY_EVENT:                     //如果有搜寻设备事件
        {                                                    //显示提示信息等
            //discovery complete
            simpleBLEScanning = FALSE;
            //Copy results
            simpleBLEScanRes = pEvent->discCmpl.numDevs;
            osal_memcpy( simpleBLEDevList, pEvent->discCmpl.pDevList,
                                (sizeof( gapDevRec_t ) * pEvent->discCmpl.numDevs) );
            LCD_WRITE_STRING_VALUE( "Devices Found", simpleBLEScanRes,
                                        10, HAL_LCD_LINE_1 );

            if ( simpleBLEScanRes > 0 )
            {
                LCD_WRITE_STRING( "<- To Select", HAL_LCD_LINE_2 );
            }
            //initialize scan index to last device
            simpleBLEScanIdx = simpleBLEScanRes;
        }
        break;
        default:
        break;
    }
}
```

以上代码中，收到的广播信息由此回调函数的参数所指向，该参数是一个共用体指针，下面来解析此共用体指针指向的共用体的结构。

```
typedef union
{
    gapEventHdr_t     gap;                    //!< GAP_MSG_EVENT and status.
    gapDeviceInitDoneEvent_t  initDone;       //!< GAP initialization done.
    gapDeviceInfoEvent_t   deviceInfo;  //!< Discovery device information event structure
    gapDevDiscEvent_t    discCmpl;            //!< Discovery complete event structure.
} gapObserverRoleEvent_t;
```

此共用体中有一个名为 deviceInfo 的成员，它表示发现设备信息事件结构体，即如果观察者搜寻到广播者，那么广播者的相关信息都被存储在 deviceInfo 结构体中。那么 deviceInfo 又是怎样的结构体呢？对 deviceInfo 的数据类型 gapDeviceInfoEvent_t 使用右键 Go to 功能，进入待 deviceInfo 的结构中，其代码如下。

```
typedef struct
{
    osal_event_hdr_t    hdr;        //!< GAP_MSG_EVENT and status
    uint8 opcode;                   //!< GAP_DEVICE_INFO_EVENT
    uint8 eventType;                //!< Advertisement Type: @ref GAP_ADVERTISEMENT_REPORT_
TYPE_DEFINES
    uint8 addrType;                 //!< address type: @ref GAP_ADDR_TYPE_DEFINES
    uint8 addr[B_ADDR_LEN];  //!< Address of the advertisement or SCAN_RSP
    int8 rssi;                      //!< Advertisement or SCAN_RSP RSSI
    uint8 dataLen;                  //!< Length (in bytes) of the data field (evtData)
    uint8 *pEvtData;                //!< Data field of advertisement or SCAN_RSP
} gapDeviceInfoEvent_t;
```

此结构体中包含了很多信息，如广播者的地址 addr[B_ADDR_LEN]、广播数据指针 pEvtData，需要获取广播数据或者广播者地址的时候，可以在此结构体中取。假如要取广播数据指针，那么代码应写为"pEvent→deviceInfo.pEvtData"。实际上，广播者和观察者的例程正是通过此方法，通过串口打印出收到的广播数据和广播者的地址的。

6.6.5   开发步骤

（1）准备两块 CC2540 无线节点板，将无线节点板跳线设置为模式一。

（2）将本任务两个工程复制到协议栈工程目录下，打开"6.6-SimpleBLEBroadcaster-ZXBee\CC2540DB"文件夹内的工程文件，此工程为本任务的广播者工程，重新编译工程，将程序下载到节点板中，此节点板即广播者节点。

（3）进入到 BLE 协议栈"Projects\ble"文件夹，打开"6.6-SimpleBLEObserver-ZXBee\CC2540DB"文件夹内的工程文件，此工程为本任务的观察者工程，重新编译工程，将程序下载到节点板中，此节点板即观察者节点。

（4）通过转接板，正确地将串口线和观察者节点板向连接，打开串口调试助手，正确选择串口号，波特率设置为 38400，无校验，8 位数据位，1 位停止位，单击"打开"按钮。

（5）将广播者节点和观察者节点电源开关至于 ON 位置，给其上电，通过进一步操作观察现象。

6.6.6　总结与拓展

两个节点上电后，它们的 D6、D7 都处于熄灭状态，串口调试助手上有如图 6.18 所示的数据返回。

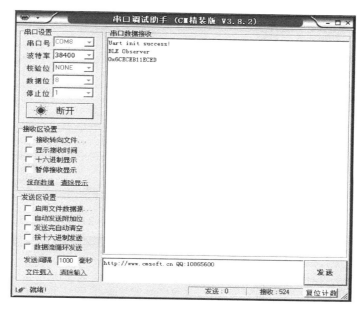

图 6.18　串口调试助手收到的数据（1）

串口调试助手收到三条数据，第一条为串口初始化提示信息，接着的两条为设备的类型和设备 MAC 地址，这两条信息是在设备初始化完成后被打印出来的。关于 MAC 地址的读取，请参考附录 A.3。

这三条信息打印出来后，串口已通，并且观察者已初始化完毕，可以进行下一步了。若上电后串口调试助手无信息返回，请检查串口线的连接，并给观察者重新上电或者按下观察者节点板上的 K3 键，即 reset 键，复位 CC2540 芯片。

当有上述三条信息返回后，按下观察者节点板上的 K4 键，这时串口调试助手会返回"Discovering"，表明观察者正在搜索广播者，再次按下 K4 键，此时，串口软件会收到广播者的设备类型和广播者的 MAC 地址，如图 6.19 所示。

当返回广播者的 MAC 地址后，说明观察者已经搜索到了广播者。再次按下 K4 键，串口调试助手就会打印出广播数据，再次按下，又会打印出广播数据，不停地按下，就会不停地打印，如图 6.20 所示。

以十六进制的形式打印出了广播数据，它是"02010404FF010203"，这一串数字是不是很熟悉呢？在广播者初始化时，设置了广播数据，即"advertData[]={0x02,0x01,x04,x04, 0XFF,0x01,0x02,0x03}"，这是在串口软件收到的数据，只是去掉了前面的 0x 这个十六进制标志而已。

图 6.19　串口调试助手收到的数据（2）

图 6.20　串口调试助手收到的数据（3）

关掉广播者，再次按下观察者节点板上的 K4 按键，这时串口调试助手不再有数据打印出来，因为已经关掉了广播，便接收不到广播了。

下面将使用抓包软件，抓取广播者发送的广播数据，来更直观地查看广播者的数据。当然，抓包软件也可以抓取从机未被连接之前的广播。抓包软件名为 Packet Sniffer，可以抓取 TI CC 系列芯片发送的无线数据。打开 "04-常用工具\Packet Sniffer\Setup_SmartRF_Packet_Sniffer_2.18.1.exe"，默认安装，安装完成后，桌面出现快捷方式图标。

在开始抓包之前，需要做一些准备工作，首先需要两块 CC2540 节点板，其中一块按照 6.6.5 节步骤（2）将广播者程序下载到其中，即广播者节点；另一块节点板，参考 6.5.4 节，通过 SmartRF04 仿真器将程序（路径 "C:\ProgramFiles\TexasInstruments\SmartRFTools\Packet Sniffer\bin\general\firmware\sniffer_fw_cc2540.hex"，即在抓包软件 Packet Sniffer 的安装目录下）下载到节点板中，此节点为抓包节点。

分别给两个节点接上电源，通过转接板正确连接 SmartRF04 和抓包节点（下载程序时已经连接），给两个节点上电。双击桌面的抓包软件 Packet Sniffer 的快捷方式，打开抓包软件，出现如图 6.21 所示的界面。

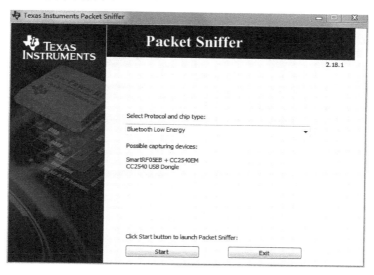

图 6.21　Packet Sniffer 启动界面

在 "Select Protocol and chip type" 下选择 "Bluetooth Low Engry"，单击 "Start" 按钮，弹出如图 6.22 所示的界面。

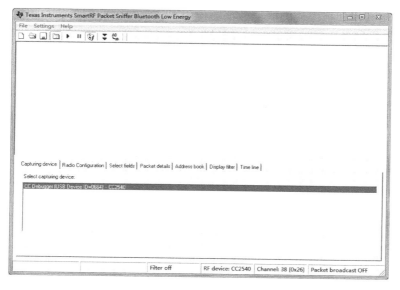

图 6.22　Packet Sniffer 抓包界面

如果抓包软件和抓包节点连接成功后，在抓包界面"Slelect capturing device"栏下回出现"CC D ebugger (USB Device ID=0664)-CC2540"字样，表明抓包节点已通过 SmartRF04 和抓包软件相连接，如果没有，按下 SmartRF04 上的复位按钮。

单击菜单栏开始按钮（ ▶ ），开始抓包，图 6.23 所示为第 37 信道抓取的数据。

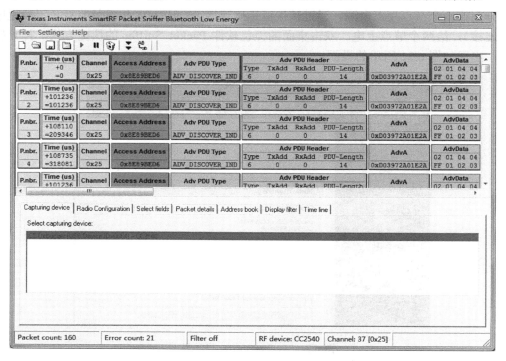

图 6.23　Packet Sniffer 抓取到数据

抓取到的数据含很多信息，其中最主要的是右侧的 AdvA 和 AdvData，分别表示广播者的地址和广播数据，抓取到的广播数据和使用串口获取到的广播数据相同。单击停止按钮（ ❚❚ ），可停止抓包，此时可以在抓包软件"Slelect capturing devive"上方的选项卡中设置参数和查看信息，单击"Start"按钮可重新抓包。

第7章

CC3200 和 SimpleLink Wi-Fi

协议开发

本章结合 CC3200 和 TI 开发的 SimpleLink Wi-Fi 协议栈，先简单认识 CC3200 芯片，通过安装、配置 CC3200 SDK 完成对 Wi-Fi 的配置，并通过任务开发实现对 AP 模式和 STATION 模式的学习，然后分别学习了 TCP 和 UDP 的网络通信方式，并通过 HTTP Server 的学习，从而实现网络的学习，最后对硬件进行控制。

7.1 任务 32 认识 CC3200 处理器及 SDK

7.1.1 认识 CC3200

2014 年 6 月，TI 推出了 SimpleLink Wi-Fi 系列 Wi-Fi 平台，专为 IoT 而设计，包括 CC3100、CC3200，平台具有高度的灵活性，其中 CC3200 在单芯片中集成了射频及模拟功能电路，将 Wi-Fi 平台与 ARM Cortex-M4 MCU 整合在一起，实现了低功耗、单芯片 Wi-Fi 解决方案。而 CC3100 可与任何 MCU 配合使用，两款芯片都具有很低的功耗，提供低功耗射频和高级低功耗模式，尤其适用于电池供电式设备的开发，可以让开发者利用快速连接、云支持、片上 Wi-Fi、互联网和稳健的安全协议实现物联网的简易型开发，无须具备开发连接型产品的先前经验，就能够轻松地为众多的家用、工业和消费类电子产品增添嵌入式 Wi-Fi 和互联网功能。本书以 C3200 芯片为例进行学习，CC3200 由应用微控制器（Applications MCU）、Wi-Fi 网络处理器和电源管理子系统组成，特性如下。

（1）应用微控制器。应用微控制器采用 ARM Cortex-M4 内核，运行频率 80 MHz，具有 64 KB 的 Flash ROM 及 128 KB/256 KB 的 SRAM，片内具有丰富的外设接口（2 个 UART、SPI、I2C、SD/MMC、8 位并行摄像头接口，以及 1 个多通道音频串口并支持 2 个 I2S 通道）4 个支持 16 位脉宽调制输出的通用定时器及独立的 32 位看门狗定时器，4 通道 12 位 ADC，26 个独立可编程、复用的 GPIO 引脚。

（2）Wi-Fi 网络处理器子系统。Wi-Fi 网络处理器子系统包含一个额外的专用 ARM

MCU，用以免除应用微控制器的处理负担。子系统支持 Wi-Fi 802.11b/g/n 协议标准、256位 AES 加密及 WPA2 加密，支持基站（Station，STA）、访问点（Access Point，AP）和 Wi-Fi Direct 模式，内部集成 IPv4 TCP/IP 协议栈、HTTP 服务器等多种网络协议，实现 IEEE 802.11b/g/n 协议的无线收发、PHY 层及 MAC 层。

（3）电源管理子系统。电源管理子系统集成 DC-DC 转换器，支持两种电源配置：宽范围电压模式（2.1～3.6 V）及预稳压的 1.85 V 模式（由经过预稳压的 1.85 V 电源供电）。除运行模式外，还支持睡眠、深度睡眠、低功耗深度睡眠，以及冬眠等高级低功耗模式，能大幅降低芯片的工作电流。

CC3200 广泛应用于物联网，包括互联网网关、家庭自动化、工业控制、家用电器、智能插座和仪表计量、访问控制、无线音频、安防系统、IP 网络传感器节点、智能能源等领域。

7.1.2　CC3200 程序的烧写

CC3200 的内核为 Cortex-M4 内核，供 CC3200 烧写程序的仿真器和前面说介绍的 51 内核的 CC 系列芯片不同。因为 CC3200 内部 ROM 容量为 64 KB，用于存放启动引导程序和外设驱动程序，用户代码被放在外部容量多达 8 MB 的 ROM 中，并且通过串口下载，烧写程序是通过调试转接板上的 USB 转串口进行程序烧写的。

在这里需要说明的是，CC3200 程序由两部分组成，分别是官方提供的服务包和用户程序。

需要先安装官方提供的服务包程序，打开开发资源包 "\04-常用工具\CC3200"，找到名为 "CC31xx_CC32xx_ServicePack-1.0.0.10.0-windows-installer.exe" 可执行文件，双击默认安装。

在进行软件烧写之前，需要先安装 CC3xxx 芯片烧写工具，打开开发资源包 "\04-常用工具\CC3200"，找到名为 "uniflash_cc3xxx_setup_3.2.0.00123.exe" 可执行文件，双击默认安装。

安装完成后，在开始菜单 Texas Instruments 目录下找到 CCS UniFlash-CC3xxx Edition 3.2.0 的软件，此软件为 CC3200 下载程序所需要的软件。本书为方便描述，以下简称此软件为 UniFlash。单击打开 UniFlash，会弹出引导界面。单击带有下划线的蓝色字体的 "New Target Configuration"，弹出选项卡后单击 "OK" 按钮.进入操作界面，如图 7.1 所示。

通过 USB 线连接调试转接板，第一次使用需要安装驱动，查看当前 USB 转串口工具占用的端口号，假如是 COM5，那么在 UniFlash 操作界面 "COM Port" 下的空白栏中填入 5，表示此软件通过 COM5 向芯片烧写程序。调试转接板通过排线正确连接到 CC3200 节点板的调试接口上，给节点板插上电源并上电。如果核心板是第一次使用，单击 UniFlash 操作界面中的 "Service Pack Programming" 按钮，接着选中选中 UniFlash 安装路径 "C:\ti\CC31xx_CC32xx_ServicePack_1.0.0.10.0" 中的 "servicepack_1.0.0.10.0.bin" 文件（双击此文件或者单击选中，然后单击 "打开" 按钮），弹出下载界面，如图 7.2 所示。

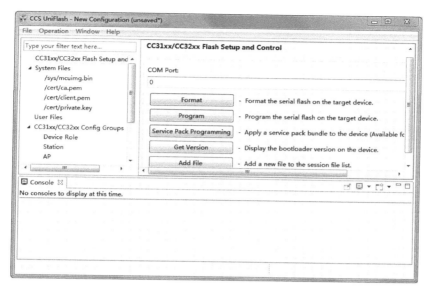

图 7.1　UniFlash 操作界面

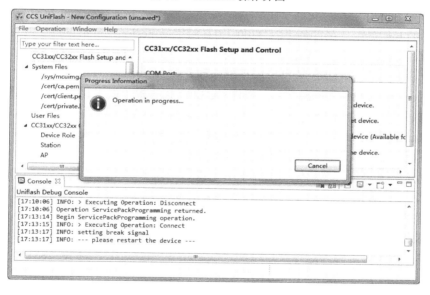

图 7.2　UniFlash 下载界面（1）

当看到软件信息提示区域显示"please restart the device"时，按住 CC3200 核心板上的 K1 按钮，接着按下底板上的复位按钮 K3，官方提供的服务包便开始下载，当信息显示区域返回的下载信息为"Operation ServicePackProgramming returned"时，表示官方的服务包下载完毕，下一步将进行用户程序的下载。需要注意的是，当下次再使用下载了官方服务包的 CC3200 的核心板后，便不需要再下载官方提供的服务包了，直接下载用户程序即可。

　　程序下载方法：选中 UniFlash 操作界面左侧"System Files"下的"/sys/mcuimg.bin"选项，表明将要烧写的是 bin 文件，而不是前面几个章节中所说的 hex 文件，这一点需要注意。单击"/sys/mucimg.bin"选项后，弹出如图 7.3 所示界面。

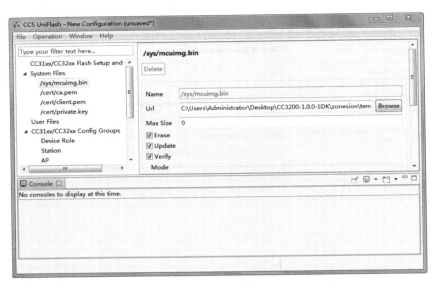

图 7.3　UniFlash 下载界面（2）

单击 Url 右侧空白栏后面的"Browse"按钮，选中需要下载的 bin 文件，如模板工程编译后产生的 bin 文件，在目录"CC3200-1.0.0-SDK\zonesion\template\ewarm\Release\Exe"下。钩选中 Erase、Update、Verify，单击菜单栏"Operation→Program"，开始编程（此时节点板应处于上电状态，USB 转串口应正确地和 CC3200 相连接）。当看到软件信息提示区域显示"please restart the device"时，按住 CC3200 核心板上的 K1 按钮，接着按一下底板上的复位按钮 K3，用户程序便开始下载，当信息显示区域返回的下载信息为"Operation Program returned"的时候，表示用户程序下载完毕。再次按下底板上的复位按钮 K3 或者重新给节点板上电，新下载的用户程序就开始运行。

最后需要说明的是，下载程序工程中两个按钮的按下时间，当按下 CC3200 核心板上的 K1 键后，紧接着按一下（按下后立即松开）底板上的复位按钮 K3，当看到 UniFlash 信息显示区域有新的下载信息显示出来后，便可以松开 K1 按钮了。

当下载总是出错的时候，可以选择重新下载官方服务包程序，或者格式化 Flash 并重新下载程序。格式化步骤为选择菜单栏的"Operation→Format"，选择"8M"（CC3200 核心板片外 ROM 大小），然后单击"OK"按钮，当提示重启设备时，按住核心板上的 K1 按钮，并按一下底板上的 K3 复位键。此外，bin 文件不能有中文路径，否则下载可能会出错。

7.1.3　CC3200 SDK

CC3200 SDK 即 SimpleLink Wi-Fi CC3200 SDK，它包含用于 CC3200 可编程 MCU 的驱动程序、40 个以上的示例应用，以及使用该解决方案所需的文档；它还包含闪存编程器，这是一款命令行工具，用于闪存软件并配置网络和软件参数（SSID、接入点通道、网络配置文件等）、系统文件和用户文件。此 SDK 可与 TI 的 SimpleLInk Wi-Fi CC3200 LaunchPad 配合使用。

此 SDK 提供各种各样的支持，具有 CCS IDE，但没有 RTOS 的集成，Cortex-M4 支持此 SDK 中的所有示例应用。此外，有些应用还支持 IAR、GCC、免费 RTOS 和 TI RTOS。

1. CC3200 SDK 资源

CC3200 SDK 的安装包名为 CC3200-1.0.0-SDK.exe，它在开发资源包"03-系统代码\CC3200-1.0.0-SDK.exe"，双击此安装包直接安装。安装完成后，协议栈会被安装到到"C:\Texas Instruments\CC3200-1.0.0-SDK"路径下。进入此文件夹后，有 14 个文件（夹），分别是 docs、driverlib、example、inc、middleware、netapps、oslib、simplelink、simplelink_extlib、third_party、ti_rtos、tools、zonesion 和 readme.txt 文件，文件（夹）介绍如下。

（1）docs：此文件中放的是文档，诸如 SDK 的 API 指南、SDK 用户手册、例程、TI-RTOS 用户手册等文档。

（2）driverlib：驱动库，放的是 CC3200 芯片的驱动，当要使用 CC3200 的某种功能，如 ADC 功能时，可以 adc.c 文件添加到工程中，并在头文件路径中包含 adc.h 所在的路径，即可调用 ADC 相关的 api 了。

（3）example：例程，里面存放了 40 多个 CC3200 的例程，如 ADC、camera_application、email、file_download 等。

（4）inc：头文件文件夹。

（5）middleware：中间件。

（6）netapps：网络应用，里面存放的是网络应用工程。

（7）oslib：操作系统库。

（8）simplelink：Simplelink 例程。

（9）simplelink_extlib：扩展库。

（10）third_party：操作系统源文件。

（11）ti_rtos：TI 操作系统配置例程。

（12）tools：工具。

（13）zonesion：用户文件，用户编写的程序源码和工程都放在其中。

为了使本书的内容简洁明了，在本章下文中所说的 SDK 中的文件或者协议栈中的文件，即指"C:\Texas Instruments\CC3200-1.0.0-SDK"路径下的文件。

2. CC3200 工程结构

进入到 SDK 中的 zonesion 文件夹，发现其中有两个个文件夹，分别是 common 和 template 文件， common 文件是在 zonesion 中存放的工程所需要的公共的文件，template 文件即为一个工程的模板，可以在这个工程模板的基础上进行修改，来得到用户自己想要的工程。打开 template 文件夹，发现内有三个分别名为 gcc、ewarm 和 ccs 的文件夹，gcc、ccs 是开发环境，由于本书所使用的是 IAR 开发环境，因此进入 ewarm 文件夹，双击 template.eww 工程文件，打开模板工程。在本章后面的内容中提到的模板工程即此工程，打开后可看到如图 7.4 所示的工程目录结构。

工程目录主要分为 4 大部分组成， 分别是 common、

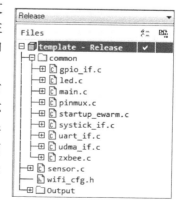

图 7.4 CC3200 工程结构

sensor.c、wifi_cfg.h 和 Output。common 目录下是工程共同的文件包括主函数和硬件配置如串口配置 LED 配置等，一般情况下不需要修改；sensor.c 为传感器驱动文件，用户开发传感器驱动大多在此文件中进行；wifi_cfg.h 为 Wi-Fi 配置文件；Output 为系统自带输出。

3．Wi-Fi 连接配置

Wi-Fi 连接需要对连接的信息进行配置，如 CC3200 所需要连接的 Wi-Fi 的名称、密码等。进入工程中的 Wi-Fi 配置文件 wifi_cfg.h，有下列代码。

```
//Wi-Fi 名称和密码
#define Z_SSID_NAME          "TP-link"                        //AP SSID
#define Z_SECURITY_TYPE      SL_SEC_TYPE_WPA_WPA2 //Security type (OPEN or WEP or WPA
#define Z_SECURITY_KEY       "123456789"                      //Password of the secured AP
//网关 IP 地址
#define IP_ADDR              0xc0a8000a                       //192.168.0.254，网关 IP 为 192.168.43.1
#define GW_PORT              7003
#define LO_PORT              7004
```

上述代码宏定义了 CC3200 要连接的 Wi-Fi 的信息，有 Wi-Fi 名称和密码，以及 Wi-Fi 安全类型；网关的 IP 地址和端口，以及 CC3200 的端口。上面的代码配置了 CC3200 将要连接名为 TP-link、密码为 123456789 的 Wi-Fi，其安全类型为 SL_SEC_TYPE_WPA_WPA2；CC3200 将要访问的网关的 IP 为 192.168.0.254，端口号为 7003；CC3200 端口号为 7004。

4．CC3200 工程解析

打开 SDK 中的模板工程，进入 common 目录下的 main.c 文件，此文件为模板工程程序入口函数 main 函数所在的文件。找到 main 函数，其代码如下。

```
void main()
{
    long lRetVal = -1;
    BoardInit();                                        //板载初始化
    SysTickInit();                                      //初始化 systick 定时器
    UDMAInit();                                         //初始化 DMA 控制

    PinMuxConfig();                                     //引脚复用配置
    LEDInit();                                          //LED 初始化
    InitTerm();                                         //配置串口
    DisplayBanner(APPLICATION_NAME);                    //打印应用名称
    InitializeAppVariables();                           //初始化应用

    lRetVal = ConfigureSimpleLinkToDefaultState();      //配置 SimpleLink 为默认状态
    if(lRetVal < 0)                                     //如果配置失败
    {
        if (DEVICE_NOT_IN_STATION_MODE == lRetVal)
        UART_PRINT("Failed to configure the device in its default state \n\r");
        LEDOn(3);
        LOOP_FOREVER();                                 //无限循环
    }
```

```
        UART_PRINT("Device is configured in default state \n\r");

        lRetVal = sl_Start(0, 0, 0);                          //启动 SimpleLink 设备
        if (lRetVal < 0)                                      //如果启动失败
        {
            LEDOn(3);
            UART_PRINT("Failed to start the device \n\r");
            LOOP_FOREVER();                                   //无限循环
        }
        UART_PRINT("Device started as STATION \n\r");

        UART_PRINT("Connecting to AP: %s ...\r\n",Z_SSID_NAME);    //打印当前将要连接的 Wi-Fi
        lRetVal = WlanConnect();                              //连接到 Wi-Fi 设备
        if(lRetVal < 0)                                       //如果连接失败
        {
            LEDOn(3);
            UART_PRINT("Connection to AP failed \n\r");
            LOOP_FOREVER();                                   //无限循环
        }

        UART_PRINT("Connected to AP: %s \n\r",Z_SSID_NAME);   //打印已连接上的 Wi-Fi 设备名称
        UART_PRINT("Device IP: %d.%d.%d.%d\n\r\n\r",          //打印出自己的 IP
                        SL_IPV4_BYTE(g_ulIpAddr,3),
                        SL_IPV4_BYTE(g_ulIpAddr,2),
                        SL_IPV4_BYTE(g_ulIpAddr,1),
                        SL_IPV4_BYTE(g_ulIpAddr,0));
        ZXBeeInit();                                          //获取网络配置
        sensorInit();                                         //传感器初始化
        BsdUdpClient();//打开一个 UDP, 客户端 Socket 发送数据（程序在此函数中无限循环，不再执行
下面的语句）
        lRetVal = sl_Stop(SL_STOP_TIMEOUT);
        LEDOn(3);
        while (1)
        {
            _SlNonOsMainLoopTask();
        }
    }
```

  main 函数是程序入口函数，程序由此开始执行。在上述代码中，程序首先对硬件进行了初始化，包括板载的初始化、systick 定时器初始化、DMA 控制、引脚复用、串口等初始时，有些初始化是自己可以改写的，如 systick 定时器的初始化，其代码完全可见；另外函数由 TI 提供 API 调用，但是不能看到源代码，如在板载初始化中的 MCU 初始化函数 PRCMCC3200MCUInit()，通过单击鼠标右键选择 Go to 功能对函数进行跟踪，最后只能找到函数的声明，并不能找到函数的定义。那么这个函数到底在哪里呢？

  打开模板工程，在菜单栏选中"Project→Options"在左侧"Category"栏下选择"Linker"选项，在右侧选项卡中选择"Library"标签，如图 7.5 所示。

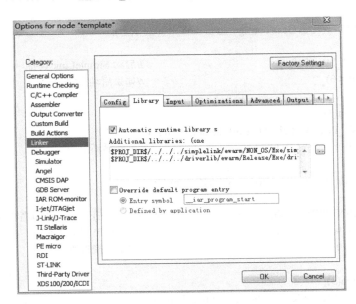

图 7.5 Linker 配置

在"Additional libraries"栏下的空格栏中有两行语句，分别是

$PROJ_DIR$/../../../simplelink/ewarm/NON_OS/Exe/simplelink.a
$PROJ_DIR$/../../../driverlib/ewarm/Release/Exe/driverlib.a

语句的意思很明了，就是在编译器链接的时候应用了连个格式为.a 的文件，分别是 sinmplelink.a 和 driverlib.a，其中.a 文件为静态链接库文件。所谓静态链接是指把要调用的函数或者过程链接到可执行文件中，成为可执行文件（这里为 bin 文件）的一部分，其实在这里可以简单地理解为那些在工程中的只有声明而找不到定义的函数都在.a 库文件中。

硬件初始化完成后，开始配置 SimpleLink，这里的 SimpleLink 就相当于前面章节中的 SimpliciTI，即初始化协议栈。如果初始化失败，程序就进入无限循环；如果 SimpleLink 配置成功，程序接下来启动 SimpleLink 设备，启动失败则进入无限循环；启动成功，程序开始接入 Wi-Fi，接入失败，进入无限循环，接入成功后，再进行下一步的操作。所以，在程序进行硬件初始化后，接下来分别进行了配置协议栈、开启协议栈设备、连接 Wi-Fi 这三大步操作，每一步操作失败，程序都会进入无限循环；操作成功，串口就会打印出相应的信息，并进入下一步操作。

Wi-Fi 连接成功后，函数接着执行了一个名为 Zxbeeinit() 的函数，此函数实际上是获取当前网络信息，以便于下一步操作。接下来，函数将执行 sensorInit()，这个函数是传感器初始化函数，其功能不言而喻。最后程序进入 BsdUdpClient() 函数，此函数的功能是建立一个 UDP 客户端，并在一个无限循环中，周期性地发送数据，此函数将在接下来的章节里面介绍。

在进入接下来的章节之前，需要将开发资源包中"01-开发例程\第 7 章"中的 7.2 至 7.5一共 5 个工程文件夹复制到协议栈中的"example"文件夹（"C:\Texas Instruments\CC3200-1.0.0-SDK\example"）中；将"7.6-Control"工程文件夹复制到协议栈中的"zonesion"文件夹（"C:\Texas Instruments\CC3200-1.0.0-SDK\zonesion"）中。

7.2 任务 33 CC3200 AP 模式

7.2.1 学习目标

- 熟悉 CC3200 SDK 的开发。
- 理解 AP 模式，掌握 AP 工程开发。

7.2.2 开发环境

硬件：CC3200 节点板 1 块、调试转接板、PC、智能手机一台、USB mini 线。软件：Windows XP/Windows 7/8/10、IAR 集成开发环境、CCS-UniFlash 烧写软件。

7.2.3 原理学习

AP 即 Access Point，提供无线接入服务，允许其他无线设备接入，提供数据访问，一般的无线路由/网桥工作在该模式下。AP 和 AP 之间允许相互连接；STATION 简称 STA，它类似于无线终端，STA 本身并不接受无线的接入，它可以连接到 AP，一般无线网卡工作在该模式。当 AP 接入了互联网，那么 STA 就可以通过通过 AP 访问互联网，最典型的应用就是手机连接无线路由器，访问网络。

在本任务中，CC3200 节点板被设置为 AP 模式，提供网络接入服务。当 AP 建立起 Wi-Fi 网络后，其他有支持 Wi-Fi 连接的设备就可以连入这个网络了。本任务通过智能手机，连接 CC3200 组建的网络，来验证 TI 官方提供的这个 AP 工程。

7.2.4 开发内容

本任务的所需要的工程所在的位置在 CC3200 协议栈中 example 文件夹中，文件名称为 "7.2-getting_started_with_wlan_ap-ZXBee"，以下简称 AP 工程文件。接下来来分析下 AP 工程源码中的 main 函数，其代码如下。

```
void main()
{
    long lRetVal = -1;
    BoardInit();                        //板载初始化
    PinMuxConfig();                     //引脚复用初始化
#ifndef NOTERM
    InitTerm();                         //配置串口
#ifdef LCD_USE
#include "info.h"
    lcd_dis();                          //在 LCD 上显示相关信息
    UART_PRINT("{data= This is AP}");
```

```
#endif
#endif
    DisplayBanner(APP_NAME);                          //打印信息

    lRetVal = VStartSimpleLinkSpawnTask(SPAWN_TASK_PRIORITY);
    //创建 SL Spawn 任务，和 SL 队列，参数为该任务的优先级
    if(lRetVal < 0)
    {
        ERR_PRINT(lRetVal);
        LOOP_FOREVER();
    }
    lRetVal = osi_TaskCreate( WlanAPMode,         //创建  WlanAPmode 任务，该任务优先级为1
                              (const signed char*)"wireless LAN in AP mode",
                              OSI_STACK_SIZE, NULL, 1, NULL );
    if(lRetVal < 0)
    {
        ERR_PRINT(lRetVal);
        LOOP_FOREVER();
    }
    osi_start();                                       //启动操作系统
}
```

AP 工程是一个带操作系统的工程，从主函数的最后一句代码 osi_start()这个函数可以看出，其作用是启动操作系统。AP 工程主函数代码结构很简单，先是对硬件进行了初始化，包括板载初始化了、串口初始化等，程序创建了两个任务，第一个创建任务的函数是VStartSimpleLinkSpawnTask()，该模块创建了 SL Spwan 任务，并且创建了 SL 队列；该函数的源码在本工程中不可见，但是在协议栈中的 oslib 文件中的工程中可以找到其源代码，源代码在 osi_freertos.c 中；接下来程序创建了 WlanAPMode 任务，任务优先级为 1，其代码如下。

```
void WlanAPMode( void *pvParameters )
{
    int iTestResult = 0;
    unsigned char ucDHCP;
    long lRetVal = -1;
    InitializeAppVariables();                            //初始化应用变量
    lRetVal = ConfigureSimpleLinkToDefaultState();       //配置 SimpleLink 到初始状态
    if(lRetVal < 0)
    {
        if (DEVICE_NOT_IN_STATION_MODE == lRetVal)
            UART_PRINT("Failed to configure the device in its default state \n\r");
        LOOP_FOREVER();
    }
    UART_PRINT("Device is configured in default state \n\r");
    lRetVal = sl_Start(NULL,NULL,NULL);                  //启动 SimpleLink 设备
    if (lRetVal < 0)
    {
```

```
            UART_PRINT("Failed to start the device \n\r");
            LOOP_FOREVER();
    }
    UART_PRINT("Device started as STATION \n\r");
    if(lRetVal != ROLE_AP)                              //如果设备不是 AP 模式
    {
        if(ConfigureMode(lRetVal) != ROLE_AP)           //配置为 AP 模式，配置失败则进入无限循环
        {
            UART_PRINT("Unable to set AP mode, exiting Application...\n\r");
            sl_Stop(SL_STOP_TIMEOUT);
            LOOP_FOREVER();
        }
    }
    while(!IS_IP_ACQUIRED(g_ulStatus))                  //无限循环直到获取到 IP
    {
        //looping till ip is acquired
    }
    unsigned char len = sizeof(SlNetCfgIpV4Args_t);
    SlNetCfgIpV4Args_t ipV4 = {0};                      //get network configuration
    lRetVal = sl_NetCfgGet(SL_IPV4_AP_P2P_GO_GET_INFO,&ucDHCP,&len,
                                            (unsigned char *)&ipV4);
    if (lRetVal < 0)
    {
        UART_PRINT("Failed to get network configuration \n\r");
        LOOP_FOREVER();
    }
    UART_PRINT("Connect a client to Device\n\r");
    while(!IS_IP_LEASED(g_ulStatus))
    {
        //wating for the client to connect
    }
    UART_PRINT("Client is connected to Device\n\r");

    iTestResult = PingTest(g_ulStaIp);                  //ping 连接在此 AP 上的 STA
    if(iTestResult < 0)
    {
        UART_PRINT("Ping to client failed \n\r");
    }
    UNUSED(ucDHCP);
    UNUSED(iTestResult);
    //revert to STA mode
    lRetVal = sl_WlanSetMode(ROLE_STA);                 //设备恢复到 STATION 模式
    if(lRetVal < 0)
    {
        ERR_PRINT(lRetVal);
        LOOP_FOREVER();
    }
}
```

```
//Switch off Network processor
lRetVal = sl_Stop(SL_STOP_TIMEOUT);                    //停止 SimpleLink 设备
UART_PRINT("Application exits\n\r");
while(1);                                              //无限循环
}
```

当操作系统切换到 WlanAPMode 任务后，便开始配置 SimpleLink 设备为初始状态，即为 STA 模式，紧接着开启 SimpleLink 设备，并将其设置为 AP 模式，但是在配置为 AP 之前，需要通过串口获取到 SSID name，即平常所见的路由器 Wi-Fi 名称。设置成功后，将会获取到 IP，并等待 Wi-Fi 设备加入到这个 AP 组建的 Wi-Fi 网络；且有 Wi-Fi 设备连接到 AP 上后，AP 开始通过 ping 这台连接到 AP 上的 Wi-Fi 设备，来测试是否连接成功，网络是否通畅。测试完毕后，将会退出 AP 模式，再次回到 STA 模式，最后停止 SimpleLink 设备，进入无限循环，至此，WlanAPMode 这个任务执行完毕。这个任务在执行过程中，会不停地通过串口打印出当前设备的信息，通过这些打印信息，用户就可以知道当前程序进行哪一阶段，设备当前状态是怎么样的，等等。UART_PRINT()为串口打印函数，其用法和标准的库函数 printf 函数基本相同，只是 printf 将信息显示在串口上，而 UART_PRINT 将信息送到串口上。

7.2.5　开发步骤

（1）准备一块 CC3200 无线节点板，将无线节点板跳线设置为模式一。

（2）将 PC 通过 USB mini 线和调试转接板，正确的连接 CC3200 无线节点板。

（3）在 PC 上打开串口终端软件，选中 USB 转串口工具当前占用的端口号，设置波特率为 38400、无检验、8 个数据位、一个停止位，此时，串口调试助手的串口通信应处于关闭状态。

（4）打开已复制到协议栈中的 AP 工程（路径"CC3200-1.0.0-SDK\example\"），重新编译工程。

（5）打开 UniFlash，参考 7.1 节，编译生成的程序（"CC3200-1.0.0-SDK\example\7.2-getting_started_with_wlan_ap-ZXBee\ewarm\Release\Exe"目录下的 bin 文件）下载到 CC3200 无线节点。

（6）单击串口调试助手的"打开"按钮，打开串口助手的串口通信，按一下底板上的复位按钮 K3，观察串口返回来的数据，并进一步操作。

7.2.6　总结与拓展

按下复位键后，串口调试助手在几秒之内会返回数据，返回的数据分别为程序应用名称、版本号、设备配置状态，以及设备启动模式（此时为 STATION 模式），最后一条信息为"Enter the AP SSID name:"表示现在需要从串口输入 AP SSID 名称，即平时见到的无线路由器 Wi-Fi 的名称，此条信息被显示后，程序处于等待状态，等待从串口输入 SSID name。

在串口调试助手发送栏输入一个 Wi-Fi 名称，如 CC3200_AP_8210（CC3200_AP_加上身份证号码的后四位，避免附近有其他组做任务而产生相同名称的 Wi-Fi），并加上回车键。

单击"发送"按钮，将刚才输入的内容通过串口发送给 CC3200。

单击"发送"按钮后，串口调试助手又会返回两条信息，分别提示设备（CC3200）被配置为 AP 模式，等待一个客户端设备连入，如图 7.6 所示。

图 7.6　串口调试助手返回的运行信息（1）

打开智能手机（本书以安卓为例）设置 WLAN，打开手机 Wi-Fi，在可用 Wi-Fi 列表中，发现一个名为 CC3200_AP_8210 的 Wi-Fi 网络，单击"连接"按钮，手机提示连接成功，如图 7.7 所示。

图 7.7　手机连接到 CC3200_AP_8210

第
7
章

同时，串口调试助手又会打印出提示信息，提示已连接、ping 成功、退出应用等消息，如图 7.8 所示。

图 7.8　串口调试助手返回的运行信息（2）

7.3　任务 34　CC3200 STATION 模式

7.3.1　学习目标

● 熟悉 CC3200 SDK 的开发。
● 熟悉 STATION 模式，掌握 STATION 模式工程开发。

7.3.2　开发环境

硬件：CC3200 节点板 1 块、调试转接板、PC、智能手机一台、USB mini 线。软件：Windows XP/Windows 7/8/10、IAR 集成开发环境、CCS-UniFlash 烧写软件。

7.3.3　原理学习

7.2 节介绍了 AP，但是光有 AP 的存在是毫无意义的。AP 提供网络接入服务，就需要另一种设备类型来接入，因此便有了 STATION。一般的无线网卡和手机都工作在 STATION 模式，但是当手机处于 Wi-Fi 热点共享时，便处于 AP 模式。

在本任务中，手机 Wi-Fi 设备将处于 AP 模式，CC3200 节点板被设置为 STATION 模式，可以接入手机建立的 Wi-Fi 热点，接入过程中，CC3200 串口会不停地打印出信息。本任务通 CC3200 连接智能手机建立的 Wi-Fi 网络，来验证 TI 官方提供的 STATION 工程。

7.3.4　开发内容

本任务的所需要的工程所在的位置在 CC3200 协议栈中 example 文件夹中，简称 STATION 或者 STA 工程文件。接下来来分析下 STA 工程源码中的 main 函数，其代码如下。

```
void main()
{
    long lRetVal = -1;
    BoardInit();                                    //板载初始化
    PinMuxConfig();                                 //复用引脚配置
#ifndef NOTERM
    InitTerm();                                     //串口配置
#endif   //NOTERM
    DisplayBanner(APPLICATION_NAME);               //打印应用名称

    GPIO_IF_LedConfigure(LED1|LED2|LED3);          //配置 LED
    GPIO_IF_LedOff(MCU_ALL_LED_IND);               //关闭 LED
    lRetVal = VStartSimpleLinkSpawnTask(SPAWN_TASK_PRIORITY);
    //创建 SL Spawn 任务和 SL 队列，参数为该任务的优先级
    if(lRetVal < 0)
    {
        ERR_PRINT(lRetVal);
        LOOP_FOREVER();
    }
    lRetVal = osi_TaskCreate( WlanStationMode, (const signed char*)"Wlan Station Task",
                                        OSI_STACK_SIZE, NULL, 1, NULL );
    if(lRetVal < 0)
    {
        ERR_PRINT(lRetVal);
        LOOP_FOREVER();
    }
    osi_start();
}
```

STATION 工程的 main 函数和 AP 工程的 main 函数基本相同，只有一些不同，STATION 工程驱动了 LED，这是和 7.2 节 AP 工程一个不同的地方；另一个不同便是，在 7.2 节中程序创建了一个名为 WlanAPMode 的任务，此任务的功能是将 CC3200 设置为 AP 模式并建立网络，允许一个 STATION 模式的设备接入，本节任务创建了 WlanStationMode 任务，其代码如下。

```c
void main()void WlanStationMode( void *pvParameters )
{
    long lRetVal = -1;
    InitializeAppVariables();                            //初始化应用变量
    lRetVal = ConfigureSimpleLinkToDefaultState();       //配置 SimpleLink 为默认状态（STATION 模式）
    if(lRetVal < 0)
    {
        if (DEVICE_NOT_IN_STATION_MODE == lRetVal)
        {
            UART_PRINT("Failed to configure the device in its default state\n\r");
        }
        LOOP_FOREVER();
    }
    UART_PRINT("Device is configured in default state \n\r");
    lRetVal = sl_Start(0, 0, 0);                          //开启 SimpleLink 设备
    if (lRetVal < 0 || ROLE_STA != lRetVal)
    {
        UART_PRINT("Failed to start the device \n\r");
        LOOP_FOREVER();
    }
    UART_PRINT("Device started as STATION \n\r");
    lRetVal = WlanConnect();                              //连接到 AP
    if(lRetVal < 0)
    {
        UART_PRINT("Failed to establish connection w/ an AP \n\r");
        LOOP_FOREVER();
    }

    UART_PRINT("Connection established w/ AP and IP is aquired \n\r");
    UART_PRINT("Pinging...! \n\r");

    lRetVal = CheckLanConnection();                       //检查当前连接
    if(lRetVal < 0)
    {
        UART_PRINT("Device couldn't ping the gateway \n\r");
        LOOP_FOREVER();
    }

    GPIO_IF_LedOn(MCU_EXECUTE_SUCCESS_IND);
    lRetVal = CheckInternetConnection();                  //检查 Internet 连接
    if(lRetVal < 0)
    {
        UART_PRINT("Device couldn't ping the external host \n\r");
        LOOP_FOREVER();
    }
    GPIO_IF_LedOn(MCU_ORANGE_LED_GPIO);     //Internet 连接成功，打开网络灯
```

```
    UART_PRINT("Device pinged both the gateway and the external host \n\r");
    UART_PRINT("WLAN STATION example executed successfully \n\r");
    lRetVal = sl_Stop(SL_STOP_TIMEOUT);          //停止 SimpleLink 设备
    LOOP_FOREVER();
}
```

上述代码与 7.2 节的 WlanAPMode 任务的逻辑基本相同。当操作系统切换到
WlanStationMode 这个任务后，便开始配置 Simplelink 设备为初始状态，即为 STA 模式。
接着开启 SimpleLink 设备，开启成功后，便调用 WlanConnect()函数来连接当前可以连接的
Wi-Fi。连接 Wi-Fi 的时候，需要知道 Wi-Fi 的名称和密码，本任务的 CC3200 作为 STA，
是如何得到 Wi-Fi 名称和密码呢？将在下面介绍。

CC3200 作为 STA 模式连接到 Wi-Fi 后，接下来检查当前的连接，即 CC3200 与建立
Wi-Fi 网络的设备（本任务为手机）之间的连接，即平常所见的笔记本电脑无线网卡与无线
路由器之间的连接；连接成功后，检查 CC3200 通过 Wi-Fi 设备，与互联网之间的连接，
即笔记本电脑通过无线路由器，能否登录某个网站。最后停止 SimpleLink 设备，
WlanStationMode 任务执行完毕。在程序执行过程中，依然不停地有程序执行信息，通过串
口打印出来。

接下来，来 CC3200 在连接 Wi-Fi 设备的时候，从哪里获取的 Wi-Fi 名称和密码呢？对
连接 Wi-Fi 的函数 WlanConnect()使用右键 Go to 功能，找到定义，其代码如下。

```
static long WlanConnect()
{
    SlSecParams_t    secParams = {0};
    long lRetVal = 0;

    secParams.Key = (signed char*)SECURITY_KEY;          //密码
    secParams.KeyLen = strlen(SECURITY_KEY);
    secParams.Type = SECURITY_TYPE;                      //安全类型
                                                         //Connect to wlan network as a station
    lRetVal = sl_WlanConnect((signed char*)SSID_NAME, strlen(SSID_NAME), 0, &secParams, 0);
    ASSERT_ON_ERROR(lRetVal);

    //Wait for WLAN Event                                //等待连接完毕
    while((!IS_CONNECTED(g_ulStatus)) || (!IS_IP_ACQUIRED(g_ulStatus)))
    {
        //Toggle LEDs to Indicate Connection Progress
        GPIO_IF_LedOff(MCU_IP_ALLOC_IND);
        MAP_UtilsDelay(800000);
        GPIO_IF_LedOn(MCU_IP_ALLOC_IND);
        MAP_UtilsDelay(800000);
    }
    return SUCCESS;
}
```

上面代码就是 CC3200 连入 Wi-Fi 的过程，在代码开始时有几个很重要的参数，分别
是密码、安全类型，以及 sl_WlanConnect()函数的参数 SSID_name（就是 Wi-Fi 名称）。定

义在 common.h 头文件中，代码如下。

```
#define SSID_NAME        "WIFI_8210"              //AP SSID
#define SECURITY_TYPE    SL_SEC_TYPE_WPA_WPA2     //Security type (OPEN or WEP or WPA
#define SECURITY_KEY     "123456789"              //Password of the secured AP
```

这些宏定义定义了呢 CC3200 在 STA 模式下将要连接名为 WIFI_8210 的 Wi-Fi 网络，这个 Wi-Fi 网络的安全类型为 SL_SEC_TYPE_WPA_WPA2，Wi-Fi 密码为 123456789。

7.3.5　开发步骤

（1）准备一块 CC3200 无线节点板，将无线节点板跳线设置为模式一。

（2）将 PC 通过 USB mini 线和调试转接板，正确连接 ZXBee CC3200 无线节点板。

（3）在 PC 上打开串口终端软件，选中 USB 转串口工具当前占用的端口号，设置波特率为 38400，无检验，8 个数据位，一个停止位。此时，串口助手的串口通信应处于关闭状态。

（4）打开已复制到协议栈中的 STATION 工程（路径为"CC3200-1.0.0-SDK\example\7.3-getting_started_with_wlan_station-ZXBee"），找到 common.h 文件，将宏定义 SSID_NAME 改为 WIFI_8210（WIFI_加上自己身份证号码的后 4 位），重新编译工程。

（5）打开 CC3200 下载程序 UniFlash，将编译生成的程序（bin 格式）下载到 CC3200 无线节点中。

（6）程序下载完成后，单击串口调试助手的"打开"按钮，打开串口调试助手的串口通信。按一下底板上的复位按钮 K3，观察串口返回来的数据，并进一步操作。

7.3.6　总结与拓展

按下复位键后，串口助手在几秒之内会返回数据，返回的数据分别为程序应用名称、版本号、设备配置状态，以及设备启动模式，最后一条信息为"Device started as STATION"，表示 CC3200 被设置为 STATION 模式。同时 CC3200 核心板上的 LED D1 开始闪烁，表明 CC3200 正在寻找名为 WIFI_8210 的 Wi-Fi 网络，并试图加入它。

打开手机"设置→更多→移动网络共享→便携式 WLAN 热点→配置 WLAN 热点"，将网络 SSID 配置为 WIFI_8210，安全性选择为 WPA2 PSK，密码为 123456789，如图 7.9 所示。

单击"保存"按钮后，打开刚刚配置的便携式 WLAN 热点。CC3200 检测到 WIFI_8210 后，便开始接入这个网络，接入成功后 D1 常亮，CC3200 开始 ping，来检查 Internet 的连通性，期间串口一直有信息打印出来，包括 BSSID、IP 信息、连接状态等。Ping 成功后，停止 SimpleLink 设备，任务执行完成，串口消息打印完毕，核心板上的 D2 保持常亮状态，串口打印的信息如图 7.10 所示。

当掌握 AP 模式和 STATION 模式这两节内容后，可以不再使用智能手机，直接使用 2 块 CC3200 节点板来验证 AP 工程和 STA 工程。

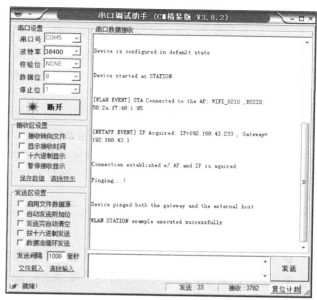

图 7.9　智能手机便携式热点配置

图 7.10　串口打印出来的信息

7.4　任务 35　TCP 与 UDP 开发

7.4.1　学习目标

● 熟悉 CC3200 SDK 的开发。
● 理解 TCP 和 UDP 协议。
● 掌握在 CC3200 SDK 的基础上开发 TCP 和 UDP 程序。

7.4.2　开发环境

硬件：CC3200 节点板 1 块、调试转接板、PC、无线路由器、USB mini 线。软件：Windows XP/Windows 7/8/10、IAR 集成开发环境、CCS-UniFlash 烧写软件、串口转网络助手。

7.4.3　原理学习

1. UDP 协议简介

用户数据报协议（User Datagram Protocol，UDP）是 ISO 参考模型中一种无连接的传输层协议，提供面向操作的简单非可靠信息传送服务，UDP 协议直接工作于 IP 协议的上层，具有以下特点。

● 不可靠连接，UDP 消息发送时，它不可能知道它会到达目的地；
● 发送无序，如果两个消息被发送到目的地，它们到达的顺序是无法预测的；

- 轻量级，无序的消息发送，没有跟踪连接等，仅仅是一个基于 IP 的传输层设计协议；
- 无数据校验，单独发送数据包，完整性只有到达时才能检查；
- 无堵塞控制，UDP 本身不能避免拥挤，堵塞控制须在应用程序级别实现；
- UDP 头部包含很少的字节，比 TCP 头部消耗少，传输效率高。

2. TCP 协议简介

传输控制协议（Transmission Control Protocol，TCP）是一种面向连接的、可靠的传输层（Transport Layer）通信协议，是面向连接和面向广域网的通信协议，目的是在跨越多个网络通信时，为两个通信端点之间提供一条具有下列特点的通信链路。

- 基于流的方式；
- 面向连接；
- 可靠通信方式；
- 在网络状况不佳的时候尽量降低系统由于重传带来的带宽开销；
- 通信连接维护是面向通信的两个端点的，而不考虑中间网段和节点。

为满足 TCP 协议以上特点，TCP 协议做了如下的规定。

- 数据分片：在发送端对用户数据进行分片，在接收端进行重组，由 TCP 确定分片的大小并控制分片和重组。
- 到达确认：接收端接收到分片数据时，根据分片数据序号向发送端发送一个确认。
- 超时重发：发送方在发送分片时启动超时定时器，如果在定时器超时之后没有收到相应的确认，重发分片。
- 滑动窗口：TCP 连接每一方的接收缓冲空间大小都是固定的，接收端只允许另一端发送接收端缓冲区所能接纳的数据，TCP 在滑动窗口的基础上提供流量控制，防止较快主机致使较慢主机的缓冲区溢出。
- 失序处理：作为 IP 数据包来传输的 TCP 分片到达时可能会失序，TCP 将对收到的数据进行重新排序，将收到的数据以正确的顺序交给应用层。

3. TCP 与 UDP 的差异

在具体实现上，UDP 协议存在以下和 TCP 协议不同的地方。

- 不进行数据分片，保持用户数据完整投递，用户可以直接将从 UDP 接收到的数据解释为应用程序认定的格式和意义；
- 没有对 UDP 承载的整个用户数据的到达进行确认，这由用户来完成；
- 没有连接的概念，不提供流量控制，也不存在对连接进行建立和维护；
- 进行数据校验，和 TCP 一样将保持它首部和数据的检验和，这是一个端到端的检验和，当校验和出现差错的时候，抛弃数据；
- TCP 的流量控制是针对点对点通信双方的处理能力，没有考虑网络的承载能力，而且在广域网上也没有办法获得连接所要跨越各个网络的承载能力，而局域网的情况是不同的，可以容易地获得承载能力比较准确的数值；
- TCP 协议分片和基于分片的确认方式，要占用一些通信带宽，降低了以太网上的有效载荷，因为独立分片对于用户来说是没有意义的，所以基于分片的确认方式对用户来说也是没有意义的，只是可靠传输的维持手段，对用户来说，基于整个用户数据的确认方式更为有效。

本任务实际上是由两个 TI 提供的官方例程组成的，分别通过 TCP 和 UDP 向服务器发送数据，这两个工程的代码逻辑基本相同，只是发送或者接收数据的协议不同，一个是 TCP 协议，一个是 UDP 协议。

本任务所用的 PC 和 CC3200 必须接入同一个局域网内，CC3200 的接入方式为无线接入，计算机接入方式不限。本任务用到了串口转网络调试助手，通过这个软件，可以在局域网内模拟出一个 TCP Sever/Client 或 UDP 设备，可以向 CC3200 发送 TCP/UDP 数据，也可以接收来自 CC3200 的数据。

7.4.4　开发内容

本任务的所需要的工程所在的位置在 CC3200 协议栈中 example 文件夹中（默认已复制），文件名称分别为 7.4-udp_socket-ZXBee 和 7.4-tcp_socket-ZXBee。打开 7.4-udp_socket-ZXBee 工程，找到 main 函数，其代码如下。

```
void main()
{
    long lRetVal = -1;
    BoardInit();                                    //板载初始化
    UDMAInit();                                      //DMA 控制初始化
    PinMuxConfig();                                  //复用应交配置
    InitTerm();                                      //初始化串口

    DisplayBanner(APPLICATION_NAME);                 //打印应用名称
    InitializeAppVariables();                        //初始化变量
    lRetVal = ConfigureSimpleLinkToDefaultState();   //配置 SimpleLink 设备为默认状态（STA 模式）
    if(lRetVal < 0)
    {
        if (DEVICE_NOT_IN_STATION_MODE == lRetVal)
        UART_PRINT("Failed to configure the device in its default state \n\r");
        LOOP_FOREVER();
    }
    UART_PRINT("Device is configured in default state \n\r");

    lRetVal = sl_Start(0, 0, 0);                     //开启 SimpleLink 设备
    if (lRetVal < 0 || lRetVal != ROLE_STA)
    {
        UART_PRINT("Failed to start the device \n\r");
        LOOP_FOREVER();
    }
    UART_PRINT("Device started as STATION \n\r");
    UART_PRINT("Connecting to AP: %s ...\r\n",SSID_NAME);

    lRetVal = WlanConnect();                          //连接到 AP
```

```
        if(lRetVal < 0)
        {
            UART_PRINT("Failed to establish connection w/ an AP \n\r");
            LOOP_FOREVER();
        }

        UART_PRINT("Connected to AP: %s \n\r",SSID_NAME);        //打印出 AP 的 SSID
        UART_PRINT("Device IP: %d.%d.%d.%d\n\r\n\r",             //打印出当前设备的 IP(指 CC3200)
                    SL_IPV4_BYTE(g_ulIpAddr,3),
                    SL_IPV4_BYTE(g_ulIpAddr,2),
                    SL_IPV4_BYTE(g_ulIpAddr,1),
                    SL_IPV4_BYTE(g_ulIpAddr,0));

#ifdef USER_INPUT_ENABLE                     //在 Options->C/C++ Compiler->Prepercesseor 中宏定义
        lRetVal = UserInput();               //通过串口输入信息进行操作
        if(lRetVal < 0)
        {
            ERR_PRINT(lRetVal);
            LOOP_FOREVER();
        }
#else
        lRetVal = BsdUdpClient(PORT_NUM);
        if(lRetVal < 0)
        {
            ERR_PRINT(lRetVal);
            LOOP_FOREVER();
        }

        lRetVal = BsdUdpServer(PORT_NUM);
        if(lRetVal < 0)
        {
            ERR_PRINT(lRetVal);
            LOOP_FOREVER();
        }
#endif

        UART_PRINT("Exiting Application ...\n\r");        //提示退出应用
        lRetVal = sl_Stop(SL_STOP_TIMEOUT);               //停止 SimpleLink 设备
        while (1)
        {
            _SlNonOsMainLoopTask();
        }
}
```

上述的代码和前面章节的 main 函数非常类似，都对硬件进行了必要的初始化，包括串口、DMA 等，然后配置 Simplelink 为默认状态，即 CC3200 位 STA 模式。接着 CC3200 开始加入 AP 建立网络，AP 在本任务实际是个路由器，其名称和密码在 7.3 节中已经描述过，其分布在 common.h 文件中。连接成功后，会通过串口打印 AP 的 SSID，并打印出自身的 IP。最终，程序进入 UserInput()函数，其代码如下。

```
long UserInput()
{
    int iInput = 0;
    char acCmdStore[50];
    int lRetVal;
    int iRightInput = 0;
    unsigned long ulUserInputData = 0;

    UART_PRINT("Default settings: SSID Name: %s, PORT = %d, Packet Count = %d, "
                "Destination IP: %d.%d.%d.%d\n\r",
                SSID_NAME, g_uiPortNum, g_ulPacketCount,
                SL_IPV4_BYTE(g_ulDestinationIp,3),
                SL_IPV4_BYTE(g_ulDestinationIp,2),
                SL_IPV4_BYTE(g_ulDestinationIp,1),
                SL_IPV4_BYTE(g_ulDestinationIp,0)); //打印 SSID、端口、包数、目的 IP 等信息
    do
    {
        UART_PRINT("\r\nOptions:\r\n1. Send UDP packets.\r\n2. Receive UDP"
                                    "packets.\r\n3. Settings.\r\n4. Exit\r\n");
        UART_PRINT("Enter the option to use: ");            //打印输入选项提示
        lRetVal = GetCmd(acCmdStore, sizeof(acCmdStore));   //从串口获取命令
        if(lRetVal == 0)                                     //没有输入
        {
            UART_PRINT("\n\n\rEnter Valid Input.");
        }
        else
        {
            iInput   = (int)strtoul(acCmdStore,0,10);        //将字符串转换成整型（库函数）
            if(iInput   == 1)                                //如果输入 1
            {
                UART_PRINT("Run iperf command \"iperf.exe -u -s -i 1\" and "
                                                "press Enter\n\r");
                //Wait to receive a character over UART
                MAP_UARTCharGet(CONSOLE);
                UART_PRINT("Sending UDP packets...\n\r");

                lRetVal = BsdUdpClient(g_uiPortNum);   //建立一个 UDP 客户端并发送数据，参数
为端口号

                ASSERT_ON_ERROR(lRetVal);
            }
            else if(iInput   == 2) //如果输入 2
            {
                UART_PRINT("Run iperf command \"iperf.exe -u -c %d.%d.%d.%d -i 1 "
                            "-t 100000\" and press Enter\n\r",
```

```
                                SL_IPV4_BYTE(g_ulIpAddr,3), SL_IPV4_BYTE(g_ulIpAddr,2),
                                SL_IPV4_BYTE(g_ulIpAddr,1), SL_IPV4_BYTE(g_ulIpAddr,0));

            MAP_UARTCharGet(CONSOLE);
            UART_PRINT("Receiving UDP packets...\n\r");
            lRetVal = BsdUdpServer(g_uiPortNum);//建立一个 UDP 服务器并接收数据，参数为
端口号

            ASSERT_ON_ERROR(lRetVal);
        }
        else if(iInput    == 3)
        {
            iRightInput = 0;
            do
            {
                UART_PRINT("\n\rSetting Options:\n\r1. PORT\n\r2. Packet "
                                    "Count\n\r3. Destination IP\n\r4. Main Menu\r\n");
                UART_PRINT("Enter the option to use: ");           //打印输入提示
                lRetVal = GetCmd(acCmdStore, sizeof(acCmdStore));   //从串口获取命令
                if(lRetVal == 0)
                {
                    UART_PRINT("\n\n\rEnter Valid Input.");
                }
                else
                {
                    iInput    = (int)strtoul(acCmdStore,0,10);
                    //SettingInput(iInput);
                    switch(iInput)
                    {
                        case 1:    //修改端口
                        do
                        {
                            UART_PRINT("Enter new Port: ");
                            lRetVal = GetCmd(acCmdStore, sizeof(acCmdStore));
                            if(lRetVal == 0)
                            {
                                UART_PRINT("\n\rEnter Valid Input.");
                                iRightInput = 0;
                            }
                            else
                            {
                                ulUserInputData = (int)strtoul(acCmdStore,0,10);
                                if(ulUserInputData <= 0 || ulUserInputData > 65535)
                                {
                                    UART_PRINT("\n\rWrong Input");
                                    iRightInput = 0;
                                }
                                else
```

```
                    {
                        g_uiPortNum = ulUserInputData;
                        iRightInput = 1;
                    }
                }
            UART_PRINT("\r\n");
    }while(!iRightInput);

    iRightInput = 0;
    break;
    case 2:    //修改包数
    do
    {
        UART_PRINT("Enter Packet Count: ");
        lRetVal = GetCmd(acCmdStore, sizeof(acCmdStore));
        if(lRetVal == 0)
        {
            //No input. Just an enter pressed probably.
            //Display a prompt.
            UART_PRINT("\n\rEnter Valid Input.");
            iRightInput = 0;
        }
        else
        {
            ulUserInputData = (int)strtoul(acCmdStore,0,10);
            if(ulUserInputData <= 0 || ulUserInputData > 9999999)
            {
                UART_PRINT("\n\rWrong Input");
                iRightInput = 0;
            }
            else
            {
                g_ulPacketCount = ulUserInputData;
                iRightInput = 1;
            }
        }

        UART_PRINT("\r\n");
    }while(!iRightInput);
    iRightInput = 0;
    break;
    case 3:    //修改目的地 IP
    do
    {
        UART_PRINT("Enter Destination IP: ");
        lRetVal = GetCmd(acCmdStore, sizeof(acCmdStore));
        if(lRetVal == 0)
```

```
                                    {
                                        UART_PRINT("\n\rEnter Valid Input.");
                                        iRightInput = 0;
                                    }
                                    else
                                    {
                                        if(IpAddressParser(acCmdStore) < 0)
                                        {
                                            UART_PRINT("\n\rWrong Input");
                                            iRightInput = 0;
                                        }
                                        else
                                        {   iRightInput = 1;    }
                                    }
                                    UART_PRINT("\r\n");
                                }while(!iRightInput);
                                iRightInput = 0;
                                break;
                                case 4:
                                iRightInput = 1;
                                break;

                                default:
                                break;
                            }
                        }
                    }while(!iRightInput);
                }
                else if(iInput == 4)        //退出
                {   break;    }
                else
                {   UART_PRINT("\n\n\rWrong Input");    }
            }
            UART_PRINT("\n\r");
        }while(1);
        return 0 ;
    }
```

上述代码很长，但是其代码逻辑很清晰。首先串口会打印出当 CC3200 当前连接的网络的 SSID、目的 IP、端口和包数。接着会打印输入选项提示，一共有四个选项：发送 UDP 数据、接收 UDP 数据、设置、退出。这四个输入选项打印出来后，就可以通过串口输入选项前面的数字编号来进行相应的操作。假如输入的是 1，程序将执行 if(Input == 1)下的内容，即 CC3200 将要进行 UDP 数据发送；假如输入 2，将会进行 UDP 数据接收；如果输入 3，将通过串口对目的 IP、端口等进行设置；如果输入 4，将退出。

输入 1 是选择进行 UDP 数据发送，其最重要的函数是 BsdUdpClient(g_uiPortNum)，其功能为建立一个 UDP 客户端。函数的参数为端口号，即接收 UDP 数据的端口号，在 main

函数中宏定义。BsdUdpClient()函数代码如下。

```c
int BsdUdpClient(unsigned short usPort)
{
    int             iCounter;
    short           sTestBufLen;
    SlSockAddrIn_t  sAddr;
    int             iAddrSize;
    int             iSockID;
    int             iStatus;
    long            lLoopCount = 0;

    for (iCounter=0 ; iCounter<BUF_SIZE ; iCounter++)       //填充发送缓冲区 g_cBsdBuf[]
    {   g_cBsdBuf[iCounter] = (char)(iCounter % 10);    }

    sTestBufLen    = BUF_SIZE;

                                                           //filling the UDP server socket address
    sAddr.sin_family = SL_AF_INET;
    sAddr.sin_port = sl_Htons((unsigned short)usPort);
    sAddr.sin_addr.s_addr = sl_Htonl((unsigned int)g_ulDestinationIp);
    iAddrSize = sizeof(SlSockAddrIn_t);

    iSockID = sl_Socket(SL_AF_INET,SL_SOCK_DGRAM, 0);   //创建一个 UDP Socket
    if( iSockID < 0 )
    {
        //error
        ASSERT_ON_ERROR(UCP_CLIENT_FAILED);
    }

    while (lLoopCount < g_ulPacketCount)                    //发送 g_ulPacketCount(1000)个 UDP 包
    {
        iStatus = sl_SendTo(iSockID, g_cBsdBuf, sTestBufLen, 0,   //发送
                         (SlSockAddr_t *)&sAddr, iAddrSize);
        if( iStatus <= 0 )
        {
            //error
            sl_Close(iSockID);                             //如果发生了错误，关闭 UDP Socket
            ASSERT_ON_ERROR(UCP_CLIENT_FAILED);
        }
        lLoopCount++;
    }

    UART_PRINT("Sent %u packets successfully\n\r",g_ulPacketCount);
    sl_Close(iSockID);                                     //关闭 UDP Socket
    return SUCCESS;
}
```

上述代码是发送 1000 个 UDP 数据包的过程，先是将发送缓冲区填满（实际上是循环

写 0～9），再确定接收端 UDP Sever 的地址等信息，然后调用"sl_Socket(SL_AF_INET,SL_SOCK_DGRAM, 0);"函数建立了一个 UDP Socket，紧接着循环发送 1000 次 UDP 数据，发送完毕，返回成功。至于如何建立 UDP Socket，如何关闭这个 UDP Socket，则调用的是协议栈/SDK 提供的 API，在此工程中，看不到源码，只能找到其声明。

当输入 2，来选择接收 UDP 数据的时候，将调用函数"BsdUdpServer(g_uiPortNum);"，此函数将建立一个 UDP 服务器，进行数据接收，这和前面发送选项里面建立的 UDP 客户端刚好对应，其代码如和发建立 UDP 客户端的代码基本相同，只是多了一个将之前创建的 UDP Socket 绑定到 UDP Sever 地址上，这个函数为"sl_RecvFrom(iSockID, g_cBsdBuf, sTestBufLen, 0,(SlSockAddr_t *)&sAddr, (SlSocklen_t*)&iAddrSize)"，其参数为这个地址的描述。另一个不同的是在发送 UDP 数据的位置，换成了接收 UDP 数据的函数，其函数名称为 sl_RecvFrom()，这也是一个在本工程中看不到源码的函数，其参数和绑定函数一样，作用是接收 UDP 数据。

至于 tcp_socket 工程，其函数运行流程和 udp_socket 工程完全一致，只是在通过串口输入选项 1 后，执行了建立 TCP 客户端并发送 TCP 数据；在输入选项 2 后，执行了建立 TCP 服务器并接收 TCP 数据，其余地方基本相同。

7.4.5 开发步骤

（1）准备一块 CC3200 无线节点板，将无线节点板跳线设置为模式一。
（2）将 PC 通过 USB mini 线和调试转接板，正确的连接 ZXBee CC3200 无线节点板。
（3）在 PC 上打开串口转网络调试助手软件（开发资源包"04-常用工具\CC3200\USR-TCP232-Test.rar"），选中 USB 转串口工具当前占用的端口号，设置左侧波特率为 38400，无检验，8 个数据位，一个停止位，串口调试助手的串口通信应处于关闭状态。右侧协议类型选择为 UDP，记下本地 IP 地址和本地端口号，勾选十六进制显示，单击"连接"按钮。
（4）打开已复制到协议栈中的例程 7.4-tcp_socket-ZXBee 或者 7.4-udp_socket-ZXBee 工程（路径：CC3200-1.0.0-SDK\example 下），找到 common.h 文件，将宏定义 SSID_NAME 和 SECURITY_KEY 修改为可用的无线路由器的 Wi-Fi 名称和密码。在 main.c 文件中，将宏定义 IP_ADDR 改为串口转网络调试助手上的"本地 IP 地址"（.分割号之间的数字用两个字节表示），PORT_NUM 改为"本地端口号"，重新编译工程。
（5）打开 CC3200 下载程序 UniFlash，参考 7.2 节，将第（4）步骤编译生成的用户程序（bin 格式）下载到 CC3200 无线节点中。
（6）单击串口转网络调试助手的"打开"按钮，打开串口通信。按一下底板上的复位按钮 K3，观察串口返回来的数据，并进一步操作。

7.4.6 总结与拓展

以下以 udp_socket 工程为例，按下复位键后，串口调试助手在几秒之内会返回一系列的数据，返回的数据分别为程序应用名称、版本号、设备配置状态，以及设备启动模式、当前连接的 Wi-Fi 名称、自身 IP、目的地 IP 和端口、包数，还有四个可选选项，如图 7.11 所示。

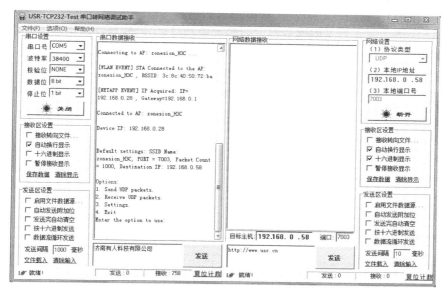

图 7.11　串口打印出来的信息

清空输入栏，并输入 1，然后敲击回车键，单击"发送"按钮，右侧网络数据接收栏会收到数据，这些数据就来自 CC3200，如图 7.12 所示。

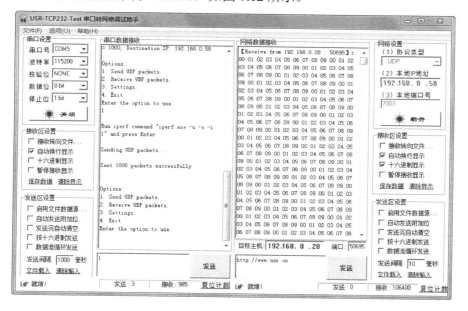

图 7.12　串口转网络调试助手收到 UDP 数据

发送 UDP 数据完成后，CC3200 会通过串口打印出发送成功的提示信息，并再次打印出 4 个选项，和前面 4 个选项一样。右侧目标主机地址已经变为 192.168.0.28（这和先前串口打印的自身 IP 一致），端口号为 50695。这里需要注意的是，读者开发时，IP 和端口并不需要和本书相同，它在局域网内是随机的。以上完成了 UDP 数据的发送。

清空串口输入栏，输入 2，并敲击回车键，单击"发送"按钮。串口返回提示信息，提示正在接收 UDP 数据包。将右侧目标主机的端口号改为在开发步骤（4）中宏定义的 PORT_NUM 的值（其实就是网络设置下面的本地端口号），然后在网络数据发送栏填入任意数据，如 CC3200。将发送间隔设置为 10 ms，并勾选"数据流循环发送"，单击"发送"按钮。过一会儿，左侧串口接收区域就会打印出接收数据包成功的提示，这时，单击"停止发送"按钮，停止向 CC3200 发送 UDP 数据，如图 7.13 所示。

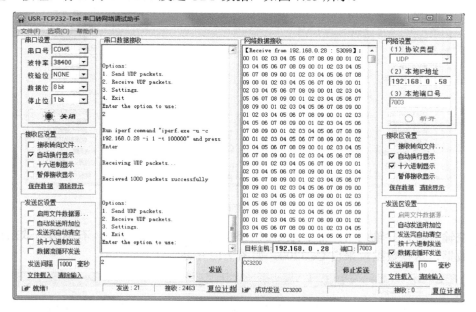

图 7.13   串口转网络调试助手发送 UDP 数据

需要注意的是，向 CC3200 发送 UDP 数据的时候，目标主机的 IP 和端口一定要填写正确，否则 CC3200 无法接收数据。

在做 tcp_socket 任务的时候，开发步骤和 udp_socket 步骤一致，也需要修改 SSID_NAME 和 SECURITY_KEY，以及 IP_ADDR 和 PORT_NUM。当通过串口向 CC3200 发送选择 1，需要进行 TCP 数据发送的时候，需要将协议类型设置为 TCP Sever；当通过串口向 CC3200 发送 2，需要进行 TCP 数据接收的时候，需要将协议类型设置为 TCP Client。

下面将讲述 TCP Socket 任务的基本过程。

工程重新编译后，通过 UniFlash 软件烧写到 CC3200 节点板中，打开串口转网络调试助手的串口通信，按一下 CC3200 节点板上的复位键，串口开始打印信息，这个过程和 udp_socket 的步骤一致。将串口转网络调试助手"网络设置"的"协议"类型设置为 TCP Sever（先单击"断开"按钮），单击"开始监听"按钮。在串口输入区输入 1 并回车，单击"发送"按钮，CC3200 开始发送 TCP 数据，串口转网络调试助手模拟的 TCP sever 开始收到数据，并显示在网络数据接收区域，如图 7.14 所示。

在 CC3200 发送 TCP 过程中，"网络数据接收"显示区域下方的连接对象显示的是当前发送数据的 IP 和端口，这个 IP 正是 CC3200 自身的 IP，即前面串口打印出的 Device IP。

发送完成后，连接对象变为 All Connections，表明 TCP 连接已断开。串口显示区域显示发送 TCP 数据成功，并打印出四个选项。

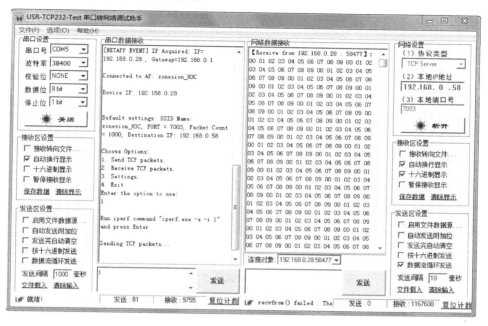

图 7.14　串口转网络调试助手收到 TCP 数据

在串口输入区域内输入 2 并回车，单击"发送"按钮，串口提示正在接收 TCP 数据，若提示出错，则可按下 CC3200 节点板上的复位键，等到打印出四个选项后，再次发送 2，串口就会提示正在接收 TCP 数据。此时将协议类型选择为 TCP Client（先单击"断开"按钮），并将服务器 IP 地址改为 CC3200 的 IP，即刚才串口打印的 Device IP。单击"连接"按钮，将串口模拟的 TCP Client 连接到 CC3200 的 TCP Sever，连接成功后，按钮会变成断开按钮，如果连接不成功，则不能发送 TCP 数据，因为 TCP 协议是面向连接的协议，只有连接成功，才能够发送数据。出现连接不成功的情况往往是由于服务器的 IP 地址和 CC3200 的 IP 地址不同，或者 CC3200 不是出于接收 TCP 数据状态（通过观察串口返回的数据）。

连接成功后，在网络数据发送区内填入任意数据，发送间隔设置为 10 ms，勾选"数据流循环发送"，单击"发送"按钮，一段时间后，串口会提示接收 TCP 数据成功。期间可能需要多次单击网络数据"发送"按钮，如图 7.15 所示，TCP 数据接收成功。

需要注意的是，只有在左侧串口中发送 2 以后，才能在右侧单击"连接"按钮来连接 TCP Sever（此时指 CC3200），否则单击"连接"按钮会没有反应，因为每次接收完毕，CC3200 的 TCP Sever 也会关闭，不通过串口发送 2 的话，CC3200 还没有再次建立一个 TCP Sever，自然也无法连接了。

再次提醒，任务所用的计算机和 CC3200 接入的无线路由器需要在同一个局域网中。

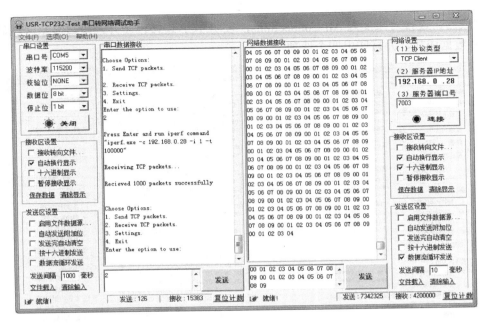

图 7.15　串口转网络调试助手发送 TCP 数据

7.5　任务 36　HTTP sever 开发

7.5.1　学习目标

● 熟悉 CC3200 SDK 的开发。
● 理解 CC3200 HTTP Sever，并开发 HTTP Sever 程序。

7.5.2　开发环境

硬件：CC3200 节点板 1 块、调试转接板、PC、USB mini 线。软件：Windows XP/Windows 7/8/10、IAR 集成开发环境、CCS-UniFlash 烧写软件。

7.5.3　原理学习

超文本传输协议（HTTP，Hyper Text Transfer Protocol）是互联网上应用最为广泛的一种网络协议，所有的 WWW 文件都必须遵守这个标准，设计 HTTP 最初的目的是为了提供一种发布和接收 HTML 页面的方法。1960 年美国人 Ted Nelson 构思了一种通过计算机处理文本信息的方法，并称之为超文本（Hyper Text），这成为了 HTTP 超文本传输协议标准架构的发展根基。Ted Nelson 组织协调万维网协会（World Wide Web Consortium）和互联网工程工作小组（Internet Engineering Task Force）共同合作研究，最终发布了一系列的 RFC，其中著名的 RFC 2616 定义了 HTTP 1.1。

HTTP 协议是在 Web 服务器和 Web 浏览器之间通信的协议，用来交互具有 MIME 格式的请求和响应报文。由于它规定了发送和处理请求的标准方式，规定了浏览器和服务器之间传输的报文格式及各种控制信息，允许不同种类的客户端相互通信而不存在兼容性问题，从而定义了所有 Web 通信的基本框架。

HTTP 是一个客户端和服务器端请求和应答的标准（TCP），客户端是终端用户，服务器端是网站。通过使用 Web 浏览器、网络爬虫或者其他的工具，客户端发起一个到服务器上指定端口（默认端口为 80）的 HTTP 请求。称这个客户端为用户代理（User Agent），应答的服务器上存储着（一些）资源，如 HTML 文件和图像，称这个应答服务器为源服务器（Origin Server）。

本任务将 CC3200 设置为 AP 模式，通过手机或者是笔记本电脑连接 CC3200 的 Wi-Fi 网络，手机或者笔记本电脑作为 HTTP 客户端来访问作为 CC3200 的 HTTP Sever。

7.5.4　开发内容

HTTP Sever 工程 main 函数和前面的 AP 工程、STATION 工程基本相同，都是在完成初始化后，创建了两个任务，一个为创建任务的代码是 VStartSimpleLinkSpawnTask()，该代码创建了 SL Spwan 任务，并且创建了 SL 队列；另一个是创建 HTTPServerTask 任务，此任务代码如下。

```
static void HTTPServerTask(void *pvParameters)
{
    long lRetVal = -1;
    InitializeAppVariables();

    lRetVal = ConfigureSimpleLinkToDefaultState();        //配置 SimpleLink 为默认状态（STA 模式）
    if(lRetVal < 0)
    {
        if (DEVICE_NOT_IN_STATION_MODE == lRetVal)
            UART_PRINT("Failed to configure the device in its default state\n\r");
        LOOP_FOREVER();
    }
    UART_PRINT("Device is configured in default state \n\r");
    memset(g_ucSSID,'\0',AP_SSID_LEN_MAX);
    ReadDeviceConfiguration();                            //Read Device Mode Configuration
    lRetVal = ConnectToNetwork();                         //Connect to Network
        lRetVal = sl_NetAppStop(SL_NET_APP_HTTP_SERVER_ID); //Stop Internal HTTP Server
        if(lRetVal < 0) {
            ERR_PRINT(lRetVal);
            LOOP_FOREVER();
        }
        lRetVal = sl_NetAppStart(SL_NET_APP_HTTP_SERVER_ID); //Start Internal HTTP Server
    if(lRetVal < 0) {
        ERR_PRINT(lRetVal);
```

```
        LOOP_FOREVER();
    }
    while(1) {                                              //等待处理异步事件
    }
}
```

上述代码先是将 SimpleLink 设备配置为默认状态，接着读取引脚配置（引脚高低电平），来将设备配置为 AP 模式或者 STATION 模式。这里需要说明的是，官方例程是基于 TI 官方开发板而开发的程序，而本任务所用的节点板和 TI 官方开发板略有不同，因此本工程将默认配置 CC3200 为 AP 模式。模式配置完毕后，将调用 ConnectToNetwork()函数连接网络，这个函数将在下面进行解析。连接网络成功后，程序将执行关闭 HTTP Sever 和打开 HTTP Sever 两个操作，分别调用了两个 SDK 提供的 API 函数 sl_NetAppStop 和 sl_NetAppStart。最后进入无限循环，等待异步事件发生，并由操作系统调用异步事件处理函数对事件进行处理。

连接网络的函数 sl_NetAppStart，其和 AP 模式有关的代码如下。

```
if(g_uiSimplelinkRole == ROLE_AP)
{
    while(!IS_IP_ACQUIRED(g_ulStatus))
    {
        //waiting for the AP to acquire IP address from Internal DHCP Server
    }
    lRetVal = sl_NetAppStop(SL_NET_APP_HTTP_SERVER_ID); //Stop Internal HTTP Server
    ASSERT_ON_ERROR( lRetVal);

    lRetVal = sl_NetAppStart(SL_NET_APP_HTTP_SERVER_ID); //Start Internal HTTP Server
    ASSERT_ON_ERROR( lRetVal);

    char iCount=0;
    //Read the AP SSID
    memset(ucAPSSID,'\0',AP_SSID_LEN_MAX);
    len = AP_SSID_LEN_MAX;
    config_opt = WLAN_AP_OPT_SSID;
    lRetVal = sl_WlanGet(SL_WLAN_CFG_AP_ID, &config_opt , &len, (unsigned char*) ucAPSSID);
    ASSERT_ON_ERROR(lRetVal);

    Report("\n\rDevice is in AP Mode, Please Connect to AP [%s] and"
                                        "type [mysimplelink.net] in the browser \n\r",ucAPSSID);

    //Blink LED 3 times to Indicate AP Mode
    for(iCount=0;iCount<3;iCount++)
    {
        //Turn RED LED On
        GPIO_IF_LedOn(MCU_RED_LED_GPIO);
        osi_Sleep(400);
        //Turn RED LED Off
        GPIO_IF_LedOff(MCU_RED_LED_GPIO);
```

```
        osi_Sleep(400);
    }
}
```

当 CC3200 被设置为 AP 模式后，将等待从动态主机配置协议（Dynamic Host Configuration Protocol，DHCP）Sever 中获取 IP 地址；之后，执行停止 HTTP Sever 和启动 HTTP Sever 操作；接着调用 sl_WlanGet() 函数获取局域网 WLAN 配置，这个函数是 SDK 提供的一个 API 函数；最后打印出提示信息，并闪烁 3 次 LED，表明此节点为 AP 模式，最后函数返回，程序开始等待异步事件发生。

在 main.c 文件中，还有个 HTTP Sever 回调函数，即当发生 HTTP 事件时，操作系统就会调用 SimpleLinkHttpServerCallback 这个回调函数，来处理 HTTP 事件。设备接收到 HTTP 请求发送的数据后，产生 SL_NETAPP_HTTPPOSTTOKENVALUE_EVENT 事件；设备接收到 GET 令牌后产生 SL_NETAPP_HTTPGETTOKENVALUE_EVENT（HTTP GET 令牌数据事件）。目前官方例程可以处理以上两个事件，这两个事件分别用来执行获取 LED 状态和打开/关闭 LED。

作为 HTTP Sever，使用的 HTML 文件已经由 TI 工程提供，只需要将其烧写到外部 Flash 中即可。在烧写文件之前，需要在烧写工具 UniFlash 中添加配置文件。

打开 UniFlash，选择"File→Open Configuration"选中格式为 ucf 的配置文件。这个文件在 SDK 中，路径为"example\httpsever\html\httpserver.ucf"。打开后，UniFlash 下载界面左侧的选项栏会多出个 User Files 的选项，如图 7.16 所示。

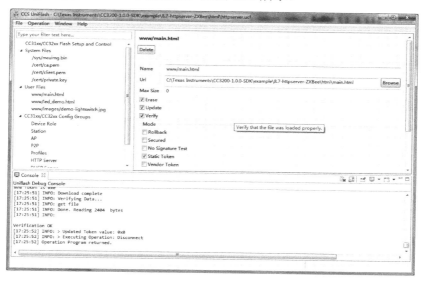

图 7.16　UniFlash 添加新的配置文件后的界面

User File 有三个选项，分别是 main.html、led_demo.html、html/images/demo-lightswitch.jpg。依次选中这三个选项，按照烧写 bin 文件的方法将 CC3200-1.0.0-SDK 文件夹下"example/httpsever/html"文件下的三个对应文件（main.html、led_demo.html、images/demo-lightswitch.jpg）烧写到 CC3200 核心板中（也可不用烧写，只在选择框中依次选中这三个文件即可）。

7.5.5　开发步骤

（1）准备一块 CC3200 无线节点板，将无线节点板跳线设置为模式一。

（2）将 PC 通过 USB mini 线和调试转接板，正确的连接 ZXBee CC3200 无线节点板。

（3）在 PC 上打开串口助手，选中 USB 转串口工具当前占用的端口号，设置左侧波特率为 38400，无检验，8 个数据位，一个停止位，串口调试助手的串口通信应处于关闭状态。

（4）打开已复制到协议栈中的本任务工程，重新编译工程。

（5）打开 CC3200 下载程序 UniFlash，按照开发内容的介绍，使 SDK 中的"example\httpsever\html"路径下的对应三个文件被 UniFlash 选中。

（6）参考 7.2 节，将编译生成的程序（bin 格式）下载到 CC3200 无线节点中。

（7）单击串口转网络调试助手的"打开"按钮，打开串口通信。按一下底板上的复位按钮 K3，观察串口返回来的数据，并进一步操作。

7.5.6　总结与拓展

按下复位键后，串口助手在几秒之内会返回一系列的数据，包括应用名称、版本号、提示等信息。

同时节点板上的 D1 闪烁三次后熄灭，使用笔记本电脑（手机也可以，本任务以笔记本电脑为例）搜索附近的无线网，找到附近一个名字以 mysimplelink 开始的无线网络，这个无线网络的名称和串口助手上提示的 AP 名称一致，由 CC3200 组建。后面的一串数字是芯片 MAC 地址的后面一部分。单击连接这个无线网路。

连接成功后，无线网图标上会有个叹号，表示未连接到互联网。打开浏览器，在地址栏输入 mysimplelink.net，单击回车访问，网页打开后，弹出如图 7.18 所示的界面。

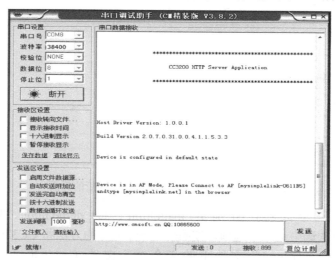

图 7.17　串口返回的信息

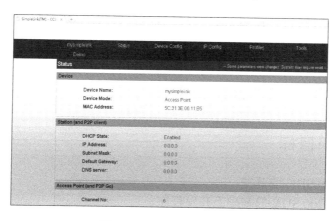

图 7.18　浏览器界面（1）

　　在界面的眉头有 mysimplelink、Status、Device、IP Config、Profiles、Tools、Demo 七个选项每个选项都可以单击，如单击 Device Config，会弹出如图 7.19 所示的界面。

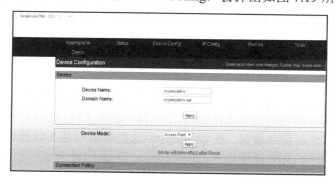

图 7.19　浏览器界面（2）

　　Device Config 界面可以更改设备的配置比如设备名称，AP 名称等，单击"Demo"按钮，弹出如图 7.20 所示的界面。

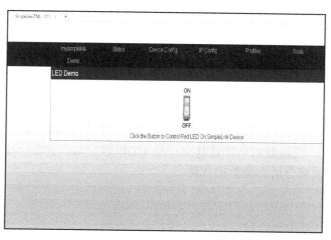

图 7.20　浏览器界面（3）

Demo 界面是一个开关按钮的图标，单击"ON"，发现 CC3200 节点板上的 D1 被 0 点亮，再单击"OFF"，D1 熄灭，使用智能手机浏览器，效果也是一样的。

7.6 任务 37 CC3200 硬件驱动开发

7.6.1 学习目标

● 熟悉 CC3200 SDK 的开发。
● 学会在 CC3200 SDK 的基础上开发程序。

7.6.2 开发环境

硬件：CC3200 节点板 1 块、调试转接板、PC、USB mini 线。软件：Windows XP/Windows 7/8/10、IAR 集成开发环境、CCS-UniFlash 烧写软件。

7.6.3 原理学习

本任务是在 CC3200 模板工程的基础上改进的，在本任务中，CC3200 设置为 STATION 模式，以连接和计算机在同一个局域网内的路由器，连接上路由器后，CC3200 开始定时向计算机模拟的 UDP 设备发送数据，在本任务中，这些数据只是一些测试数据，没有特殊的意义。计算机上模拟的 UDP 设备也可以向 CC3200 发送 UDP 数据，CC3200 收到数据后，将对这些数据进行解析，然后根据数据的内容，执行相应的操作。

本任务为硬件控制开发项目，即通过计算机模拟的 UDP 设备向 CC3200 发送硬件控制的命令，这个命令为打开或者关闭 CC3200 节点板上的 LED 的命令。通过这个任务，将初步了解 ZXBee 协议的形式，以及接下来的传感器开发项目的工程架构。

7.6.4 开发内容

本任务工程所在的位置为"01-开发例程\第 7 章\7.6-Control"中，打开工程之前，请将"7.6-Control"整个文件夹复制到协议栈的"zonesion"文件中，否则无法编译。打开 Control 工程，找到 main 函数，其代码和 7.3.4 节中的工程代码解析中的 main 函数（模板工程的 main 函数）完全相同，在这里不再介绍。在 7.3.4 节中结尾处描写到，最后程序进入 BsdUdpClient()函数，此函数的功能是建立一个 UDP 客户端，并在一个无限循环中，周期性地发送数据。下面来分析此函数的代码。

```
int BsdUdpClient()
{
    SlSockAddrIn_t    LocalAddr;
    int               iStatus;
    iSockID = sl_Socket(SL_AF_INET,SL_SOCK_DGRAM, 0);          //创建一个 UDP Socket
```

```
if( iSockID < 0 )
{
    ASSERT_ON_ERROR(UCP_CLIENT_FAILED);
}

LocalAddr.sin_family = SL_AF_INET;
LocalAddr.sin_port = sl_Htons(LO_PORT);
LocalAddr.sin_addr.s_addr = 0;                              //填充本地地址
//将地址绑定到刚刚创建的 UDP socket
iStatus = sl_Bind(iSockID, (SlSockAddr_t *)&LocalAddr,  sizeof(SlSockAddrIn_t));
if( iStatus < 0 )                                          //如果绑定失败
{
    sl_Close(iSockID);                                     //关闭 Socket
    ASSERT_ON_ERROR(UCP_CLIENT_FAILED);
}

SlSockNonblocking_t enableOption;
enableOption.NonblockingEnabled = 1;
iStatus = sl_SetSockOpt(iSockID,SL_SOL_SOCKET,SL_SO_NONBLOCKING,
                    (_u8 *)&enableOption,sizeof(enableOption));//设置 Socket 选项
if( iStatus < 0 )                                          //如果设置失败
{
    //error
    sl_Close(iSockID);
    ASSERT_ON_ERROR(UCP_CLIENT_FAILED);
}
while (1)
{   //进入无限循环
    static char Buf[1400];
    _i16 AddrSize = sizeof(SlSockAddrIn_t);
    SlSockAddrIn_t Addr;
    iStatus = sl_RecvFrom(iSockID, Buf, sizeof Buf, 0,
                        (SlSockAddr_t *)&Addr, (SlSocklen_t*)&AddrSize);
    //接收 UDP 数据
    if (iStatus > 0)
    {   //接收到 UDP 数据
        LEDOn(2);
        Buf[iStatus] = 0;
        char *pret = ZXBeeDecode(Buf, iStatus);
        if (pret != NULL)
        {
            iStatus = sl_SendTo(iSockID, pret, strlen(pret), 0,
                            (SlSockAddr_t *)&Addr, (SlSocklen_t)AddrSize);
            //返回命名处理结果
        }
        LEDOff(2);
    }
```

```
            else if (iStatus == 0 || iStatus == SL_EAGAIN)
            {   //如果没有收到 UDP 数据
                sensorLoop();                                    //sensorloop 函数
            } else
            {                                                    //发生错误
                sl_Close(iSockID);                               //关闭 Socket
                ASSERT_ON_ERROR(iStatus);
            }
        }
    }
```

上述代码首先建立了一个 UDP Socket，并把本地地址绑定到这个 Socket 上；接着调用 sl_SetSockOpt 函数来设置 Socket 选项。此函数是 SDK 提供的 API 函数，其源码不可见。设置完成后，程序进入 while(1) 无限循环，在这个无限循环中，有三个选项，分别是：接收 UDP 数据、执行 sensorloop 函数、关闭 Socket。在每次循环中，这三个选项只会执行其中的一个或前两个。

接收 UDP 数据的时候，同样调用的是 sl_RecvFrom 这个 API 函数，这和 UDP_socket 中接收 UDP 步骤一样。那么收到 UDP 数据后，会怎样处理呢？原来程序调用 "ZXBeeDecode(Buf, iStatus)" 函数，并追踪调用它的子函数 ZXBeeUserProcess 来对收到的 UDP 数据进行处理，这个函数在 sensor.c 中定义。这种调用模式和前面的 simpliciTI 协议栈和 BLE 协议栈例程完全一样。此函数名为用户命令处理函数，其代码如下。

```
    void ZXBeeUserProcess(char *ptag, char *pval)
    {
        char buf[64];
        UART_PRINT("ZXBeeUserProcess() %s,%s\r\n", ptag, pval);
        if (0 == strcmp(ptag, "A0") && pval[0] == '?')
        {   //查询 A0
            sprintf(buf, "%d", A0);
            ZXBeeAdd("A0", buf);
        }

        if (0 == strcmp(ptag, "A1") && pval[0] == '?')
        {   //查询 A1
            sprintf(buf, "%d", A1);
            ZXBeeAdd("A1", buf);
        }
        if (0 == strcmp(ptag, "A2") && pval[0] == '?')
        {   //查询 A2
            sprintf(buf, "%d", A2);
            ZXBeeAdd("A2", buf);
        }
        if (0 == strcmp(ptag, "D6") )
        {   //LED 控制处理
            if(pval[1] == 'N')
            {
                UART_PRINT("D6 is on\r\n");
```

```
            LEDOn(1);
        }
        if(pval[1] == 'F')
        {
            UART_PRINT("D6 is off\r\n");
            LEDOff(1);}
        }
    }
}
```

上述代码能够处理 4 条命令，分别是查询 A0、A1、A2 及 LED 控制处理。按照其格式，还可以添加其他的用户想要的命令，非常方便。

对于查询命令，通过 ZXBeeAdd 函数将处理结果添加到发送缓冲区，接着调用 SDK 提供的 API 函数 sl_SendTo 将处理结果发送给命令来源，即查询成功。

如果没有收到 UDP 数据，将执行 sensorloop 函数，此函数对于本书的读者来说，应该已经很熟悉了，在前几章，也是通过 sensorloop 函数来实现（传感器数据）的定时发送。sensorloop 函数也是在 sensor.c 文件夹中定义，其代码如下。

```
void sensorLoop(void)
{
    static unsigned long ct = 0;
    if (t4exp(ct))
    {   //定时时间到
        char b[32];
        char *txbuf;

        unsigned long c = t4ms();
        ct = t4ms()+5000;                    //定时到 5000 ms 后

        A0 += 1;                             //模拟采集 A0、A1、A2 的值
        A1 += 2;
        A2 = A0 + A1;

        ZXBeeBegin();                        //开始向发送缓冲区添加数据
        sprintf(b, "%d", A0);
        ZXBeeAdd("A0", b);
        sprintf(b, "%d", A1);
        ZXBeeAdd("A1", b);
        sprintf(b, "%d", A2);
        ZXBeeAdd("A2", b);

        txbuf = ZXBeeEnd();                  //添加完成
        if (txbuf != NULL)
        {
            int len = strlen(txbuf);
            sendMessage(txbuf, len);         //将发送缓冲区的数据发送出去
        }
```

```
    }
}
```

上述代码和 SimpliciTI 协议栈中的代码完全相同，通过判断距离上一次运行"if (t4exp(ct))"下的代码经过的时间是否超过定时时长，来决定是否执行"if (t4exp(ct))"下的内容。这个 if 语句下，首先执行下一次定时，即 ct = t4ms()+5000；接着开始采集 A0、A1、A2 的值，然后将添采集到的值添加到发送缓冲区，接着调用 sendMessage 函数将数据发送出去。

sendMassage 函数并不是 SDK 的 API 函数，其代码如下。

```
int sendMessage(char *buf, int len)
{
    SlSockAddrIn_t    sAddr;
    int    iAddrSize;
    ret;
    if (iSockID < 0) return -1;
    LEDOn(2);

    sAddr.sin_family = SL_AF_INET;                              //填充地址信息
    sAddr.sin_port = sl_Htons((unsigned short)g_uiPortNum);
    sAddr.sin_addr.s_addr = sl_Htonl((unsigned int)g_ulDestinationIp);

    iAddrSize = sizeof(SlSockAddrIn_t);
    ret = sl_SendTo(iSockID, buf, len, 0,(SlSockAddr_t *)&sAddr, iAddrSize);   //发送数据
    LEDOff(2);
    return ret;
}
```

上述代码先是填充地址信息，即把数据将要发送的目的地（包括 IP 和端口）等信息填充到特定的结构体中，以便于 SDK 提供的发送函数数据 sl_SendTo 作为参数来发送数据。其中，IP 和端口等信息，在配置文件 wifi_cfg.h 文件中宏定义（请注意不是 common.h 文件！）。sl_SendTo 函数看不到源码，但注释表明其功能是将数据写到 Socket，而在此之前，已经建立了一个 UDP Socket，这样，数据就通过 UDP 的方式发送出去了。到此为止，sensorloop 的函数已经解析完毕，其功能就是周期性地采集到的数据，并将数据通过 UDP 的方式发送出去。

最后，如果接收 UDP 数据过程出错，程序将关闭 UDP Socket。

7.6.5 开发步骤

（1）准备一块 CC3200 无线节点板，将无线节点板跳线设置为模式一。

（2）将 PC 通过 USB mini 线和调试转接板，正确连接 ZXBee CC3200 无线节点板。

（3）在 PC 上打开串口转网络调试助手软件，选中串口当前占用的端口号，设置左侧波特率为 38400，无检验，8 个数据位，一个停止位，串口调试助手的串口通信应处于关闭状态。右侧协议类型选择为 UDP，记下本地 IP 地址和本地端口号，单击"连接"按钮。

（4）打开已复制到协议栈中的"7.6-Control"工程，找到配置文件 wifi_cfg.h，将宏定义 SSID_NAME 和 SECURITY_KEY 修改为可用的并且是和任务所用计算机在一个局域网

内的无线路由器的 Wi-Fi 名称和密码，将宏定义 IP_ADDR 改为串口转网络调试助手上的"本地 IP 地址"（.分割号之间的数字用两个字节表示），GW_PORT 改为"本地端口号"并重新编译工程。

（5）打开 CC3200 下载程序 UniFlash，将编译生成的程序（bin 格式）下载到 CC3200 无线节点中。

（6）单击串口转网络调试助手的"打开"按钮，打开串口通信。按一下底板上的复位按钮 K3，观察串口返回来的数据，并进一步操作。

7.6.6 总结与拓展

按下复位键后，串口助手在几秒之内会返回数据，返回的数据分别为程序应用名称、版本号、设备配置状态，以及设备启动模式（此时为 STATION 模式）、当前连接的 AP 信息等。接着打印出 CC3200 的 IP 地址，以及 sensorInit()表明传感器初始化完毕（本任务没有传感器，因此传感器初始化函数下只有一个打印函数）。在串口转网络调试助手右侧网络数据接收显示区域不停的有"5C:31:3E:06:11:B5={A0=1,A1=2,A2=3}"这种格式的数据返回，这就是在 sensorloop 函数中（模拟）采集到的传感器的数据。前面那一串用":"隔开的十六进制数就是 CC3200 的 MAC 地址。在网络数据发送区域输入"5C:31:3E:06:11:B5={D6=OFF}"，单击"发送"按钮，这时会发现 CC3200 无线节点板上原本亮着的 D6 熄灭了。在网络数据发送区域输入"5C:31:3E:06:11:B5={D6=ON}"单击"发送"按钮，这时候 D6 又被点亮，右侧串口区域也会打印出相应的数据来指示 CC3200 收到的数据，以及 LED 的状态，如图 7.21 所示。

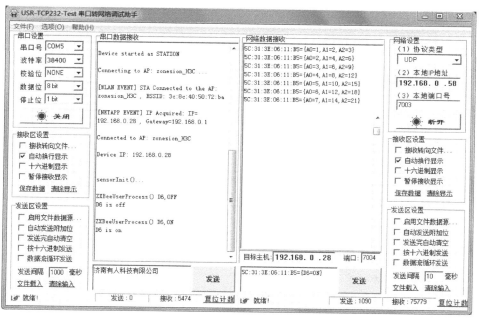

图 7.21　串口转网络调试助手打收到的信息

第8章

云平台开发基础

前几章中介绍了 TI 公司提供的运行于 CC 系列处理器的几个无线协议栈，并对协议栈进行了解析，实现了通过 PC 端，如串口软件等，对终端节点周期性发来的数据进行读取。

为了能够实现远程客户端或者本地客户端对物联网节点的远程控制，同时也为了能够让用户能够快速地开发出自定义的远程控制客户端程序，搭建了一个智云物联平台，然后针对该智云物联平台开发出了一套简单易懂 ZXBee 协议，并在该协议上开发出了 Android API 和 Web API，这些 API 主要是包括 ZigBee、RF433、BLE、Wi-Fi 节点的实时数据采集、历史数据查询、自动控制等。

图 8.1 是本章综合项目的系统框架结构图，通过该图得知，智能网关、Android 客户端程序、Web 客户端服务通过数据中心就可以实现对传感器的远程操作，包括实时数据采集、传感器控制和历史数据查询。

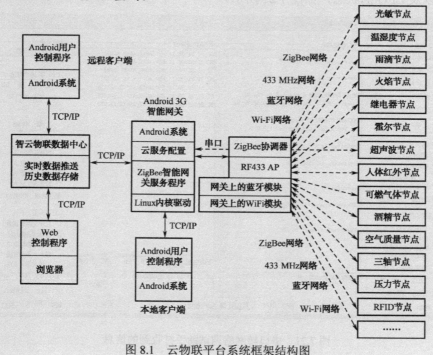

图 8.1　云物联平台系统框架结构图

8.1 任务 38 智云物联开发基础

8.1.1 智云物联平台介绍

智云物联是一个开放的公共物联网接入平台，目的是为服务所有的爱好者和开发者，使物联网传感器数据的接入、存储和展现变得轻松简单，让开发者能够快速开发出专业的物联网应用系统，如图 8.2 所示。

图 8.2 智云物联平台

一个典型意义的物联网应用，一般要完成传感器数据的采集、存储，以及数据的加工和处理这三项工作。例如，对于驾驶员，希望获取去目的地的路途上的路况，为了完成这个目标，就需要有大量的交通流量传感器对几个可能路线上的车流和天气状况进行实时采集，并存储到集中的路况处理服务器，应用在服务器上通过适当的算法，从而得出大概的到达时间，并将处理的结果展示给驾驶员。所以，能得出大概的系统架构设计可以分为如下三部分。

● 传感器硬件和接入互联网的通信网关（负责将传感器数据采集起来，发送到互联网服务器）。

● 高性能的数据接入服务器和海量存储。

● 特定应用，处理结果展现服务。

要解决上述物联网系统架构的设计，需要有一个基于云计算与互联网的平台加以支撑，而这个平台的稳定性、可靠性、易用性，对该物联网项目的成功实施，有着非常关键的作用。智云物联公共服务平台就是这样的一个开放平台，实现了物联网服务平台的主要基础功能开发，提供开放程序接口，为用户提供基于互联网的物联网应用服务，同时针对高校的特殊应用需求。

使用智云物联平台进行项目开发，具备以下优势：

● 让无线传感网快速接入互联网和电信网，支持手机和 Web 远程访问及控制。

● 开源稳定的底层工业级传感网络协议栈，轻量级的 ZXBee 数据通信格式（JSON 数据包），易学易用。

● 开源的海量传感器硬件驱动库，开源的海量应用项目资源。

● 免应用编程的 BS 项目发布系统，Android 组态系统，LabView 数据接入系统。

● 物联网分析工具，能够跟踪传感网络层、网关层、数据中心层、应用层的数据包信息，快速定位故障点。

8.1.2　智云物联基本框架

智云物联公共服务平台在移动互联/物联网项目架构中框架如图 8.3 所示。

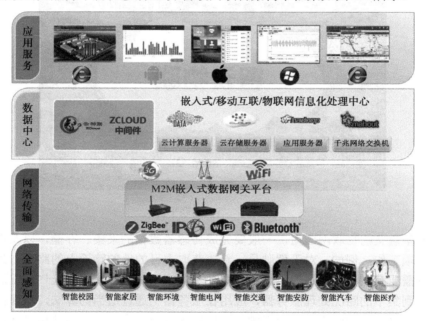

图 8.3　智云平台框架

1．全面感知

● 全系列无线智能硬件系列（ZXBeeEdu、ZXBeeLite、ZXBeePlus、ZXBeeMini、ZXBeePro）。

● 多达 10 种无线核心板，CC2530 ZigBee 模组、CC3200 Wi-Fi 模组、CC2540 蓝牙模组、CC1110 433M 模组、STM32W108 ZigBee/IPv6 模组、HF-LPA Wi-Fi 模组、HC05 蓝牙模组、ZM5168 ZigBee 模组、SZ05 ZigBee 模组、EMW3165 Wi-Fi 模组。

● 多达 40 多种教学传感器/执行器，100 多种工业传感器/执行器。

2. 网络传输

- 支持 ZigBee、Wi-Fi、Bluetooth、RF433M、IPv6、电力载波、RS-485/ModBus 等无线/有线通信技术。
- 采用易懂易学的 JSON 数据通信格式的 ZXBee 轻量级通信协议。
- 多种智能 M2M 网关，如 ZCloud-GW-S4418、ZCloud-GW-9x25、ZCloud-GW-PC，集成 Wi-Fi/3G/100M 以太网等网络接口，支持本地数据推送及远程数据中心接入，采用 AES 加密认证。

3. 数据中心

- 高性能工业级物联网数据集群服务器，支持海量物联网数据的接入、分类存储、数据决策、数据分析及数据挖掘。
- 分布式大数据技术，具备数据的即时消息推送处理、数据仓库存储与数据挖掘等功能。
- 云存储采用多处备份，数据永久保存，数据丢失概率小于 0.1%。
- 基于 B/S 架构的后台分析管理系统，支持 Web 对数据中心进行管理和系统运营监控。
- 主要功能模块有消息推送、数据存储、数据分析、触发逻辑、应用数据、位置服务、短信通知、视频传输等。

4. 应用服务

- 智云物联开放平台应用程序编程接口提供 SensorHAL 层、Android 库、Web JavaScript 库等 API 二次开发编程接口，具有互联网/物联网应用所需的采集、控制、传输、显示、数据库访问、数据分析、自动辅助决策、手机/Web 应用等功能，可以基于该 API 上开发一整套完整的互联网/物联网应用系统。
- 提供实时数据（即时消息）、历史数据（表格/曲线）、视频监控（可操作云台转动、抓拍、录像等）、自动控制、短信/GPS 等编程接口。
- 提供 Android 和 Windows 平台下 ZXBee 数据分析测试工具，方便程序的调试及测试。
- 基于开源的 JSP 框架的 B/S 应用服务，支持用户注册及管理、后台登录管理等基本功能，支持项目属性和前端页面的修改，能够根据项目需求定制各个行业应用服务，例如，智能家居管理平台、智能农业管理平台、智能家庭用电管理平台、工业自动化专家系统等。
- Android 应用组态软件，支持各种自定义设备，包括传感器、执行器、摄像头等的动态添加、删除和管理，无须编程即可完成不同应用项目的构建。
- 支持与 LabView 仿真软件的数据接入，快速设计物联网组态项目原型。

8.1.3 智云物联常用硬件

智云物联平台支持各种智能设备的接入，硬件模型如图 8.4 所示。

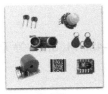    

传感器　　　　　智云节点　　　　　智云网关　　　　　云服务器　　　　　应用终端

图 8.4　硬件模型图

传感器：主要用于采集物理世界中发生的物理事件和数据，包括各类物理量、标识、音频、视频数据。

智云节点：采用单片机/ARM 等微控制器，具备物联网传感器的数据的采集、传输、组网能力，能够构建传感网络。

智云网关：实现传感网与电信网/互联网的数据连通，支持 ZigBee、Wi-Fi、BT、RF433M、IPv6 等多种传感协议的数据解析，支持网络路由转发，实现 M2M 数据交互。

云服务器：负责对物联网海量数据进行中央处理，运行云计算大数据技术实现对数据的存储、分析、计算、挖掘和推送功能，并采用统一的开放接口为上层应用提供数据服务。

应用终端：运行物联网应用的移动终端，比如 Android 手机/平板等设备。

8.1.4　开发前准备工作

本节主要指引用户快速学习基于智云物联公共服务平台快速开发移动互联/物联网的综合项目。在学习智云物联产品前，要求用户预先学习以下基本知识和技能。

（1）了解和掌握基于 CC1110、CC2530、CC2540、CC3200 的单片机、ARM 接口技术、传感器接口技术。

（2）了解 RF433M、ZigBee、BLE、低功耗 Wi-Fi 等无线传感网基础知识，及无线协议栈组网原理。

（3）了解和掌握 Java 编程，掌握 Android 应用程序开发。

（4）了解和掌握 HTML、JavaScript、CSS、Ajax 开发，熟练使用 DIV+CSS 进行网页设计。

（5）了解和掌握 JDK+ApacheTomcat+Eclipse 环境搭建及网站开发。

8.2　任务 39　智云平台基本使用

8.2.1　学习目标

● 掌握智云平台硬件的部署。
● 学会智云网站项目及 ZCloudApp 的使用。
● 学会 ZCloudTools 工具的使用。
● 理解 ZCloudDemo 程序。

8.2.2 开发环境

硬件：温度传感器 1 个、光敏传感器 1 个、继电器传感器 1 个、声光报警传感器 1 个、步进电机传感器 1 个、智云网关 1 个（默认为 S4418/6818 系列开发平台）、CC2530 无线节点板 5 个、SmartRF04 仿真器 1 个、调试转接板 1 个。软件：Windows XP/7/8、IAR Embedded Workbench for 8051（IAR 嵌入式 8051 系列单片机集成开发环境）。

8.2.3 原理学习

本任务通过构建一个完整的物联网项目来展示智云平台的使用，项目系统模型如图 8.5 所示。

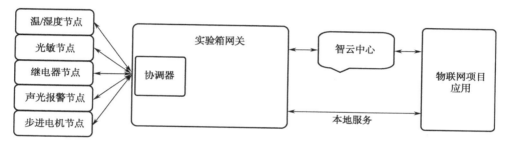

图 8.5 智云平台系统模型

（1）协调器节点、温湿度节点、光敏节点、继电器节点、声光报警节点、步进电机节点通过 ZigBee 无线传感网络联系在一起，其中协调器节点作为整个网络的汇集中心；

（2）协调器与开发平台网关进行交互，通过开发平台网关上运行的服务程序，将传感网与电信网和移动网进行连接，同时将数据推送给智云中心，也支持数据推送到本地局域网。

（3）智云数据中心提供数据的存储服务、数据推送服务、自动控制服务等深度的项目接口，本地服务仅支持数据的推送服务。

（4）物联网应用项目通过智云 API 进行具体应用的开发，能够实现对传感网内节点进行采集、控制、决策等。

8.2.4 开发内容

智云平台通过以下简单的几个步骤即可完成项目部署，如图 8.6 所示。

1. 部署传感/执行设备

智云平台硬件系统包括无线传感器节点和智云网关（开发平台），无线传感器节点通过 ZigBee 协议与智云网关的无线协调器构建无线传感网，然后通过智云网关内置的智云服务与移动网/电信网进行连接，通过上层应用进行采集与控制。

部署传感/执行设备：
选择项目所需要的传感/执行传感器设备及无线通信设备，根据提供的API例程编写底层数据处理代码。

配置网关服务：
运行网关ZCloud服务配置程序，根据项目所需要的功能进行网络配置，使得数据能够接入到互联网。

在线体验DEMO/测试数据通信：
在智云物联网站注册，登录后台对项目涉及到的传感/执行传感器设备进行配置管理，能够自动生成前端网页展示传感器数据，包含实时数值、历史数值、远程控制、摄像头监控、短信通知等等。

对项目进行二次深度定制开发：
根据特定的项目功能及数据展示页面需求，参考提供的Web/Andoid App中间件开发包进行二次开发设计。

图 8.6　智云平台项目部署示意图

无线传感器节点硬件部署如下：

- 根据无线传感器节点所携带的传感器类型固化镜像；
- 更新智云网关（开发平台）镜像为最新版本；
- 更新智云网关上的无线协调器的镜像；
- 给智云网关和无线传感器节点，观察 LED 的状态，建立无线传感网络。

开发资源包内提供有无线传感器节点镜像（"02-镜像\节点\CC2530"），源代码参考 8.4 节。无线传感器节点镜像网络信息是一样的（默认为 PANID = 0x2100，Channel = 11），当多台设备同时使用时，需要对源码的网络信息修改并重新编译生成新的镜像（详情见附录 A.3）。

2．配置网关服务

智云网关通过智云服务配置工具的配置接入到电信网和移动网，设置如下。

（1）将开发平台网关通过 3G、Wi-Fi、以太网任意一种方式接入互联网（当使用 CC3200 进行任务时，请使用以太网接入互联网；若仅在局域网内使用，可不用连接到互联网），在智云网关的 Android 系统运行智云服务配置工具。

（2）在用户账号、用户密钥栏输入正确的智云 ID/KEY，也可单击"扫一扫二维码"按钮，用摄像头扫描购买的智云 ID/KEY 所提供的二维码图片，自动填写 ID/KEY（若数据仅在局域网使用，可任意填写）。

图 8.7　配置网关服务

（3）服务地址为 zhiyun360.com，若使用本地搭建的智云数据中心服务，则填写正确的本地服务地址。

（4）单击"开启远程服务"按钮，成功连接智云服务后则支持数据传输到智云数据中心；单击"开启本地服务"按钮，成功连接后智云服务将向本地进行数据推送，如图 8.7 所示。

　　智云服务配置工具配置之前需要对接入的节点进行设置。

　　在智云服务配置工具主界面，按下"MENU"按键，弹出"无线接入设置"菜单，单击进入菜单，在弹出的界面勾选"ZigBee 配置"选项（默认该服务会自动判别智云网关的串口设置，若需要更改则单击"ZigBee 配置"向，在弹出的菜单选择串口），设置成功后，会提示服务已启动，如图 8.8 所示。

图 8.8　无线接入设置

　　当要勾选"BLE4.0 配置"的时候，需要以下几个步骤，才能配置完毕，先给 CC2540 节点上电，单击"BLE4.0 配置"（此时其右侧不能勾选），进入搜索蓝牙从机界面，如图 8.9 所示。

图 8.9　搜索蓝牙从机界面

　　在"入网设备"下显示的是已配对的蓝牙从机的地址，在"自动搜索设备"下显示的是未配对的处于可连接状态的从机的地址（已配对的也会在这里显示），单击这些地址（多组任务的时候，建议先参考附录 A.4 读取 IEEE 地址并记下来，以避免选中别组任务的节点），这些地址便会加入"入网设备"下，表明已与网关蓝牙配对。

　　单击返回键，此时再勾选"BLE4.0 选项"。当 BLE 节点的 LED 由 D7 闪烁变为 D6、D7 都闪烁时，表明此节点已于网关蓝牙连接。

图 8.10　其他设置

在使用智云服务时，需要确保串口未被占用，在"无线接入设置"的界面，按下"MENU"按键，弹出"其他设置"菜单，如图 8.10 所示，单击进入菜单，在弹出的界面将"启用 ZigBee 网关"选项关闭。

3. 测试数据通信

智云物联开发平台提供了智云综合应用用于项目的演示及数据调试，安装 ZCloudTools 应用程序并对硬件设备进行演示及调试。

ZCloudTools 应用程序包含四大功能：网络拓扑及硬件控制、节点数据分析与调试、节点传感器历史数据查询、ZigBee 网络信息远程更新。主要操作演示界面如图 8.11 所示。

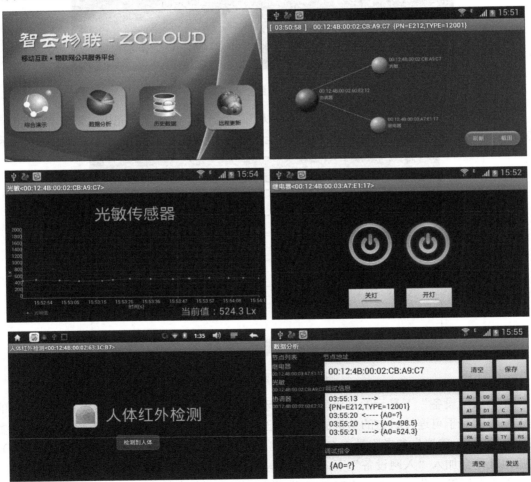

图 8.11　ZCloudTools 功能展示

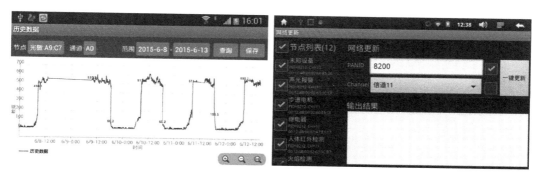

图 8.11　ZCloudTools 功能展示（续）

本章节内的 ZCloudTools 程序添加了默认智云 ID/KEY，可以接入在线的设备进行演示。

4. 在线体验 DEMO

智云物联开发平台提供了针对 Android 的应用组态 DEMO 程序，支持设备的动态添加、删除和管理。通过项目信息的导入，能够自动为设备生成特有属性功能：传感器进行历史数据曲线展示及实时数据的自动更新展示，执行器通过动作按钮进行远程控制且可对执行动作进行消息跟踪，摄像头可以通过动作按钮控制云台转动。无须编程即可完成不同应用项目的构建，如智能家居管理平台、智能农业管理平台、智能家庭用电管理平台、工业自动化专家系统等。

安装 ZCloudDemo 应用程序并对硬件设备进行演示及调试，相关参考截图如下。

（1）导入配置文件。运行 ZCloudDemo 程序，按下菜单按键，在弹出的菜单项选择导入 ZCloudDemoV2.xml 文件，如图 8.12 所示。

图 8.12　ZCloudDemo 配置文件导入

（2）查看设备信息。导入成功后将自动生成所有设备列表模块，单击设备图标即可展示该设备的信息，部分截图如图 8.13 所示。

（3）添加/删除设备。单击"+"图标可添加新的设备，长按设备图标弹出对话框提示是否编辑/删除设备，如图 8.14 所示。

5. 智云网站及 App

智云平台为开发者提供一个应用项目分享的应用网站 http://www.zhiyun360.com，通过注册开发者可以轻松发布自己的应用项目。

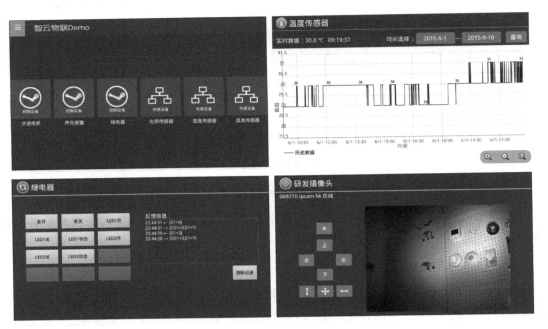

图 8.13　ZCloudDemo 设备信息查看

图 8.14　ZCloudDemo 设备添加/删除

应用项目可以展示节点采集的实时在线数据、查询历史数据，并且以曲线的方式进行展示；对执行设备，用户可以编辑控制命令，对设备进行远程控制；同时可以在线查阅视频图像，并且支持远程控制摄像头云台的转动，支持设置自动控制逻辑进行摄像头图片的抓拍并曲线展示，如图 8.15 所示。

参考的在线网站 http://www.zhiyun360.com/Home/Sensor?ID=15。

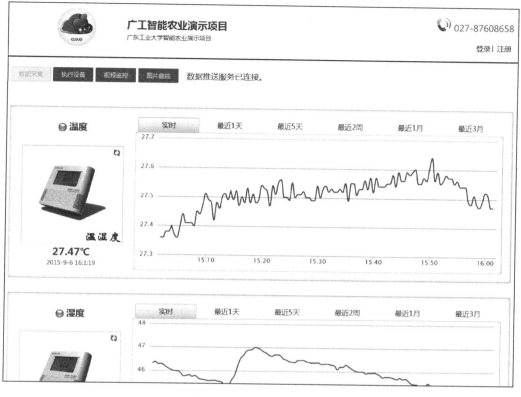

图 8.15　智云网站展示

同时与智云物联应用网站配套 Android 端 ZCloudApp 应用界面如图 8.16 所示。

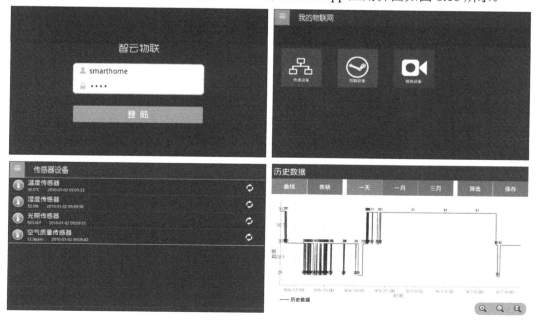

图 8.16　ZCloudApp 展示

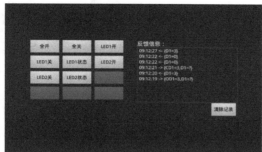

图 8.16　ZCloudApp 展示（续）

8.2.5　开发步骤

1. 准备硬件环境，以 CC2530 和 ZigBee 为例

（1）准备一套 ZXBee 系列开发平台，将无线协调器节点插入对应的主板插槽，将无线节点板和对应的传感器接到节点扩展板上（注意传感器插拔的方向），示意图见 1.2 节硬件框图。

将 SmartRF Flash Programmer 下载 Hex 文件（文件目录：\02-镜像\节点）固化到 CC2530 开发板中，如协调器、温湿度、继电器等节点，正确连接 SmartRF04 仿真器到 PC 和 CC2530 开发板。

运行 SmartRF Flash Programmer 仿真软件，按下 SmartRF04 仿真器的复位按键，仿真软件的设备框就会显示 CC2530 的信息。

在 "Flash image" 一栏右侧单击 "…" 按钮选择温湿度（协调器、继电器）.hex，然后单击 "打开" 按钮。

选择 hex 文件后，单击仿真软件页面的 "Perform actions" 按钮，就可以下载程序了。下载完成后，就会提示 "Erase，program and verify OK" 信息。

注意：在多组任务时，为了避免多个开发平台之间的干扰，请用户打开本章任务的工程源码修改 PANID，重新编译生成 hex 文件之后再进行固化。

（2）将无线协调器和无线节点的电源开关设置为 OFF 状态。

（3）给 ZXBee 系列开发平台接上电源适配器（12 V、2 A），长按 Power 按键开机进入到 Android 系统。

（4）根据需要，选用 Wi-Fi、以太网接口、3G 将开发平台连接互联网。

注意：若需要将传感器数据上传到智云数据中心，或者客户端程序远程操作则必须将开发平台连入互联网。

（5）先启动无线协调器的电源，此时 D6 LED 灯开始闪烁，当正确建立好网络后，D6 LED 会常亮。

（6）当无线协调器建立好网络后，启动其他几个无线节点的电源，此时每个无线节点的 D6 LED 灯开始闪烁，直到加入协调器建立的 ZigBee 网络中后，D6 LED 灯开始常亮（无线节点默认设置为终端类型，可通过按键修改节点类型，将 K4 按键修改为路由节点，K5 按键修改为终端节点；长按 K4 或 K5 按键不松开，然后按一次复位键，若判别需要改变状态，D7 LED 灯长亮则表示修改成功，若不需要改变状态，则直接进入搜索网络状态，D6 LED 闪烁入网且成功后长亮；若类型修改成功后，松开 K4 或 K5 按键，则进入搜索网络状态，D6 LED 闪烁入网且成功后长亮）。

（7）当有数据包进行收发时，无线协调器和无线节点的 D7 LED 灯会闪烁。

2．配置网关服务

按 8.2.4 节配置网关服务。

3．ZCoudTools 功能演示

运行 ZCloudTools 用户控制程序，ZCloudTools 用户程序运行后就会进入如图 8.17 所示的界面。

图 8.17　ZCloudTools 程序入口界面

（1）服务器地址和网关的设置。进入 ZcoudTools 主界面后，单击"MENU"键，选择"配置网关"菜单选项，输入服务地址"zhiyun360.com"，输入用户账户和用户密钥（智云项目 ID/KEY），单击"确定"按钮保存，如图 8.18 所示。

（2）综合演示。单击"综合演示"图标，进入节点拓扑图综合演示界面，等待一段时间后，就会形成所有传感节点的拓扑结构，包括协调器（红色）、路由节点（紫色）和终端节点（浅蓝色），如图 8.19 所示。

图 8.18　设置服务器地址

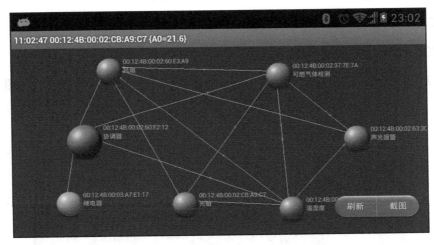

图 8.19　节点拓扑图结构

单击节点的图标就可以进入相应的节点控制页面，图 8.20 所示是部分传感器的操作页面。操作方法用户可以自行操作，本文不再说明。

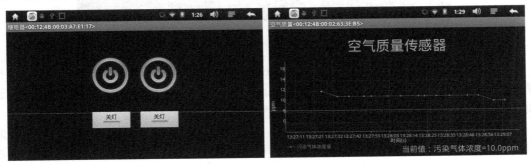

图 8.20　部分传感器节点控制显示页面

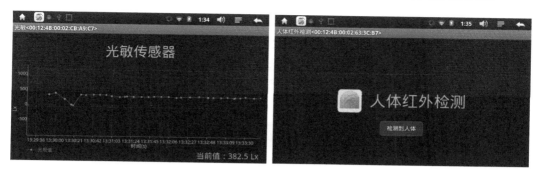

图 8.20　部分传感器节点控制显示页面（续）

（3）数据分析。单击"数据分析"图标，进入数据分析界面（在此以温湿度节点为例介绍调试过程）。

单击节点列表中的"温湿度"节点，进入温湿度节点调试界面。输入调试指令"{A0=?,A1=?}"并发送，查询当前温湿度值，如图 8.21 所示。

输入调试指令"{V0=3}"并发送，修改主动上报时间间隔为 3 s，如图 8.22 所示。

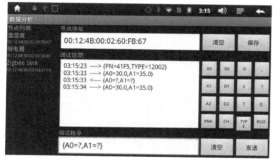

图 8.21　查询温湿度值　　　　　　　　图 8.22　修改上报时间间隔

输入调试指令"{CD0=1}"，发送指令后，禁止温度值上报，调试信息窗口只显示当前湿度值，如图 8.23 所示。

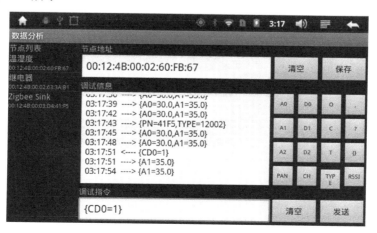

图 8.23　禁止温度值上报

第
8
章

调试指令的具体含义在 8.3 节会有详细说明，此处只需了解开发步骤即可。

（4）历史数据。历史数据模块实现了获取指定设备节点某时间段的历史数据。单击"历史数据"图标进入历史数据查询功能模块，选择温湿度节点，通道选择 A0，时间范围选在"2015-1-1"至"2015-2-1"时间段，单击"查询"按钮，历史数据查询成功后会以曲线的形式显示在页面中，如图 8.24 所示。

图 8.24　历史数据查询显示页面

只有当开发平台连入互联网，并且在智云数据中心中存储有该传感器采集到的值时，才能够查询到历史数据。在查询时时间范围的选择尽量选择合理的时间进行查询。

（5）远程更新。远程更新模块实现了通过发送命令对组网设备节点的 PANID 和 CHANNEL 进行更新，进入远程更新模块，左侧节点列表列出了组网成功的节点设备（PID=8212 CH=11 <节点 MAC 地址>），其中 PID 表示节点设备组网的 PANID，CH 表示其组网的 CHANNEL。依次单击复选框，选择所要更新的节点设备，输入 PANID 和 CHANNEL 号，单击"一键更新"按钮，执行更新，如图 8.25 所示。

图 8.25　网络信息更新显示页面

此处 PANID 的值为十进制，而底层代码定义的 PANID 的值为十六进制，需要自行转换。示例如下：8200（十进制）= 0x2008（十六进制），通过"{PANID=8200}"命令将节点的 PANID 修改为 0x2008。

8.2.6　总结与拓展

搭建硬件开发环境，并安装应用进行演示，掌握智云平台的基本使用方法。

8.3　任务 40　通信协议

8.3.1　学习目标

- 了解 ZXBee 智云通信协议。
- 掌握 ZXBee 协议格式定义。
- 掌握传感器的协议设计。

8.3.2　开发环境

硬件：温度传感器 1 个、继电器传感器 1 个、智云网关 1 个（默认为 S4418/6818 系列开发平台）、CC2530 无线节点板 2 个、SmartRF04 仿真器 1 个、调试转接板 1 个。软件：Windows XP/7/8、IAR Embedded Workbench for 8051（IAR 嵌入式 8051 系列单片机集成开发环境）。

8.3.3　原理学习

1．智云通信协议说明

智云物联云服务平台支持物联网无线传感网数据的接入，并定义了物联网数据通信的规范——ZXBee 数据通信协议。

ZXBee 数据通信协议对物联网整个项目从底层到上层的数据段做出了定义，该协议有以下特点。

- 数据格式的语法简单，语义清晰，参数少而精；
- 参数命名合乎逻辑，见名知义，变量和命令的分工明确；
- 参数读写权限分配合理，可以有效防止不合理的操作，能够在最大程度上确保数据安全；
- 变量能对值进行查询，可以方便应用程序调试；
- 命令是对位进行操作，能够避免内存资源浪费。

总之，ZXBee 数据通信协议在物联网无线传感网中值得应用和推广，开发者容易在其基础上根据需求进行扩展和创新。

2. 智云通信协议详解

（1）通信协议数据格式。通信协议数据格式为

{[参数]=[值],{[参数]=[值],······}

● 每条数据以“{}”作为起始字符。

● “{}”内参数多个条目以“,”分隔。

例如：

{CD0=1,D0=?}

注意：通信协议数据格式中的字符均为英文半角符号。

（2）通信协议参数说明。通信协议参数说明如下。

● 参数名称定义为

　　◇ 变量：A0～A7、D0、D1、V0～V3。

　　◇ 命令：CD0、OD0、CD1、OD1。

　　◇ 特殊参数：ECHO、TYPE、PN、PANID、CHANNEL。

● 变量可以对值进行查询，例如{A0=?}。

● 变量 A0～A7 在物联网云数据中心可以存储保存为历史数据。

● 命令是对位进行操作。

具体参数解释如下。

（1）A0～A7：用于传递传感器数值或者携带的信息量，权限为只能通过赋值“?”来进行查询当前变量的数值，支持上传到物联网云数据中心存储，示例如下。

● 温/湿度传感器采用 A0 表示温度值，A1 表示湿度值，数值类型为浮点型 0.1 精度。

● 火焰报警传感器采用 A0 表示警报状态，数值类型为整型，固定为 0（未检测到火焰）或者 1（检测到火焰）。

● 高频 RFID 模块采用 A0 表示卡片 ID 号，数值类型为字符串。

ZXBee 通信协议数据格式为

{参数=值,参数=值,······}

即用一对大括号“{}”包含每条数据，“{}”内参数如果有多个条目，则用“,”进行分隔，例如“{CD0=1,D0=?}”。

（2）D0：D0 的 Bit0～7 分别对应 A0～A7 的状态（是否主动上传状态），权限为只能通过赋值“?”来进行查询当前变量的数值，0 表示禁止上传，1 表示允许主动上传，示例如下。

● 温湿度传感器 A0 表示温度值，A1 表示湿度值，D0=0 表示不上传温度和湿度值，D0=1 表示主动上传温度值，D0=2 表示主动上传湿度值，D0=3 表示主动上传温度和湿度值。

● 火焰报警传感器采用 A0 表示警报状态，D0=0 表示不检测火焰，D0=1 表示实时检测火焰。

● 高频 RFID 模块采用 A0 表示卡片 ID 号，D0=0 表示不上报卡号，D0=1 表示运行刷卡响应上报 ID 卡号。

（3）CD0/OD0：对 D0 的位进行操作，CD0 表示位清零操作，OD0 表示位置一操作，示例如下。

- 温湿度传感器 A0 表示温度值，A1 表示湿度值，CD0=1 表示关闭 A0 温度值的主动上报。
- 火焰报警传感器采用 A0 表示警报状态，OD0=1 表示开启火焰报警监测，当有火焰报警时，会主动上报 A0 的数值。

（4）D1：D1 表示控制编码，权限为只能通过赋值"?"来进行查询当前变量的数值，用户根据传感器属性来自定义功能，示例如下。

- 温湿度传感器：D1 的 Bit0 表示电源开关状态，例如，D1=0 表示电源处于关闭状态，D1=1 表示电源处于打开状态。
- 继电器：D1 的 Bit 表示各路继电器状态，例如，D1=0 表示关闭两路继电器 S1 和 S2，D1=1 表示开启继电器 S1，D1=2 表示开启继电器 S2，D1=3 表示开启两路继电器 S1 和 S2。
- 风扇：D1 的 Bit0 表示电源开关状态，Bit1 表示正转反转，例如，D1=0 或者 D1=2 表示风扇停止转动（电源断开），D1=1 表示风扇处于正转状态，D1=3 表示风扇处于反转状态。
- 红外电器遥控：D1 的 Bit0 表示电源开关状态，Bit1 表示工作模式/学习模式，例如，D1=0 或者 D1=2 表示电源处于关闭状态，D1=1 表示电源处于开启状态且为工作模式，D1=3 表示电源处于开启状态且为学习模式。

（5）CD1/OD1：对 D1 的位进行操作，CD1 表示位清零操作，OD1 表示位置一操作。

（6）V0～V3：用于表示传感器的参数，用户根据传感器属性自定义功能，权限为可读写，示例如下。

- 温湿度传感器：V0 表示自动上传数据的时间间隔。
- 风扇：V0 表示风扇转速。
- 红外电器遥控：V0 表示红外学习的键值。

语音合成：V0 表示需要合成的语音字符。

（7）特殊参数：ECHO、TYPE、PN、PANID、CHANNEL。

① ECHO：用于检测节点在线的指令，将发送的值进行回显，例如，发送"{ECHO=test}"，若节点在线则回复数据"{ECHO=test}"。

② TYPE：表示节点类型，该信息包含了节点类别、节点类型、节点名称，权限为只能通过赋值"?"来进行查询当前值。TYPE 的值由 5 个 ASCII 字节表示，例如"1 1 001"，第 1 字节表示节点类别（1 为 ZigBee，2 为 RF433，3 为 Wi-Fi，4 为 BLE，5 为 IPv6，9 为其他）；第 2 字节表示节点类型（0 为汇集节点，1 为路由/中继节点，2 为终端节点）；第 3、4、5 字节合起来表示节点名称（编码可以自定义）。

节点 Type 类型定义如表 8.1 所示。

表 8.1　传感器的参数标识列表

节 点 编 码	节 点 名 称	节 点 编 码	节 点 名 称
000	协调器	001	光敏传感器
002	温/湿度传感器	003	继电器传感器
004	人体红外检测	005	可燃气体检测

续表

节 点 编 码	节 点 名 称	节 点 编 码	节 点 名 称
006	步进电机传感器	007	风扇传感器
008	声光报警传感器	009	空气质量传感器
010	振动传感器	011	高频 RFID 传感器
012	三轴加速度传感器	013	噪声传感器
014	超声波测距传感器	015	酒精传感器
016	触摸感应传感器	017	雨滴/凝露传感器
018	霍尔传感器	019	压力传感器
020	直流电机传感器	021	紧急按钮传感器
022	数码管传感器	023	低频 RFID 传感器
024	防水温度传感器	025	红外避障传感器
026	干簧门磁传感器	027	红外对射传感器
028	二氧化碳传感器	029	颜色识别传感器
030	九轴自由度传感器	031	一氧化碳传感器
100	红外遥控传感器	101	流量计数传感器
102	粉尘传感器	103	土壤湿度传感器
104	火焰识别传感器	105	语音识别传感器
106	语音合成传感器	107	指纹识别传感器

③ PN（仅针对 ZigBee/802.15.4 IPv6 节点）：表示节点的上行节点地址信息和所有邻居节点地址信息，权限为只能通过赋值"？"来进行查询当前值。

PN 的值为上行节点地址和所有邻居节点地址的组合，其中每 4 个字节表示一个节点地址后 4 位，第一个 4 字节表示该节点上行节点后 4 位，第 2～n 个 4 字节表示其所有邻居节点地址后 4 位。

④ PANID：表示节点组网的标志 ID，权限为可读写，此处 PANID 的值为十进制，而底层代码定义的 PANID 的值为十六进制，需要自行转换。例如，8200（十进制）=0x2008（十六进制），通过"{PANID=8200}"命令将节点的 PANID 修改为 0x2008。PANID 的取值范围为 1～16383。

⑤ CHANNEL：表示节点组网的通信通道，权限为可读写，此处 CHANNEL 的取值范围为十进制数 11～26。例如，通过命令"{CHANNEL=11}"将节点的 CHANNEL 修改为 11。

在实际应用中可能硬件接口会比较复杂，如一个无线节点携带多种不同类型传感器数据，下面以一个示例来进行解析。

例如，某个设备具备以下特性，一个燃气检测传感器、一个声光报警装置、一个排风扇，要求有如下功能。

● 设备可以开关电源。

● 可以实时上报燃气浓度值。

● 当燃气达到一定峰值，声光报警器会报警，同时排风扇会工作。

● 据燃气浓度的不同，报警声波频率和排风扇转速会不同。

● 根据该需求，定义协议如表 8.2 所示。

表 8.2　复杂数据通信设备协议定义

传 感 器	属 性	参 数	权 限	说 明
复杂设备	燃气浓度值	A0	R	燃气浓度值，浮点型：0.1 精度
	上报状态	D0(OD0/CD0)	R(W)	D0 的 Bit0 表示燃气浓度上传状态，OD0/CD0 进行状态控制
	开关状态	D1(OD1/CD1)	R(W)	D1 的 Bit0 表示设备电源状态，Bit1 表示声光报警状态，Bit2 表示排风扇状态，OD0/CD0 进行状态控制
复杂设备	上报间隔	V0	RW	修改主动上报的时间间隔
	声光报警声波频率	V1	RW	修改声光报警声波频率
	排风扇转速	V2	RW	修改排风扇转速

复杂的应用都是在简单的基础上进行一系列的组合和叠加，简单应用的不同组合和叠加可以变成复杂的应用。一个传感器可以作为一个简单的应用，不同传感器的配合使用可以实现复杂的应用功能。

3. 节点协议定义

传感器的 ZXBee 通信协议参数定义可以如表 8.3 所示。

表 8.3　传感器参数定义及说明

传 感 器	属 性	参 数	权 限	说 明
温/湿度	温度值	A0	R	温度值，浮点型：0.1 精度
	湿度值	A1	R	湿度值，浮点型：0.1 精度
	上报状态	D0(OD0/CD0)	R(W)	D0 的 Bit0 表示温度上传状态、Bit1 表示湿度上传状态
	上报间隔	V0	RW	修改主动上报的时间间隔
光敏/空气质量/超声波/大气压力/酒精/雨滴/防水温度/流量计数	数值	A0	R	数值，浮点型：0.1 精度
	上报状态	D0(OD0/CD0)	R(W)	D0 的 Bit0 表示上传状态
	上报间隔	V0	RW	修改主动上报的时间间隔
三轴	X 值	A0	R	X 值，浮点型：0.1 精度
	Y 值	A1	R	Y 值，浮点型：0.1 精度
	Z 值	A2	R	Z 值，浮点型：0.1 精度
	上报状态	D0(OD0/CD0)	R(W)	D0 的 Bit0 表示 X 值上传状态、Bit1 表示 Y 值上传状态、Bit2 表示 Z 值上传状态
	上报间隔	V0	RW	修改主动上报的时间间隔
可燃气体/火焰/霍尔/人体红外/噪声/振动/触摸/紧急按钮/红外避障/土壤湿度	数值	A0	R	数值，0 或者 1 变化
	上报状态	D0(OD0/CD0)	R(W)	D0 的 Bit0 表示上传状态

续表

传　感　器	属　性	参　数	权　限	说　明
继电器	继电器开合	D1(OD1/CD1)	R(W)	D1 的 Bit 表示各路继电器开合状态，OD1 为开、CD1 为合
风扇	电源开关	D1(OD1/CD1)	R(W)	D1 的 Bit0 表示电源状态，Bit1 表示正转/反转
	转速	V0	RW	表示转速
声光报警	电源开关	D1(OD1/CD1)	R(W)	D1 的 Bit0 表示电源状态，OD1 为上电、CD1 为关电
	频率	V0	RW	表示发声频率
步进电机	转动状态	D1(OD1/CD1)	R(W)	D1 的 Bit0 表示转动状态，Bit1 表示正转/反转，X0 表示不转，01 表示正转，11 表示反转
	角度	V0	RW	表示转动角度，0 表示一直转动
直流电机	转动状态	D1(OD1/CD1)	R(W)	D1 的 Bit0 表示转动状态，Bit1 表示正转/反转，X0 表示不转，01 表示正转，11 表示反转
	转速	V0	RW	表示转速
红外电器遥控	状态开关	D1(OD1/CD1)	R(W)	D1 的 Bit0 表示工作模式/学习模式，OD1=1 表示学习模式，CD1=1 表示工作模式
	键值	V0	RW	表示红外键值
高频 RFID/低频 RFID	ID 卡号	A0	R	ID 卡号，字符串
	上报状态	D0(OD0/CD0)	R(W)	D0 的 Bit0 表示允许识别
语音识别	语音指令	A0	R	语音指令，字符串，不能主动去读取
	上报状态	D0(OD0/CD0)	R(W)	D0 的 Bit0 表示允许识别并发送读取的语音指令
数码管	显示开关	D1(OD1/CD1)	R(W)	D1 的 Bit0 表示是否显示码值
	码值	V0	RW	表示数码管码值
语音合成	合成开关	D1(OD1/CD1)	R(W)	D1 的 Bit0 表示是否合成语音
	合成字符	V0	RW	表示需要合成的语音字符
指纹识别	指纹指令	A0	R	指纹指令，数值表示指纹编号，0 表示识别失败
	上报状态	D0(OD0/CD0)	R(W)	D0 的 Bit0 表示允许识别

8.3.4　开发内容

ZCloudTools 软件提供了通信协议测试工具，进入程序的"数据分析"功能模块就可以测试 ZXBee 协议了。

数据分析模块可获取指定设备节点上传的数据信息，并通过发送指令实现对节点状态的获取，以及控制执行。进入数据分析模块，左侧列表会依次列出网关下的组网成功的节点设备，如图 8.26 所示。

单击节点列表中的某个节点，如继电器，ZcloudTools 会自动将该节点的 MAC 地址填充到节点地址文本框中，获取该节点所上传的数据信息并显示在调试信息文本框中，如图 8.27 所示。

图 8.26　ZXBee 协议测试工具

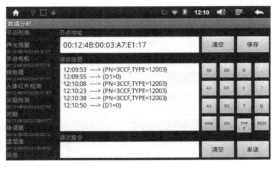
图 8.27　测试举例

也可通过输入命查询继电器的状态、控制继电器转动等。例如，{D1=?} 查询继电器状态，{OD1=1,D1=?}打开继电器，{CD1=1,D1=?}关闭继电器，如图 8.28 所示。

图 8.28　测试举例

本任务将以温湿度传感器和继电器传感器为例学习 ZXBee 通信协议，根据 8.3.3 节内容，温湿度传感器和继电器协议定义如表 8.4 所示。

表 8.4　传感器参数定义及说明

传 感 器	属　性	参　数	权　限	说　明
温/湿度	温度值	A0	R	温度值，浮点型：0.1 精度
	湿度值	A1	R	湿度值，浮点型：0.1 精度
	上报状态	D0(OD0/CD0)	R(W)	D0 的 Bit0 表示温度上传状态、Bit1 表示湿度上传状态
	上报间隔	V0	RW	修改主动上报的时间间隔
继电器	继电器开合	D1(OD1/CD1)	R(W)	D1 的 Bit 表示各路继电器开合状态，OD1 为开、CD1 为合

8.3.5 开发步骤

此处以温湿度节点和继电器节点为例进行协议介绍。

（1）将温湿度节点、继电器节点、协调器节点（智云网关板载）的镜像文件固化到节点中（当多台设备使用时需要针对源码修改网络信息并重新编译镜像）。

（2）准备一台智云网关。

图 8.29　查询温湿度值

（3）给硬件上电，并构建形成无线传感网络。

（4）参考 8.2 节步骤对智云网关进行配置，确保智云网络连接成功。

（5）运行 ZCloudTools 工具对节点进行调试。

单击"数据分析"图标，进入数据分析界面，单击节点列表中的"温湿度"节点，进入温湿度节点调试界面。输入调试指令"{A0=?,A1=?}"并发送，查询当前温湿度值，如图 8.29 所示。

输入调试指令"{V0=3}"并发送，修改主动上报时间间隔为 3 s，如图 8.30 所示。

输入调试指令"{CD0=1}"，发送指令后，禁止温度值上报，调试信息窗口只显示当前湿度值，如图 8.31 所示。

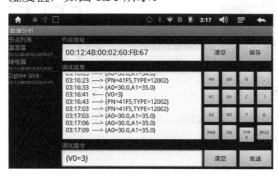

图 8.30　修改上报时间间隔

图 8.31　禁止温度值上报

单击节点列表中的"继电器"节点，进入继电器节点调试界面。输入调试指令"{D1=?}"并发送，查询当前继电器状态值，如图 8.32 所示。

输入调试指令"{OD1=1,D1=?}"并发送，修改继电器状态值为 1（即"开"状态）并查询当前继电器状态值，指令成功执行后会听到继电器开合的声音，执行结果如图 8.33 所示。

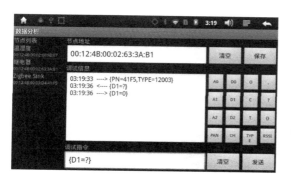

图 8.32　查询继电器状态值

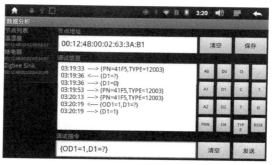

图 8.33　修改继电器状态值

8.3.6　总结与拓展

选择若干传感器/执行器，构建一套智能家居系统，并重新设计协议表格。

8.4　任务 41　硬件驱动开发一（CC2530 ZigBee）

8.4.1　学习目标

● 掌握智云硬件 CC2530 驱动原理。
● 掌握 CC2530 节点的采集类传感器驱动开发、报警类传感器驱动开发和控制类传感器驱动开发。

8.4.2　开发环境

硬件：光敏传感器 1 个、人体红外传感器 1 个、继电器传感器 1 个、智云网关 1 个（默认为 S4418/6818 系列开发平台）、CC2530 无线节点板 3 个、SmartRF04 仿真器 1 个、调试转接板 1 个。软件：Windows XP/7/8、IAR Embedded Workbench for 8051（IAR 嵌入式 8051系列单片机集成开发环境）。

8.4.3　原理学习

智云平台支持多种通信技术的无线节点接入，包括 ZigBee、Wi-Fi、BT BLE、RF433、IPv6 等，本任务将以 ZigBee 节点为例进行介绍。

ZXBeeEdu CC2530 无线节点采用 TI 公司的 CC2530 ZigBee 处理器，运行 ZStack 协议栈，它为 CC2530 节点提供基于 OSAL 操作系统的无线自组网功能。ZStack 提供了一些简单的示例程序供开发者进行学习，其中 SimpleApp 工程是基于 SAPI 框架进行应用的开发，SAPI 接口实现了对应用的简单封装，开发者只需实现部分接口函数即可完成整个节点程序的开发。ZXBeeEdu CC2530 无线节点示例程序均基于 SAPI 框架开发，详细的程序流程如

图 8.34 所示。

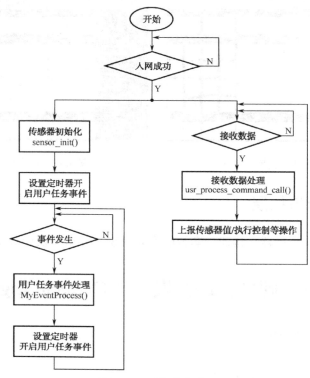

图 8.34 无线节点流程

其中，SAPI 应用接口在 AppCommon.c 文件中实现，其中主要的几个函数如下。

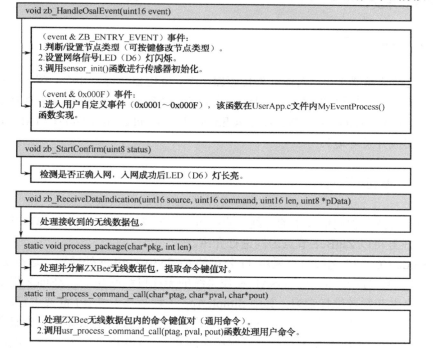

智云平台为 ZigBee ZStack 协议栈上层应用提供分层的软件设计结构，将传感器的私有操作部分封装到 UserApp.c 文件中，详细函数解释如表 8.5 所示。

表 8.5　传感器 ZXBee HAL 函数

函 数 名 称	函 数 说 明
sensor_init()	传感器硬件初始化
sensor_update()	传感器数据定时上报
sensor_check()	传感器报警状态实时监测
sensor_control()	传感器/执行器控制函数
usr_process_command_call()	解析接收到的传感器控制命令函数
MyEventProcess()	自定义事件处理函数，启动定时器触发事件 MY_REPORT_EVT

8.4.4　开发内容

节点按功能可划分为采集类节点、报警类节点和控制类节点。

（1）采集类传感器主要包括光敏传感器、温湿度传感器、可燃气体传感器、空气质量传感器、酒精传感器、超声波测距传感器、三轴加速度传感器、压力传感器、雨滴传感器等，这类传感器主要是用于采集环境值。

（2）报警类传感器主要包括触摸开关传感器、人体红外传感器、火焰传感器、霍尔传感器、红外避障传感器、RFID 传感器、语音识别传感器等，这类传感器主要用于检测外部环境的 0/1 变化并报警。

（3）控制类传感器主要包括继电器传感器、步进电机传感器、风扇传感器、红外遥控传感器等，这类传感器主要用于控制传感器的状态。

三类节点的驱动设计如下。

1. 采集类传感器设计

光敏传感器主要采集光照值，ZXBee 协议定义如表 8.6 所示。

表 8.6　光敏传感器 ZXBee 通信协议定义

传 感 器	属　　性	参　　数	权　　限	说　　明
光敏传感器	数值	A0	R	数值，浮点型：0.1 精度
	上报状态	D0(OD0/CD0)	R(W)	D0 的 Bit0 表示上传状态
	上报间隔	V0	RW	修改主动上报的时间间隔

光敏传感器程序逻辑驱动开发设计如图 8.35 所示。

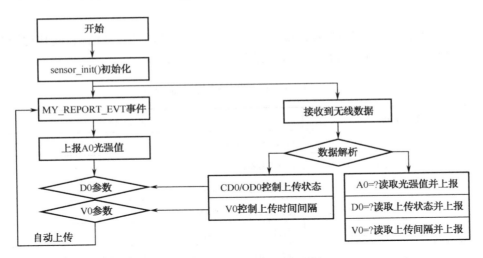

图 8.35　光敏传感器程序逻辑

程序实现过程如下。

（1）在 UserApp.h 文件中编写以下代码。

```
#define MY_REPORT_EVT 0x0001        //定义事件 MY_REPORT_EVT
#define NODE_NAME   "001"           //定义传感器参数标识
#define NODE_CATEGORY 1             //定义传感器类型
```

（2）在 UseApp.c 文件中实现光敏传感器的初始化 sensor_init()，初始化传感器最基本的是配置选择寄存器和方向寄存器，此外还要启动一个定时器来触发事件 MY_REPORT_EVT，具体的代码实现如下。

```
//初始化传感器
void sensor_init(void)
{
    //配置 P0_1 端口为输入，且配置为外设功能 ADC:A1
    SENSOR_SEL |= SENSOR_BIT;
    SENSOR_DIR &= ~(SENSOR_BIT);
    //启动定时器，触发事件：MY_REPORT_EVT
    osal_start_timerEx(sapi_TaskID, MY_REPORT_EVT,
                                            (uint16)((osal_rand()%10) * 1000));
}
```

（3）在 UseApp.c 文件中实现自定义事件处理函数 MyEventProcess(event)，代码实现如下。

```
//自定义事件处理
void MyEventProcess( uint16 event )
{
    if (event & MY_REPORT_EVT) {
        //主动上报数据
        sensor_update();
        //启动定时器，触发事件：MY_REPORT_EVT
        osal_start_timerEx(sapi_TaskID, MY_REPORT_EVT,
                                            (uint16)(myReportInterval * 1000));
```

上述代码调用了函数 sensor_update()来上报采集到的数据，具体的代码实现如下。

```
//处理主动上报的数据
void sensor_update(void)
{
    uint16 cmd = 0;
    uint8 pData[128];
    uint8 *p = pData + 1;
    int len;
    //根据 D0 的位状态判定需要主动上报的数值
    if ((D0 & 0x01) == 0x01){        //若光照量上报允许，则 pData 的数据包中添加光照量数据
        updateA0();                  //更新光照强度值
        len = sprintf((char*)p, "A0=%.1f", A0);
        p += len;
        *p++ = ',';
    }
    //将需要上传的数据进行打包操作，并通过 zb_SendDataRequest()发送到协调器
    if (p - pData > 1) {
        pData[0] = '{';
        p[0] = 0;
        p[-1] = '}';
        zb_SendDataRequest( 0, cmd, p-pData, pData, 0, AF_ACK_REQUEST,
                                                  AF_DEFAULT_RADIUS);
        HalLedSet( HAL_LED_1, HAL_LED_MODE_BLINK );       //通信 LED 闪烁一次
    }
}
```

上述代码调用了函数 updateA0()来更新光照值，函数 updataA0()的代码实现如下。

```
//更新光敏传感器采集的光照值
float updateA0(void)
{
    uint16 adcValue;
    //读取 ADC:A1 采集的电压量
    adcValue = HalAdcRead(HAL_ADC_CHN_AIN1, HAL_ADC_RESOLUTION_8);
    //将采集的电压量转化为光照强度值
    A0 = (float)((1 - adcValue/256.0) *3.3*1000) - 1680;
    return A0;
}
```

（4）在 UseApp.c 文件中实现解析控制命令函数 usr_process_command_call()，当上层应用发送控制命令时，解析命令的代码实现如下。

```
//解析收到的控制命令
int usr_process_command_call(char *ptag, char *pval, char *pout)
{
    int val;
    int ret = 0;
    //将字符串变量 pval 解析转换为整型变量赋值
```

```
    val = atoi(pval);
    //控制命令解析
    if (0 == strcmp("CD0", ptag)) {                         //关闭主动上报
        D0 &= ~val;
    }
    if (0 == strcmp("OD0", ptag)) {                         //开启主动上报
        D0 |= val;
    }
    if (0 == strcmp("D0", ptag)) {                          //查询是否开启了主动上报功能
        if (0 == strcmp("?", pval)) {
            ret = sprintf(pout, "D0=%u", D0);               //命令数据
        }
    }
    if (0 == strcmp("A0", ptag)) {                          //查询光照强度值
        if (0 == strcmp("?", pval)) {
            updateA0();                                     //更新光照量数值
            ret = sprintf(pout, "A0=%.1f", A0);             //命令数据
        }
    }
    if (0 == strcmp("V0", ptag)) {                          //查询主动上报的时间间隔
        if (0 == strcmp("?", pval)) {
            ret = sprintf(pout, "V0=%u", V0);               //命令数据
        }else{
            updateV0(pval);                                 //更新主动上报的时间间隔
        }
    }
    return ret;                                             //返回命令数据
}
```

上述代码调用了函数 updataV0() 来更新主动上报的时间间隔，具体的代码实现如下。

```
//更新主动上报时间间隔
uint16 updateV0(char *val)
{
    //将字符串变量 val 解析转换为整型变量赋值
    myReportInterval = atoi(val);
    V0 = myReportInterval;
    return V0;
}
```

至此，光敏传感器节点的底层开发就完成了。由于不同传感器的参数标识和类型是不同的，初始化传感器的过程也不同，并且不同传感器采集数据的方式不同，所以当需要开发其他采集类的传感器时，只需要修改 UseApp.h 文件中的宏定义和 UseApp.c 文件中的函数 sensor_init() 和函数 updataA0() 即可。

2. 报警类传感器设计

人体红外传感器主要用于监测活动人物的接近，当监测到活动人对象时，每隔 3 s 实时上报报警值 1，当人离开后，每隔 120 s 上报解除报警值 0，ZXBee 协议定义如表 8.7 所示。

表 8.7　传感器 ZXBee 通信协议定义

传　感　器	属　性	参　　数	权　　限	说　　明
可燃气体	数值	A0	R	人体红外报警状态，0 或 1
	上报状态	D0(OD0/CD0)	R(W)	D0 的 Bit0 表示上传状态

人体红外传感器程序逻辑驱动开发设计如图 8.36 所示。

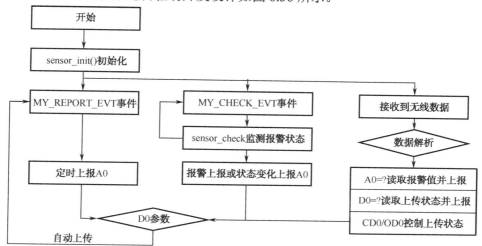

图 8.36　人体红外传感器监测程序逻辑

程序实现过程如下。

（1）在 UserApp.h 文件中编写以下代码。

```
#define MY_REPORT_EVT 0x0001        //定义事件 MY_REPORT_EVT
#define MY_CHECK_EVT 0x0002         //定义事件 MY_CHECK_EVT
#define NODE_NAME   "004"           //定义传感器参数标识
#define NODE_CATEGORY 1             //定义传感器类型
```

（2）在 UseApp.c 文件中实现人体红外传感器的初始化 sensor_init()。初始化传感器最基本的是配置选择寄存器和方向寄存器，此外还要分别启动定时器来触发事件 MY_REPORT_EVT 和事件 MY_REPORT_EVT，具体的代码实现如下。

```
//初始化传感器
void sensor_init(void)
{
    //配置 P0_5 端口为通用输入 I/O
    SENSOR_SEL &= ~(SENSOR_BIT);
    SENSOR_DIR &= ~(SENSOR_BIT);
    //启动定时器，触发事件：MY_REPORT_EVT
    osal_start_timerEx(sapi_TaskID, MY_REPORT_EVT,
                                            (uint16)((osal_rand()%10) * 1000));
    //启动定时器，触发事件：MY_CHECK_EVT
    osal_start_timerEx(sapi_TaskID, MY_CHECK_EVT,
                                            (uint16)((osal_rand()%10) * 1000));
}
```

（3）在 UseApp.c 文件中实现自定义事件处理函数 MyEventProcess(event)，代码实现如下。

```c
//自定义事件处理
void MyEventProcess( uint16 event )
{
    if (event & MY_REPORT_EVT) {
        //主动上报报警状态值函数
        sensor_update();
        //启动定时器，触发事件 MY_REPORT_EVT，定时上报数据
        osal_start_timerEx(sapi_TaskID, MY_REPORT_EVT,
                                            (uint16)(myReportInterval * 1000));
    }
    if (event & MY_CHECK_EVT) {
        //检测警报值函数
        sensor_check();
        //启动定时器，触发事件 MY_CHECK_EVT，定时查询报警值
        osal_start_timerEx(sapi_TaskID, MY_CHECK_EVT, 1000);
    }
}
```

其中，事件 MY_REPORT_EVT 调用了函数 sensor_update()来上报报警状态值，具体的代码实现如下。

```c
//主动上报报警状态值
void sensor_update(void)
{
    uint16 cmd = 0;
    uint8 pData[128];
    uint8 *p = pData + 1;
    int len;

    //根据 D0 的位状态判定需要主动上报的数值
    if ((D0 & 0x01) == 0x01){       //若报警值上报允许，则 pData 的数据包中添加报警值数据
        updateA0();                 //更新警报状态值
        len = sprintf((char*)p, "A0=%u", A0);
        p += len;
        *p++ = ',';
    }
    //将需要上传的数据进行打包操作，并通过 zb_SendDataRequest()发送到协调器
    if (p - pData > 1) {
        pData[0] = '{';
        p[0] = 0;
        p[-1] = '}';
        zb_SendDataRequest( 0, cmd, p-pData, pData, 0, AF_ACK_REQUEST,
                                                    AF_DEFAULT_RADIUS );
        HalLedSet( HAL_LED_1, HAL_LED_MODE_BLINK );     //通信 LED 闪烁一次
    }
}
```

事件 MY_CHECK_EVT 调用了函数 sensor_check()来检测报警状态值，具体的代码实现如下。

```
//检测报警值并决定是否报警
void sensor_check(void)
{
    uint16 cmd = 0;
    uint8 pData[128];
    int len;
    uint8 lastA0 = 0;
    if((D0 & 0x01) == 1){                                      //判断是否开启了主动上报
        lastA0 = A0;                                           //记录上次 A0 的值
        updateA0();                                            //更新 A0 的值
        //当监测到维持高电平状态，上报报警值 A0=1
        if (A0 == 1) {
            if(Flag % 3 == 0){                                 //每 3 s 报警一次
                len = sprintf((char*)pData, "{A0=%u}", A0);
                //发送数据到协调器
                zb_SendDataRequest(0, cmd, len, (uint8*)pData, 0, AF_ACK_REQUEST,
                                                     AF_DEFAULT_RADIUS);
                HalLedSet(HAL_LED_1, HAL_LED_MODE_BLINK);      //通信 LED 闪烁一次
            }
            Flag++;
        }
        //当监测到维持低电平状态，上报清除报警状态 A0=0
        else if ((Flag != 0) && (lastA0 == 0) && (A0 == 0)) {
            len = sprintf((char*)pData, "{A0=%u}", A0);
            //发送数据到协调器
            zb_SendDataRequest(0, cmd, len, (uint8*)pData, 0, AF_ACK_REQUEST,
                                                 AF_DEFAULT_RADIUS);
            HalLedSet(HAL_LED_1, HAL_LED_MODE_BLINK);          //通信 LED 闪烁一次
            Flag = 0;
        }
    }
}
```

函数 sensor_check()中还调用了函数 updateA0()来更新警报状态值，具体的代码实现如下。

```
uint8 updateA0(void)
{
    A0 = SENSOR_PIN;                         //根据 P0_5 口电平的高低来判断警报状态值
    return A0;
}
```

（3）在 UseApp.c 文件中实现解析控制命令函数 usr_process_command_call()，当上层应用发送控制命令时，解析命令的代码实现如下。

```
//解析收到的控制命令
int usr_process_command_call(char *ptag, char *pval, char *pout)
{
    int val;
```

```
        int ret = 0;
        //将字符串变量 pval 解析转换为整型变量赋值
        val = atoi(pval);
        //控制命令解析
        if (0 == strcmp("CD0", ptag)) {          //关闭主动上报
            D0 &= ~val;
        }
        if (0 == strcmp("OD0", ptag)) {          //开启主动上报
            D0 |= val;
        }
        if (0 == strcmp("D0", ptag)) {           //查询是否开启了主动上报
            if (0 == strcmp("?", pval)) {
                ret = sprintf(pout, "D0=%u", D0);    //命令数据
            }
        }
        if (0 == strcmp("A0", ptag)) {           //查询警报状态值
            if (0 == strcmp("?", pval)) {        //更新警报状态值
                updateA0();
                ret = sprintf(pout, "A0=%u", A0);    //命令数据
            }
        }
        if (0 == strcmp("V0", ptag)) {
            if (0 == strcmp("?", pval)) {        //查询主动上报时间间隔
                ret = sprintf(pout, "V0=%u", V0);    //命令数据
            }else{
                updateV0(pval);                  //更新主动上报时间间隔
            }
        }

        return ret;                              //返回命令数据
    }
```

上述代码中还调用了函数 updataV0() 来更新主动上报的时间间隔，具体的代码实现如下。

```
//更新主动上报时间间隔
uint16 updateV0(char *val)
{
    //将字符串变量 val 解析转换为整型变量赋值
    myReportInterval = atoi(val);
    V0 = myReportInterval;
    return V0;
}
```

至此，人体红外传感器节点的底层开发就完成了。由于不同传感器的参数标识和类型是不同的，初始化传感器的过程也不同，警报状态值与不同的 I/O 口的电平高低有关，所以当需要开发其他报警类的传感器时，只需要修改 UseApp.h 文件中的宏定义和 UseApp.c 文件中的函数 sensor_init() 和函数 updataA0() 即可。

3. 控制类传感器设计

继电器传感器属于典型的控制类传感器,可通过发送执行命令控制继电器的开关,ZXBee 协议定义如表 8.8 所示。

表 8.8　相关传感器 ZXBee 通信协议定义

传　感　器	属　　性	参　　数	权　　限	说　　明
继电器	继电器开合	D1(OD1/CD1)	R(W)	D1 的 Bit 表示各路继电器开合状态,OD1 为开、CD1 为合

继电器程序逻辑如图 8.37 所示。

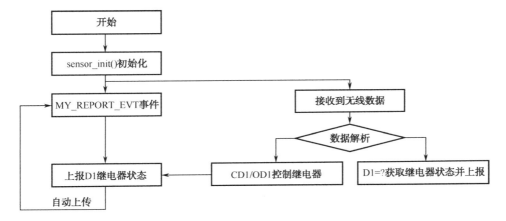

图 8.37　继电器程序逻辑

程序实现过程如下。

(1)在 UserApp.h 文件中编写以下代码。

```
#define MY_REPORT_EVT 0x0001          //定义事件 MY_REPORT_EVT
#define NODE_NAME   "003"             //定义传感器参数标识
#define NODE_CATEGORY 1               //定义传感器类型
```

(2)在 UseApp.c 文件中实现继电器传感器的初始化 sensor_init()。初始化传感器最基本的是配置选择寄存器和方向寄存器,此外还要启动一个定时器来触发事件 MY_REPORT_EVT,具体的代码实现如下。

```
//初始化传感器
void sensor_init(void)
{
    //配置 P0_1、P0_5 端口为通用输出 I/O
    SENSOR_SEL &= ~(SENSOR_BIT);
    SENSOR_DIR |= SENSOR_BIT;
    SENSOR_PORT |= SENSOR_BIT;                    //LS1/LS2 断开
    //启动定时器,触发事件 MY_REPORT_EVT
    osal_start_timerEx(sapi_TaskID, MY_REPORT_EVT,
                                    (uint16)((osal_rand()%10) * 1000));

}
```

（3）在 UseApp.c 文件中实现自定义事件处理函数 MyEventProcess(event)，代码实现如下。

```
//自定义事件处理
void MyEventProcess( uint16 event )
{
    if (event & MY_REPORT_EVT) {
        //主动上报数据
        sensor_update();
        //启动定时器，触发事件：MY_REPORT_EVT
        osal_start_timerEx(sapi_TaskID, MY_REPORT_EVT,
                                        (uint16)(myReportInterval * 1000));
    }
}
```

上述代码中调用了函数 sensor_update() 来上报采集到的数据，具体的代码实现如下。

```
//处理主动上报的数据
void sensor_update(void)
{
    uint16 cmd = 0;
    uint8 pData[128];
    uint8 *p = pData + 1;
    int len;
    //根据 D0 的位状态判定需要主动上报的数值
    if ((D0 & 0x01) == 0x01){ //若控制编码上报允许，则 pData 的数据包中添加控制编码数据
        len = sprintf((char*)p, "D1=%u", D1);
        p += len;
        *p++ = ',';
    }
    //将需要上传的数据进行打包操作，并通过 zb_SendDataRequest()发送到协调器
    if (p - pData > 1) {
        pData[0] = '{';
            p[0] = 0;
            p[-1] = '}';
            zb_SendDataRequest( 0, cmd, p-pData, pData, 0, AF_ACK_REQUEST,
                                            AF_DEFAULT_RADIUS );
            HalLedSet( HAL_LED_1, HAL_LED_MODE_BLINK );   //通信 LED 闪烁一次
    }
}
```

（4）在 UseApp.c 文件中实现解析控制命令函数 usr_process_command_call()，当上层应用发送控制命令时，解析命令的代码实现如下。

```
//解析收到的控制命令
int usr_process_command_call(char *ptag, char *pval, char *pout)
{
    int val;
    int ret = 0;
    //将字符串变量 pval 解析转换为整型变量赋值
     val = atoi(pval);
    //控制命令解析
```

```
    if (0 == strcmp("CD0", ptag)) {                      //关闭主动上报
        D0 &= ~val;
    }
    if (0 == strcmp("OD0", ptag)) {                      //开启主动上报
        D0 |= val;
    }
    if (0 == strcmp("D0", ptag)) {                       //查询是否开启了主动上报功能
        if (0 == strcmp("?", pval)) {
            ret = sprintf(pout, "D0=%u", D0);            //命令数据
        }
    }
    if (0 == strcmp("CD1", ptag)) {                      //关闭继电器命令
        D1 &= ~val;
        sensor_control(D1);                              //调用函数来关闭继电器
    }
    if (0 == strcmp("OD1", ptag)) {                      //打开继电器命令
        D1 |= val;
        sensor_control(D1);                              //调用函数来打开继电器
    }
    if (0 == strcmp("D1", ptag)) {                       //查询继电器状态
        if (0 == strcmp("?", pval)) {
            ret = sprintf(pout, "D1=%u", D1);            //命令数据
        }
    }
    if (0 == strcmp("V0", ptag)) {                       //查询主动上报的时间间隔
        if (0 == strcmp("?", pval)) {
            ret = sprintf(pout, "V0=%u", V0);            //命令数据
        }else{
            updateV0(pval);                              //更新主动上报的时间间隔
        }
    }
    return ret;                                          //返回命令数据
}
```

上述代码中调用了函数 sensor_control()来控制继电器的状态，具体的代码实现如下。

```
//控制继电器的状态
void sensor_control(uint8 cmd)
{
    if (cmd == 0){
        SENSOR_PORT |= 0x22 ;                            //LS1/LS2 断开
    } else if (cmd == 1){
        SENSOR_PORT &= ~0x02 ;                           //LS1 闭合
        SENSOR_PORT |= 0x20 ;                            //LS2 断开
    } else if (cmd == 2){
        SENSOR_PORT |= 0x02 ;                            //LS1 断开
        SENSOR_PORT &= ~0x20 ;                           //LS2 闭合
    } else if (cmd == 3){
```

```
            SENSOR_PORT &= ~0x22 ;                        //LS1/LS2 闭合
    }
}
```

另外，还调用了函数 updataV0()来更新主动上报的时间间隔，具体的代码实现如下。

```
//更新主动上报时间间隔
uint16 updateV0(char *val)
{
    //将字符串变量 val 解析转换为整型变量赋值
    myReportInterval = atoi(val) ;
    V0 = myReportInterval ;
    return V0 ;
}
```

至此，继电器传感器节点的底层开发就完成了。由于不同传感器的参数标识和类型是不同的，初始化传感器的过程也不同，并且控制传感器状态的方式不同，所以当需要开发其他控制类的传感器时，只须修改 UseApp.h 文件中的宏定义和 UseApp.c 文件中的函数 sensor_init()和函数 sensor_control()即可。

8.4.5　开发步骤

此处以光敏节点、人体红外节点和继电器节点为例进行协议介绍。

（1）将本任务中的光敏节点、人体红外节点、继电器节点、协调器节点工程文件复制到"C:\Texas Instruments\ZStack-CC2530-2.4.0-1.4.0\Projects\ZStack\Samples"文件夹下，修改网络信息并重新编译镜像并烧写到节点中。

（2）准备一台智云网关，并确保网关为最新镜像。

（3）给硬件上电，并构建形成无线传感网络。

（4）对智云网关进行配置，确保智云网络连接成功。

（5）运行 ZCloudTools 工具对节点进行调试。

部分测试步骤（以继电器为例）如下。

单击"综合演示"图标，进入节点拓扑图综合演示界面，等待一段时间后，就会形成所有传感节点的拓扑图结构，包括智云网关（红色）、协调器（橙色）和终端节点（浅蓝色），如图 8.38 所示。

单击继电器节点图标，进入继电器节点控制界面。单击"开关"按钮，控制继电器开合，进而控制灯光亮灭，如图 8.39 所示。

返回主界面，单击"数据分析"图标，进入数据分析界面。

单击节点列表中的"继电器"节点，进入继电器节点调试界面。输入调试指令"{D1=?}"并发送，查询当前继电器状态值，如图 8.40 所示。

输入调试指令"{OD1=1,D1=?}"并发送，修改继电器状态值为 1（"开"状态）并查询当前继电器状态值，指令成功执行后会听到继电器开合的声音，执行结果如图 8.41 所示。

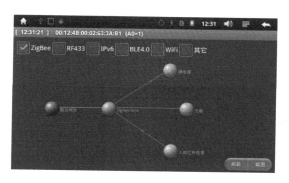

图 8.38 节点拓扑图

图 8.39 继电器节点控制

图 8.40 查询继电器状态值

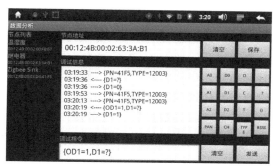

图 8.41 修改继电器状态值

8.4.6 总结与拓展

其他基于 CC2530 和 ZigBee 无线节点的传感器的驱动代码见本任务的资源开发包的代码（01-开发例程\第 8 章\8.4-硬件驱动开发（CC2530）），可根据需求修改可燃气体传感器代码为报警类传感器代码。

8.5 任务 42 硬件驱动开发二（CC1110 SimpliciTI）

8.5.1 学习目标

- 掌握智云硬件 CC1110 驱动原理。
- 掌握 CC1110 节点的采集类传感器驱动开发、报警类传感器驱动开发和控制类传感器驱动开发。

8.5.2 开发环境

硬件：光敏传感器 1 个、人体红外传感器 1 个、继电器传感器 1 个、智云网关 1 个（默认为 S4418/6818 系列开发平台）、CC1110 无线节点板 3 个、SmartRF04 仿真器 1 个、调试转接板 1 个。软件：Windows XP/7/8、IAR Embedded Workbench for 8051（IAR 嵌入式 8051 系列单片机集成开发环境）。

8.5.3 原理学习

CC1110 运行 TI 提供的 SimpliciTI 协议栈，能够组建一个轻量级的网络。SimpliciTI 协议栈运行比较简单，甚至没有操作系统（抽象层）。SimpliciTI 协议栈提供了一些很有代表性的例程供读者参考，读者可以很方便在在这些例程的基础上进行修改、移植。

传感去驱动程序是在 ED 工程的基础上开发而来的，即烧写传感器驱动程序的节点都为终端（ED）节点（工程中含有 RE 的工作空间）。ED 节点可以加入和网关相连的 AP 节点，这样就可以通过网关实现 ED（传感器）数据采集和控制。

程序开始运行后，首先进行了必要的初始化，包括板载初始化和协议栈的初始化等；接着程序开始加入（AP 组建的）网络；加入网络成功后，又进行了两个初始化：初始化定时器和初始化传感器；最后，程序执行 Linkto() 函数。这个函数里面有两个可执行选项：接收消息并处理和执行 sensorLoop() 函数。sensorLoop 函数可以周期性地采集并上传传感器的数据，而接收到数据后，程序会对数据进行分析，最终能调用用户命令处理函数对收到的数据（命令）进行处理，图 8.42 所示是程序流程图。

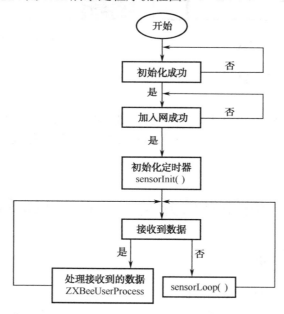

图 8.42　节点流程图

上述流程图中有几个用户需要填充/编写的 API 函数，这些 API 全部都在 sensor.c 文件中定义，这样就将这些函数将整个工程的其他函数隔离，用户在进行传感器驱动开发时，只须在 sensor.c 文件中进行相应的代码编写即可，无须改动其他文件（不包括配置文件），就可以完成传感器驱动，表 8.9 所示是这些函数的说明。

表 8.9　传感器 ZXBee HAL 函数

函 数 名 称	函 数 说 明
sensorInit ()	传感器硬件初始化
sensorLoop ()	传感器数据定时采集/上报
ZXBeeUserProcess ()	用户命令处理函数
sensor_control()	传感器/执行器控制函数
update_sensor()	传感器数据采集函数，sensorLoop 的子函数

8.5.4　开发内容

节点按功能可划分为采集类节点、报警类节点和控制类节点，三类节点的驱动设计如下。

1. 采集类传感器设计

光敏传感器主要采集光照值，ZXBee 协议定义如表 8.10 所示。

表 8.10　光敏传感器 ZXBee 通信协议定义

传 感 器	属 性	参 数	权 限	说 明
光敏传感器	数值	A0	R	数值，浮点型：0.1 精度
	上报状态	D0(OD0/CD0)	R(W)	D0 的 Bit0 表示上传状态
	上报间隔	V0	RW	修改主动上报的时间间隔
	屏幕更新间隔	V1	RW	修改屏幕刷新时间间隔

光敏传感器程序逻辑驱动开发设计如图 8.43 所示。

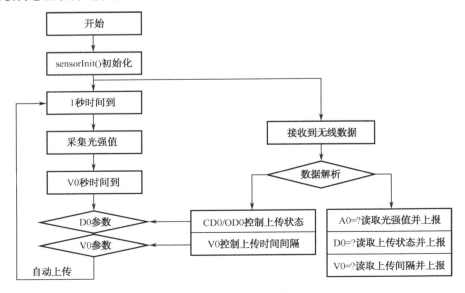

图 8.43　光敏传感器程序逻辑

程序实现过程如下。

（1）在 sensor.c 文件中编写以下参数定义代码：

```
static uint8 D0 = 1;                              //A0 存储光照强度值
static uint16 V0 = 30;                            //V0 设置为上报时间间隔，默认为 30s
static uint16 myReportInterval = 1;              //采集时间间隔，单位为 s
static uint32 count=0;                            //秒数计数
char SENSOR_TYPE[]="001";                         //传感器名称标识，光敏传感器
```

（2）在 sensor.c 文件中实现光敏传感器的初始化 sensorInit()，初始化传感器最基本的是配置相应引脚 ADC 功能，如使能 ADC、选择 ADC 通道等。

```
void sensorInit(void){//配置 P0_1 端口为输入，且配置为外设功能 ADC:A1
    SENSOR_SEL |= SENSOR_BIT;
    ADCCFG |= 0x02;
    ADCCON1 |=0x33;                               //手动触发
    ADCCON2 |= 0xB1;                              //AVDD 参考电压，12 位分辨率，
}
```

（3）在 sensor.c 文件中实现传感器数据定时采集、上报函数。

```
void sensorLoop(void)
{
    static uint32_t ct = 0;
    if (t4exp(ct))
    {   //如果定时时间到
        char b[8]={0};
        char* txbuf;
        uint32_t c = t4ms();
        ct = t4ms()+1000*myReportInterval;        //下一次定时（1000 ms 后）
        updateA0();                               //更新传感器值
        if(count>=V0)                             //如果经过了 V0 秒
        {
            if(D0 & 0x01)                         //如果上报使能
            {
                ZXBeeBegin();                     //开始复制传感器的值到发送缓冲区
                ZXBeeAdd("A0", ZXBeeItoa((int)A0, b));
                txbuf = ZXBeeEnd();               //复制完成
                if (txbuf != NULL)
                {
                    int len = strlen(txbuf);
                    sendMessage((uint8_t*)txbuf, len);  //发送
                    count=0;
                }
            }
        }
#ifdef SPI_LCD
        if(count % V1 == 0)                       //更新 LCD
        {
            ZXBeeBegin();
            ZXBeeAdd("A0", ZXBeeItoa((int)A0, b));
```

```
                txbuf = ZXBeeEnd();
                int len = strlen(txbuf);
                uart_write((uint8_t*)txbuf,len);
            }
#endif
            count++;
        }
    }
```

上述代码实现了传感器定时采集数据并将数据上传。其中每秒采集一次，每 V0 秒上报一次采集到的值。上述代码采集传感器数据是通过调用函数 updateA0 函数来实现的，其代码如下。

```
float updateA0(void)
{
    uint16 adcValue=0;
    ADCCON1 |=0x43;                              //启动转换
    while( !(ADCCON1 & ADCCON1_EOC));
    adcValue = ADCL & 0xF0;
    adcValue |= (ADCH << 8);
    adcValue >>= 4;
    A0 = adcValue;
    return A0;
}
```

（4）在 sensor.c 文件中实现用户命令处理函数，代码实现如下。

```
void ZXBeeUserProcess(char *ptag, char *pval)
{
    int val;
    char b[8]={0};
    val = atoi(pval);

    //查询主动上报使能状态,D0(Bit0)1 为开启主动上报，0 为关闭主动上报
    if (memcmp(ptag, "D0", 2) == 0)
    {
        if (pval[0] == '?')
        {
            ZXBeeAdd("D0", ZXBeeItoa(D0, b));
        }
    }
    //查询当前采集值
    if (memcmp(ptag, "A0", 2) == 0)
    {
        if (pval[0] == '?')
        {
            ZXBeeAdd("A0", ZXBeeItoa((int)A0, b));
        }
    }
```

```
    //打开定时上报命令
    if (memcmp(ptag, "OD0", 3) == 0)
    {
        D0 |= val;
    }

    //关闭定时上报命令
    if (memcmp(ptag, "CD0", 3) == 0)
    {
        D0 &= ~val;
    }

    //更新主动上报时间间隔
    if (memcmp(ptag, "V0", 2) == 0)
    {
        if (pval[0] == '?')
        {
            ZXBeeAdd("V0", ZXBeeItoa(V0, b));
        }
        else
            V0=val;
    }
#ifdef SPI_LCD
    //更新 LCD 刷新时间间隔
    if (memcmp(ptag, "V1", 2) == 0)
    {
        if (pval[0] == '?')
        {
            ZXBeeAdd("V1", ZXBeeItoa(V1, b));
        }
        else
            V1=val;
    }
#endif
}
```

至此，光敏传感器节点的底层驱动开发就完成了。由于不同传感器的参数标识和类型是不同的，初始化传感器的过程也不同，并且不同传感器采集数据的方式不同，所以当需要开发其他采集类的传感器时，只需要修改 sensor.c 中的参数定义代码，以及函数 sensorInit()、函数 updata_sensor()、ZXBeeUserProcess()即可。

2. 报警类传感器设计

人体红外传感器主要用于监测活动人物的接近，当监测到活动人对象时，每隔 1 s 实时上报报警值 1，当人离开后，每隔 30 s 上报解除报警值 0，ZXBee 协议定义如表 8.11 所示。

表 8.11　传感器 ZXBee 通信协议定义

传　感　器	属　　性	参　　数	权　　限	说　　明
可燃气体	数值	A0	R	人体红外报警状态，0 或 1
	上报状态	D0(OD0/CD0)	R(W)	D0 的 Bit0 表示上传状态

人体红外传感器程序逻辑驱动开发设计如图 8.44 所示。

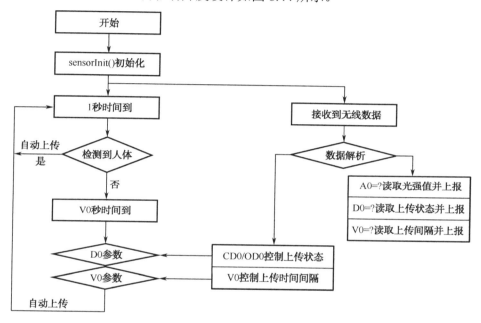

图 8.44　人体红外传感器监测程序逻辑

程序实现过程如下。

（1）在 sensor.c 文件中编写以下参数定义代码。

```
static uint8 D0 = 1;                        //默认打开主动上报功能
static uint8_t A0 = 0;                      //有无人体在人体红外传感器范围内
static uint8_t V0 = 30;                     //主动上报时间间隔
static uint16_t f_usMyReportInterval = 1;   //采集时间间隔，单位为 s
static uint32_t count=0;                    //秒数计数
char SENSOR_TYPE[]="004";                   //传感器名称标识（人体红外）char
```

（2）在 sensor.c 文件中实现人体红外感器的初始化 sensorInit()，初始化传感器最基本的是配置相应引脚方向、模式等。

```
void sensorInit(void)
{
    //P0_6 输出低电平
    INFRARED_SEL &= ~INFRARED01_BV;
    INFRARED_DIR |= INFRARED01_BV;
    INFRARED01_SBIT = 0;
```

第8章

```
//P0_5 配置为通用 I/O,输入
P0SEL &= ~0x10;
P0DIR &= ~0x10;
}
```

（3）在 sensor.c 文件中实现传感器数据定时采集、上报函数 sensorLoop()，代码实现如下。

```
void sensorLoop(void)
{
    static uint32_t ct = 0;
    if (t4exp(ct))
    {   //如果定时时间到
        char b[8];
        char* txbuf;
        uint32_t c = t4ms();
        ct = t4ms()+1000*f_usMyReportInterval;          //定时下一次 1000 ms 以后

        update_A0();
        if(A0)                                          //检测到人，每秒报警一次
        {
            ZXBeeBegin();
            ZXBeeAdd("A0", ZXBeeItoa(A0, b));
            txbuf = ZXBeeEnd();
            if (txbuf != NULL) {
            int len = strlen(txbuf);
            sendMessage((uint8_t*)txbuf, len);}
        }
        else                                            //否则 V0 秒上报一次
        {
            if(count>=V0)
            {
                if( D0 & 0x01)
                {
                    ZXBeeBegin();
                    ZXBeeAdd("A0", ZXBeeItoa(A0, b));
                    txbuf = ZXBeeEnd();
                    if (txbuf != NULL)
                    {
                        int len = strlen(txbuf);
                        sendMessage((uint8_t*)txbuf, len);
                        count=0;
                    }
                }
            }
        }
        count++;
    }
#ifdef SPI_LCD
```

```
            if(count % V1 == 0)
            {
                ZXBeeBegin();
                ZXBeeAdd("A0", ZXBeeItoa(A0, b));
                txbuf = ZXBeeEnd();
                int len = strlen(txbuf);
                uart_write((uint8_t*)txbuf,len);
            }
#endif
        }
    }
```

上述代码和前面光照度的一个不同就是采集到人体后就立即上传，而不是要等到 V0 秒后，这恰恰体现了安防的特点——检测到有人入侵立即报警。此外，上述代码仍然是调用了 updateA0 函数，其代码如下。

```
uint8_t update_A0(void)
{
    if (P0_5)
    {
        A0 = 1;
    }
    else{
        A0 = 0;
    }
    return A0;
}
```

上述代码就是通过检测相应引脚的电平，来确定是否有人入侵的。

（4）在 sensor.c 文件中实现用户命令处理函数，代码实现如下。

```
void ZXBeeUserProcess(char *ptag, char *pval)
{
    int val;
    char b[8]={0};
    val = atoi(pval);

    //查询主动上报使能状态,D0(Bit0)1 为开启主动上报, 0 为关闭主动上报
    if (memcmp(ptag, "D0", 2) == 0)
    {
        if (pval[0] == '?')
        {
            ZXBeeAdd("D0", ZXBeeItoa(D0, b));
        }
    }

    //查询当前有无人命令
    if (memcmp(ptag, "A0", 2) == 0)
```

```c
    {
        if (pval[0] == '?')
        {
            update_A0();
            ZXBeeAdd("A0", ZXBeeItoa(A0, b));
        }
    }

    //打开定时上报命令
    if (memcmp(ptag, "OD0", 3) == 0)
    {
        D0 |= val;
    }

    //关闭定时上报命令
    if (memcmp(ptag, "CD0", 2) == 0)
    {
        D0 &= ~val;
    }

    //更新主动上报时间间隔
    if (memcmp(ptag, "V0", 2) == 0)
    {
        if (pval[0] == '?')
        {
            ZXBeeAdd("V0", ZXBeeItoa(V0, b));
        }
        else
        V0=val;
    } #ifdef SPI_LCD
    //更新 LCD 刷新时间间隔
    if (memcmp(ptag, "V1", 2) == 0)
    {
        if (pval[0] == '?')
        {
            ZXBeeAdd("V1", ZXBeeItoa(V1, b));
        }
        else
        V1=val;
    }
#endif
}
```

至此，人体红外传感器节点的底层驱动开发就完成了。由于不同传感器的参数标识和类型是不同的，初始化传感器的过程也不同，警报状态值与不同的 IO 口的电平高低有关，

所以当需要开发其他报警类的传感器时，只需要修改 sensor.c 中的参数定义代码，以及函数 sensorInit()、函数 sensorA0()、ZXBeeUserProcess()即可。

3．控制类传感器设计

继电器传感器属于典型的控制类传感器，可通过发送执行命令控制继电器的开关，ZXBee 协议定义如表 8.12 所示。

表 8.12　相关传感器 ZXBee 通信协议定义

传 感 器	属 性	参 数	权 限	说 明
继电器	继电器开合	D1(OD1/CD1)	R(W)	D1 的 Bit 表示各路继电器开合状态，OD1 为开、CD1 为合

继电器程序逻辑如图 8.45 所示。

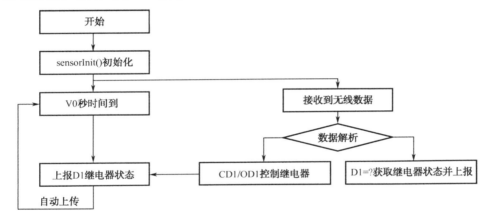

图 8.45　继电器程序逻辑

程序实现过程如下。

（1）在 sensor.c 文件中编写以下参数定义代码。

```
static uint8 D0 = 0;                    //默认关闭主动上报功能
static uint8 D1 = 0;                    //继电器初始状态为关
static uint16 V0 = 30;                  //V0 设置为上报时间间隔，默认为 30 s
static uint16 myReportInterval = 1;     //采集时间间隔，单位为 s
static uint32 count=0;                  //秒数计数
char SENSOR_TYPE[]="003";               //传感器名称标识（继电器）char
```

（2）在 sensor.c 文件中实现继电器传感器的初始化 sensorInit()，初始化传感器就是配置相应的引脚功能、模式，并关闭继电器，具体的代码实现如下。

```
void sensorInit(void)
{
    //初始化传感器代码
    //配置 P0_1、P0_5 端口为通用输出 IO
    SENSOR_SEL &= ~(SENSOR_BIT);
```

```
        SENSOR_DIR |= SENSOR_BIT;
        SENSOR_PORT |= SENSOR_BIT;                //LS1/LS2 断开
}
```

（3）在 sensor.c 文件中实现传感器状态定时上报函数 sensorLoop()，代码实现如下。

```
void sensorLoop(void)
{
    static uint32_t ct = 0;
    if (t4exp(ct))
    {   //定时时间到
        char b[8];
        char* txbuf;
        uint32_t c = t4ms();
        ct = t4ms()+1000*myReportInterval;        //下一次定时 1000 ms 后
        if(count>=V0)                             //如果经历了 V0 个 1000 ms
        {
            if(D0 & 0x01)                         //如果上报使能
            {
                ZXBeeBegin();                     //开始复制传感器状态到发送缓冲区中
                ZXBeeAdd("D1", ZXBeeItoa(D1, b));
                txbuf = ZXBeeEnd();               //复制结束
                if (txbuf != NULL)
                {
                    int len = strlen(txbuf);
                    sendMessage((uint8_t*)txbuf, len);  //发送
                    count=0;
                }
            }
        }
#ifdef SPI_LCD
        if(count % V1 == 0)                       //更新 LCD
        {
            ZXBeeBegin();
            ZXBeeAdd("D1", ZXBeeItoa(D1, b));
            txbuf = ZXBeeEnd();
            int len = strlen(txbuf);
            uart_write((uint8_t*)txbuf,len);
        }
#endif
        count++;
    }
}
```

上述代码相对于前面的两个实例，少了一个 sensor_uadate()函数，其余一样。

（4）在 sensor.c 文件中实现用户命令处理函数，代码实现如下。

```
void ZXBeeUserProcess(char *ptag, char *pval)
{
    int val;
```

```
char b[8]={0};
val = atoi(pval);

//查询主动上报使能状态,D0(Bit0)1 为开启主动上报，0 为关闭主动上报
if (memcmp(ptag, "D0", 2) == 0)
{
    if (pval[0] == '?')
    {
        ZXBeeAdd("D0", ZXBeeItoa(D0, b));
    }
}

//查询传感器状态
if (memcmp(ptag, "D1", 2) == 0)
{
    if (pval[0] == '?')
    {
        ZXBeeAdd("D1", ZXBeeItoa(D1, b));
    }
}

//打开定时上报命令
if (memcmp(ptag, "OD0", 3) == 0)
{
    D0 |= val;
}

//关闭定时上报命令
if (memcmp(ptag, "CD0", 3) == 0)
{
    D0 &= ~val;
}
//打开继电器命令
if (memcmp(ptag, "OD1", 3) == 0)
{
    D1 |= val;
    sensor_control(D1);
}

//关闭继电器命令
if (memcmp(ptag, "CD1", 3) == 0)
{
    D1 &= ~val;
    sensor_control(D1);
}
```

```
    //更新/上报主动上报时间间隔
    if (memcmp(ptag, "V0", 2) == 0)
    {
        if (pval[0] == '?')
        {
            ZXBeeAdd("V0", ZXBeeItoa(V0, b));
        }
        else
    V0=val;
    }
#ifdef SPI_LCD
    //更新 LCD 刷新时间间隔
    if (memcmp(ptag, "V1", 2) == 0)
    {
        if (pval[0] == '?')
        {
            ZXBeeAdd("V1", ZXBeeItoa(V1, b));
        }
        else
        V1=val;
    }
#endif
}
```

上述代码中与前面的例程相比，多了一个名为 sensor_control 的子函数，此函数功能为控制传感器的状态，是一个收到用户命令后需要立即执行的函数，其实现代码如下。

```
void sensor_control(int cmd)
{
    if ( (cmd & 0x03) == 0)
    {
        SENSOR_PORT |= 0x22;                    //LS1/LS2 断开
    }
    else if ( (cmd & 0x03) == 1)
    {
        SENSOR_PORT &= ~0x02;                   //LS1 闭合
        SENSOR_PORT |= 0x20;                    //LS2 断开
    }
    else if ( (cmd & 0x03) == 2)
    {
        SENSOR_PORT |= 0x02;                    //LS1 断开
        SENSOR_PORT &= ~0x20;                   //LS2 闭合
    }
    else if ( (cmd & 0x03) == 3)
    {
        SENSOR_PORT &= ~0x22;                   //LS1/LS2 闭合
```

```
        }
    }
```

至此，继电器传感器节点的底层开发就完成了。由于不同传感器的参数标识和类型是不同的，初始化传感器的过程也不同，并且控制传感器状态的方式不同，所以当需要开发其他控制类的传感器时，只需要修改 sensor.c.c 文件中的函数 sensorInit() 和函数 sensor_control ()即可。

8.5.5   开发步骤

此处以光敏节点、人体红外节点和继电器节点为例进行协议介绍。

（1）将本任务工程中的光敏节点、人体红外节点、继电器节点复制到文件夹"C:\Texas Instruments\SimpliciTI-1.2.0-IAR\zonesion\application\ed"目录下，修改网络信息、修改 AP 的网络信息，重新编译镜像。

（2）准备一台智云网关，并确保网关为最新镜像。

（3）对智云网关进行配置，确保智云网络连接成功。

（4）给 CC1110 无线节点板上电，使节点加入 AP 节点组建的网络。

（5）运行 ZCloudTools 工具对节点进行调试。

部分测试步骤（以继电器为例）如下。

单击"综合演示"图标，进入节点拓扑图综合演示界面，等待一段时间后，就会形成所有传感节点的拓扑图结构，包括智云网关（红色）、AP 节点（橙色）和终端节点（浅蓝色），如图 8.46 所示。

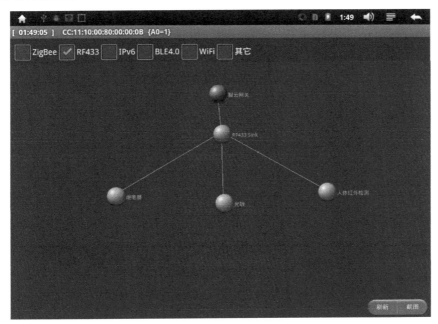

图 8.46   节点拓扑图

单击人体红外节点图标，进入人体红外节点显示界面，图 8.47 所示为检测到有人体入侵。

图 8.47　人体红外节点报警图

返回主界面，单击"数据分析"图标，进入数据分析界面。

单击节点列表中的"人体红外"节点，进入人体红外节点调试界面。查看当前报警值，检测到人体入侵，每秒报警一次，如图 8.48 所示。

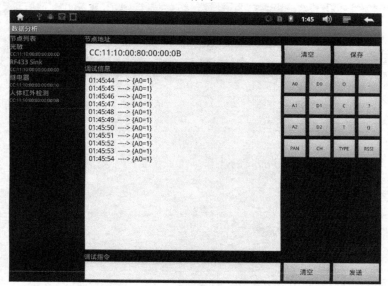

图 8.48　人体红外节点报警数据

输入调试指令"｛V0=?｝"并发送，查看上报时间间隔，结果如图 8.49 所示。

由图 8.49 可知上报时间间隔是 30 s，但是由于节点检测到有人入侵，所以每秒报警一次。

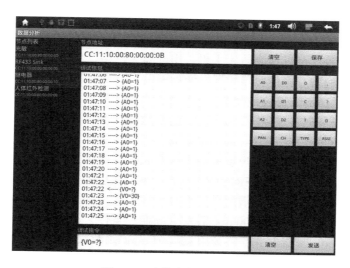

图 8.49　查询上报时间间隔

8.5.6　总结与拓展

其他基于 CC1110 和 SimpliciTI 无线节点的传感器的驱动代码见本任务的资源开发包的代码（01-开发例程\第 8 章\8.5-硬件驱动开发（CC1110）），修改可燃气体传感器代码为报警类传感器代码。

8.6　任务 43　硬件驱动开发三（CC2540 BLE）

8.6.1　学习目标

● 掌握智云硬件 CC2540 驱动原理。
● 掌握 CC2540 节点的采集类传感器驱动开发、报警类传感器驱动开发和控制类传感器驱动开发。

8.6.2　开发环境

硬件：光敏传感器 1 个、人体红外传感器 1 个、继电器传感器 1 个、智云网关 1 个（默认为 S4418/6818 系列开发平台）、CC2540 无线节点板 3 个、SmartRF04 仿真器 1 个、调试转接板 1 个。软件：Windows XP/7/8、IAR Embedded Workbench for 8051（IAR 嵌入式 8051 系列单片机集成开发环境）。

8.6.3　原理学习

CC2540 是 TI 推出的支持 BLE 技术的蓝牙 4.0 单模解决方案，配合 TI 提供的 BLE 协议栈，可以快速地进行蓝牙产品开发。

本任务为传感器驱动的开发，工程基于蓝牙从机工程。蓝牙从机可以连接上蓝牙主机，在网关上有蓝牙设备，可以作为蓝牙主机，组建蓝牙网络，供蓝牙从机连接。这样蓝牙从机就可以通过蓝牙网络，将传感器数据发送到网关了。

BLE 协议栈同 ZStack 协议栈类似，具有操作系统抽象层（OSAL），能够进行任务调度。程序初始化用户任务时，调用了 sensorInit() 函数对传感器进行了初始化，并且设置了 SBP_START_DEVICE_EVT 事件，即启动设备事件，且将此事件传递给用户任务。操作系统检测到此事件后，便会调用用户事件处理函数来处理此事件。处理此事件的步骤是先启动设备，紧接着又设置了 SBP_PERIODIC_EVT_PERIOD 事件，这个事件是周期性的事件。周期性事件仍然会促使操作系统调用用户事件处理函数来处理。用户事件处理函数处理周期性事件的过程中，先定时（1000 ms 后发生周期性事件）设置了下一个周期性的事件，然后调用 performPeriodicTask 并最终调用 sensorLoop() 函数来执行定时采集、上报传感器数据的操作，图 8.50 所示是程序流程图。

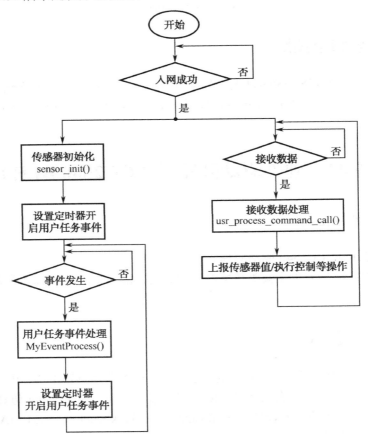

图 8.50　无线节点流程图

在上述函数架构中，有几个比较重要的应用接口函数，分别如下。

```
SimpleBLEPeripheral_ProcessEvent(uint8 task_id, uint16 events)
```

（events & SBP_START_DEVICE_EVT）事件：
1. 启动设备
2. 启动绑定管理函数，处理认证信息和注册任务信息
3. 设置定时器启动周期性事件（SBP_PERIODIC_EVT）

（events & SBP_PERIODIC_EVT）事件：
1. 设置定时器启动下一个周期性事件
2. 调用performPeriodicTask()函数周期性的采集、上传数据

```
simpleProfile_WriteAttrCB
```

ZXBeeDecode处理接收到的无线数据包

ZXBeeNotify()返回处理结果

智云平台为 BLE 协议栈上层应用提供分层的软件设计结构，将传感器的私有操作部分封装到 sensor.c 文件中，详细函数解释如表 8.13 所示。

表 8.13　传感器 ZXBee HAL 函数

函 数 名 称	函 数 说 明
sensor_init()	传感器硬件初始化
sensor_loop()	传感器数据定时采集、上报
sensor_update()	传感器值采集
sensor_control()	传感器/执行器控制函数
ZXBeeUserProcess()	解析接收到的传感器控制命令函数
onZXBeeRead()	读取主动上报的值到发送缓冲区

8.6.4　开发内容

节点按功能可划分为采集类节点、报警类节点和控制类节点，三类节点的驱动设计如下。

1. 采集类传感器设计

光敏传感器主要采集光照值，ZXBee 协议定义如表 8.14 所示。

表 8.14　光敏传感器 ZXBee 通信协议定义

传 感 器	属　性	参　数	权　限	说　明
光敏传感器	数值	A0	R	数值，浮点型：0.1 精度
	上报状态	D0(OD0/CD0)	R(W)	D0 的 Bit0 表示上传状态
	上报间隔	V0	RW	修改主动上报的时间间隔
	LCD 刷新时间间隔	V1	RW	修改 LCD 刷新时间间隔

光敏传感器程序逻辑驱动开发设计如图 8.51 所示。

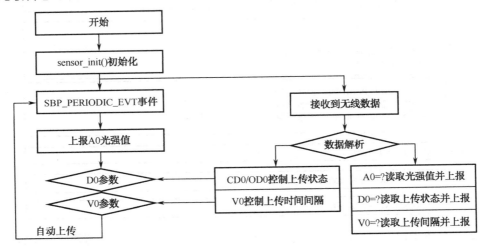

图 8.51　光敏传感器程序逻辑

程序实现过程如下。

（1）在 sensor.c 文件中编写以下代码。

```
static float A0;                          //存储光照值
static uint8 V0=30;                       //定时上报时间
static int D0=1;                          //默认开启自动上报
char SENSOR_NAME[4] = "001";              //传感器名称标识
```

（2）在 sensor.c 文件中实现光敏传感器的初始化 sensor_init()，初始化传感器最基本的是配置选择寄存器和方向寄存器。此函数在用户任务初始化的时候被调用，具体的代码实现如下。

```
void sensor_init(void)
{
    //初始化传感器代码
    //配置 P0_1 端口为输入，且配置为外设功能 ADC:A1
    SENSOR_SEL |= SENSOR_BIT;
    SENSOR_DIR &= ~(SENSOR_BIT);
}
```

（3）在 sensor.c 文件中实现传感器数据定时采集上传，代码实现如下。

```
void sensor_loop(uint16 tick)
{
    A0=updateA0();                        //更新传感器值
    if (tick % V0 == 0)                   //如果经过了 V0 秒
    {
        if( D0 & 0x01)
        ZXBeeNotify();                    //上传数据
```

```
    }
#ifdef SPI_LCD                                      //更新 LCD
    if (tick % V1 == 0)
    { updata_lcd(); }
#endif
}
```

上述代码每秒被调用一次，即每秒执行一次数据采集任务，调用了函数 updateA0()，具体的代码实现如下。

```
Float    updateA0(void)
{
    uint16 adcValue;
    //读取 ADC:A1 采集的电压量
    adcValue = HalAdcRead (HAL_ADC_CHN_AIN1,HAL_ADC_RESOLUTION_8);
    A0 = adcValue;
    return A0;
}
```

此外，在上传数据之前，需要将传感器的数据存储到发送缓冲区，这就需要调用函数 onZXBeeRead()，以下是该函数的代码实现。

```
int onZXBeeRead(uint8* obuf, int len)
{
    char buf[16];
    ZXBeeBegin();                                   //开始复制传感器的值
    sprintf(buf, "%.1f", A0);
    ZXBeeAdd("A0", buf);
    char *p = ZXBeeEnd();                           //复制完毕
    if (p != NULL)
    {
        int r = strlen(p);
        if (r <= len)
        {
            osal_memcpy(obuf, p, r);                //将复制的值存放到发送缓冲区
#ifdef SPI_LCD
            Uart0_Send_string(p,r);                 //更新屏幕
#endif
            return r;
        }
    }
    return 0;
}
```

上述代码是在上传数据之前，自动被调用的，用户只需在此定义此函数即可。

（4）在 sensor.c 文件中实现用户命令解析函数，当节点收到上层应用发送的命令时，会调用此函数，解析命令的代码实现如下。

```
void ZXBeeUserProcess(char *ptag, char *pval)
{
    char buf[16];
    int val;
    val = atoi(pval);
    //查询当前传感器的值
    if (osal_memcmp(ptag, "A0", 2))
    {
        if (pval[0] == '?')
        {
            sprintf(buf, "%.1f", A0);
            ZXBeeAdd("A0", buf);
        }
    }

    //查询主动上报使能状态,D0(Bit0)1 为开启主动上报，0 位关闭主动上报
    if (osal_memcmp(ptag, "D0", 2))
    {
        if (pval[0] == '?')
        {
            sprintf(buf, "%d", D0);
            ZXBeeAdd("D0", buf);
        }
    }

    //打开定时上报命令
    if (osal_memcmp(ptag, "OD0", 3))
    { D0 |= val; }
    //关闭定时上报命令
    if (osal_memcmp(ptag, "CD0", 3))
    { D0 &= ~val; }
    //更新主动上报时间间隔
    if (osal_memcmp(ptag, "V0", 2))
    {
        if (pval[0] == '?')
        {
            sprintf(buf, "%d", V0);
```

```
                ZXBeeAdd("V0", buf);
            }
            else
            if(val != 0)
            V0=val;
        }
#ifdef SPI_LCD
    //更新 LCD 更新时间间隔
    if (osal_memcmp(ptag, "V1", 2))
    {
        if (pval[0] == '?')
        {
            sprintf(buf, "%d", V1);
            ZXBeeAdd("V1", buf);
        }
        else
        if(val != 0)
        V1=val;
    }
#endif
}
```

至此，光敏传感器节点的底层驱动开发就完成了。由于不同传感器的参数标识和类型是不同的，初始化传感器的过程也不同，并且不同传感器采集数据的方式不同，所以当需要开发其他采集类的传感器时，只需要修改 sensor.c 文件中的参数定义，以及 sensor_init()、updataA0()、onZXBeeRead()、ZXBeeUserProcess()即可。

2. 报警类传感器设计

人体红外传感器主要用于监测活动人物的接近，当监测到活动人对象时，每秒实时上报报警值 1，当人离开后，每隔 30 s 上报解除报警值 0，ZXBee 协议定义如表 8.15 所示。

表 8.15 传感器 ZXBee 通信协议定义

传 感 器	属　性	参　数	权　限	说　明
可燃气体	数值	A0	R	人体红外报警状态，0 或 1
	上报状态	D0(OD0/CD0)	R(W)	D0 的 Bit0 表示上传状态

人体红外传感器程序逻辑驱动开发设计如图 8.52 所示。

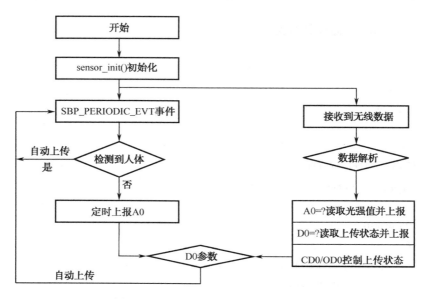

图 8.52　人体红外传感器监测程序逻辑

程序实现过程如下。

（1）在 sensor.c 文件中编写以下代码。

```
static int A0=0;                        //传感器值
static uint8 V0=30;                     //定时上报时长
static int D0=1;                        //定时上报使能
char SENSOR_NAME[4] = "004";            //传感器名称标识
```

（2）在 sensor.c 文件中实现人体红外传感器的初始化 sensor_init()，初始化传感器最基本的是配置选择寄存器和方向寄存器，具体的代码实现如下。

```
void sensor_init(void)
{
    //配置 P0_5 端口为通用输入 IO
    SENSOR_SEL &= ~(SENSOR_BIT);
    SENSOR_DIR &= ~(SENSOR_BIT);
    //配置 P0_6 低电平输出
    SENSOR_DIR |= 0x40;
    P0_6=0;
}
```

（3）在 sensor.c 文件中实现传感器数据定时采集、上传，代码实现如下。

```
void sensor_loop(uint16 tick)
{
    A0 = update_A0();
    if(A0)                              //检测到人，每秒报警一次
    { ZXBeeNotify(); }
    else                                //否则 V0 秒上报一次
    {
        if (tick % V0 == 0)
        {
```

```
                  if( D0 & 0x01)
                      ZXBeeNotify();
              }
          }
  #ifdef SPI_LCD
      if (tick % V1 == 0)
      { updata_lcd(); }
  #endif
  }
```

上述代码每秒被执行一次，因此传感器数据采集函数 update_A0()每秒会被调用一次，当采集到有人体靠近时，会立即上报数据；当没有人体时，便每隔 V0 秒上报一次数据。上述代码还调用了传感器数据采集函数，其代码如下。

```
  uint8 update_A0(void)
  {
      A0 = SENSOR_PIN;
      return A0;
  }
```

上述传感器数据采集代码就是读取相关引脚电平状态，来确定是否有人体靠近。在上传数据之前，程序仍然是将传感器上的数据复制到发送缓冲区中的函数 onZXBeeRead()，其具体代码实现如下。

```
  int onZXBeeRead(uint8* obuf, int len)
  {
      char buf[16];
      ZXBeeBegin();

      sprintf(buf, "%d", A0);
      ZXBeeAdd("A0", buf);

      char *p = ZXBeeEnd();
      if (p != NULL)
      {
          int r = strlen(p);
          if (r <= len)
          {
              osal_memcpy(obuf, p, r);
  #ifdef SPI_LCD
              Uart0_Send_string(p,r);              //更新屏幕
  #endif
              return r;
          }
      }
      return 0;
  }
```

（4）在 sensor.c 文件中实现用户命令解析函数，当收到上层应用发送的命令时，会调用此函数，解析命令的代码实现如下。

```c
void ZXBeeUserProcess(char *ptag, char *pval)
{
    char buf[16];
    int val;
    val = atoi(pval);
    //查询当前传感器的值
    if (osal_memcmp(ptag, "A0", 2))
    {
        if (pval[0] == '?')
        {
            sprintf(buf, "%d", A0);
            ZXBeeAdd("A0", buf);
        }
    }

    //查询主动上报使能状态，D0(Bit0)1 为开启主动上报，0 位关闭主动上报
    if (osal_memcmp(ptag, "D0", 2))
    {
        if (pval[0] == '?')
        {
            sprintf(buf, "%d", D0);
            ZXBeeAdd("D0", buf);
        }
    }

    //打开定时上报命令
    if (osal_memcmp(ptag, "OD0", 3))
    { D0 |= val; }
    //关闭定时上报命令
    if (osal_memcmp(ptag, "CD0", 3))
    { D0 &= ~val; }
    //更新主动上报时间间隔
    if (osal_memcmp(ptag, "V0", 2))
    {
        if (pval[0] == '?')
        {
            sprintf(buf, "%d", V0);
            ZXBeeAdd("V0", buf);
```

```
            }
            else
            if(val != 0)
            V0=val;
        }
    #ifdef SPI_LCD
        //更新 LCD 更新时间间隔
        if (osal_memcmp(ptag, "V1", 2))
        {
            if (pval[0] == '?')
            {
                sprintf(buf, "%d", V1);
                ZXBeeAdd("V1", buf);
            }
            else
            if(val != 0)
            V1=val;
        }
    #endif
}
```

至此，人体红外传感器节点的底层驱动开发就完成了。由于不同传感器的参数标识和类型是不同的，初始化传感器的过程也不同，警报状态值与不同的 IO 口的电平高低有关，所以当需要开发其他报警类的传感器时，只须修改 sensor.c 文件中的参数定义，以及 sensor_init()、updataA0 ()、onZXBeeRead()、ZXBeeUserProcess()即可。

3．控制类传感器设计

继电器传感器属于典型的控制类传感器，可通过发送执行命令控制继电器的开关，ZXBee 协议定义如表 8.16 所示。

表 8.16　相关传感器 ZXBee 通信协议定义

传 感 器	属　性	参　数	权　限	说　明
继电器	继电器开合	D1(OD1/CD1)	R(W)	D1 的 Bit 表示各路继电器开合状态，OD1 为开、CD1 为合

继电器程序逻辑如图 8.53 所示，程序实现过程如下。

（1）在 sensor.c 文件中编写以下代码。

```
static int D1=0;              //传感器状态
static uint8 V0=30;           //定时上报时长
static int D0=1;              //定时上报使能
char SENSOR_NAME[4] = "003";  //传感器名称标识
```

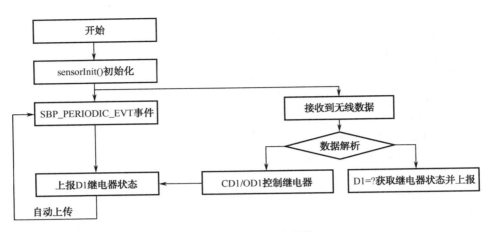

图 8.53   继电器程序逻辑

（2）在 sensor.c.c 文件中实现继电器传感器的初始化 sensor_init()，初始化传感器最基本的是配置选择寄存器和方向寄存器，具体的代码实现如下。

```
void sensor_init(void)
{
    //初始化传感器代码
    //配置 P0_1、P0_5 端口为通用输出 IO
    SENSOR_SEL &= ~(SENSOR_BIT);
    SENSOR_DIR |= SENSOR_BIT;
    SENSOR_PORT |= SENSOR_BIT;                   //LS1/LS2 断开
}
```

（3）在 sensor.c 文件中实现传感器数据定时上传，代码实现如下。

```
void sensor_loop(uint16 tick)
{
    if (tick % V0 == 0)
    {
        if( D0 & 0x01)
        ZXBeeNotify();
    }
#ifdef SPI_LCD
    if (tick % V1 == 0)
    {
        updata_lcd();                            //更新 LCD
    }
#endif
}
```

上述代码和前面不同的是没有采集传感器数据的函数。在上传继电器状态之前，需要将继电器的状态 D1 复制到发送缓冲区，这将调用 onZXBeeRead 函数，其代码如下。

```
int onZXBeeRead(uint8* obuf, int len)
{
    char buf[16];
    ZXBeeBegin();                                //开始读取 D1 值
```

```
        sprintf(buf, "%d", D1);
        ZXBeeAdd("D1", buf);
        char *p = ZXBeeEnd();                        //读取完毕

        if (p != NULL)
        {
            int r = strlen(p);
            if (r <= len)
            {
                osal_memcpy(obuf, p, r);             //将读取的值存放到发送缓冲区
#ifdef SPI_LCD
                Uart0_Send_string(p,r);              //更新屏幕
#endif
                return r;
            }
        }
        return 0;
}
```

（4）在 sensor.c 文件中实现用户命令解析函数，当收到上层应用发送的命令时，会调用此函数，解析命令的代码实现如下。

```
void ZXBeeUserProcess(char *ptag, char *pval)
{
    char buf[16];
    int val;
    val = atoi(pval);
    //查询当前传感器的值
    if (osal_memcmp(ptag, "D1", 2))
    {
        if (pval[0] == '?')
        {
            sprintf(buf, "%d", D1);
            ZXBeeAdd("D1", buf);
        }
    }
    //查询主动上报使能状态，D0(Bit0)1 为开启主动上报，0 位关闭主动上报
    if (osal_memcmp(ptag, "D0", 2))
    {
        if (pval[0] == '?')
        {
            sprintf(buf, "%d", D0);
            ZXBeeAdd("D0", buf);
        }
    }

    //打开定时上报命令
    if (osal_memcmp(ptag, "OD0", 3))
```

```c
    { D0 |= val; }
    //关闭定时上报命令
    if (osal_memcmp(ptag, "CD0", 3))
    { D0 &= ~val; }
    //打开继电器命令
    if (osal_memcmp(ptag, "OD1", 3))
    {
        D1 |= val;
        sensor_control(D1);
    }
    //关闭继电器命令
    if (osal_memcmp(ptag, "CD1", 3))
    {
        D1 &= ~val;
        sensor_control(D1);
    }

    //更新主动上报时间间隔
    if (osal_memcmp(ptag, "V0", 2))
    {
        if (pval[0] == '?')
        {
            sprintf(buf, "%d", V0);
            ZXBeeAdd("V0", buf);
        }
        else
        if(val != 0)
        V0=val;
    }
#ifdef SPI_LCD
    //更新 LCD 更新时间间隔
    if (osal_memcmp(ptag, "V1", 2))
    {
        if (pval[0] == '?')
        {
            sprintf(buf, "%d", V1);
            ZXBeeAdd("V1", buf);
        }
        else
        if(val != 0)
```

```
                V1=val;
        }
#endif
}
```

上述代码调用了一个名为 sesor_control()，这个函数是传感器控制函数，即收到控制命令后，就要调用此函数来改变传感器的状态，具体代码实现如下。

```
void sensor_control(int cmd)
{
    if ( (cmd & 0x03) == 0)
    { SENSOR_PORT |= 0x22; }                        //LS1/LS2 断开
    else if ( (cmd & 0x03) == 1)
    {
        SENSOR_PORT &= ~0x02;                       //LS1 闭合
        SENSOR_PORT |= 0x20;                        //LS2 断开
    }
    else if ( (cmd & 0x03) == 2)
    {
        SENSOR_PORT |= 0x02;                        //LS1 断开
        SENSOR_PORT &= ~0x20;                       //LS2 闭合
    }
    else if ( (cmd & 0x03) == 3)
    { SENSOR_PORT &= ~0x22; }                       //LS1/LS2 闭合
}
```

至此，继电器传感器节点的底层驱动开发就完成了。由于不同传感器的参数标识和类型是不同的，初始化传感器的过程也不同，并且控制传感器状态的方式不同，所以当需要开发其他控制类的传感器时，只须修改 sensor.c 文件中的参数定义，以及 sensor_init()、updataA0()、onZXBeeRead()、ZXBeeUserProcess()即可。

8.6.5　开发步骤

此处以光敏节点、人体红外节点和继电器节点为例进行协议介绍。

（1）将光敏节点、人体红外节点、继电器节点的工程文件复制到"C:\Texas Instruments\BLE-CC254x-140-IAR\Projects\ble\SimpleBLEPeripheral-ZXBee"目录下，重新编译工程并烧写到节点中。

（2）准备一台开发平台，并确保网关为最新镜像。

（3）对开发平台进行配置，并使 CC2540 节点连接上网关蓝牙。

（4）运行 ZCloudTools 工具对节点进行调试。

部分测试步骤（以继电器为例）如下。

第8章

单击"综合演示"图标，进入节点拓扑图综合演示界面，等待一段时间后，就会形成所有传感节点的拓扑图结构，包括智云网关（红色）、BLE 主机（橙色）和终端节点（浅蓝色），如图 8.54 所示。

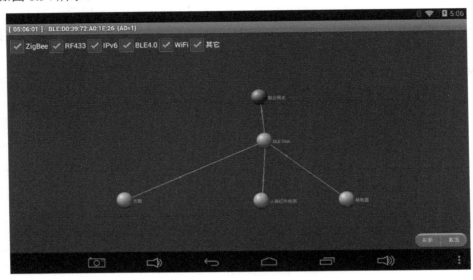

图 8.54　节点拓扑图

单击光敏节点图标，进入光敏节点显示界面，如图 8.55 所示，以曲线显示光照度。

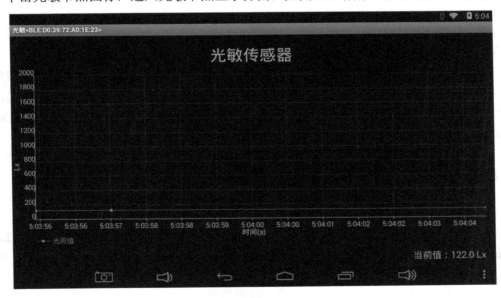

图 8.55　光照度曲线

返回主界面，单击"数据分析"图标，进入数据分析界面。

单击节点列表中的"光敏"节点，进入光敏节点调试界面。查看当前节点上报的数据，如图 8.56 所示。

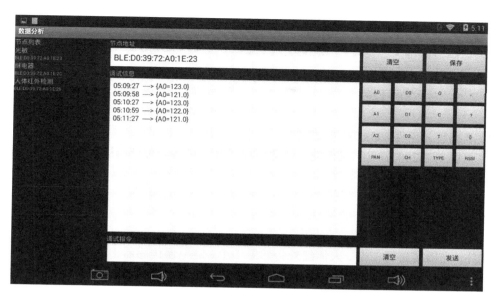

图 8.56 光敏节点上报的数据

输入调试指令"{A0=?}"并发送，来查询当前的光照度，结果如图 8.57 所示。

图 8.57 查询当前光照度

8.6.6 总结与拓展

其他基于 CC2540 和 BLE 无线节点的传感器的驱动代码见本任务的资源开发包的代码
（01-开发例程\第 8 章\8.6-硬件驱动开发（CC2540）），可根据需求修改可燃气体传感器代码
为报警类传感器代码。

8.7　任务 44　硬件驱动开发四（CC3200 Wi-Fi）

8.7.1　学习目标

● 掌握智云硬件 CC3200 驱动原理。
● 掌握 CC3200 节点的采集类传感器驱动开发、报警类传感器驱动开发和控制类传感器驱动开发。

8.7.2　开发环境

硬件：光敏传感器 1 个、人体红外传感器 1 个、继电器传感器 1 个、智云网关 1 个（默认为 S4418/6818 系列开发平台）、CC3200 无线节点板 3 个、USB 转串口（TTL）工具。软件：Windows XP/7/8、IAR Embedded Workbench for ARM（IAR 嵌入式 ARM 系列集成开发环境）。

8.7.3　原理学习

CC3200 无线节点基于 TI 公司 CC3200 芯片开发，并由 TI 提供 Simplelink WI-FI 协议栈（SDK）。SDK 中包含了各种库函数，并提供如 TCP_socket 等诸多例程，开发者可在官方提供的基础上，配合 CC3200 无线节点板的原理图，进行移植开发。实际上，在第 7 章的模板工程就是一个很好的移植的案例，它做成了一个很好的框架，开发者只需要很短的时间，就可以掌握这个框架；然后只需要编写在这个框架下的 API 函数，就可以快速地开发传感器驱动。

本章提供的所有传感器驱动，均是基于模板工程的这个框架。模板工程在之前已经被解析过，在这里仅做简单的回顾，以加深印象。工程代码首先进行了一系列的硬件初始化，包括串口、LED 等；接着进行了相关配置并启动 Simplelink 设备；启动成功后便开始连接 Wi-Fi；连接成功后，程序会执行 sensorInit()函数进行传感器的初始化，并让 CC3200 将建立一个 UDP socket 并进行相应的设置；最后进入 whil(1)无限循环。在无限循环中，程序有三个选项可以选择执行，首先执行接收 UDP 数据操作，如果接收成功，函数最终会调用用户命令处理函数 ZXBeeUserProcess 对收到的数据进行处理。如果没都到数据，就会执行 sensor_loop()函数,这个函数的功能是周期性地采集、发送数据；如果接收数据出错，将执行关闭 UDP socket 操作，如图 8.58 所示。

CC3200 传感器驱动程序流程图如图 8.58 所示。

流程图中有几个填充/编写的 API 函数，这些 API 全部都在 sensor.c 文件中被定义，这样就将这些函数和整个工程的其他函数隔离，开发者进行传感器驱动开发时，只需要在 sensor.c 文件中进行相应的代码编写，无须改动其他文件（不包括配置文件）就可以完成传感器驱动了，表 8.17 所示是这些函数的说明。

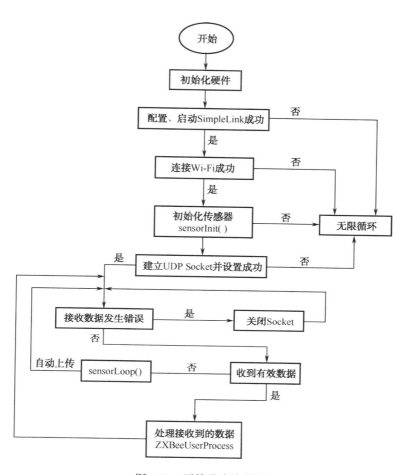

图 8.58　无线节点流程图

表 8.17　传感器 ZXBee HAL 函数

函 数 名 称	函 数 说 明
sensorInit ()	传感器硬件初始化
sensorLoop ()	传感器数据定时采集/上报
ZXBeeUserProcess ()	用户命令处理函数
sensor_control()	传感器/执行器控制函数
update_sensor()	传感器数据采集函数，sensorLoop 的子函数

8.7.4　开发内容

节点按功能可划分为采集类节点、报警类节点和控制类节点，三类节点的驱动设计如下。

1. 采集类传感器设计

光敏传感器主要采集光照值，ZXBee 协议定义如表 8.18 所示。

表 8.18　光敏传感器 ZXBee 通信协议定义

传　感　器	属　　　性	参　　数	权　　限	说　　　明
光敏传感器	数值	A0	R	数值，浮点型：0.1 精度
	上报状态	D0(OD0/CD0)	R(W)	D0 的 Bit0 表示上报状态
	上报间隔	V0	RW	修改主动上报的时间间隔
	屏幕更新时间间隔	V1	RW	修改屏幕更新时间间隔

光敏传感器程序逻辑驱动开发设计如图 8.59 所示。

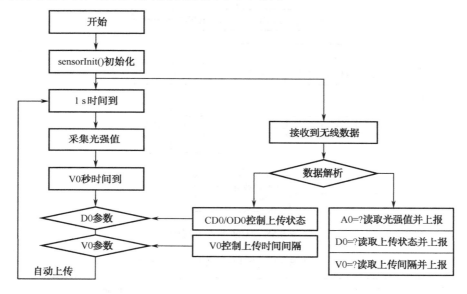

图 8.59　光敏传感器程序逻辑

程序实现过程如下。

（1）在 sensor.c 文件中编写以下参数定义代码。

```
static uint8 D0 = 1;                        //默认打开主动上报功能
static float A0 = 1.0;                       //A0 存储光照值
static uint16 V0 = 30;                       //默认上报时间间隔
static uint32 count=0;                       //秒数计数
char SENSOR_TYPE[]="001";                    //传感器名称标识
```

（2）在 sensor.c 文件中实现光敏传感器的初始化 sensorInit()，初始化传感器最基本的是配置相应引脚 ADC 功能，如使能 ADC，选择 ADC 通道等。

```
//初始化传感器
void sensor_init(void)
```

```
{
    UART_PRINT("sensorInit()...\r\n");

    ADCChannelEnable(ADC_BASE, ADC_CH_1);      //使能 ADC 通道 1
    ADCTimerConfig(ADC_BASE, 2^17);            //配置 ADC 内部定时器
    ADCTimerEnable(ADC_BASE);                  //使能定时器
    ADCEnable(ADC_BASE);                       //使能 ADC
}
```

（3）在 sensor.c 文件中实现传感器数据定时采集、上报函数 sensorLoop()，代码实现如下。

```
void sensorLoop(void)
{
    static unsigned long ct = 0;
    if (t4exp(ct))
    {   //如果定时时间到达
        char b[32];
        char *txbuf;
        unsigned long c = t4ms();
        ct = t4ms()+1000;                      //下一次定时为 1 秒后
        update_sensor();                       //更新传感器值

        if(count>=V0)                          //如果经过了 V0 个 1 秒(即 V0 秒)
        {
            if(D0 & 0x01)                      //如果上报使能
            {
                ZXBeeBegin();                  //开始将采集值复制到发送缓冲区
                sprintf(b, "%0.1f", A0);
                ZXBeeAdd("A0", b);             //复制
                txbuf = ZXBeeEnd();            //复制完成
                if (txbuf != NULL)
                {   //如果发送缓冲区有数据
                    int len = strlen(txbuf);
                    sendMessage(txbuf, len);   //将数据发送出去
                    count=0;                   //复位计（秒）数
                }
            }
        }
#ifdef SPI_LCD
        if(count % V1 == 0)
        {   //更新 LCD
            ZXBeeBegin();
            sprintf(b, "%d", A0);
```

```
                    ZXBeeAdd("A0", b);
                    txbuf = ZXBeeEnd();
                    txbuf[18] = '{';
                    UART_PRINT(&txbuf[18]);
                }
        #endif
                count++;
            }
        }
```

上述代码实现了传感器定时采集数据并将数据上传。其中每 1 秒采集一次，每 V0 秒上报一次采集到的值。上述代码采集传感器数据是通过调用函数 update_sensor 函数来实现的，其代码如下。

```
void update_sensor(void)
{
    if(ADCFIFOLvlGet(ADC_BASE, ADC_CH_1))
    A0 = ( ADCFIFORead(ADC_BASE, ADC_CH_1) & 0x00003ffc ) >> 2  ;
}
```

（4）在 sensor.c 文件中实现用户命令处理函数，代码实现如下。

```
void ZXBeeUserProcess(char *ptag, char *pval)
{
    char buf[64];
    int val = atoi(pval);
    UART_PRINT("ZXBeeUserProcess() %s,%s\r\n", ptag, pval);
    if (0 == strcmp(ptag, "A0") && pval[0] == '?')
    {   //查询传感器值
        sprintf(buf, "%d", A0);
        ZXBeeAdd("A0", buf);
    }


    if (0 == strcmp(ptag, "D0") && pval[0] == '?')
    {   //查询上报使能
        sprintf(buf, "%d", D0);
        ZXBeeAdd("D0", buf);
    }


    if ( 0 == strcmp(ptag, "OD0") )             //打开定时上报命令
    { D0 |= val; }
    if ( 0 == strcmp(ptag, "CD0") )             //关闭定时上报命令
    { D0 &= ~val; }
    if ( 0 == strcmp(ptag, "V0") )
```

```
    {       //查询/更改上报周期
        if(pval[0] == '?')
        {
            sprintf(buf, "%d", V0);
            ZXBeeAdd("V0", buf);
        }
        else
        V0 = atoi(pval);
    }
#ifdef SPI_LCD                          //更新/查询 LCD 刷新的时间间隔
    if ( 0 == strcmp(ptag, "V1") )
    {
        if(pval[0] == '?')
        {
            sprintf(buf, "%d", V1);
            ZXBeeAdd("V1", buf);
        }
        else
        V1 = atoi(pval);
    }
#endif
}
```

光敏传感器节点的底层驱动开发就完成了，由于不同传感器的参数标识和类型是不同的，初始化传感器的过程也不同，并且不同传感器采集数据的方式不同，所以当需要开发其他采集类的传感器时，只需要修改 sensor.c 中的参数定义代码，以及函数 sensorInit()、updata_sensor()、ZXBeeUserProcess()即可。

2．报警类传感器设计

人体红外传感器主要用于监测活动人物的接近，当监测到活动人对象时，每隔 1 秒实时上报报警值 1，当人离开后，每隔 30 秒上报解除报警值 0，ZXBee 协议定义如表 8.19 所示。

表 8.19　传感器 ZXBee 通信协议定义

传　感　器	属　　性	参　　数	权　限	说　　　明
可燃气体	数值	A0	R	人体红外报警状态，0 或 1
	上报状态	D0(OD0/CD0)	R(W)	D0 的 Bit0 表示上传状态

人体红外传感器程序逻辑驱动开发设计如图 8.60 所示。

基于 ZigBee、SimpliciTI、低功率蓝牙、Wi-Fi 技术

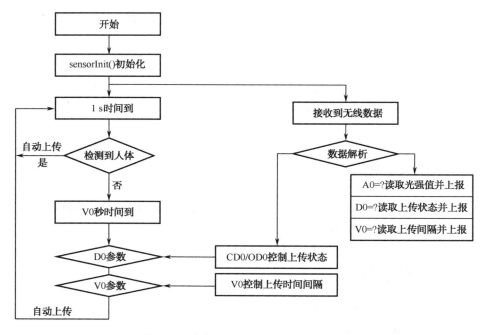

图 8.60　人体红外传感器监测程序逻辑

程序实现过程如下。

（1）在 sensor.c 文件中编写以下参数定义代码。

```
static uint8 D0 = 1;                               //默认打开主动上报功能
static uint8 A0 = 1;                               //默认报警状态为关
static uint8 V0 = 30;                              //V0 设置为上报时间间隔
static uint32 count=0;                             //秒数计数
char SENSOR_TYPE[]="004";                          //传感器名称标识，人体红外
```

（2）在 sensor.c 文件中实现光敏传感器的初始化 sensorInit()：初始化传感器最基本的是配置相应引脚方向、模式等。

```
void sensorInit(void)
{
    UART_PRINT("sensorInit()...\r\n");
    PRCMPeripheralClkEnable(PRCM_GPIOA2, PRCM_RUN_MODE_CLK);        //使能时钟
    PinTypeGPIO(PIN_07,PIN_MODE_0,false);                          //选择引脚为 GPIO 模式（gpio16）
    GPIODirModeSet(GPIOA2_BASE, UCPINS, GPIO_DIR_MODE_IN); //设置 GPIO16 为输入模式
    PinConfigSet(PIN_07,PIN_TYPE_STD_PD,PIN_MODE_0);               //下拉
}
```

（3）在 sensor.c 文件中实现传感器数据定时采集、上报函数 sensorLoop()，代码实现如下。

```
void sensorLoop(void)
{
    static unsigned long ct = 0;

    if (t4exp(ct))
    {
```

```
        char b[32];
        char *txbuf;
        unsigned long c = t4ms();
        ct = t4ms()+1000;
        update_sensor();                          //更新传感器值
        if(A0)                                    //检测到人体，一秒报警一次
        {
            ZXBeeBegin();
            sprintf(b, "%d", A0);
            ZXBeeAdd("A0", b);
            txbuf = ZXBeeEnd();

            if (txbuf != NULL)
            {
                int len = strlen(txbuf);
                sendMessage(txbuf, len);
            }
        }
        else                                      //否则 V0 秒上报一次
        {
            if(count>=V0)
            {
                if(D0 & 0x01)
                {
                    ZXBeeBegin();
                    sprintf(b, "%d", A0);
                    ZXBeeAdd("A0", b);
                    txbuf = ZXBeeEnd();

                    if (txbuf != NULL)
                    {
                        int len = strlen(txbuf);
                        sendMessage(txbuf, len);
                        count=0;
                    }
                }
            }
            count++;
        }
#ifdef SPI_LCD
        if(count % V1 == 0)                        //更新 LCD
        {
            ZXBeeBegin();
            sprintf(b, "%d", A0);
            ZXBeeAdd("A0", b);
            txbuf = ZXBeeEnd();
            txbuf[18] = '{';
```

```
                    UART_PRINT(&txbuf[18]);
            }
#endif
        }
    }
```

　　上述代码和前面光照度的一个不同就是采集到人体后就立即上传，而不是要等到 V0
秒后，这恰恰体现了安防的特点，检测到有人入侵，立即报警。此外，上述代码仍然是调
用了 update_sensor 函数，其代码如下。

```
void update_sensor(void)
{
    if( (unsigned char)GPIOPinRead(GPIOA2_BASE, UCPINS) > 0)
    A0 = 1;
    else
    A0 = 0;
}
```

　　上述代码就是通过检测相应引脚的电平来确定是否有人入侵的。
　　（4）在 sensor.c 文件中实现用户命令处理函数，代码实现如下。

```
void ZXBeeUserProcess(char *ptag, char *pval)
{
    char buf[64];
     int val = atoi(pval);
    UART_PRINT("ZXBeeUserProcess() %s,%s\r\n", ptag, pval);

    if (0 == strcmp(ptag, "A0") && pval[0] == '?')
    {   //查询传感器值
        sprintf(buf, "%d", A0);
        ZXBeeAdd("A0", buf);
    }

    if (0 == strcmp(ptag, "D0") && pval[0] == '?')
    {   //查询上报使能
        sprintf(buf, "%d", D0);
        ZXBeeAdd("D0", buf);
    }

    if ( 0 == strcmp(ptag, "OD0") )                    //打开定时上报命令
    { D0 |= val; }
    if ( 0 == strcmp(ptag, "CD0") )                    //关闭定时上报命令
    { D0 &= ~val; }
    if ( 0 == strcmp(ptag, "V0") )
    {    //查询/更改上报周期
```

```
            if(pval[0] == '?')
            {
                sprintf(buf, "%d", V0);
                ZXBeeAdd("V0", buf);
            }
            else
            V0 = atoi(pval);
        }
#ifdef SPI_LCD                                      //查询/更改 LCD 更新时间间隔
        if ( 0 == strcmp(ptag, "V1") )
        {
            if(pval[0] == '?')
            {
                sprintf(buf, "%d", V1);
                ZXBeeAdd("V1", buf);
            }
            else
            V1 = atoi(pval);
        }
#endif
    }
```

至此，人体红外传感器节点的底层开发就完成了。由于不同传感器的参数标识和类型是不同的，初始化传感器的过程也不同，警报状态值与不同的 IO 口的电平高低有关，所以当需要开发其他报警类的传感器时，只需要修改 sensor.c 中的参数定义代码，以及函数sensorInit()、updata_sensor()、ZXBeeUserProcess()即可。

3. 控制类传感器设计

继电器传感器属于典型的控制类传感器，可通过发送执行命令控制继电器的开关，ZXBee 协议定义如表 8.20 所示。

表 8.20   相关传感器 ZXBee 通信协议定义

传 感 器	属 性	参 数	权 限	说 明
继电器	继电器开合	D1(OD1/CD1)	R(W)	D1 的 Bit 表示各路继电器开合状态，OD1 为开、CD1 为合

继电器程序逻辑如图 8.61 所示，程序实现过程如下。

（1）在 sensor.c 文件中编写以下参数定义代码。

```
static uint8 D0 = 0;                               //默认关闭主动上报功能
static uint8 D1 = 0;                               //继电器初始状态为关
static uint16 V0 = 30;                             //V0 设置为上报时间间隔，默认为 30s
static uint32 count=0;                             //秒数计数
char SENSOR_TYPE[]="003";                          //传感器名称标识（继电器）
```

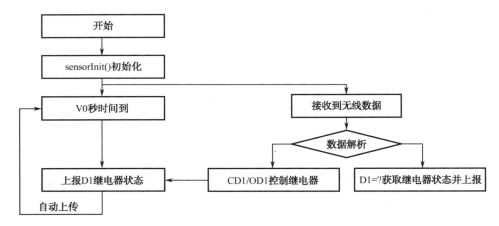

图 8.61　继电器程序逻辑

（2）在 sensor.c 文件中实现继电器传感器的初始化 sensorInit()，初始化传感器就是配置相应的引脚功能、模式，并关闭继电器，具体的代码实现如下。

```
void sensorInit(void)
{
    UART_PRINT("sensorInit()...\r\n");
    PRCMPeripheralClkEnable(PRCM_GPIOA1, PRCM_RUN_MODE_CLK);          //使能时钟
    PinTypeGPIO(PIN_05,PIN_MODE_0,false);              //选择引脚为 GPIO 模式（gpio14）
    GPIODirModeSet(GPIOA1_BASE, G14_UCPINS, GPIO_DIR_MODE_OUT);
                                                      //设置 GPIO14 为输出模式
    PRCMPeripheralClkEnable(PRCM_GPIOA2, PRCM_RUN_MODE_CLK);          //使能时钟
    PinTypeGPIO(PIN_07,PIN_MODE_0,false);              //选择引脚为 GPIO 模式（gpio16）
    GPIODirModeSet(GPIOA2_BASE, G16_UCPINS, GPIO_DIR_MODE_OUT);
                                                      //设置 GPIO16 为输出模式
    GPIOPinWrite(GPIOA1_BASE, G14_UCPINS, 0x00);
    GPIOPinWrite(GPIOA2_BASE, G16_UCPINS, 0x00);      //初始化断开继电器
}
```

（3）在 sensor.c 文件中实现传感器状态定时上报函数 sensorLoop()，代码实现如下。

```
void sensorLoop(void)
{
    static unsigned long ct = 0;
    if (t4exp(ct))
    {   //定时时间到
        char b[32];
        char *txbuf;
        unsigned long c = t4ms();
        ct = t4ms()+1000;                     //定时 1 s 以后
        if(count>=V0)                         //如果时间经历了 V0 个 1 秒
        {
            if(D0 & 0x01)                     //如果上报使能
            {
                ZXBeeBegin();                 //开始将传感器的状态复制到发送缓冲区
                sprintf(b, "%d", D1);
```

```
                    ZXBeeAdd("D1", b);
                    txbuf = ZXBeeEnd();                   //复制完成
                    if (txbuf != NULL)
                    {
                        int len = strlen(txbuf);
                        sendMessage(txbuf, len);          //发送
                        count=0;
                    }
                }
            }
#ifdef SPI_LCD
        if(count % V1 == 0)                              //更新 LCD
        {
            ZXBeeBegin();                                //开始将传感器的状态复制到发送缓冲区
            sprintf(b, "%d", D1);
            ZXBeeAdd("D1", b);
            txbuf = ZXBeeEnd();                          //复制完成
            txbuf[18] = '{';
            UART_PRINT(&txbuf[18]);
        }
#endif
        count++;
    }
}
```

上述代码相对于前面的两个实例，少了一个 sensor_uadate()函数，其余一样。

（4）在 sensor.c 文件中实现用户命令处理函数，代码实现如下。

```
void ZXBeeUserProcess(char *ptag, char *pval)
{
    char buf[64];
    int val = atoi(pval);
    UART_PRINT("ZXBeeUserProcess() %s,%s\r\n", ptag, pval);

    if (0 == strcmp(ptag, "D1") && pval[0] == '?')
    {                                                    //查询传感器值
        sprintf(buf, "%d", D1);
        ZXBeeAdd("D1", buf);
    }

    if (0 == strcmp(ptag, "D0") && pval[0] == '?')
    {                                                    //查询上报使能
        sprintf(buf, "%d", D0);
        ZXBeeAdd("D0", buf);
    }

    if ( 0 == strcmp(ptag, "OD1") )                      //打开继电器
```

```
    {
        D1 |= val;
        control_sensor(D1);
    }

    if ( 0 == strcmp(ptag, "CD1") )                    //关闭继电器
    {
        D1 &= ~val;
        control_sensor(D1);
    }

    if ( 0 == strcmp(ptag, "OD0") )                    //打开定时上报命令
    { D0 |= val; }
    if ( 0 == strcmp(ptag, "CD0") )                    //关闭定时上报命令
    { D0 &= ~val; }
    if ( 0 == strcmp(ptag, "V0") )
    {                                                  //查询/更改上报周期
        if(pval[0] == '?')
        {
            sprintf(buf, "%d", V0);
            ZXBeeAdd("V0", buf);
        }
        else
        V0 = atoi(pval);
    }
#ifdef SPI_LCD
    if ( 0 == strcmp(ptag, "V1") )
    {                                                  //查询/更改 LCD 更新时间
        if(pval[0] == '?')
        {
            sprintf(buf, "%d", V1);
            ZXBeeAdd("V1", buf);
        }
        else
        V1 = atoi(pval);
    }
#endif
}
```

上述代码中与前面的例程相比，多了一个名为 control_sensor 的子函数，此函数功能是控制传感器的状态，是一个收到用户命令后需要立即执行的函数，其实现代码如下。

```
void control_sensor(uint8 d)                           //根据参数（D1）控制继电器状态
    {
```

```
if( (d & 0x03) == 0 )
{                                                    //L1、L2 断开
    GPIOPinWrite(GPIOA1_BASE, G14_UCPINS, 0xFF);
    GPIOPinWrite(GPIOA2_BASE, G16_UCPINS, 0xFF);
}
else if( (d & 0x03) == 0x01 )
{                                                    //L1 吸合、L2 断开
    GPIOPinWrite(GPIOA1_BASE, G14_UCPINS, 0x00);
    GPIOPinWrite(GPIOA2_BASE, G16_UCPINS, 0xFF);
}
else if( (d & 0x03) == 0x02 )
{                                                    //L1 断开、L2 吸合
    GPIOPinWrite(GPIOA1_BASE, G14_UCPINS, 0xFF);
    GPIOPinWrite(GPIOA2_BASE, G16_UCPINS, 0x00);
}
else
{                                                    //L1、L2 吸合
    GPIOPinWrite(GPIOA1_BASE, G14_UCPINS, 0x00);
    GPIOPinWrite(GPIOA2_BASE, G16_UCPINS, 0x00);
}
}
```

继电器传感器节点的底层开发就完成了。由于不同传感器的参数标识和类型是不同的，初始化传感器的过程也不同，并且控制传感器状态的方式不同，所以当需要开发其他控制类的传感器时，只需要修改 sensor.c.c 文件中的函数 sensorInit()、control_sensor ()即可。

8.7.5　开发步骤

此处以光敏节点、人体红外节点和继电器节点为例进行协议介绍：

（1）将光敏节点、人体红外节点、继电器节点工程文件复制到"C:\Texas Instruments\CC3200-1.0.0-SDK\zonesion"目录下，修改网络信息、重新编译镜像，并修改网关便携式网络 WLAN 热点配置，具体参考附录 A.3。

（2）准备一台智云网关，并确保网关为最新镜像。

（3）对智云网关进行配置，确保智云网络连接成功（当要连接智云时，因为 Wi-Fi 被设置为便携式 WLAN 热点，请使用网线或者 3G）。

（4）按要求配置（默认名称：AndroidAP，安全性：无/OPEN）并打开网关的便携式热点。

（5）给 CC3200 无线节点板上电，使节点加入网关组建的便携式 WLAN 热点。

（6）运行 ZCloudTools 工具对节点进行调试。

部分测试步骤（以继电器为例）如下：单击"综合演示"图标，进入节点拓扑图综合演示界面，等待一段时间后，就会形成所有传感节点的拓扑图结构，包括智云网关（红色）、AP（橙色）和终端节点（浅蓝色），如图 8.62 所示。

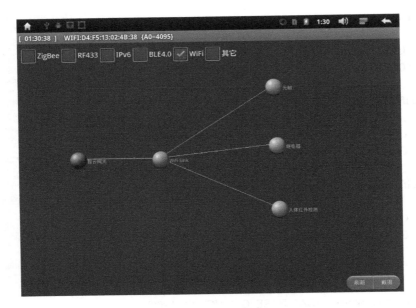

图 8.62　节点拓扑图

单击继电器节点图标，进入继电器节点控制界面。单击"开关"按钮，控制继电器开合，进而控制灯光亮灭，如图 8.63 所示。

图 8.63　继电器节点控制

返回主界面，单击"数据分析"图标，进入数据分析界面。

单击节点列表中的"继电器"节点，进入继电器节点调试界面。输入调试指令"{D1=?}"并发送，查询当前继电器状态值，如图 8.64 所示。

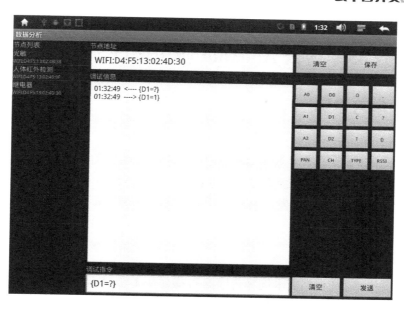

图 8.64　查询继电器状态值

　　输入调试指令"{CD1=1,D1=?}"并发送，修改继电器状态值为 0（即"关"状态）并查询当前继电器状态值，指令成功执行后会听到继电器开合的声音，执行结果如图 8.65 所示。

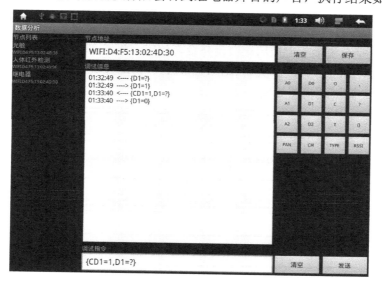

图 8.65　修改继电器状态值

8.7.6　总结与拓展

　　其他基于 CC3200 和 BLE 无线节点的传感器的驱动代码见本任务的资源开发包的代码（01-开发例程\第 8 章\8.7-硬件驱动开发（CC3200）），可根据需求修改可燃气体传感器代码为报警类传感器代码。

8.8 任务 45 智云 Android 应用接口

8.8.1 学习目标

● 熟悉智云硬件驱动开发。
● 理解 ZigBee 智云通信协议程序功能。
● 熟悉 Android API 的实时连接、历史数据、自动控制和用户数据接口的构成，并利用这些接口进行项目开发。

8.8.2 开发环境

硬件：温度传感器（根据需求选择传感器）、摄像头 1 个、S4418 智云网关 1 个、CC2530 无线节点板 2 个、SmartRF04 仿真器 1 个、调试转接板 1 个。软件：Windows XP/7/8、IAR Embedded Workbench for 8051（IAR 嵌入式 8051 系列单片机集成开发环境）、Android Developer Tools（Android 集成开发环境）。

8.8.3 原理学习

智云物联云平台提供五大应用接口供开发者使用，包括实时连接（WSNRTConnect）、历史数据（WSNHistory）、摄像头（WSNCamera）、自动控制（WSNAutoctrl）、用户数据（WSNProperty），详细逻辑图如图 8.66 所示。

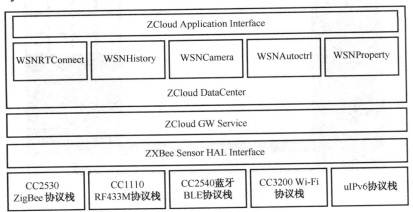

图 8.66 平台接口图

针对 Android 移动应用程序开发，智云平台提供应用接口库——libwsnDroid2.jar，用户只须在编写 Android 应用程序时，先导入该 jar 包，然后在代码中调用相应的方法即可。

1. 实时连接接口

实时连接接口基于智云平台的消息推送服务，消息推送服务通过利用云端与客户端之间建立稳定、可靠的长连接来为开发者提供向客户端应用推送实时消息服务。智云消息推送服务针对物联网行业特征，支持多种推送类型，如传感实时数据、执行控制命令、地理位置信息、SMS 短信消息等，同时提供用户信息及通知消息统计信息，方便开发者进行后续开发及运营，基于 Android 的接口如表 8.21 所示。

表 8.21　基于 Android 的实时连接接口

函　　数	参 数 说 明	功　　能
new WSNRTConnect(String myZCloudID, String myZCloudKey);	myZCloudID：智云账号 myZCloudKey：智云密钥	建立实时数据实例，并初始化智云 ID 及密钥
connect()	无	建立实时数据服务连接
disconnect()	无	断开实时数据服务连接

setRTConnectListener(){
　　onConnect()
　　onConnectLost(Throwable arg0)
　　onMessageArrive(String mac, byte[] dat)
}
	mac：传感器的 MAC 地址
	dat：发送的消息内容
		设置监听，接收实时数据服务推送过来的消息。
		onConnect：连接成功操作
		onConnectLost：连接失败操作
		onMessageArrive：数据接收操作

sendMessage(String mac, byte[] dat)	mac：传感器的 MAC 地址 dat：发送的消息内容	发送消息
setServerAddr(String sa)	Sa：数据中心服务器地址及端口	设置/改变数据中心服务器地址及端口号
setIdKey(String myZCloudID, String myZCloudKey);	myZCloudID：智云账号 myZCloudKey：智云密钥	设置/改变智云 ID 及密钥（需要重新断开连接）

2. 历史数据接口

历史数据基于智云数据中心提供的智云数据库接口开发，智云数据库采用 Hadoop 后端分布式数据库集群，并且多机房自动冗余备份、自动读写分离，开发者无须关注后端机器及数据库的稳定性、网络问题、机房灾难、单库压力等各种风险。物联网传感器数据可以在智云数据库永久保存，通过提供的 API 编程接口可以完成与云存储服务器的数据连接、数据访问存储、数据使用等，基于 Android 的接口如表 8.22 所示。

表 8.22　基于 Android 的历史数据接口

函　　数	参 数 说 明	功　　能
new WSNHistory(String myZCloudID, String myZCloudKey);	myZCloudID：智云账号 myZCloudKey：智云密钥	初始化历史数据对象，并初始化智云 ID 及密钥
queryLast1H(String channel);	channel：传感器数据通道	查询最近 1 小时的历史数据

第8章

续表

函　数	参　数　说　明	功　能
queryLast6H(String channel);	channel：传感器数据通道	查询最近 6 小时的历史数据
queryLast12H(String channel);	channel：传感器数据通道	查询最近 12 小时的历史数据
queryLast1D(String channel);	channel：传感器数据通道	查询最近 1 天的历史数据
queryLast5D(String channel);	channel：传感器数据通道	查询最近 5 天的历史数据
queryLast14D(String channel);	channel：传感器数据通道	查询最近 14 天的历史数据
queryLast1M(String channel);	channel：传感器数据通道	查询最近 1 月（30 天）的历史数据
queryLast3M(String channel);	channel：传感器数据通道	查询最近 3 月（90 天）的历史数据
queryLast6M(String channel);	channel：传感器数据通道	查询最近 6 月（180 天）的历史数据
queryLast1Y(String channel);	channel：传感器数据通道	查询最近 1 年（365 天）的历史数据
query();	无	获取所有通道最后一次数据
query(String channel);	channel：传感器数据通道	获取该通道下最后一次数据
query(String channel, String start, String end);	channel：传感器数据通道 start：起始时间 end：结束时间	通过起止时间查询指定时间段的历史数据
query(String channel, String start, String end, String interval);	channel：传感器数据通道 start：起始时间 end：结束时间 interval：采样点的时间间隔，	通过起止时间查询指定时间段指定时间间隔的历史数据
setServerAddr(String sa)	sa：数据中心服务器地址及端口	设置/改变数据中心服务器地址及端口号
setIdKey(String myZCloudID, String myZCloudKey);	myZCloudID：智云账号 myZCloudKey：智云密钥	设置/改变智云 ID 及密钥

备注：

（1）每次采样的数据点最大个数为 1500。

（2）历史数据返回格式示例（压缩的 JSON 格式）。

{"current_value":"11.0","datapoints":[{"at":"2015-08-30T14:30:14Z","value":"11.0"},{"at":"2015-08-30T14:30:24Z","value":"11.0"},{"at":"2015-08-30T14:30:34Z","value":"12.0"},......{"at":"2015-08-30T15:29:54Z","value":"11.0"},{"at":"2015-08-30T15:30:04Z","value":"11.0"}],"id":"00:12:4B:00:02:37:7E:7A_A0","at":"2015-08-30T15:30:04Z"}

（3）历史数据接口支持动态的调整采样间隔，当查询函数没有赋值 interval 参数时，采样间隔遵循以下原则取点，如表 8.23 所示。

表 8.23　间隔取点

一次查询支持的最大查询范围	Interval 默认取值	描述
≤ 6 hours	0	提取存储的每个点
≤ 12 hours	30	每 30 秒取一个点

续表

一次查询支持的最大查询范围	Interval 默认取值	描述
≤ 24 hours	60	每 1 分钟取一个点
≤ 5 days	300	每 5 分钟取一个点
≤ 14 days	900	每 15 分钟取一个点
≤ 30 days	1800	每 30 分钟取一个点
≤ 90 days	10800	每 3 小时取一个点
≤ 180 days	21600	每 6 小时取一个点
≤ 365 days	43200	每 12 小时取一个点
> 365 days	86400	每 24 小时取一个点

当根据定义获取历史数据的某个时间间隔点没有有效数据时，会遵循以下原则：查询前后最相邻的数据作为本次采集的数据，查询范围为前后相邻各半个采集时间间隔点的一个采集周期；如果相邻的采集周期内没有有效数据，则本次时间间隔点没有数据。采用相邻的数据作为本次采集时间间隔点的数据时，数据的时间仍然是数据点所在的真实时间。

3. 摄像头接口

智云平台提供对 IP 摄像头的远程采集控制接口，支持远程对视频图像进行实时采集、图像抓拍、控制云台转动等操作，基于 Android 的接口如表 8.24 所示。

表 8.24 基于 Android 的摄像头接口

函　　数	参 数 说 明	功　　能
new WSNCamera(String myZCloudID, String myZCloudKey);	myZCloudID：智云账号 myZCloudKey：智云密钥	初始化摄像头对象，并初始化智云 ID 及密钥
initCamera(String myCameraIP, String user, String pwd, String type);	myCameraIP：摄像头外网域名/IP 地址 user：摄像头用户名 pwd：摄像头密码 type：摄像头类型（F-Series、F3-Series、H3-Series） 以上参数从摄像头手册获取	设置摄像头域名、用户名、密码、类型等参数
openVideo();	无	打开摄像头
closeVideo();	无	关闭摄像头
control(String cmd);	cmd：云台控制命令，参数如下。 UP：向上移动一次 DOWN：向下移动一次 LEFT：向左移动一次 RIGHT：向右移动一次 HPATROL：水平巡航转动 VPATROL：垂直巡航转动 360PATROL：360°巡航转动	发指令控制摄像头云台转动
checkOnline();	无	检测摄像头是否在线
snapshot();	无	抓拍照片

第 8 章

续表

函　　数	参数说明	功　　能

setCameraListener(){
　　onOnline(String myCameraIP,
boolean online)
　　onSnapshot(String myCameraIP,
Bitmap bmp)
　　onVideoCallBack(String
myCameraIP, Bitmap bmp)
}
	myCameraIP：摄像头外网域名/IP 地址
	online：摄像头在线状态（0/1）
	bmp：图片资源
		监听摄像头返回数据。
		onOnline：摄像头在线状态返回
		onSnapshot：返回摄像头截图
		onVideoCallBack：返回实时的摄像头视频图像

freeCamera(String myCameraIP);	myCameraIP：摄像头外网域名/IP 地址	释放摄像头资源
setServerAddr(String sa)	sa：数据中心服务器地址及端口	设置/改变数据中心服务器地址及端口号
setIdKey(String myZCloudID, String myZCloudKey);	myZCloudID：智云账号 myZCloudKey：智云密钥	设置/改变智云 ID 及密钥

4．自动控制接口

智云物联平台内置了一个操作简单但是功能强大的逻辑编辑器，为开发者的物联网系统编辑复杂的控制逻辑，可以实现数据更新、设备状态查询、定时硬件系统控制、定时发送短消息、根据各种变量触发某个复杂控制策略实现系统复杂控制等。智云自动控制接口基于触发逻辑单元的自动控制功能，触发器、执行器、执行策略、执行记录保存在智云数据中心。

（1）为每个传感器、执行器的关键数据和控制量创建变量。

（2）新建基础控制策略，控制策略里可以运用上一步新建的变量。

（3）新建复杂控制策略，复杂控制策略可以使用运算符，可以无穷组合基础控制策略。

基于 Android 的接口如表 8.25 所示。

表 8.25　基于 Android 的自动控制接口

函　　数	参数说明	功　　能
new WSNAutoctrl(String myZCloudID, 　　String myZCloudKey);	myZCloudID：智云账号 myZCloudKey：智云秘钥	初始化自动控制对象，并初始化智云 ID 及密钥
createTrigger(String name, String type, JSONObject param);	name：触发器名称 type：触发器类型（sensor、timer） param：触发器内容，JSON 对象格式， 创建成功后返回该触发器 ID（JSON 格式）	创建触发器
createActuator(String name, String type,JSONObject param);	name：执行器名称 type：执行器类型（sensor、ipcamera、phone、job） param：执行器内容，JSON 对象格式， 创建成功后返回该执行器 ID（JSON 格式）	创建执行器

续表

函　　数	参 数 说 明	功　　能
createJob(String name, boolean enable, JSONObject param);	name: 任务名称 enable: true（使能任务）、false（禁止任务） param: 任务内容，JSON 对象格式， 创建成功后返回该任务 ID（JSON 格式）	创建任务
deleteTrigger(String id);	id: 触发器 ID	删除触发器
deleteActuator(String id);	id: 执行器 ID	删除执行器
deleteJob(String id);	id: 任务 ID	删除任务
setJob(String id,boolean enable);	id: 任务 ID enable: true（使能任务）、false（禁止任务）	设置任务使能开关
deleteSchedudler(String id);	id: 任务记录 ID	删除任务记录
getTrigger();	无	查询当前智云 ID 下的所有触发器内容
getTrigger(String id);	id: 触发器 ID	查询该触发器 ID 内容
getTrigger(String type);	type: 触发器类型	查询当前智云 ID 下的所有该类型的触发器内容
getActuator();	无	查询当前智云 ID 下的所有执行器内容
getActuator(String id);	id: 执行器 ID	查询该执行器 ID 内容
getActuator(String type);	type: 执行器类型	查询当前智云 ID 下的所有该类型的执行器内容
getJob();	无	查询当前智云 ID 下的所有任务内容
getJob(String id);	id: 任务 ID	查询该任务 ID 内容
getSchedudler();	无	查询当前智云 ID 下的所有任务记录内容
getSchedudler(String jid,String duration);	id: 任务记录 ID duration: duration=x<year|month|day|hours|minute> //默认返回 1 天的记录	查询该任务记录 ID 某个时间段的内容
setServerAddr(String sa)	sa: 数据中心服务器地址及端口	设置/改变数据中心服务器地址及端口号
setIdKey(String myZCloudID, String myZCloudKey);	myZCloudID: 智云账号 myZCloudKey: 智云密钥	设置/改变智云 ID 及密钥

5. 用户数据接口

　　智云用户数据接口提供私有的数据库使用权限，多客户端间共享的私有数据可进行存储、查询和使用。私有数据存储采用 key-value 型数据库服务，编程接口更简单高效，基于

Android 的接口如表 8.26 所示。

表 8.26　基于 Android 的用户数据接口

函　　数	参 数 说 明	功　　能
new WSNProperty(String myZCloudID, String myZCloudKey);	myZCloudID：智云账号 myZCloudKey：智云密钥	初始化用户数据对象，并初始化智云 ID 及密钥
put(String key,String value);	key：名称 value：内容	创建用户应用数据
get();	无	获取所有的键值对
get(String key);	key：名称	获取指定 key 的 value 值
setServerAddr(String sa)	sa：数据中心服务器地址及端口	设置/改变数据中心服务器地址及端口号
setIdKey(String myZCloudID, String myZCloudKey);	myZCloudID：智云账号 myZCloudKey：智云密钥	设置/改变智云 ID 及密钥

8.8.4　开发内容

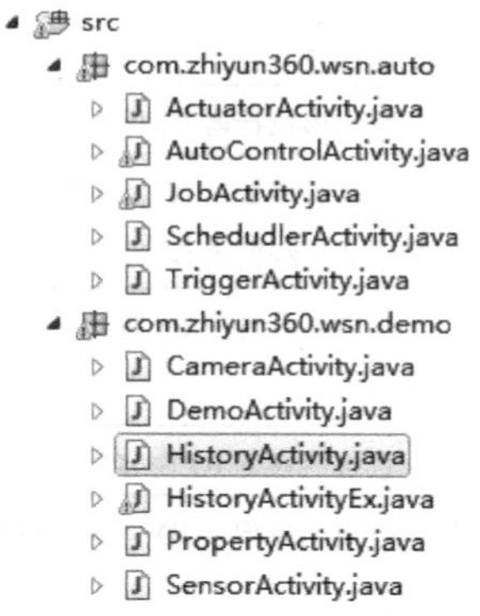

```
▲ 🗁 src
   ▲ ⊞ com.zhiyun360.wsn.auto
      ▷ 🗋 ActuatorActivity.java
      ▷ 🗋 AutoControlActivity.java
      ▷ 🗋 JobActivity.java
      ▷ 🗋 SchedudlerActivity.java
      ▷ 🗋 TriggerActivity.java
   ▲ ⊞ com.zhiyun360.wsn.demo
      ▷ 🗋 CameraActivity.java
      ▷ 🗋 DemoActivity.java
      ▷ 🗋 HistoryActivity.java
      ▷ 🗋 HistoryActivityEx.java
      ▷ 🗋 PropertyActivity.java
      ▷ 🗋 SensorActivity.java
```

图 8.67　src 目录结构

结合智云节点和 ZXBee 协议，开发了一套基于 Android 的简单的 libwsnDroidDemo 程序（该程序在开发资源包的 "01-开发例程\第 8 章\8.8-智云 Android 应用" 目录下）用于解析各种接口。根据 2.4.3 节中实现的接口，在该应用中实现的功能主要是传感器的读取与控制、历史数据查询与曲线显示、摄像头的控制、自动控制和应用数据存储与读取。为了让程序更有可读性，该应用使用 2 个包，每个包分为多个 Activity 类，使用接口实现控制与数据的存取，其中，在 com.zhiyun360.wsn.auto 包下是对自动控制接口中的方法进行调用与实现的，因此主 Activity 只需要实现通过单击不同的按钮、或多层次按钮跳转到其他 Activity 中即可。在 src 包中的目录结构如图 8.67 所示。

其中，DemoActivity 为主 Activity，主要是作为一个引导作用，用来跳转到不同的 Activity，也可在 DemoActivity.java 文件中定义静态变量，方便引用。每个 Activity 都应有自己的布局，这里不详述布局文件的编写。

1．实时连接接口

要实现传感器实时数据的发送需要在 SensorActivity.java 文件中调用类 WSNRTConnect 的几个方法即可，具体调用方法及步骤如下。

（1）连接服务器地址，外网服务器地址及端口默认为 zhiyun360.com:28081，如果用户需要修改，调用方法 setServerAddr(sa)进行设置即可。

wRTConnect.setServerAddr(zhiyun360.com:28081);　　　　　　　//设置外网服务器地址及端口

（2）初始化智云 ID 及密钥，先定义序列号和密钥，然后初始化，本例在 DemoActivity 中设置 ID 与 Key，并在每个 Activity 中直接调用即可，后续不在陈述。

```
String myZCloudID = "12345678";                                    //序列号
String myZCloudKey = "12345678";                                   //密钥
wRTConnect = new WSNRTConnect(DemoActivity.myZCloudID,DemoActivity.myZCloudKey);
```

（3）建立数据推送服务连接。

```
wRTConnect.connect();                                              //调用 connect 方法
```

（4）注册数据推送服务监听器，接收实时数据服务推送过来的消息。

```
wRTConnect.setRTConnectListener(new WSNRTConnectListener()
{
    @Override
    public void onConnect()
    {   //连接服务器成功
        //TODO Auto-generated method stub
    }
    @Override
    public void onConnectLost(Throwable arg0)
    {   //连接服务器失败
        //TODO Auto-generated method stub
    }
    @Override
    public void onMessageArrive(String arg0, byte[] arg1)
    {   //数据到达
        //TODO Auto-generated method stub
    }
});
```

（5）实现消息发送，调用 sendMessage 方法想指定的传感器发送消息。

```
String mac = "00:12:4B:00:03:A7:E1:17";                           //目的地址
String dat = "{OD1=1,D1=?}"                                        //数据指令格式
wRTConnect.sendMessage(mac, dat.getBytes());                      //发送消息
```

（6）断开数据推送服务。

```
wRTConnect.disconnect();
```

（7）SensorActivity 的完整示例。下面是一个完整的 SensorActivity.java 代码示例，源码参考 "libwsnDroidDemo/src/SensorActivity.java"。

2. 历史数据接口

同理，要实现获取传感器的历史数据需要在 HistoryActivity.java 文件中调用类 WSNHistory 的几个方法即可，具体调用方法及步骤如下。

（1）实例化历史数据对象，直接实例化并连接。

（2）连接服务器地址，外网服务器地址及端口默认为 zhiyun360.com:28081，如果需要修改，调用方法 setServerAddr(sa)进行设置即可。

```
wRTConnect.setServerAddr(zhiyun360.com:28081);                    //设置外网服务器地址及端口
```

（3）初始化智云 ID 及密钥，先定义序列号和密钥，然后初始化。

```
String myZCloudID = "12345678";                                    //序列号
```

```
String myZCloudKey = "12345678";                                    //密钥
//初始化智云 ID 及密钥
wHistory = new WSNHistory (DemoActivity.myZCloudID,DemoActivity.myZCloudKey);
```

（4）查询历史数据，以下方法为查询自定义时段的历史数据，如需要查询其他时间段（如最近 1 小时、最近一个月）历史数据，请参考 8.8.3 节 API 的介绍。

```
wHistory.queryLast1H(String channel);
wHistory.queryLast1M(String channel);
```

（5）HistoryActivity 的完整示例，源码参考 SDK 包 "/Android/libwsnDroidDemo/src/HistoryActivity.java"。

注意：由于库里定义的查询函数都抛出了异常，所以在调用的时候需要用"try…catch"来捕获异常。此外，序列号、密钥为用户注册云平台账户时用到的传感器序列号和密钥，数据流通道为传感器的 MAC 地址与上传参数组成的一个字符串，如"00:12:4B:00:02:3C:6F:29_A0"。

（6）本次示例中也实现了历史数据曲线显示。在 HistoryActivityEx.java 类中，调用同样的方法初始化并建立连接，后引用 java.text.SimpleDateFormat 包中的方法进行"data-.>text"格式转换，代码如下，此处不对该方法进行过多阐述。读者可自行查阅相关资料。

（7）引用 org.achartengine 中的子类，可以实现数据图表显示。已在代码中注释完毕，便不在这里过多陈述方法的调用，读者也可自行查阅。代码如下。

（8）同理，需要借助 try-catch 语句来处理查询失败情况。

```
try{
……}
catch (Exception e)
{
    //TODO Auto-generated catch block
    e.printStackTrace();
    Toast.makeText(getApplicationContext(), "获取历史数据失败！",
    Toast.LENGTH_SHORT).show();
}
```

3．摄像头接口

（1）实例化，并初始化智云 ID 及密钥。

```
wCamera = new WSNCamera（"12345678"，"12345678"）;        //实例化,并初始化智云 ID 及密钥
```

（2）摄像头初始化，并检测在线。

```
String myCameraIP = "ayari.easyn.hk";                          //摄像头 IP
String user = "admin";                                         //用户名
String pwd = "admin";                                          //密码
String type = "H3-Series";                                     //摄像头类型
wCamera.initCamera(myCameraIP, user, pwd, type);
mTVCamera.setText(myCameraIP + "正在检查是否在线...");
wCamera.checkOnline();
```

（3）调用接口方法，实现摄像头的控制，详细内容请看工程代码。

```
public void onClick(View v)
```

```
    {
        //TODO Auto-generated method stub
        if (v == mBTNSnapshot)
        {
            if(isOn==true)
            { wCamera.snapshot(); }
        }
        ……
    }
```

（4）通过回调函数，返回 Bitmap，获取得到的拍摄图片，详细内容请看工程代码。

```
public void onVideoCallBack(String camera, Bitmap bmp)
{
    //TODO Auto-generated method stub
    if (camera.equals(myCameraIP))
    {
        if(isOn==ture)
        { mIVVideo.setImageBitmap(bmp); }
    }
}
```

（5）释放摄像头资源，详细内容请看工程代码。

```
public void onDestroy()
{ …… }
```

4．应用数据接口

（1）同样方法，初始化 id、key，并建立连接，连接服务器，代码略。

（2）调用 wsnProperty 的 put(key,value)方法保存键值对，详细内容请看工程代码。

```
String propertyKey = editKey.getText().toString();
String propertyValue = editValue.getText().toString();
if(propertyKey.equals("") || propertyValue.equals(""))
{
    Toast.makeText(PropertyActivity.this, "应用属性名或应用属性值不能为空",
                                        Toast.LENGTH_SHORT).show();
}
else{ ……}
```

（3）调用 wsnProperty 的 get()方法读取键值对，详细内容请看工程代码。

```
String propertyKey = editKey.getText().toString();
try {
    if(propertyKey.equals(""))
    {
        String result = wsnProperty.get();
        Toast.makeText(PropertyActivity.this, "成功从服务器读取所有的应用属性值",
                                        Toast.LENGTH_SHORT).show();
        tvResult.setText(jsonFormatter(result));
    }
    else { …… }
}
```

第 8 章

5. 自动控制接口

本任务中单独一个包作为示例，AutoControlActivity.java 是包中的主 Activity，通过 button 跳转到 4 个不同的 Activity 中。下面对每个 Activity 进行详细阐述。

（1）TriggerActivity 是触发器的处理界面，保存触发器基本信息（name、MAC 地址、通道名、条件），当传感器达到触发条件时，进行执行器中的执行命令，也可查询当前保存的触发器。

实例化，并建立连接。

```
wsnAutoControl = new WSNAutoctrl(DemoActivity.myZCloudID,
                            DemoActivity.myZCloudKey); //DemoActivity 中定义的 ID、Key
wsnAutoControl.setServerAddr("t.zhiyun360.com:8001");          //用户自己设置
```

条件运算符选择，详细内容请看工程代码。

```
radioGroup.setOnCheckedChangeListener(new OnCheckedChangeListener()
{
    @Override
    public void onCheckedChanged(RadioGroup group, int checkedId)
    {
        //TODO Auto-generated method stub
        if (checkedId == radioButton0.getId())
        {
            operateSelected = radios[0];
            ......
    });
    }
}
```

调用 wsnAutoControl.createTrigger(name, "sensor",param)方法实现保存触发器信息，详细内容请看工程代码。

```
JSONObject param = new JSONObject();
param.put("mac", mac);
param.put("ch", channel);
......
```

调用 wsnAutoControl.getTrigger() 方法用来获取所有保存的触发器，代码参考 "libwsnDriodDemo\src\TriggerActivity.java"。同理，所有保存触发器和查询触发器的操作都会可能出现异常，因此要用 try-catch 语句进行处理。

断开连接。

```
protected void onDestroy()
{
    //TODO Auto-generated method stub
    super.onDestroy();
}
```

（2）ActuatorActivity 执行器处理界面，保存执行器基本信息，用于响应触发器的条件处理事件，执行命令，也有查询的接口方法。处理执行器和处理触发器的方法类似，两者的主要区别在于方法的名称不同，调用 wsnAutoControl.createActuator(name,"sensor",param)

方法来保存执行器信息，wsnAutoControl.getActuator()方法来查询保存的执行器信息，源码请看工程文件。

（3）JobActivity 是执行策略处理界面，用于匹对触发器和执行器，用来实现自动控制，调用 wsnAutoControl.createJob(name,enable,param) 方法来创建执行策略，调用 wsnAutoControl.getJob()方法来浏览所有执行策略，源码请看工程文件。

（4）SchedudlerActivity 定义了用户查询执行记录的方法，用户查询分为过滤查询和执行查询两种，调用 wsnAutoControl.getSchedudler(number, duration)方法用来过滤查询，调用 wsnAutoControl.getSchedudler()方法用来执行查询，源码请看工程文件。

8.8.5　开发步骤

（1）部署智云硬件环境。

① 准备一个 s210 系列开发平台网关，1 个温湿度传感器无线节点，设置节点板跳线为模式一。

② 确认已安装 ZStack 的安装包。

③ 在开发资源包打开本任务工程，本任务 SensorHalExamples（包含传感器工程和协调器工程）下所有文件夹复制到"C:\Texas Instruments\ZStack-CC2530-2.4.0-1.4.0\Projects\ZStack\Samples"文件夹下。

④ 分别打开协调器和传感器工程，编译代码（为了避免冲突，需要根据实际硬件平台修改节点 PANID。

⑤ 把 SmartRF04 仿真器连接到 CC2530 无线节点，把程序分别下载到对应的传感器节点板和协调器节点板中，同时读取传感器节点板的 IEEE 地址备用。

⑥ 参考附录 A.1 部署硬件，组成智云无线传感网络，并将数据接入到智云服务中心。

图 8.68　libs 文件夹下列表显示

（2）用 Android 集成开发环境打开 Android 任务例程，在 eclipse 中导入本任务 Android 工程 libwsnDroidDemo 文件，将 libwsnDroid2.jar 包复制到工程目录的 libs 文件夹下（若已存在，此步骤可忽略），如图 8.68 所示，运行调试无 bug。

（3）正确填写智云 ID 密钥、服务器地址、摄像头信息。智云 ID 密钥和服务器地址为网关中设置，摄像头信息有摄像头 IP、用户名、密码、摄像头类型，摄像头 IP 为摄像头连接网关后映射出的 IP，其他三个摄像头均已给出。

（4）将程序运行虚拟机中或其他 Android 终端，并组网成功。

（5）单击按钮，查看运行结果，以实时连接接口和摄像头接口为例来显示运行结果。

① 主界面显示，分为多个模块，单击分别进入不同的模块，如图 8.69 所示。

② 单击"传感器读取与控制"按钮，跳转到传感器读取与控制界面，此 Activity 调用的是实时连接接口中的方法。单击开灯、关灯，显示实时控制的指令输出，如图 8.70 所示。

③ 返回到主界面，单击摄像头控制，进入摄像头控制模块，当显示出 ayari.easyn.hk（摄像头 IP）在线后，就可以进行按钮控制摄像头，如图 8.71 所示。

图 8.69　主界面　　　　图 8.70　传感器读取与控制模块　　　图 8.71　摄像头控制模块

8.8.6　总结与拓展

编写一个温湿度采集的应用，在主界面每隔 30 s 更新一次温湿度的值。

8.9　任务 46　智云 Web 应用接口

8.9.1　学习目标

● 熟悉智云硬件驱动开发。
● 理解 ZigBee 智云通信协议程序功能。
● 熟悉 Web JavaScript API 的实时连接、历史数据、自动控制和开发者数据接口的构成，并利用这些接口进行项目开发。

8.9.2　开发环境

硬件：温度传感器 1 个、声光报警传感器 1 个、智云网关 1 个（默认为 S4418/6818 系列开发平台）、CC2530 无线节点板 2 个、SmartRF04 仿真器 1 个、调试转接板 1 个。软件：Windows XP/7/8、IAR Embedded Workbench for 8051（IAR 嵌入式 8051 系列单片机集成开发环境）、Android Developer Tools（Android 集成开发环境）。

8.9.3　原理学习

针对 Web 应用开发，智云平台提供 JavaScript 接口库，用户直接调用相应的接口即可完成简单 Web 应用的开发。

1．实时连接接口

基于 Web JavaScript 的接口如表 8.27 所示。

表 8.27　基于 Web JavaScript 的实时连接接口

函　　数	参　数　说　明	功　　能
new WSNRTConnect(myZCloudID, myZCloudKey);	myZCloudID：智云账号 myZCloudKey：智云密钥	建立实时数据实例，并初始化智云 ID 及密钥
connect()	无	建立实时数据服务连接
disconnect()	无	断开实时数据服务连接
onConnect()	无	监听连接智云服务成功
onConnectLost()	无	监听连接智云服务失败
onMessageArrive(mac, dat)	mac：传感器的 MAC 地址 dat：发送的消息内容	监听收到的数据
sendMessage(mac, dat)	mac：传感器的 MAC 地址 dat：发送的消息内容	发送消息
setServerAddr(sa)	sa：数据中心服务器地址及端口	设置/改变数据中心服务器地址及端口号
setIdKey(myZCloudID, myZCloudKey);	myZCloudID：智云账号 myZCloudKey：智云密钥	设置/改变智云 ID 及密钥（需要重新断开连接）

2．历史数据接口

基于 Web JavaScript 的接口如表 8.28 所示。

表 8.28　基于 Web JavaScript 的历史数据接口

函　　数	参　数　说　明	功　　能
new WSNHistory(myZCloudID, myZCloudKey);	myZCloudID：智云账号 myZCloudKey：智云密钥	初始化历史数据对象，并初始化智云 ID 及密钥
queryLast1H(channel, cal);	channel：传感器数据通道 cal：回调函数（处理历史数据）	查询最近 1 小时的历史数据
queryLast6H(channel, cal);	channel：传感器数据通道 cal：回调函数（处理历史数据）	查询最近 6 小时的历史数据
queryLast12H(channel, cal);	channel：传感器数据通道 cal：回调函数（处理历史数据）	查询最近 12 小时的历史数据
queryLast1D(channel, cal);	channel：传感器数据通道 cal：回调函数（处理历史数据）	查询最近 1 天的历史数据
queryLast5D(channel, cal);	channel：传感器数据通道 cal：回调函数（处理历史数据）	查询最近 5 天的历史数据

第8章

续表

函　　数	参　数　说　明	功　　能
queryLast14D(channel, cal);	channel：传感器数据通道 cal：回调函数（处理历史数据）	查询最近 14 天的历史数据
queryLast1M(channel, cal);	channel：传感器数据通道 cal：回调函数（处理历史数据）	查询最近 1 月（30 天）的历史数据
queryLast3M(channel, cal);	channel：传感器数据通道 cal：回调函数（处理历史数据）	查询最近 3 月（90 天）的历史数据
queryLast6M(channel, cal);	channel：传感器数据通道 cal：回调函数（处理历史数据）	查询最近 6 月（180 天）的历史数据
queryLast1Y(channel, cal);	channel：传感器数据通道 cal：回调函数（处理历史数据）	查询最近 1 年（365 天）的历史数据
query(cal);	cal：回调函数（处理历史数据）	获取所有通道最后一次数据
query(channel, cal);	channel：传感器数据通道 cal：回调函数（处理历史数据）	获取该通道下最后一次数据
query(channel, start, end, cal);	channel：传感器数据通道 cal：回调函数（处理历史数据） start：起始时间 end：结束时间 时间为 ISO 8601 格式的日期，如 2010-05-20T11:00:00Z	通过起止时间查询指定时间段的历史数据
query(channel, start, end, interval, cal);	channel：传感器数据通道 cal：回调函数（处理历史数据） start：起始时间 end：结束时间	通过起止时间查询指定时间段指定时间间隔的历史数据
query(channel, start, end, interval, cal);	interval：采样点的时间间隔，详细见后续说明 时间为 ISO 8601 格式的日期，如 2010-05-20T11:00:00Z	通过起止时间查询指定时间段指定时间间隔的历史数据
setServerAddr(sa)	sa：数据中心服务器地址及端口	设置/改变数据中心服务器地址及端口号
setIdKey(myZCloudID, myZCloudKey);	myZCloudID：智云账号 myZCloudKey：智云密钥	设置/改变智云 ID 及密钥

3. 摄像头接口

基于 Web JavaScript 的接口如表 8.29 所示。

表 8.29　基于 Web JavaScript 的摄像头接口

函　数	参　数　说　明	功　能
new WSNCamera(myZCloudID, myZCloudKey);	myZCloudID：智云账号 myZCloudKey：智云密钥	初始化摄像头对象，并初始化智云 ID 及密钥
initCamera(myCameraIP, user, pwd, type);	myCameraIP：摄像头外网域名/IP 地址 user：摄像头用户名 pwd：摄像头密码 type：摄像头类型（F-Series、F3-Series、H3-Series） # 以上参数从摄像头手册获取	设置摄像头域名、用户名、密码、类型等参数
openVideo();	无	打开摄像头
closeVideo();	无	关闭摄像头
control(cmd);	cmd：云台控制命令，参数如下： UP：向上移动一次 DOWN：向下移动一次 LEFT：向左移动一次 RIGHT：向右移动一次 HPATROL：水平巡航转动 VPATROL：垂直巡航转动 360PATROL：360°巡航转动	发指令控制摄像头云台转动
checkOnline(cal);	cal：回调函数（处理检查结果）	检测摄像头是否在线
snapshot();	无	抓拍照片
setDiv(divID);	divID：网页标签	设置展示摄像头视频图像的标签
freeCamera(myCameraIP);	myCameraIP：摄像头外网域名/IP 地址	释放摄像头资源
setServerAddr(sa)	sa：数据中心服务器地址及端口	设置/改变数据中心服务器地址及端口号
setIdKey(myZCloudID, myZCloudKey);	myZCloudID：智云账号 myZCloudKey：智云密钥	设置/改变智云 ID 及密钥

4．自动控制接口

基于 Web JavaScript 的接口如表 8.30 所示。

表 8.30　基于 Web JavaScript 的自动控制接口

函　数	参　数　说　明	功　能
new WSNAutoctrl(myZCloudID, myZCloudKey);	myZCloudID：智云账号 myZCloudKey：智云密钥	初始化自动控制对象，并初始化智云 ID 及密钥

续表

函　数	参　数　说　明	功　能
createTrigger(name, type, param, cal);	name：触发器名称 type：触发器类型（sensor、timer） param：触发器内容，JSON 对象格式，创建成功后返回该触发器 ID（JSON 格式） cal：回调函数	创建触发器
createActuator(name, type, param, cal);	name：执行器名称 type：执行器类型（sensor、ipcamera、phone、job） param：执行器内容，JSON 对象格式 创建成功后返回该执行器 ID（JSON 格式） cal：回调函数	创建执行器
createJob(name, enable, param, cal);	name：任务名称 enable：true（使能任务）、false（禁止任务） param：任务内容，JSON 对象格式创建成功后返回该任务 ID（JSON 格式） cal：回调函数	创建任务
deleteTrigger(id, cal);	id：触发器 ID cal：回调函数	删除触发器
deleteActuator(id, cal);	id：执行器 ID cal：回调函数	删除执行器
deleteJob(id, cal);	id：任务 ID cal：回调函数	删除任务
setJob(id, enable, cal);	id：任务 ID enable：true（使能任务）、false（禁止任务） cal：回调函数	设置任务使能开关
deleteSchedudler(id, cal);	id：任务记录 ID cal：回调函数	删除任务记录
getTrigger(cal);	cal：回调函数	查询当前智云 ID 下的所有触发器内容
getTrigger(id, cal);	id：触发器 ID cal：回调函数	查询该触发器 ID 内容
getTrigger(type, cal);	type：触发器类型 cal：回调函数	查询当前智云 ID 下的所有该类型的触发器内容
getActuator(cal);	cal：回调函数	查询当前智云 ID 下的所有执行器内容

续表

函　　数	参 数 说 明	功　　能
getActuator(id, cal);	id：执行器 ID cal：回调函数	查询该执行器 ID 内容
getActuator(type, cal);	type：执行器类型 cal：回调函数	查询当前智云 ID 下的所有该类型的执行器内容
getJob(cal);	cal：回调函数	查询当前智云 ID 下的所有任务内容
getJob(id, cal);	id：任务 ID cal：回调函数	查询该任务 ID 内容
getSchedudler(cal);	cal：回调函数	查询当前智云 ID 下的所有任务记录内容
getSchedudler(jid, duration, cal);	id：任务记录 ID duration:duration=x<year|month|day|hours|minute> //默认返回 1 天的记录 cal：回调函数	查询该任务记录 ID 某个时间段的内容
setServerAddr(sa)	sa：数据中心服务器地址及端口	设置/改变数据中心服务器地址及端口号
setIdKey(myZCloudID, myZCloudKey);	myZCloudID：智云账号 myZCloudKey：智云密钥	设置/改变智云 ID 及密钥

5. 用户数据接口

基于 Web JavaScript 的接口如表 8.31 所示。

表 8.31　基于 Web JavaScript 的用户数据接口

函　　数	参 数 说 明	功　　能
new WSNProperty(myZCloudID, myZCloudKey);	myZCloudID：智云账号 myZCloudKey：智云密钥	初始化用户数据对象，并初始化智云 ID 及密钥
put(key, value, cal);	key：名称 value：内容 cal：回调函数	创建用户应用数据
get(cal);	cal：回调函数	获取所有的键值对
get(key, cal);	key：名称 cal：回调函数	获取指定 key 的 value 值
setServerAddr(sa)	sa：数据中心服务器地址及端口	设置/改变数据中心服务器地址及端口号
setIdKey(myZCloudID, myZCloudKey);	myZCloudID：智云账号 myZCloudKey：智云密钥	设置/改变智云 ID 及密钥

第 8 章

8.9.4 开发内容

1. 曲线的设计

在本次例程中使用到的曲线图采用了 highchart 公司提供的一个图表库，用户在使用的时候，只需要在 HTML 中包含相关库文件，然后调用相关方法即可，图 8.72 所示是本例程中使用的一个曲线图样式。

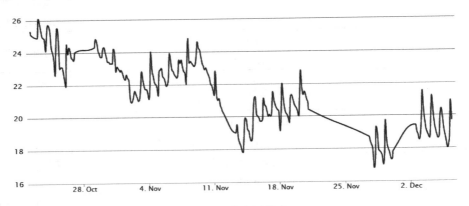

图 8.72　曲线图样式

曲线图说明：在图中横坐标表示为时间日期，纵坐标表示为显示的值。

8.9.5 节开发步骤曲线的实现中依次介绍在 HTML 页面中实现此曲线图的详细步骤。

2. 仪表的设计

在本次例程中表盘的实现也是采用了 highchart 公司提供的一个图表库，用户在使用的时候，只需要在 HTML 中包含相应的库文件，然后调用相应的方法即可，如图 8.73 所示是本次例程中使用的一个表盘样式。

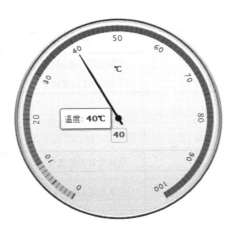

图 8.73　表盘样式

8.9.5 节开发步骤仪表的实现中依次介绍在 HTML 页面中实现此表盘的详细步骤。

3. 实时数据的接收与发送

智云物联云平台提供了实时数据推送服务的 API，用户根据这些 API 可以实现与底层传感器的信息交互，只有理解了这些 API 后，用户才可以在底层自定义一些协议，然后根据 API 和协议就可以实现底层传感器的控制、数据采集等功能。

结合第 2 个例程表盘的实现和实时数据的发送与接收来实现本次的例程，本次例程的流程是 Web 页面向底层硬件设备发送数据获取命令，底层设备成功收到命令后就上传相关数据，Web

页面接收到数据之后将数据进行解析之后就会在表盘中显示数据，同时在相应的标签中显示接收的原始数据。

下面讲解基于 API 的 Web 页面实现。

（1）Web 页面的实现。在本次例程中 realTimeData.html 页面的样式设计如图 8.74 所示，左侧的表盘显示温度值，右边通过文本框发送"{A0=?}"命令获取温度值，并将获取的温度值显示在表盘上，同时在下方显示接收的数据。

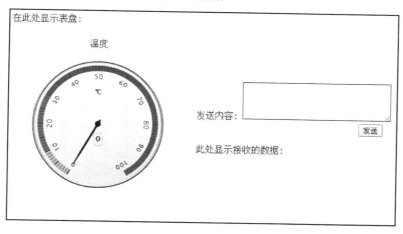

图 8.74　显示

（2）Web 页面样式实现。

① 构建 HTML 页面。在"Web/examples"目录下新建一个项目文件夹，命名为 realTimeData，然后打开记事本，在记事本中输入以下 HTML 语句，输入完后保存为 utf-8 格式，文件命名为 realTimeData.html，并将该文件保存到"Web/examples/ realTimeData"文件夹中。

```
<!DOCTYPE html PUBLIC "-//W3C//DTD XHTML 1.0 Transitional//EN" "http://www.w3.org/TR/
xhtml1/DTD/xhtml1-transitional.dtd">
<html xmlns="http://www.w3.org/1999/xhtml">
<head>
<meta http-equiv="Content-Type" content="text/html; charset=utf-8" />
    <title>实时数据的发送与接收</title>
</head>
<body>
</body>
</html>
```

② 添加 HTML 内容，在<body></body>标签中添加 HTML 标签，内容如下。

```
<div style = "margin-left:300px">
<div id = "state">连接中....</div>
<p>在此处显示表盘:</p>
<div id="dial" style = "width:300px;height:300px;float:left">
</div>
<div style="margin-left:320px;margin-top:100px;">
发送内容:
```

```
<textarea type="text" id="sendMessage" style=
                                                "width:250px;height:60px"></textarea></br>
<input type="button" value="发送" id="sendBt" style ="margin-left:280px">
<p>此处显示接收的数据:</p>
<div id ="showMessage"></div>
</div>
</div>
```

（3）Web 逻辑代码实现。

① 引入 js 脚本库。在 HTML 中添加 jQuery 语言库 jquery-1.11.0.min.js 和表盘实现的 highcharts.js 和 highcharts-more.js 库的引用，然后添加表盘控件绘制 API 的 drawcharts.js 文件，以及实时数据推送服务的 WSNRTConnect.js 文件，在<head></head>标签中添加如下代码。

```
<script src="../../js/jquery-1.11.0.min.js" type="text/javascript"></script>
<script src="../../js/highcharts.js" type="text/javascript"></script>
<script src="../../js/highcharts-more.js" type="text/javascript"></script>
<script src="../../js/drawcharts.js" type="text/javascript"></script>
<script src="../../js/WSNRTConnect.js" type="text/javascript"></script>
```

说明："../"为进入上一级目录。

② 添加表盘绘制 js 函数。在<head></head>标签中添加表盘的绘制函数，添加内容如下。

```
<script type="text/javascript">
$(function()
{
    //绘制表盘样式
    getDial("#dial", "", "温度", "℃", 0, 100, { layer1: { from: 10, to: 30, color: green },
                                               layer2: { from: 0, to: 10, color: yellow },
                                               layer3: { from: 30, to: 100, color: red } });
});
</script>
```

③ 添加实时数据连接的 js 代码。实现实时数据的发送与接收功能，本任务例程以智云平台的一个测试案例的传感器进行测试，实现流程如下：创建数据服务对象→云服务初始化→发送命令数据→接收底层上传的数据→解析接收到的数据→数据显示。在上一步骤的表盘绘制代码后面添加如下 js 代码。

```
var myZCloudID = "123";                                        //序列号
var myZCloudKey = "123";                                       //密钥
var mySensorMac = "00:12:4B:00:02:CB:A8:52";                   //传感器的 MAC 地址
var rtc = new WSNRTConnect(myZCloudID,myZCloudKey);            //创建数据连接服务对象
rtc.connect();                                                 //数据推送服务连接
rtc.onConnect = function()
{   //连接成功回调函数
    $("#state").text("数据服务连接成功！ ");
};

rtc.onConnectLost = function()
{   //数据服务掉线回调函数
    $("#state").text("数据服务掉线！ ");
};
```

```
rtc.onmessageArrive = function(mac, dat)
{     //消息处理回调函数
    if((mac ==mySensorMac)&&(dat.indexOf(",")== -1))
    {     //接收数据过滤
        var recvMessage = mac+" 发来消息: "+dat;
        //给表盘赋值
        dat = dat.substring(dat.indexOf("=")+1,dat.indexOf("}"));
                                                          //将原始数据的数字部分分离出来
        setDialData('#dial',parseFloat(dat));             //在表盘上显示数据
        $("#showMessage").text(recvMessage);             //显示接收到的原始数据
    }
};


$("#sendBt").click(function()
{     //发送按钮单击事件
    var message = $("#sendMessage").val();
    rtc.sendMessage(mySensorMac, message);               //向传感器发送数据
});
```

说明: 在本次例程中采用了智云物联云平台的一个测试案例中的温湿度传感器, 其中 myZCloudID、 myZCloudKey 为用户注册云平台账户时用到的传感器序列号和密钥, mySensorMac 为传感器的 MAC 地址。用户可以将 myZCloudID、myZCloudKey、channel 修改成自己的项目信息, 然后实现自己项目案例中某个传感器的实时数据的发送与接收。

4. 历史数据的获取与展示

本次例程的实现是结合第一个例程曲线的实现来完成的, 在第一个例程中只是简单地实现了曲线图的绘制, 并初始化了一些曲线数据值。本次例程中的所有数据源均来自服务器, 因此本例程内容重点是实现如何从服务器获取数据, 并将获取到的数据在曲线图上显示。

针对历史数据查询的需求, 智云物联云平台提供了丰富的历史数据查询的 API, 并将相应的方法封装到了 WSNHistory.js 文件中, 用户只须调用 WSNHistory.js 中的若干方法即可实现历史数据的查询。

下面根据这些 API 来实现历史数据查询的 Web 页面。

（1）数据获取 API 使用示例。

查询最近 3 个月的历史数据。

```
var myZCloudID ="xxxx";                          //用户注册时使用的 ID
var myZCloudKey ="xxxx";                          //密钥
var channel='MAC 地址_参数';                      //数据通道, 如 00:12:4B:00:02:CB:A8:52_A0
var WSNHistory = WSNHistory(myZCloudID,myZCloudKey); //新建一个对象, 并初始化智云 ID、KEY
//最近 3 个月历史数据查询
WSNHistory.queryLast3M(channel,function(data)
{     //data 参数为查询到的历史数据
    //数据处理
});
```

查询 2015 年 5 月 20 日到 2015 年 6 月 20 日的历史数据。

```
var myZCloudID ="xxxx";                              //用户注册时使用的 ID
var myZCloudKey ="xxxx";                             //密钥
var channel='MAC 地址_参数';                         //数据通道，如 00:12:4B:00:02:CB:A8:52_A0
var WSNHistory = new WSNHistory();                   //新建一个对象
WSNHistory.initZCloud(myZCloudID,myZCloudKey);       //初始化
//查询 2015 年 5 月 20 日-2015 年 6 月 20 日
var startTime = "2014-12-22T15:52:28Z"
var endTime = "2015-05-22T15:52:28Z";
var interval = 1800;
WSNHistory. query(startTime, endTime, interval, channel, function(data)
{      //data 参数为查询到的历史数据
       //数据处理
});
```

（2）Web 页面的实现。在本次例程中 historyData.html 页面的样式设计如图 8.75 所示，第 1 行历史数据曲线显示图，第 2 栏为所查询历史数据的原始数据显示栏，如图 8.76 所示。

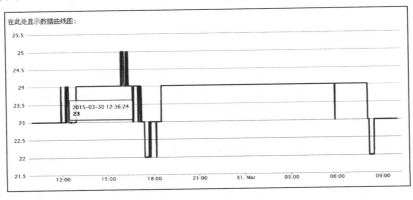

图 8.75　数据曲线显示图

此处显示接收到的历史数据：

{"current_value":"29.0","datapoints":[{"at":"2015-02-26T08:12:01Z","value":"14.0"},
{"at":"2015-02-26T10:04:02Z","value":"15.0"}, {"at":"2015-02-26T12:08:03Z","value":"14.0"},
{"at":"2015-02-26T14:12:04Z","value":"15.0"}, {"at":"2015-02-26T16:16:06Z","value":"16.0"},
{"at":"2015-03-18T15:19:43Z","value":"20.0"}, {"at":"2015-03-18T15:44:14Z","value":"20.0"},
{"at":"2015-03-19T10:04:25Z","value":"17.0"}, {"at":"2015-04-02T19:53:54Z","value":"472.7"},
{"at":"2015-04-11T10:16:56Z","value":"20.0"}, {"at":"2015-04-11T12:12:27Z","value":"20.0"},
{"at":"2015-04-11T14:16:28Z","value":"22.0"}, {"at":"2015-04-11T16:20:29Z","value":"21.0"},
{"at":"2015-04-11T18:24:00Z","value":"22.0"}, {"at":"2015-04-11T20:28:02Z","value":"21.0"},
{"at":"2015-04-11T22:32:03Z","value":"21.0"}, {"at":"2015-04-12T00:36:04Z","value":"21.0"},
{"at":"2015-04-12T02:40:05Z","value":"21.0"}, {"at":"2015-04-12T04:44:07Z","value":"21.0"},
{"at":"2015-04-12T06:48:08Z","value":"21.0"}, {"at":"2015-04-12T08:52:09Z","value":"21.0"},
{"at":"2015-04-12T10:56:10Z","value":"21.0"}, {"at":"2015-04-12T13:00:12Z","value":"22.0"},
{"at":"2015-04-12T15:04:13Z","value":"22.0"}, {"at":"2015-04-12T17:08:14Z","value":"22.0"},
{"at":"2015-04-12T19:12:15Z","value":"22.0"}, {"at":"2015-04-12T21:16:17Z","value":"22.0"},
{"at":"2015-04-12T23:20:18Z","value":"22.0"}, {"at":"2015-04-13T01:24:19Z","value":"22.0"},
{"at":"2015-04-13T03:28:21Z","value":"22.0"}, {"at":"2015-04-13T05:32:22Z","value":"22.0"},
{"at":"2015-04-13T07:36:23Z","value":"22.0"}, {"at":"2015-04-13T09:40:24Z","value":"21.0"},
{"at":"2015-04-13T11:44:26Z","value":"21.0"}, {"at":"2015-04-13T13:48:27Z","value":"21.0"},
{"at":"2015-04-13T15:52:28Z","value":"22.0"}, {"at":"2015-04-13T17:56:29Z","value":"23.0"},
{"at":"2015-05-16T19:56:01Z","value":"472.7"}, {"at":"2015-05-22T08:22:40Z","value":"28.0"},
```

图 8.76　历史数据显示
```

下面依次介绍在 HTML 页面中实现本例程的详细步骤。

（3）Web 页面样式实现。

① 构建 HTML 页面。在"Web/examples"目录下新建一个项目文件夹，命名为 historyData，然后打开记事本，在记事本中输入以下 HTML 语句，输入完后保存为 utf-8 格式，文件命名为 historyData.html，并将该文件保存到"Web/examples/historyData"文件夹中。

```
<!DOCTYPE html PUBLIC "-//W3C//DTD XHTML 1.0 Transitional//EN" "http://www.w3.org/TR/
xhtml1/DTD/xhtml1-transitional.dtd">
<html xmlns="http://www.w3.org/1999/xhtml">
<head>
<meta http-equiv="Content-Type" content="text/html; charset=utf-8" />
    <title>历史数据的查询</title>
</head>
<body>
</body>
</html>
```

② 添加 HTML 标签。在<body></body>标签中添加 HTML 标签，内容如下所示。

```
<p>在此处显示数据曲线图:</p>
<div id="curve" >
</div>
<p>此处显示接收到的历史数据:</p>
<div id="hisData" >
</div>
```

（4）Web 逻辑代码实现。

① 引入 js 脚本库。在 html 中添加 jQuery 语言库 jquery-1.11.0.min.js 和曲线图实现的 highcharts.js 库的引用，然后添加曲线图控件绘制 API 的 drawcharts.js 文件，最后添加历史数据查询的 WSNHistory.js 文件，在<head></head>标签中添加如下代码。

```
<script src="../../js/jquery-1.11.0.min.js" type="text/javascript"></script>
<script src="../../js/highcharts.js" type="text/javascript"></script>
<script src="../../js/drawcharts.js" type="text/javascript"></script>
<script src="../../js/WSNHistory.js" type="text/javascript"></script>
```

说明："../"为进入上一级目录。

② 编写 js 脚本调用曲线绘制的 API，创建历史数据查询对象，云服务初始化，调用历史数据查询的 API，然后将查询到的历史数据在曲线图上实现，本任务例程以智云平台的一个测试案例的数据通道进行历史数据查询,查询的数据时间为最近 1 天,在<head></head>标签中添加如下 js 代码。

```
<script type="text/javascript">
$(function()
{
    var myZCloudID ='123';                                    //用户注册时使用的 ID
    var myZCloudKey ='123';                                   //密钥
    var channel='00:12:4B:00:02:CB:A8:52_A0';                 //数据通道
    var myHisData = new WSNHistory(myZCloudID,myZCloudKey);    //建立对象,并初始化
```

```
//查询最近 3 个月的历史数据
myHisData.queryLast3M(channel,function(dat)
{
    if(dat!="")
    {
        var str = JSON.stringify(dat);              //将接收到的 JSON 数据对象转换成字符串
        $("#hisData").text(JSON.stringify(dat));                    //显示接收到的原始数据

        var data = DataAnalysis(dat);    //将接收到的 JSON 数据转换成二维数组形式在曲线图中显示
        showChart('#curve', 'spline', '', false,eval(data));
    }
    else
    {
        $("#curve").text("你查询的时间段没有数据！");
    }
});
});
</script>
```

说明：在本次例程中查询的历史数据源来自智云物联云平台的一个测试案例，其中 myZCloudID、myZCloudKey 为用户注册云平台账户时用到的传感器序列号和密钥，channel 为传感器的 MAC 地址与上传参数组成的一个字符串，如 00:12:4B:00:02:CB:A8:52_A0。用户可以将 myZCloudID、myZCloudKey、channel 修改成自己的项目信息，然后实现查询自己项目案例中某个传感器的历史数据。

在上述 js 代码中，调用了

```
.queryLast3M(channel,function(data){ ...})
```

方法，该方法为从智云物联数据中心获取用户的传感器最近 3 个月的历史数据，数据获取成功后便会将获取到的历史数据赋值给第 2 个参数，即回调函数中的 data 参数，用户只须在这个回调函数的函数体中对 data 进行处理即可。

下面来解释 data 数据处理的 js 代码，代码如下。

```
if(dat!="")
{
    var str = JSON.stringify(dat);              //将接收到的 JSON 数据对象转换成字符串
    $("#hisData").text(JSON.stringify(dat));        //显示接收到的原始数据

    var data = DataAnalysis(dat);          //将接收到的 JSON 数据转换成二维数组形式在曲线图中显示
    showChart('#curve', 'spline', '', false,eval(data));
}
else
{
    $("#curve").text("你查询的时间段没有数据！");
}
```

根据上述代码不难理解，当 data 数据不为空时，将 data 数据作为曲线图的绘制数据源。由于曲线图库需要的数据格式是二维数组格式，而从服务器获取到的数据是 JSON 格式的数据形式，所以需要将接收到的 JSON 格式数据转换成二维数组的格式。不难看出，在该代码中分别调用了 DataAnalysis()（该函数自定义，在 drawcharts.js 中）、eval()函数（系统提供的函数）将 data 的数据格式转换成真正的二维数组。数据格式转换结束之后，调用曲线绘制函数在指定的 id=curve 标签中显示曲线图，同时在 id=hisData 标签中显示获取到的源历史数据内容；当 data 为空时，即显示"你查询的时间段没有数据！"

③ 自定义获取历史数据。本次例程中以获取最近 1 天的历史数据为例，获取 1 天、5 天、2 周、1 个月等时间的历史数据方法类似，只须将函数名更改一下即可。同时历史数据查询的 API 也支持自定义时间段的数据查询，下面介绍 query()函数的使用方法，用户只需要在 js 代码区写如下内容即可。

```html
<script type="text/javascript">
$(function()
{
    var myZCloudID ='123';                              //用户注册时使用的 ID
    var myZCloudKey ='123';                             //密钥
    var channel='00:12:4B:00:02:CB:A8:52_A0';           //数据通道
    var myHisData = new WSNHistory(myZCloudID,myZCloudKey);   //建立对象，并初始化
    //任意时间段、时间间隔的历史数据查询
    var startTime = "2014-12-22T15:52:28Z";
    var endTime = "2015-05-22T15:52:28Z";
    var interval = 1800;
    myHisData.query(channel,startTime, endTime, interval,    function(dat)
    {
        if(dat!="")
        {
            var str = JSON.stringify(dat);              //将接收到的 JSON 数据对象转换成字符串
            $("#hisData").text(JSON.stringify(dat));    //显示接收到的原始数据

            var data = DataAnalysis(dat);    //将接收到的 JSON 数据转换成二维数组形式在曲线图中显示
            showChart('#curve', 'spline', '', false,eval(data));

        }
        else
        {
            $("#curve").text("你查询的时间段没有数据！");
        }
    });
});
</script>
```

5．摄像头的显示与控制

智云物联云平台提供了 IP 摄像头的若干 API，用户只要掌握了这些 API 的使用便可轻松掌握 Web 端视频监控的开发实现。

在视频监控的实现中需要用到 camera-1.1.js 库文件、WSNCamera.js 文件，用户用到的一些 API 都封装在 WSNCamera.js 中，而 WSNCamera.js 中的 API 的功能依赖于 camera-1.0.js

库文件，因此用户在进行 Web 端的视频监控开发时，需要引用这两个 js 文件。

下面根据这些 API 来实现 Web 端视频监控的编写。

检测摄像头是否在线 API 使用说明，使用过程中按照如下方法调用并判断摄像头是否在线。

```
WSNCamera.checkOnline(function(state)
{
    //状态处理
    //state=1,摄像头在线
    //state=0,摄像头离线
});
```

摄像头初始化工程中 myCameraIP 参数说明：该参数支持"Camera:[IP:端口号]"或者"Camera:[域名]"两种赋值方式。如果摄像头做了端口映射，可以实现外网访问，则推荐用户将该参数赋值为"Camera:[域名]"的形式；若摄像头只能在局域网访问，则该参数应赋值为"Camera:[IP:端口号]"的形式。

（1）Web 页面的实现。在本次例程中 ipCamera.html 页面的样式设计如图 8.77 所示，左边按钮区域为摄像头的控制按钮，右边为视频监控的显示区域。

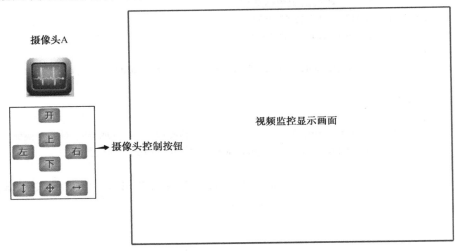

图 8.77　ipCamera.html 页面设计

下面详细介绍视频监控 Web 页面的开发过程：

（2）Web 页面样式实现。

① 构建 HTML 页面。在"Web/examples"目录下新建一个项目文件夹，命名为 ipCamera，然后打开记事本，在记事本中输入以下 HTML 语句，输入完后保存为 utf-8 格式，文件命名为 ipCamera.html，并将该文件保存到"Web/examples/ipCamera"文件夹中。

```
<!DOCTYPE html PUBLIC "-//W3C//DTD XHTML 1.0 Transitional//EN" "http://www.w3.org/TR/xhtml1/DTD/xhtml1-transitional.dtd">
<html xmlns="http://www.w3.org/1999/xhtml">
<head>
<meta http-equiv="Content-Type" content="text/html; charset=utf-8" />
```

```
    <title>视频监控系统的实现</title>
</head>
<body>
</body>
</html>
```

② 添加 HTML 标签。在<body></body>标签中添加 HTML 标签，详细内容请看工程代码。

③ 创建视频监控 Web 页面图片素材。用户可以自定义，首先在 ipCamera 文件夹下创建 images 文件夹，然后在这个文件夹中存放参考页面展示的按钮图片等素材。

④ 编写 css 样式表。在第③步骤中添加了视频监控显示的 HTML 标签，但没有导入 css 样式表，为了让视频监控的 Web 页面显示与摄像头参考页面相同，需要编写 css 样式表，根据第③步骤编写的 HTML 标签，以及参考页面的设计图来编写 custom.css 和 style.css 文件，两个 css 文件的内容如下所示，源码请看工程文件；

⑤ 导入样式表。在 WSNCamera 文件夹下创建 css 文件夹，并将 custom.css 和 style.css 文件复制到 css 文件夹中，并在 ipCamera.html 中添加对其的引用。在<head></head>标签中添加如下内容。

```
<link href="css/style.css" rel="stylesheet" type="text/css" />
<link href="css/custom.css" rel="stylesheet" type="text/css" />
```

⑥ 上述步骤完成后，便实现了视频监控的 Web 页面编写，显示效果如图 8.78 所示。

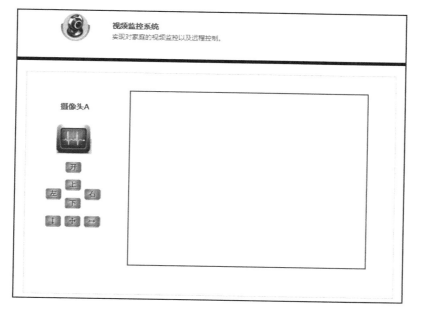

图 8.78　频监控 Web 页面显示

（3）Web 逻辑代码实现。引入 js 脚本库。在 HTML 中添加 jQuery 语言库 jquery-1.11.0.min.js，然后添加视频监控 API 的 WSNCamera.js 文件以及 camera-1.1.js 文件，添加方法为在<head></head>标签中添加如下代码。

```
<script src="../../js/jquery-1.11.0.min.js"></script>
<script src="../../js/camera-1.1.js" type="text/javascript"></script>
<script src="../../js/WSNCamera.js" type="text/javascript"></script>
```

说明："../" 为进入上一级目录。

在前面的一些步骤只是实现了页面的 HTML 代码编写，接下来重要的就是实现逻辑代码编写，以实现摄像头的显示、控制等功能。

编写摄像头 js 代码的流程如下：创建 WSNCamera 对象→云服务初始化→摄像头初始化→指定视频图像显示的位置→绑定摄像头的控制函数到控制按钮，表 8.32 为摄像头的控制函数与控制按钮之间的绑定关系：

表 8.32　摄像头的控制函数与控制按钮之间的绑定关系

按　钮	调 用 方 法	按　钮	调 用 方 法
开	openVideo();	右	control("RIGHT");
关	closeVideo();	→	control("HPATROL");
上	control("UP");	↕	control("VPATROL");
下	control("DOWN");	＋	control("360PATROL");
左	control("LEFT");		

根据上述流程以及按钮与摄像头的控制函数的绑定关系来进行 js 代码的编写，在 <head></head> 标签内添加代码，详细内容请看工程文件。

说明：在初始化创建 WSNCamera 对象时，摄像头采用了智云物联云平台测试案例中的一个摄像头，并且在测试时是采用了局域网内测试，用户若要实现摄像头的视频监控，需要自行购买 EasyN 公司出品的 IP 摄像头，并按照智云物联云平台的开发指南提供的摄像头部署方法进行摄像头部署（用户可参考 http://www.zhiyun360.com/Home/Post/18），获取摄像头的 IP 地址、端口号、访问账号、密码、摄像头类型之后再参考如下形式修改即可。

```
var myCameraIP = "Camera:192.168.0.207:83";   //摄像头 IP 地址+端口号，修改成自己部署的摄像头
IP 地址、端口号
var user = "admin";                            //修改成部署摄像头的访问用户名
var pwd = "";                                  //修改成部署摄像头访问密码
var type = "H3-Series";                        //摄像头型号
```

6. 用户应用数据开发

（1）Web 页面的实现。在本次例程中 property.html 页面的样式设计如下图所示，第 1 行为用户应用数据模块应用 ID、应用 KEY、服务器地址配置栏，第 2 栏用户应用数据查询栏，第 3 栏为用户应用数据创建栏，第 4 栏为用户应用数据显示栏，如图 8.79 所示。

（2）Web 页面样式实现。构建 HTML 页面。在 "Web/examples" 目录下新建一个项目文件夹，命名为 property，然后打开记事本，在记事本中输入以下 HTML 语句，输入完后保存为 utf-8 格式，文件命名为 property.html，并将该文件保存到 "Web/examples/property" 文件夹中，详细内容请看工程代码。

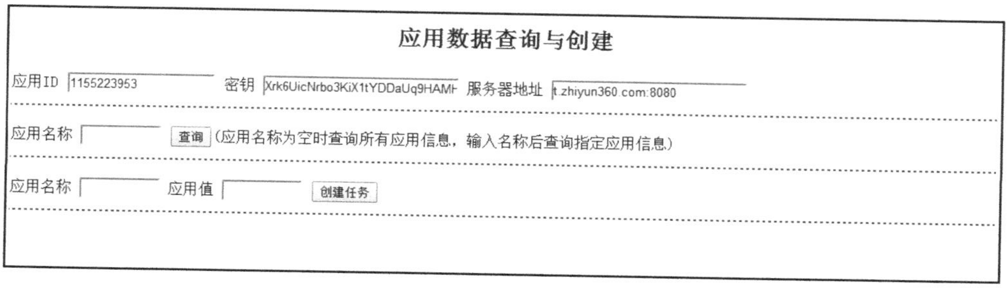

图 8.79　应用数据查询与创建

（3）Web 逻辑代码实现。引入 js 脚本库。添加 jquery-1.11.0.min.js 和 WSNProperty.js
脚本库文件，添加方法为在\<head\>\</head\>标签中添加如下代码。

```
<script src="../WSN/jquery-1.11.0.min.js"></script>
<script src="../WSN/WSNProperty.js"></script>
```

编写 js 逻辑代码，详细内容请看工程代码。

7．自动控制模块开发

智云物联云平台用户项目中的自动控制模块具有触发器、执行器、执行任务、执行历
史记录等 API，这些 API 全部封装在 WSNAutoctrl.js 文件中，使用时导入该包即可。

（1）创建触发器详细说明。方法名为：

```
createTrigger(name, type, param, cb);
```

参数说明：name 表示触发器名；type 表示触发器类型，可取值为[sensor|timer]；cb 表
示数据处理回调函数；param 表示触发器实体依据 type 的不同，其实体参数取值也会有所
不同，如下所示。

当 type="sensor"时，其 param 参数取值格式如下。

```
"param":
{
    "uid":"<应用 ID>",              //可选参数，默认使用 url 中应用 ID，否则通过 uid 指定应用 ID
    "mac":"<节点 MAC 地址>",
    "ch":"<通道名>",
    "op":"<比较运算符>",           //op 取值: >,>=,<,<=,==,!=,CHANGE,&,!&
    "value":"<通道值>",
    "once":true                     //once:true 第一次触发，false 每次触发
}
```

当 type="timer"时，其 param 参数取值格式如下。

```
"param":
{
    "year":"*",         //指定年
    "month":"*",        //指定月
    "day":"*",          //指定日
    "week":"*",         //指定星期
    "hour":"7",         //指定小时
    "minute":"1",       //指定分钟
    "second":"0"        //指定秒
```

```
}
```

（2）创建执行器详细说明。方法名为：

```
createActuator(name, type, param, cb);
```

参数说明：name 表示执行器名；type 表示执行器类型，可取值为[sensor|ipcamera|phone|job]；cb 表示数据处理回调函数；param 表示执行器实体依据 type 的不同，其实体参数取值也会有所不同，如下所示。

当 type="sensor"时，其 param 参数取值格式如下。

```
"param":
{
    "uid":"<应用 ID>",            //可选参数，默认使用 url 中应用 ID，否则通过 uid 指定应用 ID
    "mac":"<节点 MAC 地址>",
    "data":"<节点指令>"
}
```

当 type="ipcamera"时，其 param 参数取值格式如下。

```
"param":
{
    "mac":"Camera:069219.ipcam.hk",
    "user":<用户名>,
    "pwd":<密码>,
    "type":<摄像头类型>,
    "data":"{Action=TakenPicture}",
}
```

当 type="phone"时，其 param 参数取值格式如下。

```
"param":
{
    "uid":"<应用 ID>",         //可选参数，默认使用 url 中应用 ID，否则通过 uid 指定应用 ID
    "mac":"Phone:xxxxx",
    "data":"{Number=22222,Action=[SendSMS],[Content=xxxxxxx]}"
}
```

当 type="job"时，其 param 参数取值格式如下。

```
"param":
{
    "uid":<应用 id>,            //可选参数，默认使用 url 中应用 ID，否则通过 uid 指定应用 ID
    "jid":<job id>,
    "enable":true|false
}
```

（3）创建执行任务详细说明。方法名为：

```
WSNAutoctrl.createJob(name, enable, param, cb);
```

参数说明：name 表示执行器名；enable 表示是否执行标志符；cb 表示数据处理回调函数；param 如下所示。

```
"param":{
    "tids":[<触发器 id>, ...],
    "aids":[<执行器 id>, ...],
}
```

（4）触发器。在本次例程中 auto_sensor.html 页面的样式设计如下图所示，第 1 行为自动控制触发器应用 ID、应用 KEY、服务器地址配置，第 2 栏为触发器查询栏，第 3 栏为触发器（传感器类型）创建栏，第 4 栏为触发器（定时器类型）创建栏，第 5 栏为查询触发器显示栏，如图 8.80 所示。

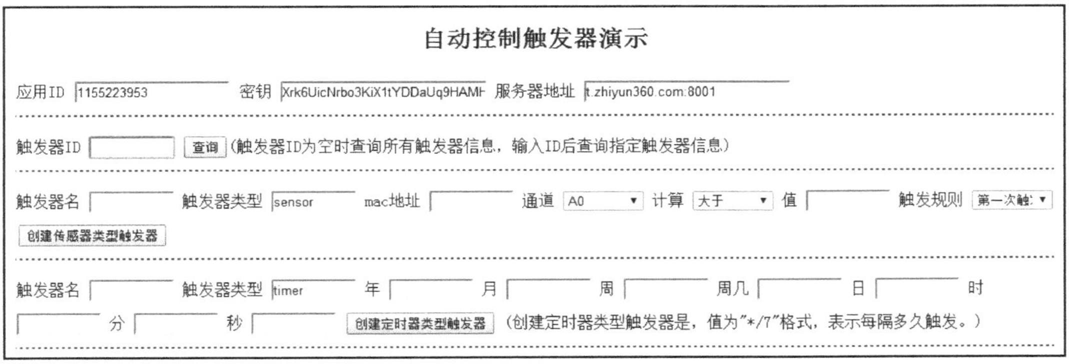

自动控制触发器演示

应用ID 1155223953	密钥 Xrk6UicNrbo3KiX1tYDDaUq9HAMF 服务器地址 t.zhiyun360.com:8001

触发器ID [　　　] [查询] (触发器ID为空时查询所有触发器信息，输入ID后查询指定触发器信息)

触发器名 [　　] 触发器类型 sensor　　mac地址 [　　] 通道 [A0 ▼] 计算 [大于 ▼] 值 [　　] 触发规则 [第一次触 ▼]
[创建传感器类型触发器]

触发器名 [　　] 触发器类型 timer　　年 [　] 月 [　] 周 [　] 周几 [　] 日 [　] 时 [　]
[　] 分 [　] 秒 [　] [创建定时器类型触发器] (创建定时器类型触发器是，值为"*/7"格式，表示每隔多久触发。)

图 8.80　自动控制触发器显示

（5）Web 页面样式实现。

① 构建 HTML 页面。在"Web/examples"目录下新建一个项目文件夹，命名为 utoctrl，然后打开记事本，在记事本中输入以下 HTML 语句，输入完后保存为 utf-8 格式，文件命名为 auto_sensor.html，并将该文件保存到"Web/examples/autoctrl"文件夹中。

```
<!DOCTYPE html PUBLIC "-//W3C//DTD XHTML 1.0 Transitional//EN"
                    "http://www.w3.org/TR/xhtml1/DTD/xhtml1-transitional.dtd">
<html xmlns="http://www.w3.org/1999/xhtml">
    <head>
        <meta http-equiv="Content-Type" content="text/html; charset=utf-8" />
        <title>自动控制触发器</title>
    </head>
    <body>
    </body>
</html>
```

② 添加 HTML 标签。在<body></body>标签中添加 HTML 标签，详细内容请看工程代码。

③ 编写 css 样式。为了使得 auto_sensor.html 排版更加美观，需要编写 css 样式，根据第②步骤编写的 HTML 标签，以及 auto_sensor.html 参考页面的设计图，在<head></head>中添加如下 css 样式代码，详细内容请看工程代码。

上述步骤完成后，便实现了触发器的 Web 页面编写，如图 8.81 所示。

（6）Web 逻辑代码实现。

① 引入 js 脚本库。添加 jquery-1.11.0.min.js 和 WSNAutoctrl.js 脚本库文件，添加方法为在<head></head>标签中添加如下代码。

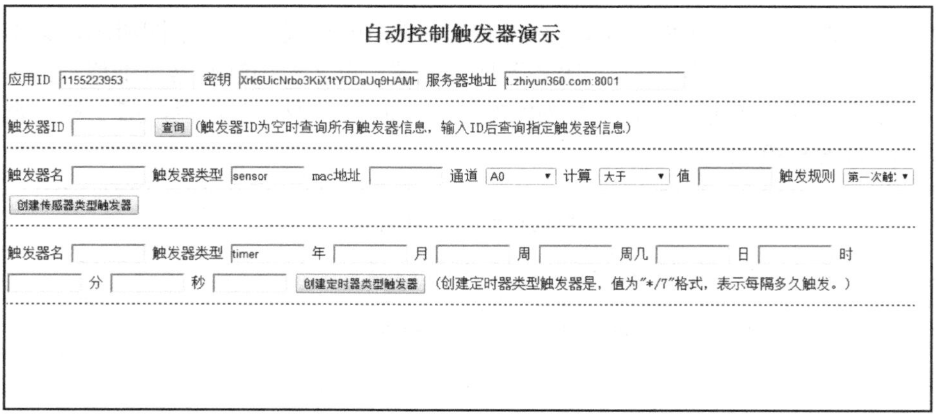

图 8.81 触发器 Web 页面显示

```
<script src="../WSN/jquery-1.11.0.min.js"></script>
<script src="../WSN/WSNAutoctrl.js"></script>
```

说明："../"为进入上一级目录。

② 编写 js 逻辑代码，详细内容请看工程代码。

（7）执行器。在本次例程中 auto_actuator.html 页面的样式设计如图 8.82 所示，第 1 行为自动控应用 ID、应用 KEY、服务器地址配置，第 2 栏为执行器查询栏，第 3 栏为执行器（传感器类型）创建栏，第 4 栏为执行器（摄像头类型）创建栏，第 5 栏为执行器（电话类型）创建栏，第 6 栏为执行器（任务类型）创建栏，第 7 栏为查询执行器显示栏。

图 8.82 auto_actuator.html 页面的样式设计

（8）Web 页面样式实现。

① 构建 HTML 页面。在"Web/examples"目录下新建一个项目文件夹，命名为 autoctrl，然后打开记事本，在记事本中输入以下 HTML 语句，输入完后保存为 utf-8 格式，文件命名为 auto_actuator.html，并将该文件保存到"Web/examples/autoctrl"文件夹中，详细内容请看工程代码。

② 添加 HTML 标签。在<body></body>标签中添加 HTML 标签，详细内容请看工程

代码。

③ 编写 css 样式。为了使得 auto_actuator.html 排版更加美观，需要编写 css 样式，根据第②步骤编写的 HTML 标签，以及 auto_actuator.html 参考页面的设计图，在<head></head>中添加如下 css 样式代码，详细内容请看工程代码。

（9）Web 逻辑代码实现。

① 引入 js 脚本库。添加 jquery-1.11.0.min.js 和 WSNAutoctrl.js 脚本库文件，添加方法为在<head></head>标签中添加如下代码。

```
<script src="../WSN/jquery-1.11.0.min.js"></script>
<script src="../WSN/WSNAutoctrl.js"></script>
```

② 编写 js 逻辑代码，详细内容请看工程代码。

（10）执行任务。在本次例程中 auto_job.html 页面的样式设计如下图所示，第 1 行为自动控应用 ID、应用 KEY、服务器地址配置，第 2 栏为执行任务查询栏，第 3 栏为执行任务创建栏，第 4 栏为查询执行任务显示栏，如图 8.83 所示。

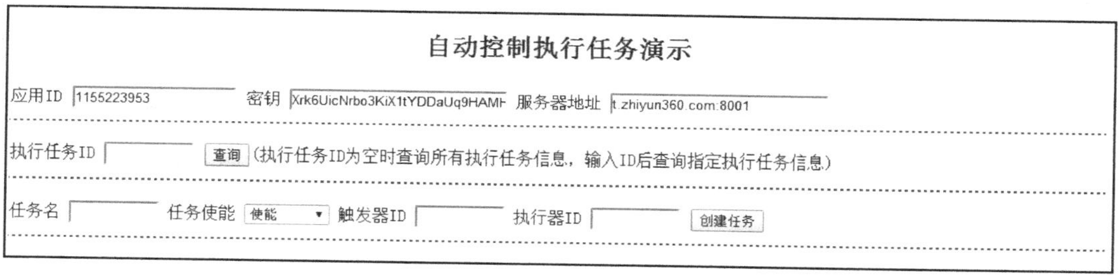

自动控制执行任务演示

应用ID 1155223953　　　密钥 Xrk6UicNrbo3KiX1tYDDaUq9HAMF 服务器地址 t.zhiyun360.com:8001

执行任务ID ____　　　查询 (执行任务ID为空时查询所有执行任务信息，输入ID后查询指定执行任务信息)

任务名 ____　任务使能 使能 ▼ 触发器ID ____　　执行器ID ____　　创建任务

图 8.83　自动控制执行任务页面设计

（11）Web 页面样式实现。

① 构建 HTML 页面。在"Web/examples"目录下新建一个项目文件夹，命名为 autoctrl，然后打开记事本，在记事本中输入以下 HTML 语句，输入完后保存为 utf-8 格式，文件命名为 auto_job.html，并将该文件保存到"Web/examples/autoctrl"文件夹中，详细内容请看工程代码。

② 添加 HTML 标签。在<body></body>标签中添加 HTML 标签，详细内容请看工程代码。

③ 编写 css 样式。为了使得 auto_job.html 排版更加美观，需要编写 css 样式，根据第②步骤编写的 HTML 标签以及 auto_job.html 参考页面的设计图，在<head></head>中添加如下 css 样式代码，详细内容请看工程代码。

（10）Web 逻辑代码实现。

① 引入 js 脚本库。添加 jquery-1.11.0.min.js 和 WSNAutoctrl.js 脚本库文件，添加方法为在<head></head>标签中添加如下代码。

```
<script src="../WSN/jquery-1.11.0.min.js"></script>
<script src="../WSN/WSNAutoctrl.js"></script>
```

② 编写 js 逻辑代码，详细内容请看工程代码。

（11）执行历史记录。在本次例程中 auto_schedudular.html 页面的样式设计如图 8.84 所示，第 1 行为自动控应用 ID、应用 KEY、服务器地址配置，第 2 栏为执行记录查询栏，第

3 栏为查询执行记录显示栏。

图 8.84　自动控制执行记录页面设计

（12）Web 页面样式实现。

① 构建 HTML 页面。在"Web/examples"目录下新建一个项目文件夹，命名为 autoctrl，然后打开记事本，在记事本中输入以下 HTML 语句，输入完后保存为 utf-8 格式，文件命名为 auto_schedudler.html，并将该文件保存到"Web/examples/autoctrl"文件夹中，详细内容请看工程代码。

② 添加 HTML 标签。在<body></body>标签中添加 HTML 标签，详细内容请看工程代码。

③ 编写 css 样式。为了使得 auto_schedudler.html 排版更加美观，需要编写 css 样式，根据第②步骤编写的 HTML 标签，以及 auto_ schedudler.html 参考页面的设计图，在<head></head>中添加如下 css 样式代码。

（13）Web 逻辑代码实现。

① 引入 js 脚本库。添加 jquery-1.11.0.min.js 和 WSNAutoctrl.js 脚本库文件，添加方法为在<head></head>标签中添加如下代码。

```
<script src="../WSN/jquery-1.11.0.min.js"></script>
<script src="../WSN/WSNAutoctrl.js"></script>
```

② 编写 js 逻辑代码，详细内容请看工程代码。

8.9.5　开发步骤

1. 曲线的实现

（1）在"Web\examples"目录下新建一个项目文件夹，命名为 curve，然后打开记事本，在记事本中输入以下 HTML 语句。

```
<!DOCTYPE html PUBLIC "-//W3C//DTD XHTML 1.0 Transitional//EN"
                    "http://www.w3.org/TR/xhtml1/DTD/xhtml1-transitional.dtd">
<html xmlns="http://www.w3.org/1999/xhtml">
<head>
<meta http-equiv="Content-Type" content="text/html; charset=utf-8" />
    <title>曲线图的实现</title>
</head>
<body>
</body>
```

</html>

输入完后保存，文件命名为 curve 并以.html 格式后缀结尾，并将该文件保存到 curve 文件夹中。

说明："<!DOCTYPE html……>" 与 "<html xmlns="http://www.w3.org/1999/xhtml">" 标签内容为标准规范，在 HTML 中建议用户添加这两个标签内容，否则可能会导致意想不到的错误。

"<meta http-equiv="Content-Type" content="text/html; charset=utf-8"/>" 标签的作用是支持文本的编码格式，如果不添加的话，可能会导致 js 文件中的汉字显示乱码。

由于在这个页面中没有添加任何内容，所以运行这个页面后，将会显示空白。

（2）在 HTML 中添加 jQuery 语言库 jquery-1.11.0.min.js 和曲线图实现的 highcharts.js 库的引用，然后添加曲线图控件绘制 API 的 drawcharts.js 文件，添加方法：在<head></head>标签中添加如下代码。

```
<script src="../../js/jquery-1.11.0.min.js" type="text/javascript"></script>
<script src="../../js/highcharts.js" type="text/javascript"></script>
<script src="../../js/drawcharts.js" type="text/javascript"></script>
```

说明："../" 为进入上一级目录。

（3）在<body></body>标签中添加 HTML 标签，内容为

```
<p>在此处显示曲线图:</p>
<div id="curve" >
</div>
```

（4）编写 js 脚本调用曲线绘制的 API，在<head></head>标签中添加如下 js 代码。

```
<script type="text/javascript">
$(function(){
//曲线图显示用的二维数组数据
var data = [[1398368037823,2],[1398470377015,6],
    [1398556786135,1],[1398643177964,9],
    [1398710239656,10],[1398784852105,7]];
    showChart('#curve', 'spline', '', false,data);//画曲线
});
</script>
```

说明：

① $(function(){}})为文档就绪函数（也可叫做入口函数），功能是当所有的 HTML 标签加载完毕之后开始执行此方法内编写的 js 代码。

② var data 声明的是一个二维数组，以[1398368037823,2]为例进行说明，第一个元素是代表横坐标，为距离 1970-01-01 的毫秒数，第二个元素是纵坐标，为需要显示的值。

③ showChart('#curve', 'spline', ' ', false,eval(data))方法是在 drawcharts.js 中定义的，参数说明如下。

第一个参数为曲线图在 html 标签中显示的 id，第二个参数为曲线显示的类型， spline 为平滑，第三个参数为数据的显示单位（本例程中为空字符），第四个参数默认为 false，第五个参数为曲线图的数据来源（注：必须是二维数组）。

此函数入口的功能就是在 curve.html 中 id="curver"的标签中画曲线类型为 spline，单位

为℃，数据源为 data 数组的曲线图。

（5）保存 curve.html，然后双击 curve.html 文件访问该页面，如图 8.85 所示。

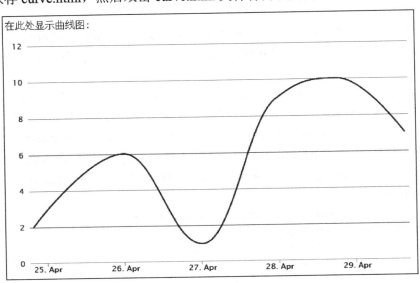

图 8.85　曲线图页面显示

2．仪表的实现

（1）在"Web\examples"目录下新建一个项目文件夹，命名为 dial，然后打开记事本，在记事本中输入以下 HTML 语句。

```
<!DOCTYPE html PUBLIC "-//W3C//DTD XHTML 1.0 Transitional//EN"
                          "http://www.w3.org/TR/xhtml1/DTD/xhtml1-transitional.dtd">
<html xmlns="http://www.w3.org/1999/xhtml">
<head>
<meta http-equiv="Content-Type" content="text/html; charset=utf-8" />
    <title>表盘的实现</title>
</head>
<body>
</body>
</html>
```

输入完后保存，文件命名为 dial 并以.html 格式后缀结尾，并将该文件保存到 dial 文件夹中。

说明："<!DOCTYPE html……>"与 "<html xmlns="http://www.w3.org/1999/xhtml">"标签内容为标准规范，在 HTML 中建议用户添加这两个标签内容，否则可能会导致意想不到的错误。

"<meta http-equiv="Content-Type" content="text/html; charset=utf-8"/>"标签的作用是支持文本的编码格式，如果不添加的话，可能会导致 js 文件中的汉字显示乱码。

由于在这个页面中没有添加任何内容，所以运行这个页面后，将会显示空白。

（2）在 HTML 中添加 jQuery 语言库 jquery-1.11.0.min.js 和表盘实现的 highcharts.js 和 highcharts-more.js 库的引用，然后添加表盘控件绘制 API 的 drawcharts.js 文件，添加方法为在<head></head>标签中添加如下代码。

```
<script src="../../js/jquery-1.11.0.min.js" type="text/javascript"></script>
<script src="../../js/highcharts.js" type="text/javascript"></script>
<script src="../../js/highcharts-more.js" type="text/javascript"></script>
<script src="../../js/drawcharts.js" type="text/javascript"></script>
```

说明："../"为进入上一级目录。

（3）添加完 js 库的引用后，开始让 HTML 页面中显示表盘，在<body></body>标签中添加如下标签内容。

```
<p>在此处显示表盘:</p>
<div id="dial" >
</div>
```

然后添加用户自定义的脚本文件，以实现表盘在 HTML 中的绘制，在<head></head>标签中输入如下内容。

```
<script type="text/javascript">
$(function()
{
    getDial("#dial", "", "温度", "℃", 0, 100, { layer1: { from: 10, to: 30, color: green },
                                            layer2: { from: 0, to: 10, color: yellow },
                                            layer3: { from: 30, to: 100, color: red } });
})
</script>
```

说明：$(function){}{})为文档就绪函数，这个函数里面调用了 getDia 表盘绘制函数，参数说明：#dial 表示表盘在 id=dial 的标签中显示，后面的{layer1: { from: 10, to: 30, color: green }、layer2: { from: 0, to: 10, color: yellow }、layer3: { from: 30, to: 100, color: red } }表示将表盘分为三个层，第一层数据显示范围 10～30，颜色为 green；第二层数据显示范文 0～10，颜色为 yellow；第三层数据显示范围 30～100，颜色为 red。

编写完后保存该文件，双击 dial.html 文件访问该页面，显示效果如图 8.86 所示。

（4）第（3）步骤实现了在指定位置绘制表盘的功能，现在需要做的是在 HTML 页面中的表盘显示数据，表盘数据显示的方法为直接调用 setDialData()函数对表盘赋值，以实现表盘指针的旋转以及显示框的显示。实现方法为在第（3）步骤中的 js 代码后面添加如下内容并保存。

```
setDialData('#dial',67);
```

（5）保存后，双击 dial.html 文件访问该页面，可以看到该表盘的指针值变化了，显示效果如图 8.87 所示。

3. 实时数据的接收与发送

js 代码编写完毕后，保存该文件，双击 realTimeData.html 文件运行，可在 Web 页面中看到如图 8.88 所示的效果。

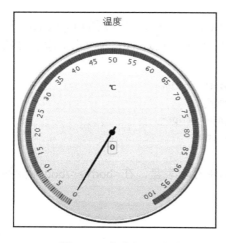

图 8.86　仪表显示界面

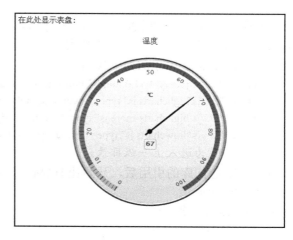

图 8.87　仪表显示界面

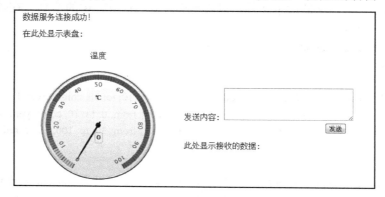

图 8.88　实时数据页面显示

　　页面显示"数据服务连接成功！"表明数据服务已经成功连接，底层传感器与 Web 页面可以进行正常通信。

　　在"发送内容"的输入框中输入"{A0=?}"（该命令为向底层的温湿度传感器查询当前温度值）命令，然后单击"发送"按钮，数据发送成功后便可在页面接收到从底层传过来的数据，同时将数据解析之后在表盘中显示，如图 8.89 所示。

图 8.89　实时数据页面显示

从图 8.89 可得知，Web 端与底层传感器交互成功，Web 端发送“{A0=?}”查询命令后，底层传感器就发送“{A0=29.0}”数据至 Web 端。

4. 历史数据的获取与展示

js 代码编写完后保存 historyData.html，然后双击 historyData.html 文件访问该页面，将看到如图 8.90 所示显示效果。

在此处显示数据曲线图:
25.5
25
24.5
24
23.5
23
22.5
22
21.5
2015-03-30 12:36:24
23
12:00
15:00
18:00
21:00
31. Mar
03:00
06:00
09:00

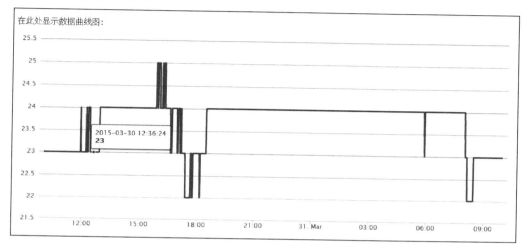

图 8.90　历史数据曲线图

5. 摄像头的显示与控制

编写完 js 代码后保存，双击 WSNCamera.html 页面运行，然后单击“开”按钮，便可看到视频监控页面。

通过单击其他的控制按钮：“上”、“下”、“左”、“右”，摄像头就会执行相应的控制操作，同时视频监控画面也会实时的更新。除了这 4 个控制按钮外，还有水平巡航、垂直巡航、360° 巡航按钮，用户可以自行体验控制效果。

6. 用户应用数据开发

编写完 js 代码后，保存，双击 property.html 页面运行，如图 8.91 所示。

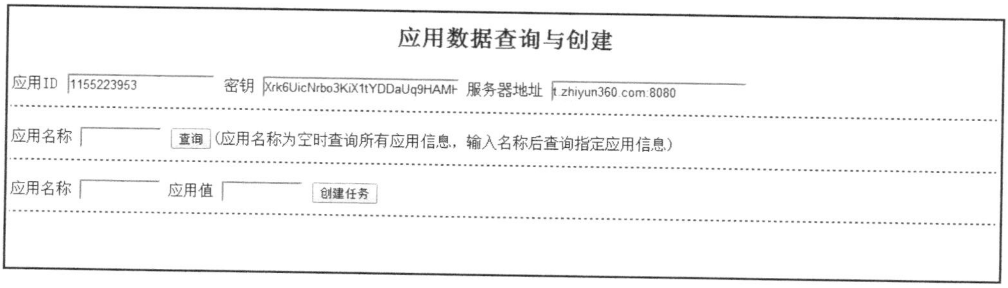

应用数据查询与创建
应用ID 1155223953
密钥 Xrk6UicNrbo3KiX1tYDDaUq9HAMH
服务器地址 t.zhiyun360.com:8080
应用名称
查询
(应用名称为空时查询所有应用信息，输入名称后查询指定应用信息)
应用名称
应用值
创建任务

图 8.91　应用数据页面

7. 自动控制模块开发

（1）触发器。编写完 js 代码后，保存，双击 auto_sensor.html 页面运行，如图 8.92 所示。

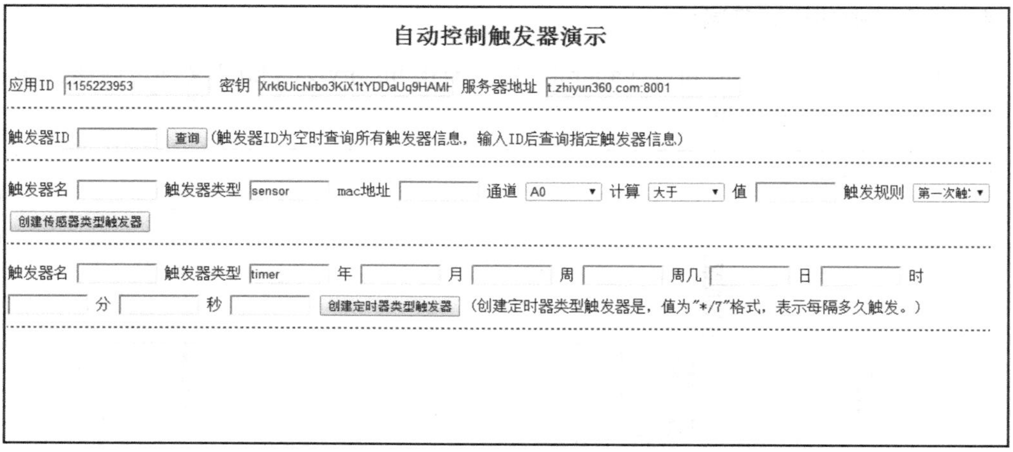

图 8.92　触发器页面

（2）执行器。编写完 js 代码后，保存，双击 auto_actuator.html 页面运行，如图 8.93 所示。

图 8.93　执行器页面

（3）执行任务。编写完 js 代码后，保存，双击 auto_job.html 页面运行，如图 8.94 所示。

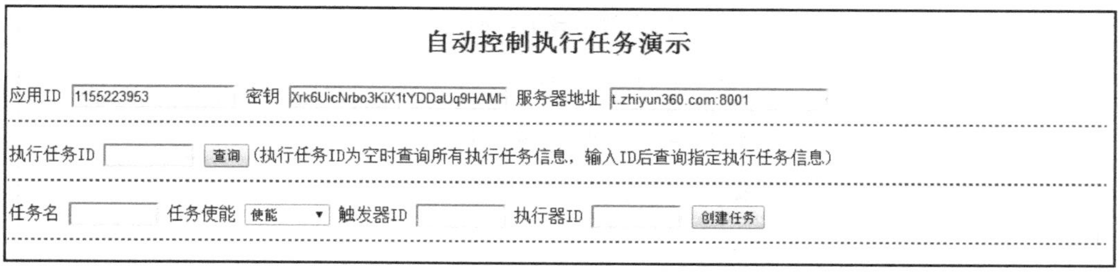

图 8.94　自动控制执行任务页面

（4）执行历史记录。编写完 js 代码后，保存，双击 auto_scheduduler.html 页面运行，如图 8.95 所示。

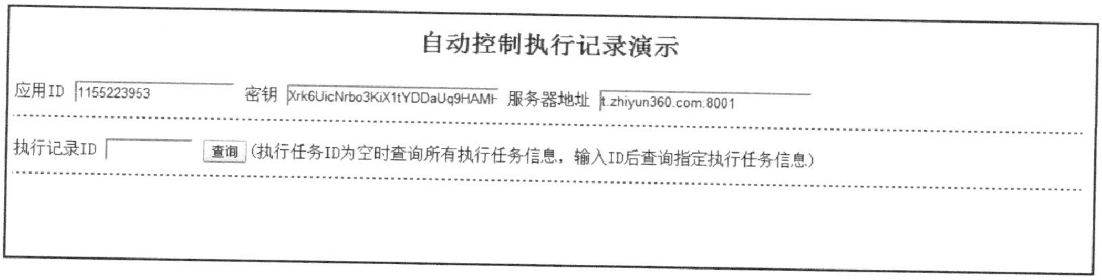

图 8.95　自动控制执行记录页面

8.9.6　总结与拓展

根据 API 介绍，编写一个温湿度采集的应用，在主界面每隔 30 s 更新一次温湿度的值。

8.10　任务 47　智云开发调试工具

8.10.1　学习目标

熟悉智云开发调试工具进行项目调试

8.10.2　开发环境

硬件：温度传感器 1 个、声光报警传感器 1 个、智云网关 1 个（默认为 S4418/6818 系列开发平台）、CC2530 无线节点板 2 个、SmartRF04 仿真器 1 个、调试转接板 1 个。软件：Windows XP/7/8、IAR Embedded Workbench for 8051（IAR 嵌入式 8051 系列单片机集成开发环境）、Android Developer Tools（Android 集成开发环境）。

8.10.3　原理学习

为了方便开发者快速使用智云平台，提供了智云开发调试工具，如图 8.96 所示，能够跟踪应用数据包及学习 API 的运用，该工具采用 Web 静态页面方式提供，主要包含以下内容。

（1）智云数据分析工具，支持设备数据包的采集、监控及指令控制，支持智云数据库的历史数据查询。

（2）智云自动控制工具，支持自动控制单元触发器、执行器、执行策略、执行记录的调试。

（3）智云网络拓扑工具，支持进行传感器网络拓扑分析，能够远程更新传感网络 PANID 和 Channel 等信息。

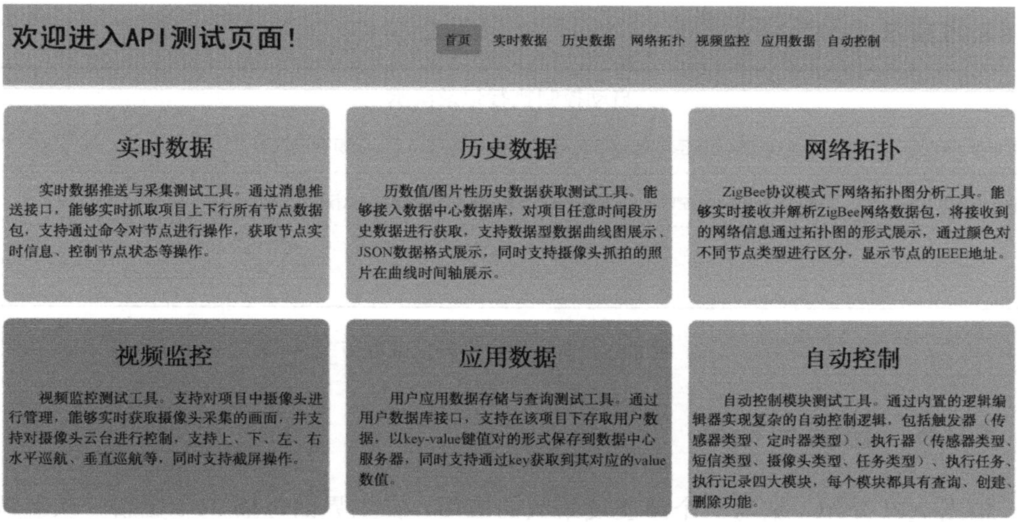

欢迎进入API测试页面！　　　　　首页　实时数据　历史数据　网络拓扑　视频监控　应用数据　自动控制

实时数据

实时数据推送与采集测试工具。通过消息推送接口，能够实时抓取项目上下行所有节点数据包，支持通过命令对节点进行操作，获取节点实时信息、控制节点状态等操作。

历史数据

历数值/图片性历史数据获取测试工具。能够接入数据中心数据库，对项目任意时间段历史数据进行获取，支持数值型数据曲线图展示、JSON数据格式展示，同时支持摄像头抓拍的照片在曲线时间轴展示。

网络拓扑

ZigBee协议模式下网络拓扑图分析工具。能够实时接收并解析ZigBee网络数据包，将接收到的网络信息通过拓扑图的形式展示，通过颜色对不同节点类型进行区分，显示节点的IEEE地址。

视频监控

视频监控测试工具。支持对项目中摄像头进行管理，能够实时获取摄像头采集的画面，并支持对摄像头云台进行控制，支持上、下、左、右水平巡航、垂直巡航等，同时支持截屏操作。

应用数据

用户应用数据存储与查询测试工具。通过用户数据库接口，支持在该项目上存取用户数据，以key-value键值对的形式保存到数据中心服务器，同时支持通过key获取到其对应的value数值。

自动控制

自动控制模块测试工具。通过内置的逻辑编辑器实现复杂的自动控制逻辑，包括触发器（传感器类型、定时器类型）、执行器（传感器类型、短信类型、摄像头类型、任务类型）、执行任务、执行记录四大模块，每个模块都具有查询、创建、删除功能。

图 8.96　智云开发调试工具

8.10.4　开发内容

1. 实时推送测试工具

实时数据推送演示工具：通过消息推送接口能够实时抓取项目上下行所有节点数据包，支持通过命令对节点进行操作，获取节点实时信息、控制节点状态等操作，如图 8.97 所示。

图 8.97　实时数据推送演示

2. 历史数据测试工具

历数值/图片性历史数据获取测试工具：能够接入到数据中心数据库，对项目任意时间段历史数据进行获取，支持数值型数据曲线图展示、JSON 数据格式展示，同时支持摄像头抓拍的照片在曲线时间轴展示，如图 8.98 所示。

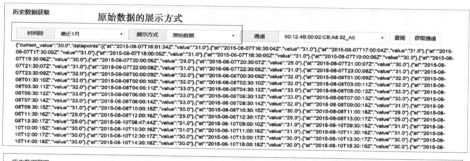

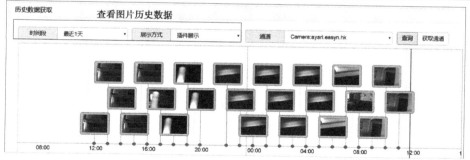

图 8.98　历史数据查询演示

3．网络拓扑分析工具

ZigBee 协议模式下网络拓扑图分析工具：能够实时接收并解析 ZigBee 网络数据包，将接收到的网络信息通过拓扑图的形式展示，通过颜色对不同节点类型进行区分，显示节点的 IEEE 地址，如图 8.99 所示。

4．视频监控测试工具

视频监控测试工具：支持对项目中摄像头进行管理，能够实时获取摄像头采集的画面，并支持对摄像头云台进行控制，支持上、下、左、右、水平巡航、垂直巡航等，同时支持截屏操作，如图 8.100 所示。

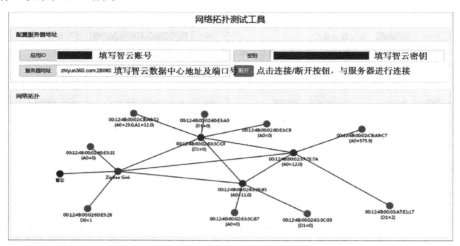

图 8.99　网络拓扑图分析演示

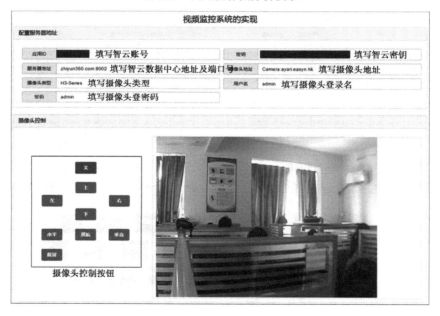

图 8.100　网络拓扑图分析演示

5. 用户收据测试工具

用户应用数据存储与查询测试工具：通过用户数据库接口，支持在该项目下存取用户数据，以 Key-Value 键值对的形式保存到数据中心服务器，同时支持通过 Key 获取到其对应的 Value 数值。

在界面可以对用户应用数据库进行查询、存储等操作，如图 8.101 所示。

图 8.101　用户测试工具演示

6.　自动控制测试工具

自动控制模块测试工具：通过内置的逻辑编辑器实现复杂的自动控制逻辑，包括触发器（传感器类型、定时器类型）、执行器（传感器类型、短信类型、摄像头类型、任务类型）、执行任务、执行记录四大模块，每个模块都具有查询、创建、删除功能，如图 8.102 所示。

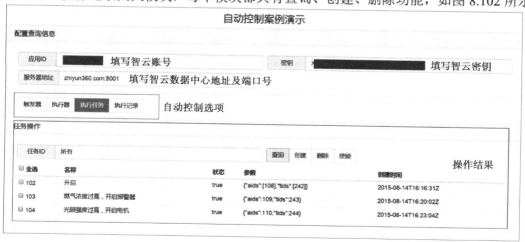

图 8.102　自动控制工具演示

8.10.5　开发步骤

（1）参考 1.2 节步骤将温湿度节点、声光报警节点、协调器节点（智云网关板载）的镜像文件固化到节点中（当多台设备使用时需要针对源码修改网络信息并重新编译镜像，具体参考附录 A.4)。

(2) 准备一台智云网关,并确保网关为最新镜像。

(3) 参考 1.2 节步骤给硬件上电,并构建形成无线传感网络。

(4) 参考 1.2 节步骤对智云网关进行配置,确保智云网络连接成功。

(5) 运行 Web 调试工具对节点进行调试。

打开 Web 调试工具,进入调试主页面,如图 8.103 所示。

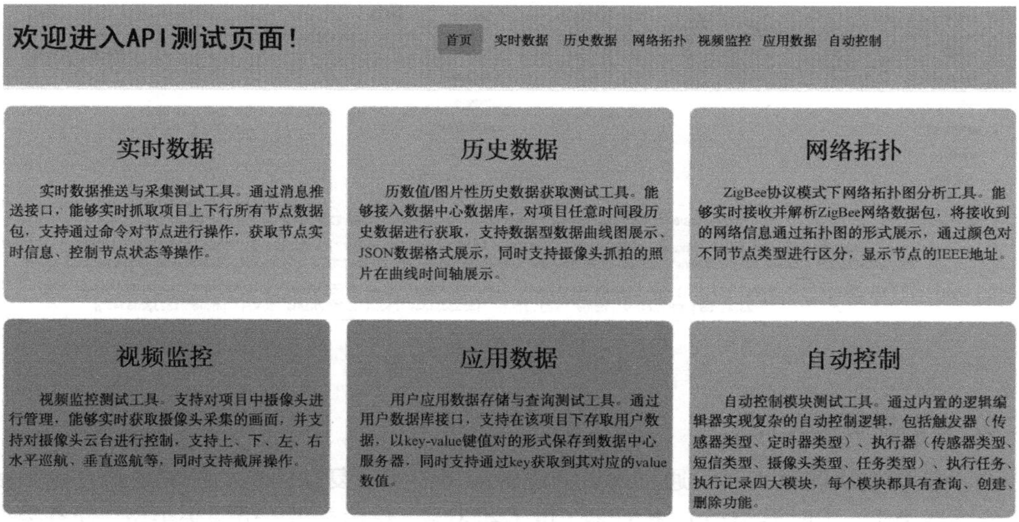

欢迎进入API测试页面! 首页 实时数据 历史数据 网络拓扑 视频监控 应用数据 自动控制

实时数据

实时数据推送与采集测试工具。通过消息推送接口,能够实时抓取项目上下行所有节点数据包,支持通过命令对节点进行操作,获取节点实时信息、控制节点状态等操作。

历史数据

历数值/图片性历史数据获取测试工具。能够接入数据中心数据库,对项目任意时间段历史数据进行获取,支持数据型数据曲线图展示、JSON数据格式展示,同时支持摄像头抓拍的照片在曲线时间轴展示。

网络拓扑

ZigBee协议模式下网络拓扑图分析工具。能够实时接收并解析ZigBee网络数据包,将接收到的网络信息通过拓扑图的形式展示,通过颜色对不同节点类型进行区分,显示节点的IEEE地址。

视频监控

视频监控测试工具。支持对项目中摄像头进行管理,能够实时获取摄像头采集的画面,并支持对摄像头云台进行控制,支持上、下、左、右水平巡航、垂直巡航等,同时支持截屏操作。

应用数据

用户应用数据存储与查询测试工具。通过用户数据库接口,支持在该项目下存取用户数据,以key-value键值对的形式保存到数据中心服务器,同时支持通过key获取到其对应的value数值。

自动控制

自动控制模块测试工具。通过内置的逻辑编辑器实现复杂的自动控制逻辑,包括触发器(传感器类型、定时器类型)、执行器(传感器类型、短信类型、摄像头类型、任务类型)、执行任务、执行记录四大模块,每个模块都具有查询、创建、删除功能。

图 8.103 调试主界面

单击“实时数据”进入实时数据调试页面,先输入 ID/KEY 和服务器地址,单击“连接”按钮连接到至云服务器,就可以开始测试了。例如,输入温湿度节点的 MAC 地址和查询数据的命令,即可查询到当前温湿度传感器采集到的数据,如图 8.104 所示。

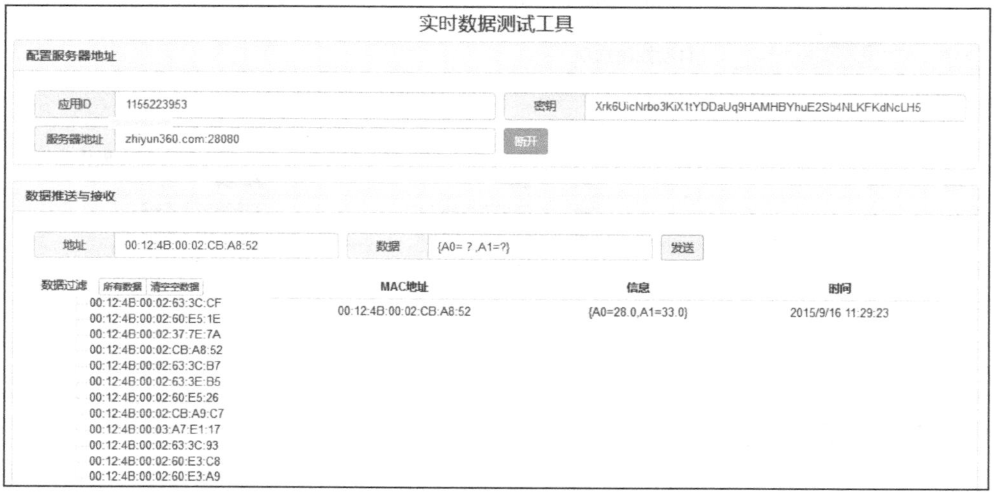

实时数据测试工具

配置服务器地址

| 应用ID | 1155223953 | 密钥 | Xrk6UicNrbo3KiX1tYDDaUq9HAMHBYhuE2Sb4NLKFKdNcLH5 |
| 服务器地址 | zhiyun360.com:28080 | 断开 |

数据推送与接收

| 地址 | 00:12.4B:00:02:CB:A8:52 | 数据 | {A0= ? ,A1=?} | 发送 |

数据过滤 所有数据 清空数据

	MAC地址	信息	时间
00:12:4B:00:02:63:3C:CF	00:12:4B:00:02:CB:A8:52	{A0=28.0,A1=33.0}	2015/9/16 11:29:23
00:12:4B:00:02:60:E5:1E			
00:12:4B:00:02:37:7E:7A			
00:12:4B:00:02:CB:A8:52			
00:12:4B:00:02:63:3C:B7			
00:12:4B:00:02:63:3E:B5			
00:12:4B:00:02:60:E5:26			
00:12:4B:00:02:CB:A9:C7			
00:12:4B:00:03:A7:E1:17			
00:12:4B:00:02:63:3C:93			
00:12:4B:00:02:60:E3:C8			
00:12:4B:00:02:60:E3:A9			

图 8.104 实时数据测试工具

也可以输入声光报警器的 MAC 地址和控制报警器的命令，即可对报警器进行实时控制，并查询到报警器当前的状态，如图 8.105 所示。

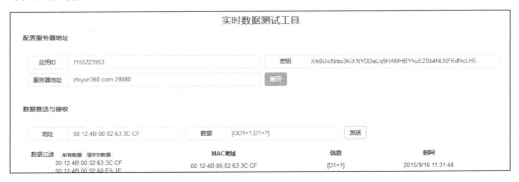

图 8.105　实时数据测试工具

单击"用户数据"进入用户数据接口的调试页面，用户数据接口提供存储和读取的操作，可以先选择"存储"，例如，存储数据的 Key 为 username，Value 为刘德华。存储成功后，再切换至"获取"选项，输入要查询数据的 Key，即 username，下面会显示其对应的 Value 值，如图 8.106 所示。

图 8.106　用户数据测试工具

8.10.6　总结与拓展

选择更多的传感器，组建功能更强大的物联网系统，并用 Web 工具进行分析。

第**9**章

云平台综合应用项目开发

9.1 任务48 智能灯光控制系统开发（CC1110 SimpliciTI）

9.1.1 学习目标

- 掌握用 SimpliciTI 协议进行物联网项目开发。
- 掌握基于 CC1110 和 SimpliciTI 的接口开发、传感器驱动开发。
- 掌握 Android 应用接口和 Web 应用接口开发。

9.1.2 开发环境

硬件：继电器 1 个、智云网关 1 个（默认为 S4418/6818 系列任务箱）、ZXBee CC1110 无线节点板 1 个、SmartRF04 仿真器 1 个、调试转接板 1 个。软件：Windows XP/7/8/10、IAR Embedded Workbench for 8051、Android Developer Tools（Android 集成开发环境）。

9.1.3 原理学习

本任务通过继电器来模拟灯的开关，继电器闭合表示开灯动作；继电器释放表示关灯动作。在 3.5 节的任务中，已经指出，通过 CC2530 的 P0_1 和 P0_5 两个引脚来控制两路继电器的吸合和释放。CC1110 核心板，其引出的引脚和 CC2530 完全是兼容的，因此，CC1110 也是通过 P0_1 和 P_5 两个引脚来控制继电器的吸合和释放的。

1. 系统设计目标

通过继电器的打开和关闭来模拟开关，来打开和关闭电灯。通过控制继电器来控制 LED 灯的亮灭，实现智能灯光控制系统的设计，能够在 Android 移动客户端/Web 端通过按钮控制灯光亮灭并实时显示当前状态，系统设计功能及目标如图 9.1 所示。

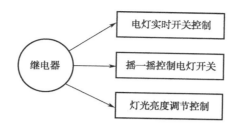

图 9.1　智能灯光控制系统功能模块

2. 系统整体设计

智能灯光控制系统从传输过程分为三部分：传感节点、网关、客户端（Android，Web），通信流程图如图 9.2 所示，具体通信描述如下。

（1）继电器节点作为 ED 节点，通过 SimpiliciTI 网络与网关的 AP 节点进行组网通信，网关的 AP 节点通过串口与网关进行数据通信。

（2）ED 节点通过 SimpiliciTI 网络将数据传送给 AP 节点，AP 节点通过串口将数据转发给网关服务，通过实时数据推送服务将数据推送给所有连接网关的客户端和智云数据中心。

（3）Android/Web 应用通过调用 ZCloud SDK API 的实时数据连接接口实现对继电器的远程实时控制。

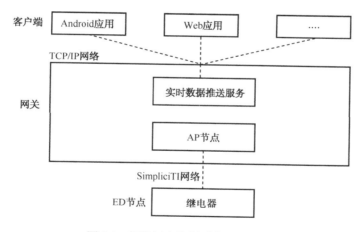

图 9.2　智能灯光控制系统程序流程

3. 硬件原理

通过 CC1110 的 IO 口输出高低电平实现继电器闭合/断开的控制，继电器模块与 CC1110 部分接口电路，如图 9.3 和图 9.4 所示，ADC、GPIO 分别对应 CC1110 的 P0_1 和 P0_5 两个 IO 口。U12 和 U13 是光耦隔离芯片 TLP281-1，U11 是 ULN2003A 高压大电流达林顿晶体管阵列芯片，可用来驱动继电器。

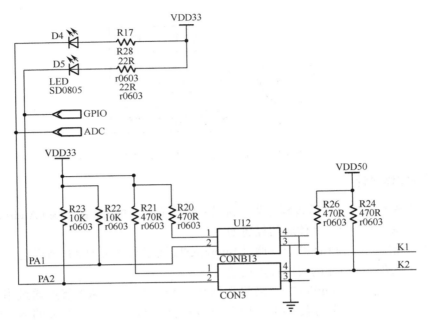

图 9.3　继电器模块与 C1110 部分接口电路

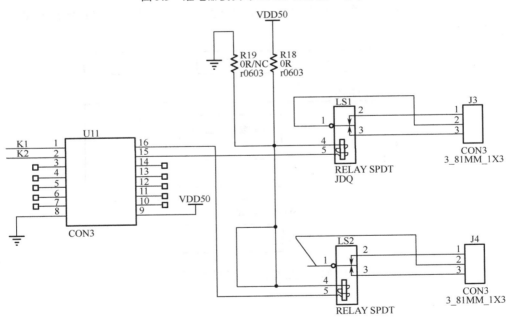

图 9.4　继电器模块与 CC1110 部分接口电路

9.1.4　开发内容

1. 硬件层驱动设计

（1）ZXBee 智云数据通信协议。继电器的通信协议定义如表 9.1 所示。

表 9.1　相关传感器智云通信协议定义

传 感 器	属 性	参 数	权 限	说 明
继电器	继电器开合	D1(OD1/CD1)	R(W)	D1 的 Bit 表示各路继电器开合状态，OD1 为开、CD1 为合

（2）继电器程序逻辑如图 9.5 所示。

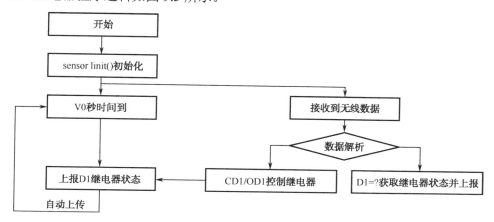

图 9.5　继电器程序逻辑

继电器属于控制类传感器，设定每隔 120 s 主动上报传感器数值。相关传感器 ZXBee HAL 函数如表 9.2 所示。

表 9.2　相关传感器 ZXBee HAL 函数

函 数 名 称	函 数 说 明
sensorInit ()	初始化传感器
sensor_control ()	传感器控制函数
ZXBeeUserProcess ()	解析接收到的控制命令函数
sensorLoop ()	实现定时触发功能

部分程序代码如下。

```
/******************************宏定义**********************************/
#define SENSOR_PORT    P0
#define SENSOR_SEL     P0SEL
#define SENSOR_DIR     P0DIR
#define SENSOR_BIT     0x22
typedef uint8_t   uint8;
typedef uint16_t  uint16;
typedef uint32_t  uint32;


/******************************全局变量**********************************/
static uint8 D0 = 1;                    //默认打开主动上报功能
static uint8 D1 = 0;                    //继电器初始状态为关
```

```c
static uint16 V0 = 30;                        //V0 设置为上报时间间隔，默认为 30 s
static uint16 V1 = 1;                         //默认 LCD 更新时间间隔
static uint16 myReportInterval = 1;           //采集时间间隔，单位为 s
static uint32 count=0;                         //秒数计数
char SENSOR_TYPE[]="003";                     //传感器名称标识（继电器）


/*******************************函数声明********************************/
extern void sendMessage(uint8_t *buf, uint8_t len);
void sensorInit(void);
void sensorLoop(void);
void sensor_control(int cmd);
void ZXBeeUserProcess(char *ptag, char *pval);

/*****************************************************************************
*名称：sensor_init()
*功能：传感器硬件初始化
*****************************************************************************/
void sensorInit(void)
{
    //初始化传感器代码
    //配置 P0_1、P0_5 端口为通用输出 IO
    SENSOR_SEL &= ~(SENSOR_BIT);
    SENSOR_DIR |= SENSOR_BIT;
    SENSOR_PORT |= SENSOR_BIT;                 //LS1/LS2 断开
}

/*****************************************************************************
*名称：sensorLoop()
*功能：定时触发功能
*****************************************************************************/
void sensorLoop(void)
{
    static uint32_t ct = 0;

    if (t4exp(ct))
    {
        char b[8];
        char* txbuf;
        uint32_t c = t4ms();
        ct = t4ms()+1000*myReportInterval;
        if(count>=V0)
        {
            if(D0 & 0x01)
            {
                ZXBeeBegin();
                ZXBeeAdd("D1", ZXBeeItoa(D1, b));
                txbuf = ZXBeeEnd();
```

```
                    if (txbuf != NULL)
                    {
                        int len = strlen(txbuf);
                        sendMessage((uint8_t*)txbuf, len);
                        count=0;
                    }
                }
            }

            #ifdef SPI_LCD
            if(count % V1 == 0)
            {
                ZXBeeBegin();
                ZXBeeAdd("D1", ZXBeeItoa(D1, b));
                txbuf = ZXBeeEnd();
                int len = strlen(txbuf);
                uart_write((uint8_t*)txbuf,len);
            }
            #endif

            count++;
        }
}


/********************************************************************************
*名称：ZXBeeUserProcess(char *ptag, char *pval)
*功能：应用层命令解析函数
********************************************************************************/
void ZXBeeUserProcess(char *ptag, char *pval)
{
    int val;
    char b[8]={0};
    val = atoi(pval);

    //查询主动上报使能状态,D0(Bit0)1 为开启主动上报，0 为关闭主动上报
    if (memcmp(ptag, "D0", 2) == 0)
    {
        if (pval[0] == '?')
        { ZXBeeAdd("D0", ZXBeeItoa(D0, b)); }
    }

    //查询传感器状态
    if (memcmp(ptag, "D1", 2) == 0)
    {
        if (pval[0] == '?')
        { ZXBeeAdd("D1", ZXBeeItoa(D1, b)); }
    }
```

```
//打开定时上报命令
if (memcmp(ptag, "OD0", 3) == 0)
{ D0 |= val; }

//关闭定时上报命令
if (memcmp(ptag, "CD0", 3) == 0)
{ D0 &= ~val; }

//打开继电器命令
if (memcmp(ptag, "OD1", 3) == 0)
{
    D1 |= val;
    sensor_control(D1);
}

//关闭继电器命令
if (memcmp(ptag, "CD1", 3) == 0)
{
    D1 &= ~val;
    sensor_control(D1);
}

//更新/上报主动上报时间间隔
if (memcmp(ptag, "V0", 2) == 0)
{
    if (pval[0] == '?')
    { ZXBeeAdd("V0", ZXBeeItoa(V0, b)); }
    else
    V0=val;
}

#ifdef SPI_LCD
//更新 LCD 刷新时间间隔
if (memcmp(ptag, "V1", 2) == 0)
{
    if (pval[0] == '?')
    { ZXBeeAdd("V1", ZXBeeItoa(V1, b)); }
    else
    V1=val;
}
#endif

}

/*******************************************************************************
*名称：sensor_control()
*功能：传感器控制
```

```
*参数：cmd - 控制命令
*返回：无
*修改：屏蔽了控制命令的高 6 位
*注释：
**************************************************************************/
void sensor_control(int cmd)
{
    if ( (cmd & 0x03) == 0)
    { SENSOR_PORT |= 0x22; }                              //LS1/LS2 断开
    else if ( (cmd & 0x03) == 1)
    {
        SENSOR_PORT &= ~0x02;                             //LS1 闭合
        SENSOR_PORT |= 0x20;                              //LS2 断开
    }
    else if ( (cmd & 0x03) == 2)
    {
        SENSOR_PORT |= 0x02;                              //LS1 断开
        SENSOR_PORT &= ~0x20;                             //LS2 闭合
    }
    else if ( (cmd & 0x03) == 3)
    { SENSOR_PORT &= ~0x22; }                             //LS1/LS2 闭合
}
```

2. 移动端应用设计

（1）工程框架设计如表 9.3 所示。

表 9.3　智能灯光控制系统工程框架设计

包名（类名）	说　明
com.zonesion.app 应用包	
IOnWSNDataListener.java	传感器数据监听接口类
ZApplication.java	Application 对象，定义应用程序全局单例对象
com.zonesion.ui 子模块 Activity 包	
LightActivity.java	实时灯光控制模块

（2）流程设计。根据 8.8 节智云 Android 应用编程接口定义，智能灯光控制系统的应用设计主要采用实时数据 API 接口，程序流程如图 9.6 所示。

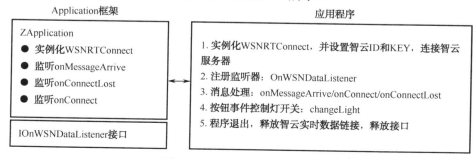

图 9.6　Android 应用程序逻辑

（3）软件设计。

① Application 框架：实例化 WSNRTConnect 类对象并实现对实时连接的监听。

```
public class ZApplication extends Application implements WSNRTConnectListener
{
    public WSNRTConnect wRTConnect;                        //创建 WSNRTConnect 实例
    public WSNRTConnect getWSNRConnect()
    {
        if (wRTConnect == null)
        {
            wRTConnect = new WSNRTConnect();              //初始化 WSNRTConnect 实例
        }
        return wRTConnect;
    }
    @Override
    public void onCreate()
    {
        super.onCreate();
        wRTConnect = getWSNRConnect();
        wRTConnect.setRTConnectListener(this);           //设置 WSNRTConnectListener 监听
    }
    //消息到达时会自动调用该方法
    @Override
    public void onMessageArrive(String mac, byte[] data)
    { …… }
    //连接成功
    @Override
    public void onConnect()
    { …… }
    //连接失败
    @Override
    public void onConnectLost(Throwable arg0)
    { …… }
    ……
}
```

其中，当获取到传感器上传的数据时，会调用 onMessageArrive 方法，若要在 Activity 中实现对传感器相关数据的获取，则需要在 onMessageArrive 方法中将消息分发，为了实现消息的分发，定义一个接口 IOnWSNDataListener，接口中定义方法为 voidon MessageArrive(string mac, string tag, string val)，相关代码实现如下。

```
//传感器数据监听器
public interface IOnWSNDataListener
{
    //发送数据
    void onMessageArrive(string mac, string tag, string val);
    //连接失败
    public void onConnectLost();
```

```
    //连接成功
    public void onConnect();
}
```

定义好接口后，在 ZApplication 中定义传感器数据监听数组以及注册传感器监听的方法为 registerOnWSNDataListener(IOnWSNDataListener li)，当 Activity 需要获取传感器数据时，需要调用 ZApplication 类中该方法将其加入到传感器数据监听数组中，相关代码实现如下。

```
//传感器数据监听器数组
public ArrayList<IOnWSNDataListener> mIOnWSNDataListeners =
                                        new ArrayList<IOnWSNDataListener>();
//注册传感器数据监听器
public void registerOnWSNDataListener(IOnWSNDataListener li)
{ mIOnWSNDataListeners.add(li); }
//取消注册传感器数据监听器
public void unregisterOnWSNDataListener(IOnWSNDataListener li)
{ mIOnWSNDataListeners.remove(li); }
```

在 onMessageArrive 方法中先将传感器上传的数据进行解析，然后将解析得到的数据分发给传感器数据监听器数组里面的所有监听器，让其调用接口中的 onMessageArrive 方法，相关代码实现如下。

```
//消息到达时会自动调用该方法
@Override
public void onMessageArrive(String mac, byte[] data)
{
    if (data[0] == '{' && data[data.length - 1] == '}')
    {
        String sData = new String(data, 1, data.length - 2);
        String[] pDatas = sData.split(",");
        for (String pData : pDatas)
        {
            String[] tagVal = pData.split("=");
            if (tagVal.length == 2)
            {
                for (IOnWSNDataListener li : mIOnWSNDataListeners)
                {
                    //实现 IOnWSNDataListener 传感器数据监听接口类会自动调用 onMessageArrive()
                    li.onMessageArrive(mac, tagVal[0], tagVal[1]);
                }
            }
        }
    }
}
```

以上为传感器数据的分发处理过程，所有需要获取传感器数据的 Activity 只需调用 ZApplication 类的 registerOnWSNDataListener(IOnWSNDataListener li)方法并覆写接口中的数据处理函数 onMessageArrive(String mac, String tag, String val)即可。

② 应用程序实现：从 ZApplication 获取 WSNRTConnect，建立智云实时数据连接，注册数据监听器 registerOnWSNDataListener，复写 onMessageArrive 方法处理接收到无线数据，通过按钮开发发送传感器控制命令。

实例化 WSNRTConnect，并初始化智云 ID 和 KEY，连接智云服务器，建立连接（局域网内使用的 ID/KEY 可任意填写，注意每个 ID 不能相同，服务地址为智云 Android 开发平台的 IP 地址。若连接到互联网访问，需要填写正确的 ID/KEY/服务地址），代码如下：

```
private String mMac = "00:12:4B:00:03:A7:E1:17";        //智能灯光模块 MAC 地址
private String ID = "12345678";                        //用户账号
private String KEY = "12345678";                       //用户密钥
mApplication = (ZApplication) getApplication();        //创建 ZApplication 实例
wRTConnect = mApplication.getWSNRConnect();            //创建 wRTConnect 连接
wRTConnect.setIdKey(ID, KEY);                          //设置用户 ID 和密钥
wRTConnect.setServerAddr("zhiyun360.com:28081");       //设置智云服务地址
mApplication.registerOnWSNDataListener(this);          //注册监听
wRTConnect.connect();                                  //连接智云服务器
```

注册传感器数据监听器。

```
mApplication.registerOnWSNDataListener(this);//注册监听
```

监听服务是否连接成功，成功则发送命令查询当前灯光状态。

```
@Override
public void onConnect()
{
    //TODO Auto-generated method stub
    wRTConnect.sendMessage(mMac, "{D1=?}".getBytes()); //发送继电器状态查询命令
}
```

处理接收到的继电器控制信息。

```
@Override
public void onMessageArrive(String mac, String tag, String val)
{
    //TODO Auto-generated method stub
    System.out.println("解析数据");
    if (mac.equalsIgnoreCase(mMac))
    {//判断 MAC 地址
        if (tag.equals("D1"))
        {   //判断参数 D1
            int v = Integer.parseInt(val);
            if ((v & 0x01) == 0x01)
            {   //若继电器状态为 on，设置显示界面并置标志位
                layout.setBackgroundResource(R.drawable.lighton);
                changeBtn.setBackgroundResource(R.drawable.on);
                flag = "on";
            }
            else if ((v & 0x01) != 0x01)
            {   //若继电器状态为 off，设置显示界面并置标志位
                layout.setBackgroundResource(R.drawable.lightoff);
                changeBtn.setBackgroundResource(R.drawable.off);
```

```
                    flag = "off";
                }
            }
        }
    }
```

单击"开关"按钮控制电灯开关。

```
//灯光开关按钮事件响应函数，单击按钮执行控制灯光操作
@SuppressLint("NewApi")
public void changeLight(View v) {
    if (flag.equals("on")) {
        command = "{CD1=1,D1=?}";                //若继电器当前状态为"on"，则关闭LED1
    } else {
        command = "{OD1=1,D1=?}";                //若当前继电器状态为"off"，则打开LED1
    }
    wRTConnect.sendMessage(mMac, command.getBytes());   //发送查询命令
    Toast.makeText(LightActivity.this, command, Toast.LENGTH_LONG).show();
}
```

③ 程序退出，释放智云实时数据连接，释放接口。

```
@Override
public void onDestroy()
{
    wRTConnect.disconnect();
    mApplication.unregisterOnWSNDataListener(this);
    super.onDestroy();
}
```

3．Web 端应用设计

根据 8.9 节智云 Web 应用编程接口定义，智能灯光控制系统的应用设计主要采用实时数据 API 接口，JS 部分控制采集代码如下。

```
<script type="text/javascript">
var myZCloudID = "12345678";                        //序列号
var myZCloudKey = "12345678";                        //密钥
var mySensorMac = "00:12:4B:00:03:A7:E1:17";         //传感器的 MAC 地址
var rtc = new WSNRTConnect(myZCloudID, myZCloudKey); //创建数据连接服务对象
$(function()
{
    rtc.setServerAddr("zhiyun360.com:28080");
    rtc.connect();                                    //数据推送服务连接
    $("#ConnectState").text("数据服务连接中...");
    rtc.onConnect = function()
    { //连接成功回调函数
        rtc.sendMessage(mySensorMac, "{D1=?}");       //向传感器发送数据
        $("#ConnectState").text("数据服务连接成功！");
    };
    rtc.onConnectLost = function()
    {    //数据服务掉线回调函数
```

```javascript
                $("#ConnectState").text("数据服务掉线！");
        };
        rtc.onmessageArrive = function(mac, dat)
        {    //消息处理回调函数
            console.log(mac, " >>> ", dat);
            if (mac != mySensorMac)
            {    //判断传感器 Mac 地址
                console.log("" + mac + " not in sensors");
                return;
            }
            if (dat[0] == '{' && dat[dat.length - 1] == '}')
            {    //判断字符串首尾是否为{}
                dat = dat.substr(1, dat.length - 2);                    //截取{}内的字符串
                var its = dat.split(',');                                //以 ',' 来分割字符串
                for (var x in its)
                {
                    var t = its[x].split('=');                        //以 '=' 来分割字符串
                    if (t.length != 2) continue;
                    if (t[0] == "D1")
                    {    //判断参数 D1
                        var LightStatus = parseInt(t[1]);
                        var anNiu = document.getElementById("button");
                        var bG = document.getElementById("bg");
                        if (LightStatus)
                        {
                            anNiu.src = ("images/jdq-an-on.png");
                            bG.src = ("images/jdq-on.png");
                        }
                        else
                        {
                            anNiu.src = ("images/jdq-an-off.png");
                            bG.src = ("images/jdq-off.png");
                        }
                    }
                }
            }
        };
    });
    var flag = true;
    function anniu()
    {
        if (flag)
        {
            rtc.sendMessage(mySensorMac, "{CD1=1,D1=?}");    //向传感器发送数据
        }
        else
        {
```

```
        rtc.sendMessage(mySensorMac, "{OD1=1,D1=?}"); //向传感器发送数据
    }
    flag = !flag
};
</script>
```

9.1.5 开发步骤

1. 搭建硬件开发环境

（1）准备一个 s4418/s6818 系列 Android 开发平台，确保网关板载了 CC1110 的 AP 节点，并且网关是最新的镜像，1 个安装继电器传感器的 CC1110 无线节点，按照 1.3 节设置节点板跳线为模式一。

（2）打开 AP 工程：打开"C:\Texas Instruments\SimpliciTI-1.2.0-IAR\zonesion\application\ap\default\iar"文件夹下的 AP_as_Data_Hub.eww 工程文件，编译后将程序下载到网关板载的 AP 节点中。

（3）打开传感器驱动工程：将"01-开发例程\第 9 章\9.1-智能灯光控制系统开发\SensorHalExamples"下所有文件夹复制到"C:\Texas Instruments\SimpliciTI-1.2.0-IAR\zonesion\application\ed"文件夹下；打开 Relay（继电器驱动）的文件夹内的"IAR\AP_as_Data_Hub.eww"文件，编译后将程序下载到安装有继电器的 CC1110 无线节点中。

当有多组任务同时进行，为避免不同组的干扰，在上述第（2）步和第（3）步时，请打开 smpl_nwk_config.dat 文件，分别将"链接标识"和"入网标识"的后四位改为自己身份证号的后四位，打开 smpl_config.dat 文件，修改设备的默认地址 DTHIS_DEVICE_ADDRESS（参见 5.1.3 节）

（4）参考 8.2 节的内容部署硬件，组成智云无线传感网络，并将数据接入到智云服务中心。

2. Android 应用程序开发

（1）根据实际硬件平台修改代码中传感器节点的设备默认地址（即 smpl_config.dat 文件中的-DTHIS_DEVICE_ADDRESS）及智云 ID/KEY。

（2）编译 LightDemo 工程，并安装应用程序到 s4418/s6818 系列 Android 开发平台或 Android 终端内。

（3）将 Android 终端设备接入互联网或者与智云 Android 开发平台设备在同一个局域网内，进入智能灯光控制模块界面，在主界面弹出"连接网关成功"消息后即表示链接到智云服务中心，通过屏幕左边的"开关"按钮控制电灯开关，如图 9.7 所示。

3. Web 应用程序开发

（1）根据实际硬件平台修改代码中传感器节点的设备默认地址（即 smpl_config.dat 文件中的 DTHIS_DEVICE_ADDRESS）地址、智云服务器地址（若在局域网内使用，则设置为智云 Android 开发平台的 IP）和智云 ID/KEY。

第 9 章

图 9.7　Android 端智能灯光控制系统展示

（2）计算机接入互联网，或与智云 Android 开发平台设备在同一个局域网内。用谷歌浏览器（或支持 HTML5 技术的 IE10 以上版本浏览器）运行 Web 工程"LightDemo-Web\LightDemo.html"，进入智能灯光控制模块界面，在主界面右上角显示"数据服务连接成功！"消息后表示链接到智云服务中心，通过屏幕左边的"开关"按钮控制电灯开关，如图 9.8 所示。

图 9.8　Web 端智能灯光控制系统展示

9.1.6　总结与拓展

本任务通过对继电器的控制，实现了远程智能控制电灯开关的功能，在此基础上可以自行实现摇一摇控制电灯开关，以及灯光亮度调节控制等功能。

9.2　任务 49　智慧窗帘控制系统开发（CC2540 BLE）

9.2.1　学习目标

● 掌握用低功耗蓝牙（BLE）协议进行物联网项目开发。
● 掌握基于 CC2540 和 BLE 协议的接口、传感器驱动开发。

● 熟悉 Android 应用接口和 Web 应用接口开发。

9.2.2 开发环境

硬件：光敏传感器 1 个、步进电机传感器 1 个、智云网关 1 个（默认为 s4418/s6818 系列任务箱）、CC2540 无线节点板 2 个、SmartRF04 仿真器 1 个、调试转接板 1 个。软件：Windows XP/7/8/10、IAR Embedded Workbench for 8051、Android Developer Tools（Android 集成开发环境）。

9.2.3 原理学习

1. 系统设计目标

智慧窗帘控制系统设计功能及目标，如图 9.9 所示。

实时数据采集：实时显示传感器所在位置的光照强度值。

执行控制：单击"打开"按钮，开启步进电机；单击"关闭"按钮，关闭步进电机。

联动控制：当光强值超过设定的阈值时，自动关闭电机；当光强值在设定的阈值内时，自动开启电机。

2. 系统整体设计

智慧窗帘控制系统的通信流程分为三部分：传感节点、网关、客户端（Android 和 Web），通信流程图如图 9.10 所示，具体通信描述如下。

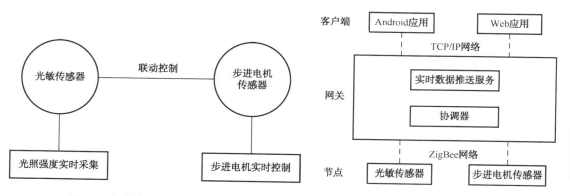

图 9.9 智慧窗帘系统功能模块　　　图 9.10 智慧窗帘系统通信流程

（1）传感器节点通过 BLE 网络与网关的协调器进行组网，网关的协调器通过串口与网关进行数据通信。

（2）底层节点的数据通过 BLE 网络将数据传送给协调器，协调器通过串口将数据转发给网关服务，通过实时数据推送服务将数据推送给所有连接网关的客户端。

（3）Android 应用通过调用 ZCloud SDK API 的实时数据连接接口实现实时数据采集的功能。

3．硬件原理

由于 CC2530 和 CC2540 是全引脚兼容的，因此 CC2540 与步进电机传感器和光敏传感器的接口电路是一致的。

CC2540 通过 IO 引脚的 ADC 功能，来测量光敏电阻阻值的大小。通过 4 个 IO 口对步进电机的四相电路进行节拍控制，实现步进电机的正反停。接口电路如图 9.11-9.13 所示。

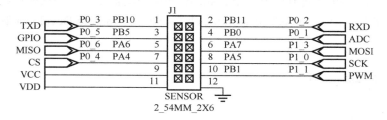

图 9.11　CC2530/CC2540 接口电路

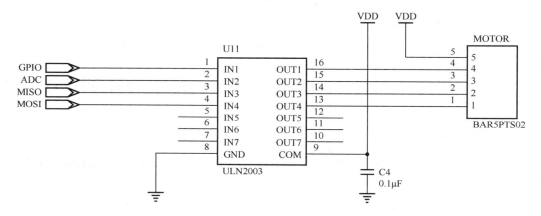

图 9.12　步进电机传感器与 CC2530/CC2540 部分接口电路

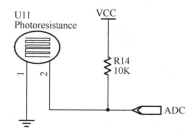

图 9.13　光敏传感器与 CC2530/CC2540 部分接口电路

9.2.4　开发内容

1．硬件层驱动设计

（1）ZXBee 智云数据通信协议。光敏传感器和步进电机传感器的通信协议如表 9.4 所示。

表 9.4   相关传感器智云通信协议定义

传 感 器	属 性	参 数	权 限	说 明
光敏传感器	数值	A0	R	光强值，浮点型：0.1 精度
步进电机	电机开关	D1(OD1/CD1)	R(W)	0 或者 1 变化

（2）传感器驱动程序开发。光敏传感器主要采集光照值，ZXBee 协议定义如表 9.5 所示。

表 9.5   光敏传感器 ZXBee 通信协议定义

传 感 器	属 性	参 数	权 限	说 明
光敏传感器	数值	A0	R	数值，浮点型：0.1 精度
	上报状态	D0(OD0/CD0)	R(W)	D0 的 Bit0 表示上传状态
	上报间隔	V0	RW	修改主动上报的时间间隔
	LCD 刷新时间间隔	V1	RW	修改 LCD 刷新时间间隔

光敏传感器程序逻辑驱动开发设计如图 9.14 所示。

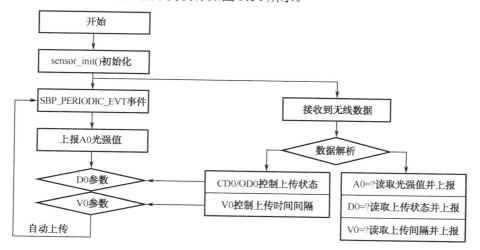

图 9.14   光敏传感器程序逻辑

根据 2.1 节所述，步进电机传感器属于控制类传感器，设定每隔 30 s 主动上报传感器数值，与继电器的工作原理类似，其中步进电机传感器驱动接口函数如下表 9.6 所示。

表 9.6   步进电机传感器 ZXBee HAL 函数

核心函数名	函 数 说 明
sensor_init()	初始化传感器最基本的是配置选择寄存器和方向寄存器
sensorLoop()	定时触发功能
updateA0()	更新 A0 值
ZXBeeUserProcess()	解析应用程序发来的指令
onZXBeeRead()	读取主动上报的数据

部分程序代码如下。

```
/*******************************宏定义*********************************/
#define SENSOR_PORT    P0
#define SENSOR_SEL     P0SEL
#define SENSOR_DIR     P0DIR
#define SENSOR_BIT     0x02
#define SENSOR_PIN     P0_1

/***************************本地全局变量*******************************/
static float A0;
static uint8 V0=30;                              //定时上报
static uint8 V1=1;                               //定时更新 LCD
static int D0=1;

/*******************************全局变量*******************************/
char SENSOR_NAME[4] = "001";                     //传感器名称标识，光敏传感器

/*******************************函数声明*******************************/
void ZXBeeNotify(void);
void sensor_init(void);
float updateA0(void);
void updata_lcd(void);

/*********************************************************************
*名称：sensor_init()
*功能：传感器硬件初始化
**********************************************************************/
void sensor_init(void)
{
    //初始化传感器代码
    //配置 P0_1 端口为输入，且配置为外设功能 ADC:A1
    SENSOR_SEL |= SENSOR_BIT;
    SENSOR_DIR &= ~(SENSOR_BIT);
}
/*********************************************************************
* 名称：sensorLoop()
* 功能：定时触发功能
* 参数：tick
* 注释：在此函数中更新传感器数据，待需要上报时调用 ZXBeeNotify()
**********************************************************************/
void sensor_loop(uint16 tick)
{
    A0=updateA0();                               //更新传感器值
    if (tick % V0 == 0)
    {
        if( D0 & 0x01)
```

```
                ZXBeeNotify();
        }

        #ifdef SPI_LCD
        if (tick % V1 == 0)
        { updata_lcd(); }
        #endif
}


/*******************************************************************************
*名称：ZXBeeUserProcess
*功能：处理应用程序发来的指令
*参数：char *ptag, char *pval
*******************************************************************************/
void ZXBeeUserProcess(char *ptag, char *pval)
{
    char buf[16];
    int val;
    val = atoi(pval);
    //查询当前传感器的值
    if (osal_memcmp(ptag, "A0", 2))
    {
        if (pval[0] == '?')
        {
            sprintf(buf, "%.1f", A0);
            ZXBeeAdd("A0", buf);
        }
    }

    //查询主动上报使能状态,D0(Bit0)1 为开启主动上报，0 为关闭主动上报
    if (osal_memcmp(ptag, "D0", 2))
    {
        if (pval[0] == '?')
        {
            sprintf(buf, "%d", D0);
            ZXBeeAdd("D0", buf);
        }
    }

    //打开定时上报命令
    if (osal_memcmp(ptag, "OD0", 3))
    { D0 |= val; }
    //关闭定时上报命令
    if (osal_memcmp(ptag, "CD0", 3))
    { D0 &= ~val; }
    //更新主动上报时间间隔
    if (osal_memcmp(ptag, "V0", 2))
    {
```

```
                if (pval[0] == '?')
                {
                    sprintf(buf, "%d", V0);
                    ZXBeeAdd("V0", buf);
                }
                else
                if(val != 0)
                V0=val;
        }
#ifdef SPI_LCD
        //更新 LCD 更新时间间隔
        if (osal_memcmp(ptag, "V1", 2))
        {
            if (pval[0] == '?')
            {
                sprintf(buf, "%d", V1);
                ZXBeeAdd("V1", buf);
            }
            else
            if(val != 0)
            V1=val;

        }
        #endif
}


/*******************************************************************************
*名称：onZXBeeRead
*功能：读取主动上报的数据
*注释：在调用 ZXBeeNotify 后会自动调用此函数，不要在此函数中去采集传感器数据
*******************************************************************************/
int onZXBeeRead(uint8* obuf, int len)
{
    char buf[16];
    ZXBeeBegin();
    sprintf(buf, "%.1f", A0);
    ZXBeeAdd("A0", buf);

    char *p = ZXBeeEnd();
    if (p != NULL)
    {
        int r = strlen(p);
        if (r <= len)
        {
            osal_memcpy(obuf, p, r);
            #ifdef SPI_LCD
            Uart0_Send_string(p,r);
            #endif
            return r;
```

```
        }
      }
      return 0;
}
#ifdef SPI_LCD

/*******************************************************************
*名称：updata_lcd
*功能：LCD 更新函数，通过串口发送数据至 STM32，更新 LCD
********************************************************************/
void updata_lcd(void)
{
    char buf[18];
    sprintf(buf,"{A0=%.1f}",A0);                          //数据打包
    Uart0_Send_string(buf,strlen(buf));                   //发送数据至 STM32
}
#endif


/*******************************************************************
*名称：updateA0()
*功能：更新 A0 的值
*返回：A0 -- 返回更新后的 A0 值
********************************************************************/
float updateA0(void)
{
    uint16 adcValue;
    //读取 ADC:A1 采集的电压量
    adcValue = HalAdcRead (HAL_ADC_CHN_AIN1,HAL_ADC_RESOLUTION_8);
    A0 = adcValue;
    return A0;
}
```

步进电机传感器的驱动开发设计如图 9.15 所示。

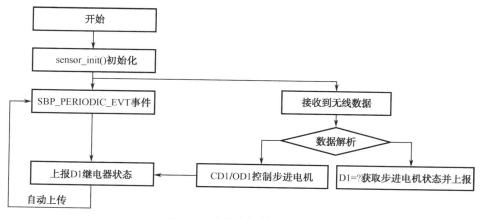

图 9.15　步进电机传感器程序逻辑

根据 2.1 节所述,步进电机传感器属于控制类传感器,设定每隔 30 s 主动上报传感器数值,与继电器的工作原理类似,其中步进电机传感器驱动接口函数如表 9.7 所示。

表 9.7　步进电机传感器 ZXBee HAL 函数

核 心 函 数 名	函 数 说 明
sensor_init()	初始化传感器最基本的是配置选择寄存器和方向寄存器
motor_step ()	控制电机的状态
ZXBeeUserProcess ()	解析接收到的控制命令
Motor_change ()	步进电机正反启停操作

部分程序代码如下。

```
/*****************************宏定义*****************************/
#define CLKDIV    ( CLKCONCMD & 0x07 )
#define AA     P0_5                              //P0_0
#define BB     P0_1                              //P0_5
#define CC     P0_6                              //P0_6
#define DD     P1_3                              //P0_7


/*****************************本地全局变量*****************************/
static int D1=0;                                 //传感器值
static uint8 V0=30;                              //定时上报时长
static uint8 V1=1;                               //定时更新 LCD
static int D0=1;                                 //定时上报使能
static char Flag = 2;                            //默认停转


/*****************************全局变量*****************************/
char SENSOR_NAME[4] = "006";                     //传感器名称标识,步进电机传感器


/*****************************函数声明*****************************/
void ZXBeeNotify(void);
void sensor_init(void);
void sensor_control(int cmd);
void motor_stop(void);
void motor_step(uint8 cmd);
void Motor_status_change(void);
void delay_us(uint16 us);
void updata_lcd(void);


/******************************************************************
*名称: sensor_init()
*功能: 传感器硬件初始化
******************************************************************/
void sensor_init(void)
{
    //初始化传感器代码
    P0SEL &= ~0x62;                              //设置 P0 为普通 I/O 口
```

```
        P0DIR |= 0x62;                          //设置 P0.0 为输出
        P1SEL &= ~0x08;                         //设置 P1 为普通 I/O 口
        P1DIR |= 0x08;                          //设置 P1.2,P1.6,P1.7 为输出

        motor_stop();
}
/**************************************************************************
*名称：sensorLoop()
*功能：定时触发功能(此函数 1 s 调用一次)
*参数：tick
*注释：在此函数中更新传感器数据，待需要上报时调用 ZXBeeNotify()
**************************************************************************/
void sensor_loop(uint16 tick)
{
        Motor_status_change();                  //根据参数改变步进电机状态
        if (tick % V0 == 0)
        {
                if( D0 & 0x01)
                { ZXBeeNotify(); }
        }

        #ifdef SPI_LCD
        if (tick % V1 == 0)
        { updata_lcd(); }
        #endif
}


/**************************************************************************
*名称：ZXBeeUserProcess
*功能：处理应用程序发来的指令
*参数：char *ptag, char *pval
**************************************************************************/
void ZXBeeUserProcess(char *ptag, char *pval)
{
        char buf[16];
        int val;
        val = atoi(pval);
        //查询当前传感器的值
        if (osal_memcmp(ptag, "D1", 2))
        {
                if (pval[0] == '?')
                {
                        sprintf(buf, "%d", D1);
                        ZXBeeAdd("D1", buf);
                }
        }

        //查询主动上报使能状态,D0(Bit0)1 为开启主动上报, 0 为关闭主动上报
```

```c
if (osal_memcmp(ptag, "D0", 2))
{
    if (pval[0] == '?')
    {
        sprintf(buf, "%d", D0);
        ZXBeeAdd("D0", buf);
    }
}

//打开定时上报命令
if (osal_memcmp(ptag, "OD0", 3))
{ D0 |= val; }
//关闭定时上报命令
if (osal_memcmp(ptag, "CD0", 3))
{ D0 &= ~val; }
//打开电机命令
if (osal_memcmp(ptag, "OD1", 3))
{
    D1 |= val;
    sensor_control(D1);
}
//关闭电机命令
if (osal_memcmp(ptag, "CD1", 3))
{
    D1 &= ~val;
    sensor_control(D1);
}
//更新主动上报时间间隔
if (osal_memcmp(ptag, "V0", 2))
{
    if (pval[0] == '?')
    {
        sprintf(buf, "%d", V0);
        ZXBeeAdd("V0", buf);
    }
    else
    if(val != 0)
    V0=val;;
}
#ifdef SPI_LCD
//更新 LCD 更新时间间隔
if (osal_memcmp(ptag, "V1", 2))
{
    if (pval[0] == '?')
    {
        sprintf(buf, "%d", V1);
        ZXBeeAdd("V1", buf);
    }
```

```
            else
              if(val != 0)
                V1=val;
         }
         #endif
      }


/*****************************************************************************
*名称：onZXBeeRead
*功能：读取主动上报的数据
*注释：在调用 ZXBeeNotify 后会自动调用此函数，不要在此函数中去采集传感器数据
*****************************************************************************/
int onZXBeeRead(uint8* obuf, int len)
{
    char buf[16];
    ZXBeeBegin();

    sprintf(buf, "%d", D1);
    ZXBeeAdd("D1", buf);

    char *p = ZXBeeEnd();
    if (p != NULL)
    {
        int r = strlen(p);
        if (r <= len)
        {
            osal_memcpy(obuf, p, r);
            #ifdef SPI_LCD
            Uart0_Send_string(p,r);
            #endif
            return r;
        }
    }
    return 0;
}
#ifdef SPI_LCD

/*****************************************************************************
*名称：updata_lcd
*功能：LCD 更新函数，通过串口发送数据至 STM32，更新 LCD
*****************************************************************************/
void updata_lcd(void)
{
    char buf[18];
    sprintf(buf,"{D1=%d}",D1);                        //数据打包
    Uart0_Send_string(buf,strlen(buf));               //发送数据至 STM32
}
```

```
#endif

/*********************************************************************
*名称：sensor_control()
*功能：传感器控制
*参数：cmd - 控制命令
**********************************************************************/
void sensor_control(int cmd)
{
    if ( (cmd & 0x03 )== 0x03)                    //屏蔽高 6 位
    { Flag = 0; }                                  //反转
    else if ( (cmd & 0x03) == 0x01)
    { Flag = 1; }                                  //正转
    else
    { Flag = 2; }                                  //停转
    }
}


/*********************************************************************
* 名称：motor_step()
* 功能：步进电机转动
**********************************************************************/
static signed    char s = 0;
uint16 i;
void motor_step(uint8 cmd)
{
    for(i=0 ; i<160 ; i++)
    {
        delay_us(1000);                            //1 ms
        if (cmd > 0) s +=1;
        else s -= 1;
        if (s<0) s = 7;
        if (s>7) s = 0;

        switch (s)
        {
            case 0:
            AA = 1; BB = 0;   CC = 0;   DD = 0;   break;
            case 1:
            AA = 1; BB = 1;   CC = 0;   DD = 0;   break;
            case 2:
            AA = 0;   BB = 1;   CC = 0;   DD = 0;   break;
            case 3:
            AA = 0;   BB = 1;   CC = 1;   DD = 0;   break;
            case 4:
            AA = 0;   BB = 0;   CC = 1;   DD = 0;   break;
            case 5:
            AA = 0;   BB = 0;   CC = 1;   DD = 1;   break;
```

```
                    case 6:
                    AA = 0;   BB = 0;   CC = 0;   DD = 1;   break;
                    case 7:
                    AA = 1;   BB = 0;   CC = 0;   DD = 1;   break;
                }
            }
        }


/***********************************************************************
*名称：MotorStop()
*功能：步进电机停止转动
***********************************************************************/
void motor_stop(void)
{ AA = 0; BB = 0; CC = 0; DD = 0; }


/***********************************************************************
*名称：Motor_change()
*功能：步进电机正反启停操作
***********************************************************************/
void Motor_status_change(void)
{
    if(Flag == 2)
    { motor_stop(); }                                   //停止
    if(Flag == 1)
    { motor_step(1); }                                  //正转
    if(Flag == 0)
    { motor_step(0); }                                  //反转
}

void delay_us(uint16 us)
{
    while(us--)
    {
        /* 32 NOPs == 1 usecs */
        asm("nop"); asm("nop"); asm("nop"); asm("nop"); asm("nop");
        asm("nop"); asm("nop"); asm("nop"); asm("nop"); asm("nop");
        asm("nop"); asm("nop"); asm("nop"); asm("nop"); asm("nop");
        asm("nop"); asm("nop"); asm("nop"); asm("nop"); asm("nop");
        asm("nop"); asm("nop"); asm("nop"); asm("nop"); asm("nop");
        asm("nop"); asm("nop"); asm("nop"); asm("nop"); asm("nop");
        asm("nop"); asm("nop");
    }
}
```

2．移动端应用设计

（1）工程框架设计如表 9.8 所示。

（2）流程设计。智慧窗帘控制系统调用的是实时数据 API 接口，将采集类传感器和控制类传感器结合在一起，程序的实现流程如图 9.16 所示。

表 9.8　智慧窗帘系统工程框架

包名（类名）	说　明
com.zonesion.app 应用包	
IOnWSNDataListener.java	传感器数据监听接口类
ZApplication.java	Application 对象，定义应用程序全局单例对象
com.zonesion.view 工具包	
ChangeColorIconWithTextView	自定义 View 的实现
com.zonesion.fragment 子模块包	
SmartCurtainFragment.java	光强值实时查询和步进电机控制模块
TabFragment.java	供用户自定义模块
com.zonesion.activity activity 包	
MainActivity.java	主 Activity

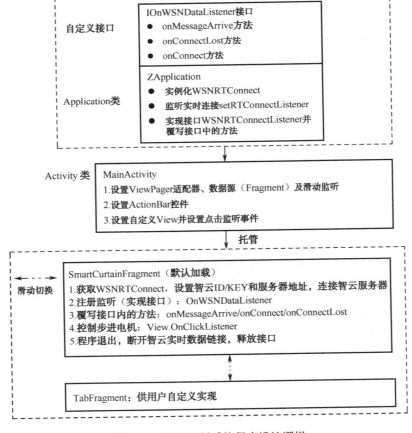

图 9.16　窗帘控制系统程序设计逻辑

（3）软件设计。

① ZApplication 框架说明参考智能灯光控制系统这一章节的相关内容。

② MainActivity 实现了 ViewPager 数据源设置，各个 Fragment 模块加载，以及自定义 View 的单击事件和 ActionBar 控件的应用，核心源码如下所示。

```
public class MainActivity extends FragmentActivity implements
                                            OnPageChangeListener, OnClickListener
{
    ......
    @Override
    protected void onCreate(Bundle savedInstanceState)
    {
        ...........
        setOverflowShowingAlways();                        //显示 ActionBar 导航栏的 Overflow 按钮
        ActionBar actionBar = getActionBar();
        actionBar.setDisplayShowHomeEnabled(true);         //使用程序图标作为 home icon
        actionBar.setDisplayHomeAsUpEnabled(true);         //显示返回的箭头，并可通过
                            //onOptionsItemSelected()进行监听，其资源 ID 为 Android.R.id.home
        mViewPager = (ViewPager) findViewById(R.id.id_viewpager);  //获取 ViewPager 控件
        //实例化 Fragment 及 Fragment 指示器
        initDatas();
        mViewPager.setAdapter(mAdapter);                   //为 mViewPager 设置适配器
        mViewPager.setOnPageChangeListener(this);          //为 mViewPager 设置页面滑动监听器，
                                                           //让 Activity 去实现监听
    }
    ......
}
```

③ 光强值实时数据采集和电机控制（SoilFragment）。通过 mApplication.getWSNRConnect() 获取 WSNRConnect 实例，设置 ID/KEY 和服务器地址，通过 mApplication.registerOn WSNDataListener (this)注册传感器数据监听（实现接口 IOnWSNDataListener），建立实时连接。

```
@Override
publicvoid onCreate(Bundle savedInstanceState)
{
    super.onCreate(savedInstanceState);

    mApplication = (ZApplication) getActivity().getApplication();
    wRTConnect = mApplication.getWSNRConnect();
    wRTConnect.setIdKey(ID, KEY);                         //设置 ID/KEY
    wRTConnect.setServerAddr("zhiyun360.com:28081");      //设置服务器地址
    mApplication.registerOnWSNDataListener(SoilFragment.this);  //注册监听
    wRTConnect.connect();                                 //建立实时数据服务连接
}
```

覆写接口的方法：在 onConnect()方法中发送查询光强值和电机状态的命令，即在连接成功后立即查询光强值而不是一直等待底层主动上传数据。

```
@Override
publicvoid onConnect()
```

```
    {    //连接成功时发送查询命令
        //TODO Auto-generated method stub
        mWSNRTConnect.sendMessage(curtain_mac, "{D1=?}".getBytes());
        mWSNRTConnect.sendMessage(light_mac, "{A0=?}".getBytes());
    }
```

在 onMessageArrive()方法中解析获取到的传感器数据，将光强值显示在视图中。

```
@Override
publicvoid onMessageArrive(String mac, String tag, String val)
{
    if (light_mac.equalsIgnoreCase(mac))
    {
        if (tag.equals("A0"))
        {
            float fValue = Float.parseFloat(val);
            tvLightIntensity.setText("当前光照强度为： " + fValue);    //设置文本
            if (automaticFlag)
            {
                if (fValue >automaticValue)
                {
                    Log.d("Automatic", "fValue=" + fValue + ",auto=" + automaticValue);
                    mWSNRTConnect.sendMessage(curtain_mac,"{CD1=1,D1=?}".getBytes());
                }
                else
                {
                    mWSNRTConnect.sendMessage(curtain_mac,"{OD1=1,D1=?}".getBytes());
                }
            }
        }
    }
    if (curtain_mac.equalsIgnoreCase(mac))
    {
        if (tag.equals("D1"))
        {
            int v = Integer.parseInt(val);
            if ((v & 0x01) == 0x01)
            {
                ivSwitch.setImageResource(R.drawable.curtain_switch_on);
                bSwitchFlag = true;
                ivCurtain.setImageResource(R.drawable.curtain_state_on);
            }
            else
            {
                ivSwitch.setImageResource(R.drawable.curtain_switch_off);
                bSwitchFlag = false;
                ivCurtain.setImageResource(R.drawable.curtain_state_off);
            }
```

```
        }
    }
}
```

单击按钮发送"{OD1=1，D1=?}"、"{CD1=1，D1=?}"命令来控制电机的开关。

```
//单击监听事件
View.OnClickListener mOnClickListener = new View.OnClickListener()
{
    @Override
    publicvoid onClick(View v)
    {
        if (bSwitchFlag == false)
        {
            mWSNRTConnect.sendMessage(curtain_mac,"{OD1=1,D1=?}".getBytes());
            Toast.makeText(getActivity(), "{OD1=1,D1=?}",Toast.LENGTH_SHORT).show();
        }
        elseif (bSwitchFlag == true)
        {
            mWSNRTConnect.sendMessage(curtain_mac,"{CD1=1,D1=?}".getBytes());
            Toast.makeText(getActivity(), "{CD1=1,D1=?}",Toast.LENGTH_SHORT).show();
        }
        mWSNRTConnect.sendMessage(light_mac, "{A0=?}".getBytes());
    }
};
```

④ RadioGroup 使用。在 xml 文件中定义 RadioGroup 控件。

```
<RadioGroup
Android:id="@+id/rg_control"
Android:layout_width="match_parent"
Android:layout_height="wrap_content"
Android:gravity="center"
Android:orientation="vertical">
<RadioButton
Android:id="@+id/rb_automatic"
 Android:layout_width="wrap_content"
Android:layout_height="wrap_content"
Android:text="@string/automatic" />
<RadioButton
Android:id="@+id/rb_manual"
Android:layout_width="wrap_content"
Android:layout_height="wrap_content"
Android:text="@string/manual" />
</RadioGroup>
```

在 Java 文件中获取 RadioGroup 控件并设置监听器，覆盖其单击事件的方法。

```
rgControl = (RadioGroup) view.findViewById(R.id.rg_control);
rbAutomatic = (RadioButton) view.findViewById(R.id.rb_automatic);
rbManual = (RadioButton) view.findViewById(R.id.rb_manual);
//单选按钮监听事件
```

第 9 章

```
RadioGroup.OnCheckedChangeListener mOnCheckedChangeListener =
                                new RadioGroup.OnCheckedChangeListener()
{

    @Override
    publicvoid onCheckedChanged(RadioGroup group, int checkedId)
    {
        if (checkedId == rbAutomatic.getId())
        {
            mWSNRTConnect.sendMessage(light_mac, "{A0=?}".getBytes());
            automaticFlag = true;
            tvAutomaticValue.setVisibility(View.VISIBLE);
            sbAutomaticValue.setVisibility(View.VISIBLE);
            ivSwitch.setVisibility(ImageView.INVISIBLE);
        }
        elseif (checkedId == rbManual.getId())
        {
            mWSNRTConnect.sendMessage(curtain_mac, "{D1=?}".getBytes());
            automaticFlag = false;
            tvAutomaticValue.setVisibility(View.INVISIBLE);
            sbAutomaticValue.setVisibility(View.INVISIBLE);
            ivSwitch.setVisibility(ImageView.VISIBLE);
        }
    }
};
```

3. Web 端应用设计

根据 8.9 节智云 Web 应用编程接口定义，智慧窗帘控制系统的应用设计主要采用实时数据 API 接口，JS 部分代码如下。

```
var rtc = new WSNRTConnect(myZCloudID, myZCloudKey);          //创建数据连接服务对象
rtc.connect();                                               //数据推送服务连接
$("#ConnectState").text("数据服务连接中...");
rtc.onConnect = function ()                                   //连接成功回调函数
{
    rtc.sendMessage(mySensorMac1, "{A0=?}");                  //向光敏传感器发送数据
    rtc.sendMessage(mySensorMac2, "{D1=?,CD0=1}");            //向步进电机发送数据(查询电机状态)
    $("#ConnectState").text("数据服务连接成功！ ");
};
rtc.onConnectLost = function ()                               //数据服务掉线回调函数
{ $("#ConnectState").text("数据服务掉线！ "); };
rtc.onmessageArrive = function(mac, dat)                      //消息处理回调函数
{
    console.log(mac, " >>> ", dat);
    if (mac != mySensorMac1 && mac != mySensorMac2)          //判断传感器 Mac 地址
    {
        console.log("" + mac + " not in sensors");
```

```
            return;
        }
        if (dat[0] == '{' && dat[dat.length - 1] == '}')     //判断字符串首尾是否为{}
        {
            dat = dat.substr(1, dat.length - 2);              //截取{}内的字符串
            var its = dat.split(',');                          //以‘,’来分割字符串
            for (var x in its)
            {
                var t = its[x].split('=');                    //以‘=’来分割字符串
                if (t.length != 2) continue;
                if (t[0] == "A0")                             //判断参数 A0
                {
                    $("#LightIntensity").text(t[1]);          //显示接收到的原始数据
                    lightIntensity = t[1];
                }
                if (t[0] == "D1")                             //判断参数 D1
                {
                    var anNiu = document.getElementById("button");
                    var bG = document.getElementById("bg");
                    if (t[1] == "0" || t[1] == "1")           //判断步进电机状态
                    {
                        anNiu.src = ("images/cl-an-on.png");
                        bG.src = ("images/cl-on.gif");
                        CurtainState = true;                  //窗帘状态为开
                    }
                    if (t[1] == "2" || t[1] == "3")           //判断步进电机状态
                    {
                        anNiu.src = ("images/cl-an-off.png");
                        bG.src = ("images/cl-off.gif");
                        CurtainState = false;                 //窗帘状态为关
                    }
                }
            }
        }
    }
};


$(function ()
{
    elem01 = document.querySelector('.js-min-max-start');    //选择 input 元素
    init01 = new Powerange(elem01, { min: 0, max: 700, start: 300, callback:function()
    {    //实例化 powerange 类并且初始化参数
        $("#range").text(elem01.value);                       //显示当前阈值

        var IsChecked = document.getElementById("checkboxid").checked;
        if (IsChecked == true)
        {    //若复选框被选中
            if (parseInt(lightIntensity) < parseInt(elem01.value) && CurtainState==false)
            {    //如果当前光照强度低于阈值且窗帘状态为关闭
```

第9章

```
                document.getElementById("bg").src = ("images/cl-on.gif");
                document.getElementById("button").src = ("images/cl-an-on.png");
                rtc.sendMessage(mySensorMac2, "{OD1=1,CD1=2}");//向步进电机发送数据（正转）
                setTimeout( 'rtc.sendMessage(mySensorMac2, "{CD1=3}")',10000);
                CurtainState = true;
            }
        }
    });
    $("#range").text(elem01.value);
});

function anniu()
{
    var IsChecked = document.getElementById("radioid").checked;
    if (IsChecked == true)
    {
        if (CurtainState)
        {
            rtc.sendMessage(mySensorMac2, "{OD1=3,D1=?}"); //向步进电机发送数据（反转）
            setTimeout('rtc.sendMessage(mySensorMac2, "{CD1=1,OD1=2}")', 10000);
        }
        else
        {
            rtc.sendMessage(mySensorMac2, "{OD1=1,CD1=2,D1=?}");//向步进电机发送数据（正转）
            setTimeout( 'rtc.sendMessage(mySensorMac2, "{CD1=3}")',10000);
        }
    }
}

function AutoControl()
{
    var IsChecked = document.getElementById("checkboxid").checked;
    if (IsChecked == true)
    {
        if (parseInt(lightIntensity) < parseInt(elem01.value) && CurtainState==false)
        {   //如果当前光照强度低于阈值
            rtc.sendMessage(mySensorMac2, "{OD1=1,CD1=2,D1=?}");//向步进电机发送数据（正转）
            setTimeout( 'rtc.sendMessage(mySensorMac2, "{CD1=3}")',10000);
        }
    }
}
```

9.2.5　开发步骤

1．搭建硬件开发环境

（1）准备一个 s4418/s6818 系列 Android 开发平台，并且网关是最新的镜像，1 个安装光敏传感器的 CC2540 无线节点，1 个安装了步进电机的 CC2540 节点。按照 1.3 设置节点板跳线为模式一。

（2）打开传感器驱动工程，将"01-开发例程\第 9 章\9.2-窗帘控制系统开发\SensorHalExamples"下所有文件夹复制到"C:\Texas Instruments\BLE-CC254x-140-IAR-\Projects\ble\SimpleBLEPeripheral-ZXBee"文件夹下；打开复制的其中叫做 StepMoter 和 Photoresistance 的文件夹内的 SimpleBLEPeripheral.eww，分别编译后将程序烧写到安装有步进电机的 CC2540 和安装有光敏传感器的 CC2540 的无线节点中。

（3）参考 8.2 节的内容部署硬件，组成智云无线传感网络，并将数据接入到智云服务中心。

2．Android 应用程序开发

（1）根据实际硬件平台修改代码中传感器节点的 MAC 地址（参见附录 A.5，得到 IEEE 地址后在前面加 BLE:四个字节，或者 ZCloudTools 工具中直接读取）及智云 ID/KEY。

（2）编译 SmartCurtain 工程，并安装应用程序到 s4418/s6818 系列 Android 开发平台或 Android 终端内。

（3）将 Android 终端设备接入到互联网或者与智云 Android 开发平台设备在同一个局域网内，进入智慧窗帘系统主界面，在主界面弹出"连接网关成功"消息后表示连接到智云服务中心。

（4）连接网关成功后会发送查询光强值的命令并将光强值在左侧显示出来，用户可以选择自动控制或者手动控制模式来控制电机的开关，系统默认选中手动模式，如图 9.17 所示。

图 9.17　光强值实时显示和电机控制

（5）选择自动控制，系统默认的初始阈值为 200，用户也可以调节光强阈值，如图 9.18 所示。

3．Web 应用程序开发

（1）根据实际硬件平台修改代码中传感器节点的 IEEE 地址、智云服务器地址（若在局域网内使用，则设置为智云 Android 开发平台的 IP）和智云 ID/KEY。

图 9.18　窗帘控制系统的自动控制模式

（2）计算机接入互联网，或与智云 Android 开发平台设备在同一个局域网内。用谷歌浏览器（或支持 HTML5 技术的 IE10 以上版本浏览器）运行 Web 工程"SmartCurtain-Web\SmartCurtain.html"，进入智慧窗帘控制系统界面，在主界面右上角显示"数据服务连接成功！"消息后表示连接到智云服务中心，在左侧栏会实时地显示当前光强值，在左侧可选择自动控制模式并设置光强阈值，也可以选择手动控制模式来控制电机的开关，如图 9.19 所示。

图 9.19　智慧窗帘控制系统网页端设计效果图

9.2.6　总结与拓展

本任务用到了两个传感器，不再是单一的传感器应用，使用了实时数据 API 接口，另外还学习了一些关于 Android UI 开发的知识。

9.3 任务 50 自动浇花系统开发（CC3200 Wi-Fi）

9.3.1 学习目标

● 掌握用 SimpleLink Wi-Fi 协议进行物联网项目开发。
● 掌握基于 CC3200 和 SimpleLink Wi-Fi 协议的接口、传感器驱动开发。
● 熟悉 Android 应用接口和 Web 应用接口开发。

9.3.2 开发环境

硬件：土壤温湿度传感器 1 个、直流电机传感器 1 个、智云 Android 开发平台 1 个（默认为 s4418/s6818 系列任务箱）、CC3200 无线节点板 1 个、调试转接板 1 个。软件：Windows XP/7/8/10、IAR Embedded Workbench for ARM、Android Developer Tools（Android 集成开发环境）。

9.3.3 原理学习

1．系统设计目标

自动浇花系统设计功能及目标如图 9.20 所示。

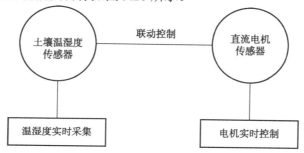

图 9.20 自动浇花系统功能模块

实时数据采集：实时显示传感器所在位置的土壤温湿度的值。
执行控制：单击"打开"按钮，开启电机；单击"关闭"按钮，关闭电机。
联动控制：当土壤温湿度值超过设定的阈值时，自动开启电机；当温湿度值在设定的阈值内时，自动关闭电机。

2．系统整体设计

自动浇花系统的通信流程可参考远程温湿度计这一章节相关内容，只是增加了一个控制类的传感器节点（直流电机传感器），通信流程如图 9.21 所示。

3．硬件原理

土壤温湿度传感器通过 CC3200 的 IO 模拟总线来读取温湿度的数据，直流电机传感器通过 CC3200 的 IO 口输出高低电平实现直流电机的开关控制。CC3200 和传感器的接口电路如图 9.22 到 9.24 所示，灰色部分表示 CC3200 的引脚。

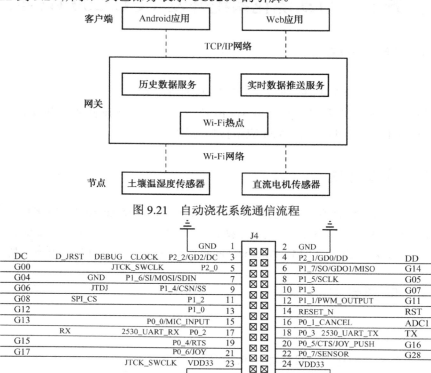

图 9.21　自动浇花系统通信流程

图 9.22　传感器与 CC3200 部分接口电路

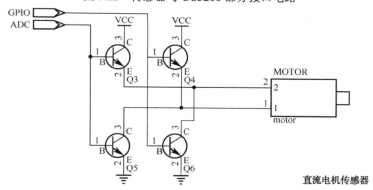

图 9.23　直流电机与 CC3200 部分接口电路

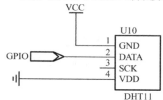

图 9.24　电机模块与 CC3200 部分接口电路

9.3.4　开发内容

1．硬件层驱动设计

（1）ZXBee 智云数据通信协议。土壤温湿度传感器和电机传感器的通信协议如表 9.8 所示。

表9.8　相关传感器智云通信协议定义

传　感　器	属　　性	参　　数	权　　限	说　　明
土壤温湿度	温度值	A0	R	温度值，浮点型：0.1 精度
	湿度值	A1	R	湿度值，浮点型：0.1 精度
直流电机	电机开关	D1(OD1/CD1)	R(W)	0 或者 1 变化

（2）传感器驱动程序开发。根据 2.1 节介绍，定义温度传感器的通信协议如表 9.9 所示。

表9.9　相关传感器智云通信协议定义

传　感　器	属　　性	参　　数	权　　限	说　　明
温湿度	温度值	A0	R	温度值，浮点型：0.1 精度
	湿度值	A1	R	湿度值，浮点型：0.1 精度
	上报状态	D0(OD0/CD0)	R(W)	D0 的 Bit0 表示温度上传状态、Bit1 表示湿度上传状态
	上报间隔	V0	RW	修改主动上报的时间间隔

① 温湿度传感器程序逻辑如图 9.25 所示。

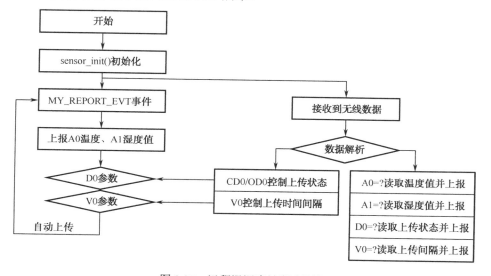

图 9.25　远程温湿度计程序逻辑

根据 8.7 节所述，温湿度传感器属于定时采集类传感器，设定每隔 30 s 主动上报传感器数值。相关传感器 ZXBee HAL 函数如表 9.10 所示。

表 9.10　相关传感器 ZXBee HAL 函数

函 数 名 称	函 数 说 明
sensor_init()	初始化传感器最基本的是配置选择寄存器和方向寄存器
update_sensor ()	更新传感器值
ZXBeeUserProcess ()	解析接收到的控制命令函数
MyEventProcess()	自定义事件处理函数，启动定时器触发事件 MY_REPORT_EVT

部分程序代码如下。

```
/***********************************宏定义***********************************/
#define t4ms              UTUtilsGetSysTime
#define t4exp(x)          ((((signed long)UTUtilsGetSysTime()-(signed long)(x))>=0)?1:0)

/***********************************函数声明***********************************/
extern int sendMessage(char *buf, int len);
void update_sensor(void);

/***********************************变量***********************************/
static uint8 D0 = 3;                     //默认打开主动上报功能
static char A0 = 0.0;                     //A0 存储温度值
static char A1 = 0.0;                     //A1 存储湿度值
static uint16 V0 = 30;                    //V0 设置为上报时间间隔，默认为 30 s
static uint16 V1 = 1;                     //V1 设置为 LCD 更新时间间隔，默认为 1 s
static uint32 count=0;                    //秒数计数
char SENSOR_TYPE[]="002";                 //传感器名称标识，温湿度传感器

/*****************************************************************
*名称：sensor_init()
*功能：传感器硬件初始化
*****************************************************************/
void sensorInit(void)
{
    PIN_Config();
    UART_PRINT("sensorInit()...\r\n");
}

/*****************************************************************
*名称：sensorLoop()
*功能：定时触发功能
*****************************************************************/
void sensorLoop(void)
{
    static unsigned long ct = 0;
```

```
if (t4exp(ct))
{
    char b[32];
    char *txbuf;
    unsigned long c = t4ms();
    ct = t4ms()+1000;

    update_sensor();

    if(count>=V0)
    {
        if(D0 & 0x03)
        {
            ZXBeeBegin();
            if(D0 & 0x01)
            {
                sprintf(b, "%d", A0);
                ZXBeeAdd("A0", b);
            }
            if(D0 & 0x02)
            {
                sprintf(b, "%d", A1);
                ZXBeeAdd("A1", b);
            }
            txbuf = ZXBeeEnd();
            if (txbuf != NULL)
            {
                int len = strlen(txbuf);
                sendMessage(txbuf, len);
                count=0;
            }
        }
    }

#ifdef SPI_LCD
if(count % V1 == 0)
{
    ZXBeeBegin();
    sprintf(b, "%d", A0);
    ZXBeeAdd("A0", b);
    sprintf(b, "%d", A1);
    ZXBeeAdd("A1", b);
    txbuf = ZXBeeEnd();
    txbuf[18] = '{';
    UART_PRINT(&txbuf[18]);
}
#endif、
```

```
        count++;
    }
}

/********************************************************************
*名称：ZXBeeUserProcess(char *ptag, char *pval)
*功能：用户命令解析函数
*********************************************************************/
void ZXBeeUserProcess(char *ptag, char *pval)
{
    char buf[64];
    int val = atoi(pval);
    UART_PRINT("ZXBeeUserProcess() %s,%s\r\n", ptag, pval);

    if (0 == strcmp(ptag, "A0") && pval[0] == '?')        //查询传感器值
    {
        sprintf(buf, "%d", A0);
        ZXBeeAdd("A0", buf);
    }

    if (0 == strcmp(ptag, "A1") && pval[0] == '?')        //查询传感器值
    {
        sprintf(buf, "%d", A1);
        ZXBeeAdd("A1", buf);
    }

    if (0 == strcmp(ptag, "D0") && pval[0] == '?')        //查询上报使能
    {
        sprintf(buf, "%d", D0);
        ZXBeeAdd("D0", buf);
    }

    if ( 0 == strcmp(ptag, "OD0") )                       //打开定时上报命令
    { D0 |= val; }

    if ( 0 == strcmp(ptag, "CD0") )                       //关闭定时上报命令
    { D0 &= ~val; }

    if ( 0 == strcmp(ptag, "V0") )                        //查询\更改上报周期
    {
        if(pval[0] == '?')
        {
            sprintf(buf, "%d", V0);
            ZXBeeAdd("V0", buf);
        }
        else
        {
            if(val != 0)                                  //防止上传周期写 0
```

```
                V0 = val;
            }
        }

        #ifdef SPI_LCD
        if ( 0 == strcmp(ptag, "V1") )
        {
            if(pval[0] == '?')
            {
                sprintf(buf, "%d", V1);
                ZXBeeAdd("V1", buf);
            }
            else
            {
                if(val != 0)                              //防止更新周期写 0
                V1 = val;
            }
        }
        #endif
    }


/*********************************************************************
*名称: control_sensor
*功能: 控制传感器状态
*参数: A0、A1
*********************************************************************/
void update_sensor(void)
{
    dht11_update();
    A0 = sTemp;
    A1 = sHumidity;
}
```

② 直流电机传感器的驱动开发设计如图 9.26 所示。

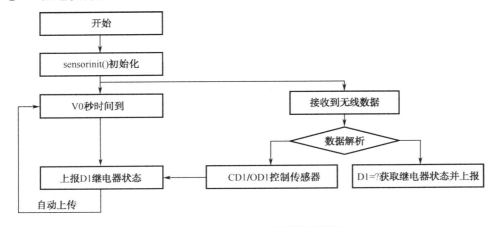

图 9.26 直流电机传感器程序逻辑

直流电机传感器属于控制类传感器，设定每隔 30 s 主动上报传感器数值，与继电器的工作原理类似，直流电机驱动接口函数如表 9.11 所示。

表 9.11　直流电机传感器 ZXBee HAL 函数

核心函数名	函 数 说 明
sensor_init()	初始化传感器最基本的是配置选择寄存器和方向寄存器
sensor_control()	控制电机的状态
ZXBeeUserProcess ()	解析接收到的控制命令，当上层应用发送控制命令时，指定该函数进行命令解析
sensorLoop ()	定时触发功能

部分程序代码如下。

```
/********************************宏定义********************************/
#define t4ms            UTUtilsGetSysTime
#define t4exp(x)        ((((signed long)UTUtilsGetSysTime()-(signed long)(x))>=0)?1:0)
#define G03_UCPINS   ( 1 << (3%8))

/********************************函数声明********************************/
extern int sendMessage(char *buf, int len);
void sensor_cotrol(unsigned char cmd) ;

/********************************变量********************************/
static uint8 D0 = 1;                        //默认打开主动上报功能
static uint8 D1 = 0;                        //风扇初始状态为关
static uint16 V0 = 30;                      //V0 设置为上报时间间隔，
static uint16 V1 = 1;                       //V1 设置为 LCD 更新时间间隔，默认为 1 s
static uint32 count=0;                      //秒数计数
char SENSOR_TYPE[]="020";                   //传感器名称标识，直流电机
/********************************
*名称：sensor_init()
*功能：传感器硬件初始化
********************************/
void sensorInit(void)
{
    UART_PRINT("sensorInit()...\r\n");
    PRCMPeripheralClkEnable(PRCM_GPIOA0, PRCM_RUN_MODE_CLK);        //使能时钟
    PinTypeGPIO(PIN_58,PIN_MODE_0,false);                          //选择引脚为 GPIO 模式
    GPIODirModeSet(GPIOA0_BASE, G03_UCPINS, GPIO_DIR_MODE_OUT);
                                                                  //设置 GPIO3 为输出模式
    GPIOPinWrite(GPIOA0_BASE, G03_UCPINS, 0x00);                   //初始化关闭风扇
}

/********************************
*名称：sensorLoop()
*功能：定时触发功能
********************************/
```

```
void sensorLoop(void)
{
    static unsigned long ct = 0;

    if (t4exp(ct))
    {
        char b[32];
        char *txbuf;
        unsigned long c = t4ms();
        ct = t4ms()+1000;
        if(count>=V0)
        {
            if(D0 & 0x01)
            {
                ZXBeeBegin();
                sprintf(b, "%d", D1);
                ZXBeeAdd("D1", b);
                txbuf = ZXBeeEnd();
                if (txbuf != NULL)
                {
                    int len = strlen(txbuf);
                    sendMessage(txbuf, len);
                    count=0;
                }
            }
        }
        #ifdef SPI_LCD
        if(count % V1 == 0)
        {
            ZXBeeBegin();
            sprintf(b, "%d", D1);
            ZXBeeAdd("D1", b);
            txbuf = ZXBeeEnd();
            txbuf[18] = '{';
            UART_PRINT(&txbuf[18]);
        }
        #endif
        count++;
    }
}


/*******************************************************************************
*名称：ZXBeeUserProcess(char *ptag, char *pval)
*功能：用户命令解析函数
*******************************************************************************/
void ZXBeeUserProcess(char *ptag, char *pval)
{
```

```c
char buf[64];
int val = atoi(pval);
UART_PRINT("ZXBeeUserProcess() %s,%s\r\n", ptag, pval);

if (0 == strcmp(ptag, "D1") && pval[0] == '?')        //查询传感器值
{
    sprintf(buf, "%d", D1);
    ZXBeeAdd("D1", buf);
}
if (0 == strcmp(ptag, "D0") && pval[0] == '?')        //查询上报使能
{
    sprintf(buf, "%d", D0);
    ZXBeeAdd("D0", buf);
}
if ( 0 == strcmp(ptag, "OD0") )                       //打开定时上报命令
{ D0 |= val; }
if ( 0 == strcmp(ptag, "CD0") )                       //关闭定时上报命令
{ D0 &= ~val; }
if ( 0 == strcmp(ptag, "OD1") )                       //打开电机指令
{
    D1 |= val;
    sensor_cotrol(D1);
}
if ( 0 == strcmp(ptag, "CD1") )                       //关闭电机指令
{
    D1 &= ~val;
    sensor_cotrol(D1);
}
if ( 0 == strcmp(ptag, "V0") )                        //查询\更改上报周期
{
    if(pval[0] == '?')
    {
        sprintf(buf, "%d", V0);
        ZXBeeAdd("V0", buf);
    }
    else
    V0 = atoi(pval);
}
#ifdef SPI_LCD
if ( 0 == strcmp(ptag, "V1") )
{
    if(pval[0] == '?')
    {
        sprintf(buf, "%d", V1);
        ZXBeeAdd("V1", buf);
    }
    else
```

```
            V1 = atoi(pval);
        }
        #endif
}


/****************************************************************************
*名称: sensor_cotrol
*功能: 控制传感器状态函数
****************************************************************************/
void sensor_cotrol(unsigned char cmd)
{
    if( cmd & 0x01)
        GPIOPinWrite(GPIOA0_BASE, G03_UCPINS, 0xff);    //打开电机
    else
        GPIOPinWrite(GPIOA0_BASE, G03_UCPINS, 0x00);    //关闭电机
}
```

2. 移动端应用设计

(1) 工程框架设计如表 9.12 所示。

表 9.12　自动浇花系统工程框架

包名（类名）	说　　明
com.zonesion.app 应用包	
IOnWSNDataListener.java	传感器数据监听接口类
ZApplication.java	Application 对象，定义应用程序全局单例对象
com.zonesion.tool 工具包	
ChangeColorIconWithTextView	自定义 View 的实现
MyDialog	自定义 ProgressDialog 的实现
com.zonesion.ui 子模块包	
SoilFragment.java	土壤温湿度实时查询和电机控制模块
HistoryChartFragment.java	历史数据查询模块
SettingFragment.java	自动控制设置模块
AboutFragment.java	关于模块
com.zonesion.activity activity 包	
MainActivity.java	主 Activity

（2）流程设计。自动浇花系统调用的是实时数据 API 接口和历史数据 API 接口，将采集类传感器和控制类传感器结合在一起，程序的实现流程如图 9.27 所示。

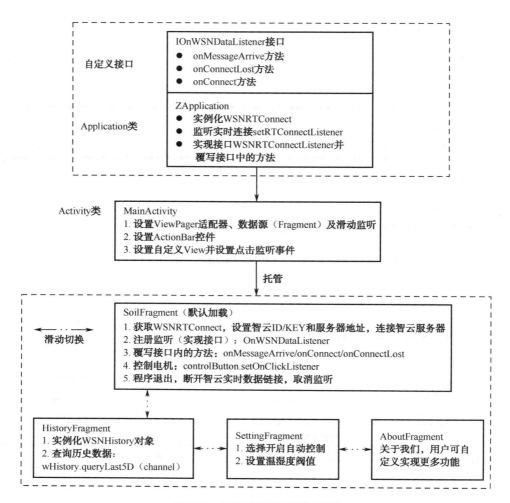

图 9.27　浇花系统程序设计逻辑

（3）软件设计。

① ZApplication 框架说明参考智能灯光控制这一章节。

② MainActivity 实现了 ViewPager 数据源设置，各个 Fragment 模块加载，以及自定义 View 的单击事件和 ActionBar 控件的应用，核心源码如下所示。

```
public class MainActivity extends FragmentActivity implements
                              OnPageChangeListener, OnClickListener
{
    ......
    @Override
    protected void onCreate(Bundle savedInstanceState)
    {
        ......
        setOverflowShowingAlways();                  //显示 ActionBar 导航栏的 Overflow 按钮
        ActionBar actionBar = getActionBar();
        actionBar.setDisplayShowHomeEnabled(true);   //使用程序图标作为 home icon
```

```
        actionBar.setDisplayHomeAsUpEnabled(true);          //显示返回的箭头, 并可通过
                /.onOptionsItemSelected()进行监听, 其资源 ID 为 Android.R.id.home
        mViewPager = (ViewPager) findViewById(R.id.id_viewpager);  //获取 ViewPager 控件
        //实例化 Fragment 及 Fragment 指示器
        initDatas();
        mViewPager.setAdapter(mAdapter);                    //为 mViewPager 设置适配器
        //为 mViewPager 设置页面滑动监听器, 让 Activity 去实现监听
        mViewPager.setOnPageChangeListener(this);
    }
    ......
}
```

③ 土壤温湿度实时数据采集和电机控制（SoilFragment）。通过 mApplication.
getWSNRConnect() 获取 WSNRConnect 实例，设置 ID/KEY 和服务器地址，通过
mApplication.registerOnWSNDataListener (this)注册传感器数据监听（实现接口 IOnWSN
DataListener），建立实时连接。

```
@Override
publicvoid onCreate(Bundle savedInstanceState)
{
    super.onCreate(savedInstanceState);

    mApplication = (ZApplication) getActivity().getApplication();
    wRTConnect = mApplication.getWSNRConnect();
    wRTConnect.setIdKey(ID, KEY);                          //设置 ID/KEY
    wRTConnect.setServerAddr("zhiyun360.com:28081");       //设置服务器地址
    mApplication.registerOnWSNDataListener(SoilFragment.this);  //注册监听
    wRTConnect.connect();                                  //建立实时数据服务连接
}
```

覆写接口的方法：在 onConnect()方法中发送查询温湿度值和电机状态的命令，即在连
接成功后立即查询温湿度值而不是一直等待底层主动上传数据。

```
@Override
publicvoid onConnect()                                    //连接成功时发送查询命令
{
    //TODO Auto-generated method stub
    wRTConnect.sendMessage(mMac, "{A0=?,A1=?}".getBytes());
    wRTConnect.sendMessage(mMotorMac, "{D1=?}".getBytes());
    Toast.makeText(getActivity(), "{A0=?,A1=?}", Toast.LENGTH_SHORT).show();
}
```

在 onMessageArrive()方法中解析获取到的传感器数据：将温湿度值显示在视图中；根
据电机状态来设置背景图片。

```
@Override
publicvoid onMessageArrive(String mac, String tag, String val)
{
    if (mTempMac.equalsIgnoreCase(mac))                   //过滤出温湿度传感器的数据
    {
        System.out.println(mTempMac + tag + val);
```

```
                if (tag.equals("A0"))
                {
                    temp = Float.parseFloat(val);
                    tempTextView.setText("温度值： " + fnum.format(temp) + "℃");
                }
                if (tag.equals("A1"))
                {
                    humi = Float.parseFloat(val);
                    humiTextView.setText("湿度值： " + fnum.format(humi) + "%RH");
                }
            }
            if (mac.equalsIgnoreCase(mMotorMac))                    //过滤出电机传感器的数据
            {
                if (tag.equals("D1"))
                {
                    int v = Integer.parseInt(val);
                    if (v == 1)
                    {
                        flag = true;
                        bg.setBackgroundResource(R.drawable.jiaohua_on);
                    }
                    if (v == 0)
                    {
                        flag = false;
                        bg.setBackgroundResource(R.drawable.jiaohua);
                    }
                }
            }
        }
```

单击按钮发送"{OD1=1，D1=?}"、"{CD1=1，D1=?}"命令来控制电机的开关。

```
controlButton.setOnClickListener(new OnClickListener()
{
    @Override
    publicvoid onClick(View v)
    {
        //TODO Auto-generated method stub
        if (flag == false)                                      //关闭状态
        { commond = "{OD1=1,D1=?}"; }
        else                                                    //打开状态
        { commond = "{CD1=1,D1=?}"; }
        //发送控制电机状态的命令
        wRTConnect.sendMessage(mMotorMac, commond.getBytes());
    }
});
```

④ 土壤温湿度历史数据查询（HistoryChartFragment）：实例化 WSNHistory，调用
WSNHistory 类的历史数据查询方法来查询指定时间段内的数据并以曲线图的形式显示。在

本任务中，增加了选择查询温度或者湿度的历史数据的功能，以及选择需要查询的时间段，可单击不同的按钮来查询指定时间段的历史数据，部分源码如下所示，详细过程可参考 8.8 节中历史数据查询的流程解析。

```
case R.id.btn_week:
    mBtnWeek.setBackgroundResource(R.drawable.weekon);
    mBtnMonth.setBackgroundResource(R.drawable.month);
    mBtnMonths.setBackgroundResource(R.drawable.months);
    new getHistoryDataAsyn(1).execute(new String[0]);
    Toast.makeText(getActivity(), "正在查询近一周的数据", Toast.LENGTH_SHORT).show();
break;
case R.id.btn_month:
    mBtnWeek.setBackgroundResource(R.drawable.week);
    mBtnMonth.setBackgroundResource(R.drawable.monthon);
    mBtnMonths.setBackgroundResource(R.drawable.months);
    new getHistoryDataAsyn(2).execute(new String[0]);
    Toast.makeText(getActivity(), "正在查询近一个月的数据", Toast.LENGTH_SHORT).show();
break;
case R.id.btn_months:
    mBtnWeek.setBackgroundResource(R.drawable.week);
    mBtnMonth.setBackgroundResource(R.drawable.month);
    mBtnMonths.setBackgroundResource(R.drawable.monthson);
    new getHistoryDataAsyn(3).execute(new String[0]);
    Toast.makeText(getActivity(), "正在查询近三个月的数据", Toast.LENGTH_SHORT).show();
break;

@Override
protected Boolean doInBackground(String... arg0)
{
    //list = getHistoryData.getData(getList.mClientAPPId, channel,
    //duration, interval, "1000", getList.mClientApiKey);
    try
    {
        if (i == 1)
        { historyResult = wHistory.queryLast5D(channel); }
        elseif (i == 2)
        { historyResult = wHistory.queryLast1M(channel); }
        elseif (i == 3)
        { historyResult = wHistory.queryLast3M(channel); }
        list = getList(historyResult);
    }
    catch (Exception e)
    {
        //TODO Auto-generated catch block
        e.printStackTrace();
```

```
        }
        returntrue;
    }
```

⑤ 自动控制设置（SettingFragment）：当选择自动控制模式时，系统会默认设置温湿度阈值，用户也可以自己拖动温湿度阈值滚动条来设置温度和湿度的阈值，当查询到温度值过高（大于温度阈值）或湿度值过低（小于湿度阈值）时，会自动开启电机，此时单击开关按钮是无效的操作。

```java
privatevoid setButtonClickable()
{
    if (SettingFragment.status)
    { controlButton.setClickable(false); }
    else
    { controlButton.setClickable(true); }
}
if (SettingFragment.status) //开启了自动控制模式
{
    if (temp > SettingFragment.autoTempValue || humi < SettingFragment.autoHumiValue)
    { commond = "{OD1=1,D1=?}"; }
    else
    { commond = "{CD1=1,D1=?}"; }
    //发送查询电机状态的命令
    wRTConnect.sendMessage(mMotorMac, commond.getBytes());
}
```

⑥ CheckBox 使用。在 xml 文件中定义 CheckBox 控件。

```xml
<CheckBox
    Android:id="@+id/checkBox"
    Android:layout_width="wrap_content"
    Android:layout_height="wrap_content"
    Android:text="@string/checkbox" />
```

在 Java 文件中获取 CheckBox 控件并设置监听器，覆写其单击事件的方法。

```java
//获取 CheckBox 并设置监听
autoCb = (CheckBox) v.findViewById(R.id.checkBox);
autoCb.setOnCheckedChangeListener(new OnCheckedChangeListener()
{
    @Override
    publicvoid onCheckedChanged(CompoundButton buttonView,boolean isChecked)
    {
        //TODO Auto-generated method stub
        if (isChecked)
        status = true;
        else
```

```
            status = false;
        }
});
```
⑦ SeekBar 使用。在 xml 文件中定义 SeekBar 控件。
```
<SeekBar
    Android:id="@+id/tempSb"
    Android:layout_width="150dp"
    Android:layout_height="wrap_content" />
```
在 Java 文件中获取 SeekBar 控件并设置监听器。
```
tempSb = (SeekBar) v.findViewById(R.id.tempSb);
tempSb.setMax(100);                    //设置拖动条的最大值
tempSb.setOnSeekBarChangeListener(SettingFragment.this);
```
覆写监听器中的方法。
```
@Override
publicvoid onProgressChanged(SeekBar seekBar, int progress,boolean fromUser)
{
    //TODO Auto-generated method stub
    if (seekBar.equals(tempSb))
    {   //温度设置拖动条
        autoTempValue = progress;
        tempValue.setText("设置的温度阈值为: " + autoTempValue);
    }
    if (seekBar.equals(humiSb))        //湿度设置拖动条
    {
        autoHumiValue = progress;
        humiValue.setText("设置的湿度阈值为: " + autoHumiValue);
    }
}
@Override
publicvoid onStartTrackingTouch(SeekBar seekBar)
{ //TODO Auto-generated method stub }
@Override
publicvoid onStopTrackingTouch(SeekBar seekBar)
{ //TODO Auto-generated method stub }
```
⑧ Spinner 使用。在 xml 文件中定义 Spinner 控件。
```
<Spinner
    Android:id="@+id/spinner"
    Android:layout_width="wrap_content"
    Android:layout_height="wrap_content" />
```
在 Java 文件中获取 Spinner 控件并设置适配器。
```
spinner = (Spinner) v.findViewById(R.id.spinner);
String list[] = { "温度", "湿度" };
adapter = new ArrayAdapter<String>(getActivity(),
                              Android.R.layout.simple_spinner_item, list);
adapter.setDropDownViewResource(Android.R.layout.simple_spinner_dropdown_item);
spinner.setAdapter(adapter);
```

第9章

为 Spinner 控件设置监听器并覆写单击事件的方法。

```java
spinner.setOnItemSelectedListener(new OnItemSelectedListener()
{
    @Override
    publicvoid onItemSelected(AdapterView<?> arg0, View arg1,int arg2, long arg3)
    {
        //TODO Auto-generated method stub
        if (arg2 == 0)
        channel = channels[0];
        else
        channel = channels[1];
    }
    @Override
    publicvoid onNothingSelected(AdapterView<?> arg0)
    { //TODO Auto-generated method stub }
});
```

3．Web 端应用设计

根据智云 Web 应用编程接口定义，智能浇花系统的应用设计主要采用实时数据 API 接口和历史数据 API 接口，JS 部分代码如下。

```javascript
var rtc = new WSNRTConnect(myZCloudID, myZCloudKey); //创建数据连接服务对象
rtc.connect();                                       //数据推送服务连接
$("#ConnectState").text("数据服务连接中...");
rtc.onConnect = function()                           //连接成功回调函数
{
    rtc.sendMessage(mySensorMac1, "{A0=?}");         //向温湿度传感器发送数据获取温度值
    rtc.sendMessage(mySensorMac1, "{A1=?}");         //向温湿度传感器发送数据获湿度值
    rtc.sendMessage(mySensorMac2, "{CD1=1,D1=?}");   //向继电器发送数据
    $("#ConnectState").text("数据服务连接成功！ ");
};
rtc.onConnectLost = function()                       //数据服务掉线回调函数
{ $("#ConnectState").text("数据服务掉线！ "); };
rtc.onmessageArrive = function(mac, dat)             //消息处理回调函数
{
    if ((mac == mySensorMac1) && (dat.indexOf(",") == -1)) //接收数据过滤
    {
        var aisle = dat.substring(dat.indexOf("{") + 1, dat.indexOf("="));
        if (aisle == "A0")                           //判断是否为温度值
        {
            //将原始数据的数字部分分离出来
            dat = dat.substring(dat.indexOf("=") + 1, dat.indexOf("}"));
            setDialData('#dial1', parseFloat(dat));  //给表盘赋值
            Temperature = dat;
        }
        if (aisle == "A1")                           //判断是否为湿度值
        {
```

```
                    //将原始数据的数字部分分离出来
                    dat = dat.substring(dat.indexOf("=") + 1, dat.indexOf("}"));
                    setDialData('#dial2', parseFloat(dat));            //给表盘赋值
                    Humidity = dat;
                }
            }
};

$(function()
{
    elem01 = document.querySelector('.js-min-max-start-temperature');     //选择 input 元素
    init01 = new Powerange(elem01, {
    min: -10,
    max: 50,
    start: 40,
    callback: function()                                           //实例化 powerange 类并且初始化参数
    {
        $("#range1").text(elem01.value);                           //显示温度阈值
        var IsChecked = document.getElementById("checkboxid").checked;
        if (IsChecked == true)
        {   //判断复选框是否选中
            if (parseInt(Temperature) > parseInt(elem01.value) || parseInt(Humidity)
                        < parseInt(elem02.value)) //若当前温度值高于阈值或湿度值低于阈值
            {
                rtc.sendMessage(mySensorMac2, "{OD1=1,D1=?}");   //向继电器发送数据
                document.getElementById("bg").src = ("images/jh-on.gif");
            }
            else
            {
                rtc.sendMessage(mySensorMac2, "{CD1=1,D1=?}");   //向继电器发送数据
                document.getElementById("bg").src = ("images/jh-off.jpg");
            }
        }
    }
});
$("#range1").text(elem01.value);
elem02 = document.querySelector('.js-min-max-start-humidity');        //选择 input 元素
init02 = new Powerange(elem02,
{
    min: 0,
    max: 50,
    start: 20,
    callback: function()                                           //实例化 powerange 类并且初始化参数
    {
        $("#range2").text(elem02.value);
        var IsChecked = document.getElementById("checkboxid").checked;
        if (IsChecked == true)
```

```
            {
                if (parseInt(Temperature) > parseInt(elem01.value) || parseInt(Humidity)
                    < parseInt(elem02.value))                //若当前温度值高于阈值或湿度值低于阈值
                {
                    rtc.sendMessage(mySensorMac2, "{OD1=1,D1=?}");  //向继电器发送数据
                    document.getElementById("bg").src = ("images/jh-on.gif");
                }
                else
                {
                    rtc.sendMessage(mySensorMac2, "{CD1=1,D1=?}");   //向继电器发送数据
                    document.getElementById("bg").src = ("images/jh-off.jpg");
                }
            }
        }
    });
    $("#range2").text(elem02.value);
});

var flag = true;
function anniu()
{
    var IsChecked = document.getElementById("radioid").checked;
    if (IsChecked == true)
    {
        var anNiu = document.getElementById("button");
        var bG = document.getElementById("bg");
        if (flag)
        {
            anNiu.src = ("images/jh-an-on.png");
            bG.src = ("images/jh-on.gif");
            rtc.sendMessage(mySensorMac2, "{OD1=1,D1=?}");        //向继电器发送数据
        }
        else
        {
            anNiu.src = ("images/jh-an-off.png");
            bG.src = ("images/jh-off.jpg");
            rtc.sendMessage(mySensorMac2, "{CD1=1,D1=?}");        //向继电器发送数据
        }
        flag = !flag
    }
}

function AutoControl()
{
    var IsChecked = document.getElementById("checkboxid").checked;
    if (IsChecked == true)
    {
```

```
if (parseInt(Temperature) > parseInt(elem01.value) && parseInt(Humidity)
                < parseInt(elem02.value))    //若当前温度值高于阈值或湿度值低于阈值
{
    rtc.sendMessage(mySensorMac2, "{OD1=1,D1=?}");        //向继电器发送数据
    document.getElementById("bg").src = ("images/jh-on.gif");
}
        }
    }
```

9.3.5 开发步骤

1. 搭建硬件开发环境

（1）准备一个 s4418/s6818 系列 Android 开发平台，并且网关是最新的镜像，1 个安装温湿度感器的 CC3200 无线节点，1 个安装了直流电机的 CC3200 节点。按照 1.3 设置节点板跳线为模式一。

（2）打开传感器驱动工程，将 "01-开发例程\第 9 章\9.3-自动浇花系统开发\SensorHalExamples" 下所有文件夹复制到 "C:\Texas Instruments\CC3200-1.0.0-SDK-\Bzonesion" 文件夹下；打开复制的其中叫做 DCMotor 和 HumiTemp 的文件夹内 \ewarm\template.eww 文件并分别编译，参考 8.2 节将程序烧写到安装有直流电机和安装有温湿度传感器的 CC3200 的无线节点中。

当有多组任务同时进行，为避免不同组的干扰，在第（2）步时，请打开 wifi_cfg.h 文件，修改 Z_SSID_NAME。

（3）参考 8.2 节的内容部署硬件，组成智云无线传感网络，并将数据接入到智云服务中心。

2. Android 应用程序开发

（1）根据实际硬件平台修改代码中传感器节点的 IEEE 地址（在 ZCloodtools 软件上查看）及智云 ID/KEY。

（2）编译 AutoFlowering 工程，并安装应用程序到 s4418/s6818 系列 Android 开发平台或 Android 终端内。

（3）将 Android 终端设备接入互联网或者与智云 Android 开发平台设备在同一个局域网内，进入自动浇花系统主界面，主界面弹出 "连接网关成功" 消息后表示连接到智云服务中心。

（4）连接网关成功后会发送查询温湿度值的命令并将温湿度值在右上角显示出来，用户也可以单击右下角的 "打开/关闭" 按钮来控制电机的开关，如图 9.28 所示。

（5）滑动或单击切换至 "曲线" 页面，用户可以单击不同按钮来查询指定时间段的历史数据，也可以下拉 Spinner 控件来选择查询温度或者是湿度的历史数据，如图 9.29 所示。

（6）滑动或单击切换至 "设置" 页面，选择自动控制模式，设置温湿度阈值，即可实现当温度过高或者湿度过低时自动开启电机的功能，设置界面如图 9.30 所示。

图 9.28　土壤温湿度实时数据显示

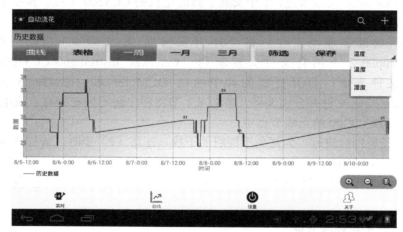

图 9.29　历史数据查询

图 9.30　直流电机自动控制

3. Web 应用程序开发

（1）根据实际硬件平台修改代码中传感器节点的 IEEE 地址、智云服务器地址（若在局域网内使用，则设置为智云 Android 开发平台的 IP）和智云 ID/KEY。

（2）将计算机接入互联网，或与智云 Android 开发平台设备在同一个局域网内。用谷歌浏览器（或支持 HTML5 技术的 IE10 以上版本浏览器）运行 Web 工程"AutoFlowering-Web\AutoFlowering.html"，进入自动浇花系统界面，主界面右上角显示"数据服务连接成功！"消息后表示连接到智云服务中心，在左侧栏会实时地显示当前温湿度值，在页面下方可选择自动控制模式并设置温湿度阈值，也可以选择手动控制模式来控制电机的开关，如图 9.31 所示。

图 9.31　自动浇花网页端设计效果图

9.3.6　总结与拓展

本章任务中用到了两个传感器，使用了实时数据 API 接口和历史数据 API 接口，另外还学习了一些关于 Android UI 开发的知识。

9.4　任务 51　智能安防系统开发（CC2530 ZigBee）

9.4.1　学习目标

● 基于 Zigbee 的云平台综合应用项目开发。
● 掌握基于 Zigbee 网络的传感器底层驱动开发。
● 掌握智云通信协议 sensor_update() 函数的运用。
● 掌握智云掌握传感器数据的定时上报采集和实时数据编程接口的使用。

利用火焰、燃气、风扇、人体红外和声光报警等传感器，开发一个智能安防系统，能够监测火焰、可燃气体浓度值和过路行人，远程实时控制风扇和报警器开关，学会使用多个传感器开发小型综合应用系统。

9.4.2　开发环境

硬件：火焰传感器 1 个、燃气传感器 1 个、风扇传感器 1 个、人体红外传感器 1 个、声光报警传感器 1 个、智云 Android 开发平台 1 个（默认为 s4418/s6818 系列任务箱）、CC2530 无线节点板 5 个、SmartRF04 仿真器 1 个、调试转接板 1 个。软件：Windows XP/7/8、IAR Embedded Workbench for 8051、Android Developer Tools（Android 集成开发环境）。

9.4.3　原理学习

1．系统设计目标

系统设计功能及目标如图 9.32 所示。

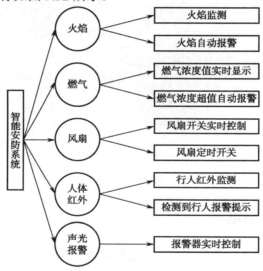

图 9.32　智能安防系统功能模块

（1）通过火焰传感器检测火焰，无火焰时，在 Android 移动客户端显示无火焰的图片；有火焰时显示有火焰的图片。

（2）通过燃起传感器检测周围环境的燃气浓度值并实时显示在 Android 移动客户端中。

（3）能够在 Android 移动客户端通过"开关"按钮控制风扇传感器，远程实时控制风扇开关，默认情况下，风扇是静止的，风扇工作时显示风扇叶子快速转动的 gif 图片。

（4）通过人体红外传感器对行人进行检测，在没有检测到行人时，在 Android 移动客户端显示无人的图片；检测到行人时，显示有人的动态 gif 图片。

（5）能够在 Android 移动客户端通过"开关"按钮控制声光报警器开关。

2．系统整体设计

从传输过程分为三部分：传感节点、网关、客户端（Android 和 Web），通信流程图如图 9.33 所示，具体通信描述如下。

（1）传感器节点通过 ZigBee 网络与网关的协调器进行组网，网关的协调器通过串口与网关进行数据通信；

（2）底层节点的数据通过 ZigBee 网络将数据传送给协调器，协调器通过串口将数据转发给网关服务，通过实时数据推送服务将数据推送给所有连接网关的客户端；相反，也可以通过客户端通过网关控制节点。

（3）实时数据显示模块：实时的显示温湿度、空气质量值。

（4）联动控制模块：可燃气体浓度值实时显示，当检测到可燃气体浓度过高时，自动控制进行声光报警。

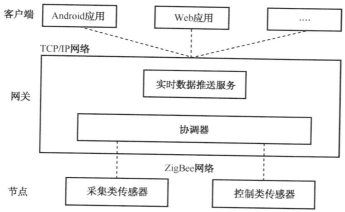

图 9.33　远程温湿度计程序流程

3．硬件原理

（1）火焰传感器由各种燃烧生成物、中间物、高温气体、碳氢物质及无机物质为主体的高温固体微粒构成。火焰的热辐射具有离散光谱的气体辐射和连续光谱的固体辐射，不同燃烧物的火焰辐射强度、波长分布有所差异，但总体来说，其对应火焰温度的近红外波长域及紫外光域具有很大的辐射强度，根据这种特性可制成火焰传感器，火焰传感器与 CC2530 部分接口电路如图 9.34 所示。

上图中的 GPIO 引脚连接到了 CC2530 的 P0_5 口，可以直接读取此 IO 口输入的信号。

（2）可燃气体传感器原理说明请参考厨房燃气监测系统这一章节相关内容。

（3）风扇传感器与 CC2530 部分接口电路如图 9.35 所示。

图 9.35 中的 GPIO 引脚连接到了 CC2530 的 P0_5 口，可以直接读取此 IO 口输入的信号；MISO 引脚接到 CC2530 的 P0_6 口。

（4）普通人体会发射 10 μm 左右的特定波长红外线，用专门设计的传感器就可以针对性地检测这种红外线是否存在，当人体红外线照射到传感器上后，因释热电效应将想外释放电荷，后续电路经检测处理后就能产生控制信号，人体红外传感器与 CC2530 开发板部分接口电路如图 9.36 所示。

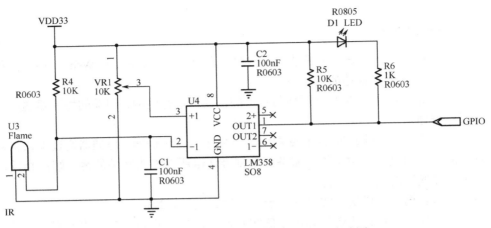

图 9.34　火焰传感器与 CC2530 部分接口电路图

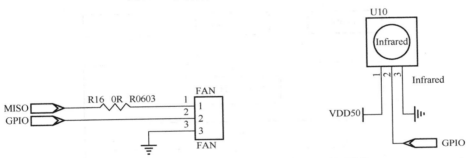

图 9.35　风扇传感器与 CC2530 部分接口电路图　图 9.36　人体红外传感器与 CC2530 部分接口电路图

图 9.36 中的 GPIO 连接到 CC2530 的 P0_5 口，因此通过检测此 IO 口电平状态的变化，可判断是否检测到周围有人靠近。

（5）声光报警器与 CC2530 开发板部分接口电路如图 9.37 所示。

图 9.37 中的 GPIO 连接到 CC2530 的 P0_5 口，ADC 连接到 CC2530 的 P0_1 口，MISO 连接到 CC2530 的 P0_6 口，MOSI 连接到 CC2530 的 P1_3 口。

上述传感器详细原理及时序说明请参考《物联网平台开发及应用——基于 CC2530 和 ZigBee》一书。

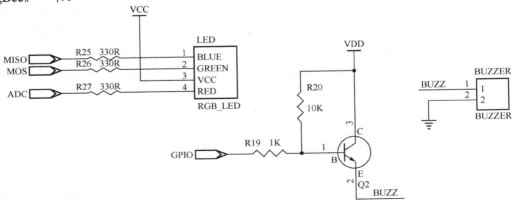

图 9.37　声光报警传感器与 CC2530 部分接口电路图

9.4.4 开发内容

1. 硬件层驱动设计

（1）ZXBee 智云数据通信协议。根据 8.3 节介绍，定义火焰传感器、燃气传感器、人体红外传感器、风扇传感器和声光报警传感器的通信协议，如表 9.13 所示。

表 9.13 相关传感器智云通信协议定义

传 感 器	属 性	参 数	权 限	说 明
可燃气体	数值	A0	R	数值，燃气浓度值
火焰/人体红外	数值	A0	R	数值，0 或者 1 变化
	上报状态	D0(OD0/CD0)	R(W)	D0 的 Bit0 表示上传状态
风扇/声光报警	电源开关	D1(OD1/CD1)	R(W)	D1 的 Bit0 表示电源状态，OD1 为开、CD1 为关

（2）传感器驱动程序开发。可燃气体传感器的驱动开发请参考可燃气体检测系统这一章节相关内容。火焰传感器与人体红外传感器类似，以火焰传感器为例进行分析，火焰传感器的程序逻辑如图 9.38 所示。

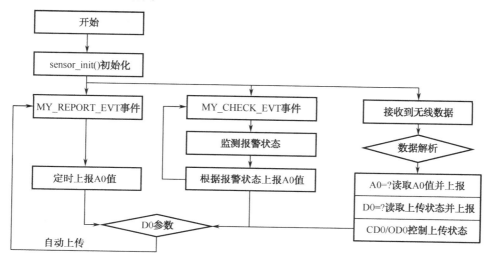

图 9.38 火焰传感器驱动程序流程分析

根据 2.1 章节所述，火焰传感器属于报警类传感器，设定每隔 120 s 主动上报传感器数值。相关传感器 ZXBee HAL 函数如表 9.14 所示。

表 9.14 相关传感器 ZXBee HAL 函数

函 数 名 称	函 数 说 明
sensor_init()	初始化传感器

续表

函 数 名 称	函 数 说 明
updateV0()	更新上报时间
updateA0()	更新 A0 的值
sensor_check()	传感器控制函数
sensor_update()	上报采集到的数据
usr_process_command_call()	解析接收到的控制命令函数
MyEventProcess()	事件处理函数，启动定时器触发 MY_REPORT_EVT 和 MY_ALARM_EVT 事件

部分程序代码如下。

```
/*********************************宏定义*********************************/
#define SENSOR_PORT    P0
#define SENSOR_SEL     P0SEL
#define SENSOR_DIR     P0DIR
#define SENSOR_BIT     0x20
#define SENSOR_PIN     P0_5


/*********************************全局变量*********************************/
static uint8 D0 = 1;                        //默认打开主动上报功能
static uint8 A0 = 0;                        //报警状态值
static uint16 V0 = 120;                     //V0 设置为上报时间间隔，默认为 120 s
static uint16 myReportInterval = 120;       //上报时间间隔，单位为 s
static uint16 Flag = 0;                     //报警标识


/***********************************************************************
*名称：sensor_init()
*功能：传感器硬件初始化
***********************************************************************/
void sensor_init(void)
{
    //初始化传感器代码
    //配置 P0_5 端口为通用输入 IO
    SENSOR_SEL &= ~(SENSOR_BIT);
    SENSOR_DIR &= ~(SENSOR_BIT);

    //启动定时器，触发事件 MY_REPORT_EVT
    osal_start_timerEx(sapi_TaskID, MY_REPORT_EVT, (uint16)((osal_rand()%10) * 1000));
    osal_start_timerEx(sapi_TaskID, MY_CHECK_EVT, (uint16)((osal_rand()%10) * 1000));
}


/***********************************************************************
*名称：updateV0()
*功能：更新 V0 的值
*参数：*val -- 待更新的变量
*返回：V0 -- 返回更新后的 V0 值
```

```
*********************************************************************/
uint16 updateV0(char *val)
{
    //将字符串变量 val 解析转换为整型变量赋值
    myReportInterval = atoi(val);
    V0 = myReportInterval;
    return V0;
}


/********************************************************************
*名称：updateA0()
*功能：更新 A0 的值
*返回：A0 -- 返回更新后的 A0 值
*********************************************************************/
uint8 updateA0(void)
{
    A0 = !SENSOR_PIN;
    return A0;
}


/********************************************************************
* 名称：sensor_update()
* 功能：处理主动上报的数据
*********************************************************************/
void sensor_update(void)
{
    uint16 cmd = 0;
    uint8 pData[128];
    uint8 *p = pData + 1;
    int len;

    //根据 D0 的位状态判定需要主动上报的数值
    if ((D0 & 0x01) == 0x01)            //若报警值上报允许，则 pData 的数据包中添加报警值数据
    {
        updateA0();
        len = sprintf((char*)p, "A0=%u", A0);
        p += len;
        *p++ = ',';
    }

    //将需要上传的数据进行打包操作，并通过 zb_SendDataRequest()发送到协调器
    if (p - pData > 1)
    {
        pData[0] = '{';
        p[0] = 0;
        p[-1] = '}';
```

第
9
章

```
                zb_SendDataRequest( 0, cmd, p-pData, pData, 0, AF_ACK_REQUEST,
                                                          AF_DEFAULT_RADIUS );
                HalLedSet( HAL_LED_1, HAL_LED_MODE_BLINK );        //通信 LED 闪烁一次
        }
}


/**************************************************************************
*名称: sensor_check()
*功能: 监测报警值
**************************************************************************/
void sensor_check(void)
{
        uint16 cmd = 0;
        uint8 pData[128];
        int len;
        uint8 lastA0 = 0;

        if((D0 & 0x01) == 1)
        {
                lastA0 = A0;                                       //记录上次 A0 的值
                updateA0();

                //当监测到维持高电平状态, 上报报警值 A0=1
                if (A0 == 1)
                {
                        if(Flag % 3 == 0)                          //每 3 s 报警一次
                        {
                                len = sprintf((char*)pData, "{A0=%u}", A0);
                                zb_SendDataRequest(0, cmd, len, (uint8*)pData, 0, AF_ACK_REQUEST,
                                                AF_DEFAULT_RADIUS);        //发送数据到协调器
                                HalLedSet(HAL_LED_1, HAL_LED_MODE_BLINK);  //通信 LED 闪烁一次
                        }
                        Flag++;
                }
                //当监测到维持低电平状态, 上报清除报警状态 A0=0
                else if ((Flag != 0) && (lastA0 == 0) && (A0 == 0))
                {
                        len = sprintf((char*)pData, "{A0=%u}", A0);
                        zb_SendDataRequest(0, cmd, len, (uint8*)pData, 0, AF_ACK_REQUEST,
                                        AF_DEFAULT_RADIUS);        //发送数据到协调器
                        HalLedSet(HAL_LED_1, HAL_LED_MODE_BLINK);  //通信 LED 闪烁一次
                        Flag = 0;
                }
        }
}


/**************************************************************************
```

```
*名称：usr_process_command_call()
*功能：解析收到的控制命令
*参数：*ptag -- 控制命令名称
*      *pval -- 控制命令参数
*      *pout -- 控制响应数据
*返回：ret -- pout 字符串长度
************************************************************************/
int usr_process_command_call(char *ptag, char *pval, char *pout)
{
    int val;
    int ret = 0;

    //将字符串变量 pval 解析转换为整型变量赋值
    val = atoi(pval);

    //控制命令解析
    if (0 == strcmp("CD0", ptag))
    { D0 &= ~val; }
    if (0 == strcmp("OD0", ptag))
    { D0 |= val; }
    if (0 == strcmp("D0", ptag))
    {
        if (0 == strcmp("?", pval))
        { ret = sprintf(pout, "D0=%u", D0); }
    }
    if (0 == strcmp("A0", ptag))
    {
        if (0 == strcmp("?", pval))
        {
            updateA0();
            ret = sprintf(pout, "A0=%u", A0);
        }
    }
    if (0 == strcmp("V0", ptag))
    {
        if (0 == strcmp("?", pval))
        { ret = sprintf(pout, "V0=%u", V0); }
        else
        { updateV0(pval); }
    }
    return ret;
}


/************************************************************************
*名称：MyEventProcess()
*功能：解析收到的控制命令
*参数：event -- 事件编号
```

```
***************************************************************************/
void MyEventProcess( uint16 event )
{
    if (event & MY_REPORT_EVT)
    {
        sensor_update();
        //启动定时器，触发事件：MY_REPORT_EVT
        osal_start_timerEx(sapi_TaskID,MY_REPORT_EVT (uint16)(myReportInterval*1000));
    }
    if (event & MY_CHECK_EVT)
    {
        sensor_check();
        //启动定时器，触发事件：MY_CHECK_EVT，定时查询报警值
        osal_start_timerEx(sapi_TaskID, MY_CHECK_EVT, 1000);
    }
}
```

风扇传感器的驱动开发与继电器类似，请参考智能灯光控制系统这一章节相关内容。声光报警传感器程序逻辑如图 9.39 所示。

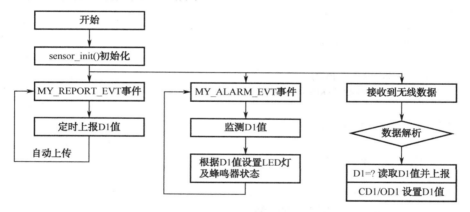

图 9.39　声光报警器驱动程序流程分析

根据 2.1 节所述，声光报警传感器属于控制类传感器，设定每隔 120 s 主动上报传感器数值。但声光报警传感器比继电器增加了一个 MY_ALARM_EVT 事件，在响应事件时，根据 D1 的值控制 LED 灯及蜂鸣器的状态。相关传感器 ZXBee HAL 函数如表 9.15 所示。

表 9.15　相关传感器 ZXBee HAL 函数

函 数 名 称	函 数 说 明
sensor_init()	初始化传感器
sensor_control()	传感器控制函数
sensor_update()	上报采集到的数据
usr_process_command_call()	解析接收到的控制命令函数
MyEventProcess()	事件处理函数，启动定时器触发 MY_REPORT_EVT 和 MY_ALARM_EVT 事件

部分程序代码如下。

```
/*******************************宏定义********************************/
#define SENSOR_RED          P0_1
#define SENSOR_GREEN        P1_3
#define SENSOR_BLUE         P0_6
#define SENSOR_BUZZER       P0_5
#define SENSOR_SEL          P0SEL
#define SENSOR_DIR          P0DIR
#define CLKDIV   ( CLKCONCMD & 0x07 )


/*******************************全局变量********************************/
static uint8 D0 = 1;                        //默认打开主动上报功能
static uint8 D1 = 0;                        //Bit0 表示声光报警状态,1 报警，0 不报警
static uint16 V0 = 120;                     //V0 设置为上报时间间隔，默认为 120 s
static uint16 myReportInterval = 120;       //上报时间间隔，单位为 s
static uint16 myAlarmDelay = 250;           //报警灯呼吸灯延时，单位为 ms
static uint8 Flag = 0;


/***********************************************************************
* 名称：sensor_init()
* 功能：传感器硬件初始化
***********************************************************************/
void sensor_init(void)
{
    //初始化传感器代码
    P1SEL &= ~ BV(3);
    P1DIR |= BV(3);

    SENSOR_SEL &= ~(BV(1) | BV(5) | BV(6));
    P0DIR |= BV(1) | BV(5) | BV(6);

    SENSOR_RED = 1;                         //RGB_LDE 中的红色,1 灭,0 亮
    SENSOR_GREEN = 1;                       //RGB_LDE 中的绿色,1 灭,0 亮
    SENSOR_BLUE = 1;                        //RGB_LDE 中的蓝色,1 灭,0 亮
    SENSOR_BUZZER = 0;                      //蜂鸣器，1 开，0 关

    //启动定时器，触发事件 MY_REPORT_EVT 和 MY_OFF_EVT
    osal_start_timerEx(sapi_TaskID, MY_REPORT_EVT, (uint16)((osal_rand()%10) * 1000));
    osal_start_timerEx( sapi_TaskID, MY_ALARM_EVT,myAlarmDelay);   //开启报警灯循环呼吸灯
}


/***********************************************************************
*名称：updateV0()
*功能：更新 V0 的值
*参数：*val -- 待更新的变量
*返回：V0 -- 返回更新后的 V0 值
```

```
*********************************************************************************/
uint16 updateV0(char *val)
{
    //将字符串变量 val 解析转换为整型变量赋值
    myReportInterval = atoi(val);
    V0 = myReportInterval;

    return V0;
}

/*********************************************************************************
*名称：sensor_update()
*功能：处理主动上报的数据
*********************************************************************************/
void sensor_update(void)
{
    uint16 cmd = 0;
    uint8 pData[128];
    uint8 *p = pData + 1;
    int len;

    //根据 D0 的位状态判定需要主动上报的数值
    if ((D0 & 0x01) == 0x01)          //若控制编码上报允许，则 pData 的数据包中添加控制编码数据
    {
        len = sprintf((char*)p, "D1=%u", D1);
        p += len;
        *p++ = ',';
    }

    //将需要上传的数据进行打包操作，并通过 zb_SendDataRequest()发送到协调器
    if (p - pData > 1)
    {
        pData[0] = '{';
        p[0] = 0;
        p[-1] = '}';

        zb_SendDataRequest( 0, cmd, p-pData, pData, 0, AF_ACK_REQUEST,
                                             AF_DEFAULT_RADIUS );
        HalLedSet( HAL_LED_1, HAL_LED_MODE_BLINK );          //通信 LED 闪烁一次
    }
}

/*********************************************************************************
*名称：usr_process_command_call()
*功能：解析收到的控制命令
*参数：*ptag -- 控制命令名称
*      *pval -- 控制命令参数
```

```
*          *pout -- 控制响应数据,将数据返回给上级调用,通过 zb_SendDataRequest{}发送给协调器
*返回: ret -- pout 字符串长度
***************************************************************************/
int usr_process_command_call(char *ptag, char *pval, char *pout)
{
    int val;
    int ret = 0;

    //将字符串变量 pval 解析转换为整型变量赋值
    val = atoi(pval);

    //控制命令解析
    if (0 == strcmp("CD0", ptag))
    { D0 &= ~val; }
    if (0 == strcmp("OD0", ptag))
    { D0 |= val; }
    if (0 == strcmp("D0", ptag))
    {
        if (0 == strcmp("?", pval))
        { ret = sprintf(pout, "D0=%u", D0); }
    }
    if (0 == strcmp("CD1", ptag))
    { D1 &= ~val; }
    if (0 == strcmp("OD1", ptag))
    { D1 |= val; }
    if (0 == strcmp("D1", ptag))
    {
        if (0 == strcmp("?", pval))
        { ret = sprintf(pout, "D1=%u", D1); }
    }
    if (0 == strcmp("V0", ptag))
    {
        if (0 == strcmp("?", pval))
        { ret = sprintf(pout, "V0=%u", V0); }
        else
        { updateV0(pval); }
    }
    return ret;
}


/****************************************************************************
* 名称: MyEventProcess()
* 功能: 自定义事件处理
* 参数: event -- 事件编号
***************************************************************************/
void MyEventProcess( uint16 event )
{
```

```
if (event & MY_REPORT_EVT)
{
    sensor_update();
    //启动定时器，触发事件：MY_REPORT_EVT
    osal_start_timerEx(sapi_TaskID,MY_REPORT_EVT,(uint16)(myReportInterval*1000));
}

//报警灯正常态呼吸灯，绿灯每隔 1 s 闪烁，蜂鸣器不响
if ( event & MY_ALARM_EVT )
{
    if(!D1)
    {
        SENSOR_RED = 1;
        SENSOR_GREEN = Flag;
        SENSOR_BLUE = 1;
        SENSOR_BUZZER = 0;
    }
    else
    {
        SENSOR_RED = Flag;
        SENSOR_GREEN = 1;
        SENSOR_BLUE = 1;
        SENSOR_BUZZER = Flag;
    }
    Flag = !Flag;
    osal_start_timerEx( sapi_TaskID, MY_ALARM_EVT, 3 * !D1 * myAlarmDelay +
                                                        myAlarmDelay);

}
}
```

2. 移动端应用设计

（1）工程框架设计如表 9.16 所示。

表 9.16　智能安防系统工程框架

包名（类名）	说　明
com.zonesion.activity 主 Activity 包	
MainActivity.java	主 Activity，建立智云连接，实例化 Fragment
com.zonesion.app 应用包	
IOnWSNDataListener.java	传感器数据监听接口类
ZApplication.java	Application 对象，定义应用程序全局单例对象
com.zonesion.gif gif 包	
GIFMovieView.java	自定义 View，用于播放 gif 动画
com.zonesion.tool 包	
ChangeColorIconWithTextView.java	自定义 View

续表

包名（类名）	说　　明
com.zonesion.ui 子模块 Fragment 包	
AlarmFragment.java	火焰、燃气、声光报警的控制报警模块
FannerFragment.java	风扇控制模块
InfraredFragment.java	人体红外模块

（2）流程设计。根据 2.1 节智云 Android 应用编程接口定义，智能安防系统的应用设计主要采用实时数据 API 接口，程序流程如图 9.40 所示。

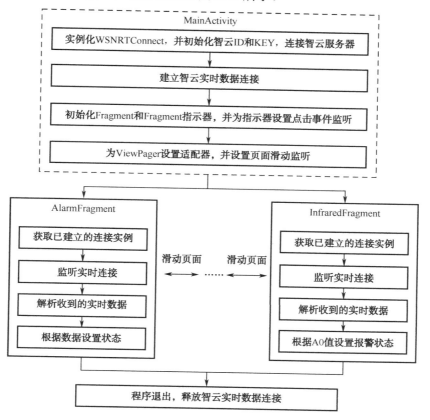

图 9.40　Android 应用程序逻辑

（3）软件设计。以人体红外传感器为例对程序代码进行剖析，其他传感器与之类似，可参考图 9.40 自行分析。

① MainActivity 初始化工作。

实例化 WSNRTConnect，并初始化智云 ID 和 KEY，连接智云服务器（局域网内使用：ID/KEY 可任意填写，注意每个 ID 不能相同，服务地址为智云 Android 开发平台的 IP 地址。若链接到互联网访问，需要填写正确的 ID/KEY/服务地址）。

```
mApplication = (ZApplication) getApplication();
wRTConnect = mApplication.getWSNRConnect();
wRTConnect.setIdKey(id, key);                                    //初始化智云 ID 和 KEY
```

```
wRTConnect.setServerAddr("zhiyun360.com:28081");                //设置服务器地址
```

建立智云实时数据链接。

```
wRTConnect.connect();
```

实例化 Fragment 和 ViewPager 适配器。

```java
private void initDatas()
{
    //实例化 Fragment
    AlarmFragment flameFragment = new AlarmFragment();
    FannerFragment fannerFragment = new FannerFragment();
    InfraredFragment infraredFragment = new InfraredFragment();

    mFragments.add(flameFragment);
    mFragments.add(fannerFragment);
    mFragments.add(infraredFragment);

    mAdapter = new FragmentPagerAdapter(getSupportFragmentManager()) {
        @Override
        public int getCount()
        {
            //TODO Auto-generated method stub
            return mFragments.size();
        }

        @Override
        public Fragment getItem(int arg0)
        {
            //TODO Auto-generated method stub
            return mFragments.get(arg0);
        }
    };
    initFragmentIndicator();       //初始化 Fragment 指示器，即 ChangeColorIconWithTextView
}
```

初始化 Fragment 指示器。

```java
//初始化 Fragment 指示器
private void initFragmentIndicator()
{
    ChangeColorIconWithTextView one = (ChangeColorIconWithTextView)
                            findViewById(R.id.id_indicator_one);
    ChangeColorIconWithTextView two = (ChangeColorIconWithTextView)
                            findViewById(R.id.id_indicator_two);
    ChangeColorIconWithTextView three = (ChangeColorIconWithTextView)
                            findViewById(R.id.id_indicator_three);

    mFragmentIndicator.add(one);
    mFragmentIndicator.add(two);
    mFragmentIndicator.add(three);
```

```
        one.setOnClickListener(this);
        two.setOnClickListener(this);
        three.setOnClickListener(this);

        one.setIconAlpha(1.0f);                //设置透明度 alpha,默认第一个
    }
```

设置指示器单击事件监听。

```
public void onClick(View v)
{
    int position = v.getId();
    resetOtherTabs(position);             //只要单击了某个 tab，其他的 tab 的透明度就设置为 0

    switch (position)
    {
        case R.id.id_indicator_one:
            mFragmentIndicator.get(0).setIconAlpha(1.0f);
            mViewPager.setCurrentItem(0, false);
            break;
        case R.id.id_indicator_two:
            mFragmentIndicator.get(1).setIconAlpha(1.0f);
            mViewPager.setCurrentItem(1, false);
            break;
        case R.id.id_indicator_three:
            mFragmentIndicator.get(2).setIconAlpha(1.0f);
            mViewPager.setCurrentItem(2, false);
            break;
    }
}
```

为 ViewPager 设置适配器，并设置页面滑动监听。

```
mViewPager.setAdapter(mAdapter);                      //为 mViewPager 设置适配器
mViewPager.setOnPageChangeListener(this);            //为 mViewPager 设置页面滑动监听器
```

② Fragment 业务逻辑实现。获取已建立的连接实例。

```
mActivity = (MainActivity) getActivity();             //获取当前 Activity
wRTConnect = mActivity.getWSNRConnect();              //获取 wRTConnect 实例
```

设置实时数据连接监听。

```
mApplication = (ZApplication) getActivity().getApplication();//获取当前 Application
mApplication.registerOnIOnWSNDataListener(InfraredFragment.this);//注册监听
```

当该 Fragment 可见时，发送查询命令。

```
//在 Fragment 隐藏和可见时都会调用
public void setUserVisibleHint(boolean isVisibleToUser)
{
    //TODO Auto-generated method stub
    super.setUserVisibleHint(isVisibleToUser);
    if (isVisibleToUser)
    {    //Fragment 可见时发送查询命令
```

```
            wRTConnect.sendMessage(mMac, "{A0=?}".getBytes());
    }
}
```

解析收到的实时数据，并根据 A0 值行人检测显示状态。

```
//传感器数据监听函数
public void onMessageArrive(String mac, String tag, String val)
{
    //TODO Auto-generated method stub
    if (mac.equalsIgnoreCase(mMac))
    {   //检测 Mac 地址是否匹配
        if (tag.equals("A0"))
        {
            int v = Integer.parseInt(val);
            if (v == 1)
            {
                gifMV.setVisibility(View.VISIBLE);          //显示行人
            }
            else
            {
                gifMV.setVisibility(View.GONE);             //不显示行人
            }
        }
    }
}
```

③ 程序退出，释放智云实时数据连接。

```
public void onDestroyView()
{
    //TODO Auto-generated method stub
    mApplication.unregisterOnIOnWSNDataListener(this);
    super.onDestroy();
}
```

3．Web 端应用设计

根据 2.1 节智云 Web 应用编程接口定义，智能安防系统的应用设计主要采用实时数据 API 接口，JS 部分控制采集代码如下。

```
<script type="text/javascript">
var myZCloudID = "12345678";                              //序列号
var myZCloudKey = "12345678";                             //密钥
var mySensorMac1 = "00:12:4B:00:02:37:7E:7A";             //传感器的 MAC 地址（可燃气体传感器）
var mySensorMac2 = "00:12:4B:00:02:63:3C:B7";             //火焰传感器的 MAC 地址（人体红外）
var mySensorMac3 = "00:12:4B:00:02:63:3C:B7";             //人体红外的 MAC 地址
var mySensorMac4 = "00:12:4B:00:02:60:E3:A9";             //风扇传感器的 MAC 地址
var mySensorMac5 = "00:12:4B:00:02:63:3C:CF";             //声光报警传感器的 MAC 地址

var CombustibleGasStatus;                                 //可燃气体检测状态
var FireStatus;                                           //火焰状态
```

```javascript
var RtStatus;                                   //人体红外状态
var FanStatus;                                  //风扇状态
var AlarmStatus;                                //声光报警状态

var COMFLAG = 0;                                //可燃气体是否允许检测标识
var FIREFLAG = 0;                               //火焰是否允许检测标识
var RTFLAG = 0;                                 //人体红外是否允许检测标识

var rtc = new WSNRTConnect(myZCloudID, myZCloudKey);   //创建数据连接服务对象
rtc.connect();                                  //数据推送服务连接
$("#ConnectState").text("数据服务连接中...");

rtc.onConnect = function ()
{   //连接成功回调函数
    rtc.sendMessage(mySensorMac1, "{CD0=1,D0=?,A0=?}");   //向燃气传感器发送数据
    rtc.sendMessage(mySensorMac2, "{CD0=1,D0=?,A0=?}");   //向火焰传感器发送数据
    rtc.sendMessage(mySensorMac3, "{CD0=1,D0=?,A0=?}");   //向人体红外传感器发送数据
    rtc.sendMessage(mySensorMac4, "{D1=?}");    //向风扇传感器发送数据
    rtc.sendMessage(mySensorMac5, "{D1=?}");    //向声光报警传感器发送数据

    $("#ConnectState").text("数据服务连接成功！");
};

rtc.onConnectLost = function ()
{   //数据服务掉线回调函数
    $("#ConnectState").text("数据服务掉线！");
};

rtc.onmessageArrive = function(mac, dat)        //消息处理回调函数
{
    //  console.log(mac, " >>> ", dat);
    if (mac != mySensorMac1 && mac != mySensorMac2 && mac != mySensorMac3
                            && mac != mySensorMac4 && mac != mySensorMac5)
    {   //判断传感器 MAC 地址
        console.log("" + mac + " not in sensors");
        return;
    }

    if (mac == mySensorMac1)                    //可燃气体传感器
    {
        if (dat[0] == '{' && dat[dat.length - 1] == '}')
        {   //判断字符串首尾是否为{}
            subdat = dat.substr(1, dat.length - 2);   //截取{}内的字符串
            its = subdat.split(',');            //以 ',' 来分割字符串
            for ( x in its)
            {
                t = its[x].split('=');          //以 '=' 来分割字符串
```

```
                if (t.length != 2) continue;
                if (t[0] == "D0")
                {
                    anNiu = document.getElementById("comctrlbutton");
                    D0 = parseInt(t[1]);
                        if (D0 == 1)
                        {
                            COMFLAG = 1;
                            anNiu.src = ("images/an-on.png");
                        }
                        else
                        {
                            COMFLAG = 0;
                            anNiu.src = ("images/an-off.png");
                            $("#ranqi").text("禁止检测！");    //显示状态
                            bG = document.getElementById("rq");
                            bG.src = ("images/ranqi-off.png");
                        }
                }
                if (COMFLAG == 1)
                {
                    if (t[0] == "A0")
                    {   //判断参数 A0
                        CombustibleGasStatus = parseInt(t[1]);
                        bG = document.getElementById("rq");
                        if (CombustibleGasStatus > 12)
                        {
                            $("#ranqi").text("燃气浓度超标！");      //显示状态
                            bG.src = ("images/ranqi-on.gif");
                        }
                        else
                        {
                            $("#ranqi").text("燃气浓度未超标！");  //显示状态
                            bG.src = ("images/ranqi-off.png");
                        }
                    }
                }
            }
        }

        if (mac == mySensorMac2)                                    //火焰传感器
        {
            if (dat[0] == '{' && dat[dat.length - 1] == '}')
            {   //判断字符串首尾是否为{}
                subdat = dat.substr(1, dat.length - 2);              //截取{}内的字符串
                its = subdat.split(',');                            //以 ',' 来分割字符串
```

```
                for ( x in its)
                {
                    t = its[x].split('=');                              //以 ' = ' 来分割字符串
                    if (t.length != 2) continue;
                    if (t[0] == "D0")
                    {
                        anNiu = document.getElementById("firectrlbutton");
                        D0 = parseInt(t[1]);
                        if (D0 == 1)
                        {
                            FIREFLAG = 1;
                            anNiu.src = ("images/an-on.png");
                        }
                        else
                        {
                            FIREFLAG = 0;
                            anNiu.src = ("images/an-off.png");
                            $("#huoyan").text("禁止检测！ ");              //显示状态
                            bG = document.getElementById("hy");
                            bG.src = ("images/hy-off.png");
                        }
                    }
                    if (FIREFLAG == 1)
                    {
                        if (t[0] == "A0")
                        {   //判断参数 D1
                            FireStatus = parseInt(t[1]);
                            bG = document.getElementById("hy");
                            if (FireStatus)
                            {
                                $("#huoyan").text("检测到火焰！ ");       //显示状态
                                bG.src = ("images/hy-on.gif");
                            }
                            else
                            {
                                $("#huoyan").text("未检测到火焰！ ");     //显示状态
                                bG.src = ("images/hy-off.png");
                            }
                        }
                    }
                }
            }
        }
    }

if (mac == mySensorMac3)                                            //人体红外传感器
{
    if (dat[0] == '{' && dat[dat.length - 1] == '}')
```

第
9
章

```
{     //判断字符串首尾是否为{}
    subdat = dat.substr(1, dat.length - 2);                    //截取{}内的字符串
    its = subdat.split(',');                                   //以 ',' 来分割字符串
    for ( x in its)
    {
        t = its[x].split('=');                                 //以 '=' 来分割字符串
        if (t.length != 2) continue;
        if (t[0] == "D0")
        {
            anNiu = document.getElementById("rtctrlbutton");
            D0 = parseInt(t[1]);
            if (D0 == 1)
            {
                RTFLAG = 1;
                anNiu.src = ("images/an-on.png");
            }
            else
            {
                RTFLAG = 0;
                anNiu.src = ("images/an-off.png");
                $("#rthw").text("禁止检测！ ");                  //显示状态
                bG = document.getElementById("rt");
                bG.src = ("images/rthw-off.png");
            }
        }
        if (RTFLAG == 1)
        {
            if (t[0] == "A0")
            {   //判断参数 D1
                RtStatus = parseInt(t[1]);
                bG = document.getElementById("rt");
                if (RtStatus)
                {
                    $("#rthw").text("检测到人体！ ");            //显示状态
                    bG.src = ("images/rthw-on.gif");
                }
                else
                {
                    $("#rthw").text("未检测到人体！ ");          //显示状态
                    bG.src = ("images/rthw-off.png");
                }
            }
        }
    }
}
```

```javascript
if (mac == mySensorMac4)                                        //风扇
{
    if (dat[0] == '{' && dat[dat.length - 1] == '}')
    {   //判断字符串首尾是否为{}
        subdat = dat.substr(1, dat.length - 2);                 //截取{}内的字符串
        its = subdat.split(',');                                //以 ‘,’ 来分割字符串
        for ( x in its)
        {
            t = its[x].split('=');                              //以 ‘=’ 来分割字符串
            if (t.length != 2) continue;
            if (t[0] == "D1")
            {   //判断参数 D1
                FanStatus = parseInt(t[1]);
                anNiu = document.getElementById("button04");
                bG = document.getElementById("fs");
                if (FanStatus)
                {
                    anNiu.src = ("images/an-on.png");
                    bG.src = ("images/fs-on.gif");
                }
                else
                {
                    anNiu.src = ("images/an-off.png");
                    bG.src = ("images/fs-off.png");
                }
            }
        }
    }
}

if (mac == mySensorMac5)                                        //声光报警
{
    if (dat[0] == '{' && dat[dat.length - 1] == '}')
    {   //判断字符串首尾是否为{}
        subdat = dat.substr(1, dat.length - 2);                 //截取{}内的字符串
        its = subdat.split(',');                                //以 ‘,’ 来分割字符串
        for ( x in its)
        {
            t = its[x].split('=');                              //以 ‘=’ 来分割字符串
            if (t.length != 2) continue;
            if (t[0] == "D1")
            {   //判断参数 D1
                AlarmStatus = parseInt(t[1]);
                anNiu = document.getElementById("button05");
                bG = document.getElementById("sgbj");
                if (AlarmStatus)
                {
```

```
                                 anNiu.src = ("images/an-on.png");
                                 bG.src = ("images/sgbj-on.gif");
                             }
                         else
                             {
                                 anNiu.src = ("images/an-off.png");
                                 bG.src = ("images/sgbj-off.png");
                             }
                     }
                 }
             }
         }
};

function anniu04()
{
    if (FanStatus)                                              //开启
    {
        rtc.sendMessage(mySensorMac4, "{CD1=1,D1=?}");          //向风扇传感器发送数据（关）
    }
    else                                                        //关闭
    {
        rtc.sendMessage(mySensorMac4, "{OD1=1,D1=?}");          //向风扇传感器发送数据（开）
    }
}

function anniu05()
{
    if (AlarmStatus)
    {
        rtc.sendMessage(mySensorMac5, "{CD1=1,D1=?}"); //向声光报警传感器发送数据（关）
    }
    else
    {
        rtc.sendMessage(mySensorMac5, "{OD1=1,D1=?}"); //向声光报警传感器发送数据（开）
    }
}

function comctrl()
{
    if (COMFLAG == 0)
    {
        rtc.sendMessage(mySensorMac1, "{OD0=1,D0=?,A0=?}");     //修改报警状态值
    }
    else
    {
        rtc.sendMessage(mySensorMac1, "{CD0=1,D0=?,A0=?}");     //修改报警状态值
```

```
        }
    }

    function firectrl()
    {
        if (FIREFLAG == 0)
        {
            rtc.sendMessage(mySensorMac2, "{OD0=1,D0=?,A0=?}");        //修改报警状态值
        }
        else
        {
            rtc.sendMessage(mySensorMac2, "{CD0=1,D0=?,A0=?}");        //修改报警状态值
        }
    }

    function rtctrl()
    {
        if (RTFLAG == 0)
        {
            rtc.sendMessage(mySensorMac3, "{OD0=1,D0=?,A0=?}");        //修改报警状态值
        }
        else
        {
            rtc.sendMessage(mySensorMac3, "{CD0=1,D0=?,A0=?}");        //修改报警状态值
        }
    }
</script>
```

9.4.5 开发步骤

1. 搭建硬件开发环境

（1）准备一个 s4418/s6818 系列 Android 开发平台，并且网关是最新的镜像，1 个安装火焰传感器的 CC2530 无线节点，1 个安装了燃气传感器的 CC2530 无线节点，1 个安装了风扇传感器的 CC2530 无线节点，1 个安装了声光报警传感器的 CC2530 无线节点。按照 1.3 设置节点板跳线为模式一。

（2）打开传感器驱动工程，将"01-开发例程\第 9 章\9.4-智能安防系统开发 \SensorHalExamples"下所有文件夹复制到"C:\Texas Instruments\ZStack- CC2530-2.4.0-1.4.0\Projects\ZStack\Samples"文件夹下文件夹下；分别打开协调器和传感器工程，编译代码，将程序烧写到板载协调器和相应的 CC2530 无线节点板中。

当有多组任务同时进行，为避免不同组的干扰，在第（2）编译之前，请打开 Tools\f8wConfig.cfg 文件，修改信道号 DDEFAULT_CHANLIST 和个域网标识 DZDAPP_CONFIG_PAN_ID。

（3）参考 8.2 节的内容部署硬件，组成智云无线传感网络，并将数据接入到智云服务中心。

第9章

2．Android 应用程序开发

（1）根据实际硬件平台修改代码中传感器节点的 IEEE 地址（参考附录 A.5 或在 ZCloodTools 工具上查看）及智云 ID/KEY。

（2）编译 SmartAlarm 工程，并安装应用程序到 s4418/s6818 系列 Android 开发平台或 Android 终端内。

（3）将 Android 终端设备接入到互联网或者与智云 Android 开发平台设备在同一个局域网内。进入智能灯光控制模块界面，在主界面弹出"连接网关成功"消息后即表示链接到智云服务中心，默认进入检测报警界面，可以单击开关控制报警器，或者开启燃气监测和火焰监测等，如图 9.41 所示。

图 9.41　检测报警界面

滑动或者单击切换至风扇控制界面，可以单击开关控制风扇，如图 9.42 所示。

图 9.42　控制风扇界面

滑动或者单击切换至人体红外界面，当检测到有人时，画面中会动画显示人在走动，如图 9.43 所示。

图 9.43   人体红外界面

3．Web 应用程序开发

（1）根据实际硬件平台修改代码中传感器节点的 IEEE 地址、智云服务器地址（若在局域网内使用，则设置为智云 Android 开发平台的 IP）和智云 ID/KEY。

（2）将计算机接入互联网，或与智云 Android 开发平台设备在同一个局域网内。用谷歌浏览器（或支持 HTML5 技术的 IE10 以上版本浏览器）运行 Web 工程"SmartAlarm-Web\SmartAlarm.html"，进入智能灯光控制模块界面，在主界面右上角显示"数据服务连接成功！"消息后即表示链接到智云服务中心，在左侧单击不同传感器，会显示相应的状态或者开关按钮，如图 9.44 所示。

图 9.44   安防监控系统 Web 实现

9.4.6   总结与拓展

本任务应用多个传感器，开发了一个小型的智能安防综合应用系统，实现了数据监测和传感器实时控制等功能。开发者可以根据需要进行适当修改或者添加其他功能，使系统更加完善，提升编程能力。

第9章

参考文献

[1] 刘云山. 物联网导论. 北京：科学出版社，2010.

[2] 廖建尚. 物联网平台开发及应用——基于 CC2530 和 ZigBee [M]. 北京：电子工业出版社，2016.

[3] 信息化和工业化深度融合专项行动计划（2013—2018）. 工信部信〔2013〕317 号. 工业和信息化部.

[4] 物联网发展专项行动计划. 发改高技[2013]1718 号. 国家发展改革委、工业和信息化部等 10 个部门.

[5] 物联网"十二五"发展规划. 工业和信息化部.

[6] 刘艳来. 物联网技术发展现状及策略分析[J]. 中国集体经济，2013，（09）：154-156.

[7] 国务院关于积极推进"互联网+"行动的指导意见[J]. 中华人民共和国国务院公报，2015（20）：20-22.

[8] 李新. 无线传感器网络中节点定位算法的研究[D]. 中国科学技术大学，2008.

[9] 李振中. 一种新型的无线传感器网络节点的设计与实现[D]. 北京工业大学，2014.

[10] 王洪亮. 基于无线传感器网络的家居安防系统研究[D]. 河北科技大学，2012.

[11] 沈寿林. 基于 ZigBee 的无线抄表系统设计与实现[D]. 南京邮电大学，2016.

[12] 张猛，房俊龙，韩雨. 基于 ZigBee 和 Internet 的温室群环境远程监控系统设计[J]. 农业工程学报，2013，（S1）：171-176.

[13] 季国鹏. 基于 SimpliciTI 协议的无线网络温度采集系统的设计与实现[D]. 安徽大学，2012.

[14] 镇咸舜. 蓝牙低功耗技术的研究与实现[D]. 华东师范大学，2013.

[15] 徐昊. BLE 将大行其道[N]. 计算机世界，2013-10-28（044）.

[16] 利用 TI 的片上互联网可为任何设备增添 Wi-Fi（R）功能[J]. 计算机与电信，2014，（06）：23.

[17] CC253x System-on-Chip Solution for 2.4-GHz IEEE 802.15.4 and ZigBee® Applications User's Guide.

[18] 李法春. C51 单片机应用设计与技能训练[M]. 北京：电子工业出版社，2011.

[19] 贾玖玲. 周期性非均匀采样处理带通信号的研究及实现[D]. 大连海事大学，2016.

[20] 数字温湿度传感器 DHT11.

[21] 高婷. 基于北斗定位的海上落水报警装置设计与研究[D]. 上海海洋大学，2014.

[22] 宋景文. 火焰传感器[J]. 自动化仪表，1991，（05）：5-6.

[23] 刘振照. 基于 OpenGL 的继电器三维可视化仿真系统的研究与开发[D]. 福州大学，2006.

[24] 张璞汝，张千帆，宋双成，等. 一种采用霍尔传感器的永磁电机矢量控制[J]. 电源学报，2017（1）：1-8.

[25] 张潭. 开关型集成霍尔传感器的研究与设计[D]. 电子科技大学，2013.

[26] 3141 sensitive hall-effect switches for high-temperature operation（datasheet）

[27] 陈疆. 基于超声波传感器的障碍物判别系统研究[D]. 西北农林科技大学，2005.

[28] 范洪亮. 基于红外传感器的地铁隧道监测系统的设计[D]. 黑龙江大学，2015.

[29] 张群强，赵巧妮. 基于 MQ-2 型传感器火灾报警系统的设计[J]. 价值工程，2015，（13）：96-98.

[30] 李雯. 基于 MQ-3 的酒精测试器的设计研究[J]. 计算机知识与技术，2015，（20）：181+201.

[31] 徐良雄. 酒精浓度超标报警器设计与分析[J]. 电子设计工程，2011，（13）：82-84.

[32] 郭坚. 基于 SIM908 的无人机空气质量监测系统设计与研究[D]. 天津大学，2014.

[33] 3-Axis Orientation/Motion Detection Sensor.

[34] 杨枫. 加速传感器在手机中的应用及其摄像头替代技术研究[D]. 上海交通大学，2012.

[35] 张金燕，刘高平，杨如祥. 基于气压传感器 BMP085 的高度测量系统实现[J]. 微型机与应用，2014，（06）：64-67.

[36] MFRC522 datasheet http：//www.dzsc.com/datasheet/MFRC522_2417831.html.

[37] 黄俊祥，陶维青. 基于 MFRC522 的 RFID 读卡器模块设计[J]. 微型机与应用，2010，（22）：16-18.

[38] MFRC522 非接触式读卡器 IC. 广州周立功单片机发展有限公司.

[39] 金海红. 基于 Zigbee 的无线传感器网络节点的设计及其通信的研究[D]. 合肥工业大学，2007.

[40] 彭瑜. 低功耗、低成本、高可靠性、低复杂度的无线电通信协议——ZigBee[J]. 自动化仪表，2005，（05）：1-4.

[41] Alliance Z B. ZigBee Specification[J]. 2007，1（1）.

[42] Texas Instrument，"ZStack Compile Options.pdf".

[43] 樊明如. 基于 ZigBee 的无人值守的酒店门锁系统研究[D]. 安徽理工大学，2014.

[44] 陈明燕. 基于 ZigBee 温室环境监测系统的研究[D]. 西安科技大学，2012.

[45] Texas Instrument.ZStackDeveloper's Guide.

[46] 杨鹏云. 基于 CC1110 无线自组织传感网络系统的研究[D]. 昆明理工大学，2010.

[47] 王军强. 基于 SimpliciTI 的无线传感器网络关键技术研究[D]. 重庆大学，2009.

[48] Larry Friedman. Simplici TI：Simple Modular RF Network Specification[DB/OL]. TexasInstruments. 2009.

[49] Larry Friedman. Simplici TI：Simple Modular RF Network Developers Notes[DB/OL]. TexasInstruments. 2009.

[50] Larry Friedman. Simplici TI Sample Application User's Guide[DB/OL]. Texas Instruments. 2009.

[51] Larry Friedman. Simplici TI Application Programming Interface[DB/OL]. Texas Instruments. 2009.

[52] Texas Instrument. CC1110 Preliminary Data Sheet （Rev. 1.01）SWRS033A.

[53] 张彩祥. 基于 BLE 的电子货架标签系统的研究与设计[D]. 广东工业大学，2014.

[54] 赵利英. 基于低功耗蓝牙的无线体域网硬件设计与实现[D]. 吉林大学，2014.

[55] 徐加伟. 基于低功耗蓝牙无线通信技术的交通数据检测方法研究[D]. 哈尔滨工业大学，2013.

[56] 赵力. 基于 BLE 的运动监测系统若干关键问题研究[D]. 电子科技大学，2015.

[57] 赵晓伟. 基于蓝牙 BLE 的智能体温测量系统的设计与实现[D]. 南京邮电大学，2015.

[58] 林婷. 面向 Wi-Fi 开发的微控制器 CC3200 的应用研究[D]. 苏州大学，2015.

[59] Texas Instrument. CC3200 SimpleLink™ Wi-Fi® and IoT SolutionWith MCU LaunchPad™ Getting Started Guide, User's Guide.

[60] Texas Instrument. CC3200 SimpleLink™ Wi-Fi® and IoT SolutionWith MCU LaunchPad™ Getting Started Guide, User's Guide. Programmer's Guide.

[61] 赵飞，叶震. UDP 协议与 TCP 协议的对比分析与可靠性改进[J]. 计算机技术与发展，2006，（09）：219-221.

[62] 戚聿娟. 路由器中基于 HTTP 协议的应用开发[D]. 北京邮电大学，2008.

[63] 罗成. 基于 Windows 消息机制的 HTTP 隐蔽通道的设计与实现[D]. 上海交通大学，2008.

[64] http://developer. android. com/.